Introdução ao Método dos Elementos Finitos

2ª Edição Revisada

Antonio da Silva Castro Sobrinho
Doutor em Ciências Navais, EGN, Rio de Janeiro, 2007
Master of Science in Mechanical Engenering, MIT, Cambridge, 1996
Engenheiro Mecânico, PUC, Rio de Janeiro, 1983

EDITORA
CIÊNCIA MODERNA

Editor: Paulo André P. Marques
Supervisão Editorial: Aline Vieira Marques
Capa: Raul Rangel
Finalização: Patrícia Seabra
Assistente Editorial: Dilene Sandes Pessanha

FICHA CATALOGRÁFICA

SOBRINHO, Antonio da Silva Castro.

Introdução ao Método dos Elementos Finitos – 2ª Edição Revisada

Rio de Janeiro: Editora Ciência Moderna Ltda., 2021.

1. Engenharia Estrutural 2. Modelos Matemáticos, Simulação Matemática, Teoria dos Modelos, Algoritmos
I — Título

ISBN: 978-65- 5842-019-4 CDD 624.1
511.8

Editora Ciência Moderna Ltda.
R. Alice Figueiredo, 46 – Riachuelo
Rio de Janeiro, RJ – Brasil CEP: 20.950-150
Tel: (21) 2201-6662/ Fax: (21) 2201-6896
E-MAIL: LCM@LCM.COM.BR
WWW.LCM.COM.BR **03/21**

a Deus

Sumário

Prefácio

O desafio de projetar equipamentos e estruturas complexas, onde métodos analíticos e aproximações grosseiras não são capazes de fornecer soluções que satisfaçam os requisitos de desempenho e de otimização dos materiais empregados, tem demandado um uso crescente do método dos elementos finitos pelos engenheiros de diversas áreas. Problemas que no passado só poderiam ser resolvidos com o emprego de modelos em escala reduzida ou experimentações dispendiosas, passaram a ter de ser resolvidos, quase que totalmente, em ambiente computacional, seja pela imposição da limitação de recursos físicos ou pela condicionante de otimizar as soluções que, muitas vezes, implica na total reestruturação do projeto. Essas implicações são ainda mais críticas quando várias áreas de engenharia estão envolvidas na modelagem do problema, como acontece nas análises de estruturas submetidas a carregamentos provenientes da interação com fluidos, ou dinamicamente aplicados sobre a estrutura, como no caso de edificações sujeitas a tremores sísmicos. O mesmo pode ser verificado nos problemas em que ocorrem tensões térmicas ou forças estáticas e dinâmicas combinadas.

Esta emergente sistemática de projeto tem demandado uma capacidade computacional significativa, à medida em que a complexidade e a dimensão dos problemas a serem resolvidos têm crescido. Apesar de já fazer parte do currículo acadêmico desde a década de setenta, o uso dos computadores de maneira extensiva só ganhou importância na década de noventa com o advento do computador pessoal (PC) com capacidade computacional compatível com os algoritmos disponíveis no mercado. Hoje, os profissionais das áreas de engenharia aeronáutica, mecânica, civil, química e elétrica dispõem de capacidade computacional adequada para modelar problemas de elementos finitos de pequeno e médio porte.

Na apresentação do conceito básico do método dos elementos finitos neste texto, foi selecionado o problema da queda livre de uma partícula para mostrar que esta ferramenta tem um largo espectro de aplicações. Esta abordagem permite que o método seja apresentado sobre o prisma de um problema físico ostensivamente conhecido, facilitando a tarefa de introduzir novos conceitos, necessários ao entendimento do método, além de possibilitar o uso de um procedimento padrão, que pode ser aplicado no desenvolvimento dos modelos de elementos finitos abordados nos demais capítulos.

Vários problemas são apresentados neste texto, abrangendo as principais áreas de aplicação do método de elementos finitos em engenharia. Apesar da proposta ser de um texto introdutório, a generalidade com que é apresentado o desenvolvimento do método permite que este livro seja também utilizado como referência na execução de projetos e análises, tanto no contexto acadêmico como profissional. Deste modo, são abordadas aplicações em elasticidade dos materiais com elementos sólidos e de viga; aplicações em mecânica dos fluidos com elementos mistos; aplicações em análise dinâmica de estruturas com elementos de viga; e procedimentos para a modelagem de estruturas com elementos finitos diversos. Além disso, são apresentados métodos para a geração automática de malhas estruturadas e não-estruturadas.

Em todas as áreas de aplicação estudadas são fornecidos códigos de programas computacionais escritos em C++, para que o leitor possa exercitar o método dos elementos finitos na forma em que é realmente utilizado. Isto permite apreender a dimensão dos esforços de programação e processamento necessários à execução de uma análise por meio deste método.

O livro conta ainda com uma série de problemas propostos, que têm por objetivo complementar o processo de aprendizagem dos tópicos discutidos e verificar a assimilação dos conceitos do método como um todo. Com esta abordagem acadêmica, pretendemos que este livro sirva como referência para cursos sobre a matéria e, ao mesmo tempo, se preste aos profissionais que desejam um texto com o qual possam desenvolver seus conhecimentos sobre o método dos elementos finitos.

A segunda edição deste livro incorpora as contribuições e comentários recebidos dos leitores, especialmente daqueles que fizeram uso desta obra para fins didáticos. Assim, a revisão feita no texto da edição inicial procurou tornar o livro ainda mais estruturado para aqueles que buscam uma fonte de estudo do método dos elementos finitos, sem, no entanto, alterar a sua concepção original.

o autor

Capítulo 1

Conceito básico do método dos elementos finitos

Os primeiros estudos sobre o método dos elementos finitos foram realizados visando a solução de problemas da área de resistência dos materiais, com ênfase na determinação de deslocamentos de grandes estruturas e na investigação de estados de tensão complexos que não podiam ser analisados com as ferramentas analíticas da teoria da elasticidade. O grande número de pesquisas e desenvolvimentos realizados nesta área específica fez com que o método dos elementos finitos ficasse permanentemente associado a problemas estruturais de engenharia mecânica e civil [1].

A formulação dos deslocamentos foi uma das primeiras a serem desenvolvidas para a análise de estruturas por meio do método dos elementos finitos e, como o nome sugere, aplicava-se à investigação do estado de deformação de estruturas de grande porte. Esta formulação é ainda hoje bastante empregada devido aos resultados satisfatórios atingidos com algoritmos relativamente rápidos e simples de serem implementados.

Posteriormente à formulação dos deslocamentos, foi desenvolvida a formulação *mista* que, além dos deslocamentos, incorpora a variável pressão ao sistema de equações do modelo de elementos finitos. Este novo método fornece melhores resultados quando empregado na análise de estruturas compostas de materiais com coeficientes de Poisson próximos de $\frac{1}{2}$. Além disso, tem sido uma das formulações mais utilizadas na solução dos problemas de mecânica dos fluidos, mais notadamente, na solução da equação de Navier-Stokes.

O método dos elementos finitos apresentado neste livro é basicamente uma generalização do método variacional de Ritz e dos métodos de resíduo ponderado, onde destacamos o método de Galerkin. As similaridades com estes métodos e as suas formulações matemáticas serão omitidas, deixando ao leitor do texto a possibilidade de aprofundamento deste assunto nas referências [7],[9],[10],[17].

Visando dissociar as áreas tradicionais de engenharia das formulações classicamente adotadas, vamos apresentar o conceito básico do método dos elementos finitos por meio do estudo da trajetória de uma partícula em queda livre. O objetivo desta abordagem é introduzir as etapas de desenvolvimento do método no contexto da solução de um problema notadamente simples.

1.1 Trajetória de uma partícula em queda livre

Este problema consiste de um corpo pontual sujeito à aceleração da gravidade g, o qual é deixado livre para cair no instante $t = 0$, ao longo do eixo coordenado y (figura 1.1). Para simplificar o problema, desprezamos a resistência do ar sobre a partícula, tornando linear a equação de governo do movimento.

A figura 1.1 ilustra o modelo físico adotado para o problema de uma partícula em queda livre. Este modelo supõe que a aceleração da gravidade é constante ao longo da queda e despreza a resistência do ar sobre a partícula.

A equação diferencial que governa este modelo físico tem a forma

$$\frac{dy^2}{d^2t} - g = 0 \tag{1.1}$$

sujeita às seguintes condições de contorno:

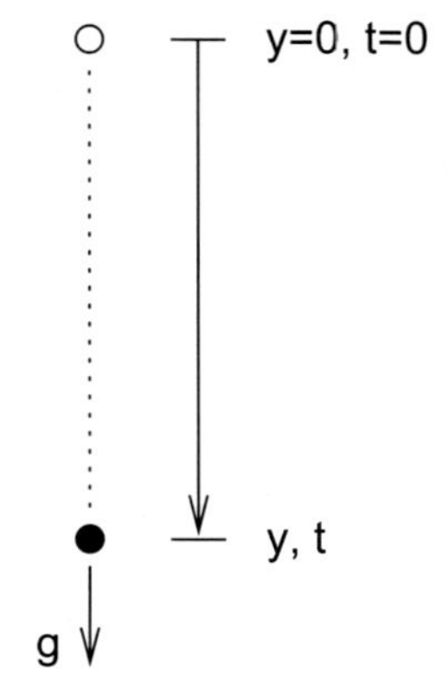

Figura 1.1: Modelo físico de uma partícula em queda livre (desprezada a resistência do ar).

$$y(0) = 0 \qquad \left.\frac{dy}{dt}\right|_{y=0} = 0 \tag{1.2}$$

1.1.1 Desenvolvimento do modelo de elementos finitos

O método dos elementos finitos consiste na divisão do domínio Ω, onde é definido o problema que se deseja modelar, em domínios menores (Ω^e). Em cada uma destas subdivisões do domínio, as variáveis envolvidas no problema são aproximadas por meio da interpolação dos seus valores fixados no contorno. Obtém-se, assim, um modelo matemático representado por um conjunto de equações cujas incógnitas são os valores destas mesmas variáveis nos nós dos contornos das várias subdivisões (elementos finitos).

O primeiro passo para a construção do modelo de elementos finitos é a obtenção da *forma fraca* da equação (1.1). Para isto multiplicamos ambos os lados desta igualdade por uma função qualquer $p(t)$ e integramos o resultado no domínio Ω^e de um elemento finito, definido, neste problema, pelo intervalo $[t_1^e, t_2^e]$, ou seja

$$\int_{\Omega^e} p\left(\frac{d^2y^e}{dt^2} - g\right) dt = 0 \tag{1.3}$$

Note que esta operação equivale a uma integração ponderada pela função $p(t)$. Aplicando à primeira parcela da equação (1.3) o teorema da derivada do produto de duas funções (neste caso p e $\frac{dy^e}{dt}$), obtemos

$$\int_{\Omega^e}\left[\frac{d}{dt}\left(p\frac{dy^e}{dt}\right)-\frac{dp}{dt}\frac{dy^e}{dt}-pg\right]dt=0 \tag{1.4}$$

Calculando a integral definida da primeira parcela da equação (1.4), temos

$$p\frac{dy^e}{dt}\bigg|_{\underline{\Omega}^e}-\int_{\Omega^e}\left(\frac{dp}{dt}\frac{dy^e}{dt}+pg\right)dt=0 \tag{1.5}$$

O resultado da integral definida, expresso na equação (1.5), representa o produto de $p(t)$ pela velocidade da partícula nos limites do domínio $\underline{\Omega}^e$, ou seja, $p(t_2^e)v_2^e - p(t_1^e)v_1^e$. As velocidades v_1^e e v_2^e constituem a condição de contorno natural da equação (1.1). Substituindo em (1.5), obtemos

$$\int_{\Omega^e}\left(\frac{dp}{dt}\frac{dy^e}{dt}+pg\right)dt=p(t_2^e)v_2^e-p(t_1^e)v_1^e \tag{1.6}$$

A equação (1.6) é denominada a *forma fraca* ou *forma variacional* da equação (1.1).

O segundo passo para a construção do modelo de elementos finitos consiste na aproximação da posição da partícula (y) e da variável tempo (t) por uma combinação linear dos seus valores no contorno do elemento. Os pontos que definem o contorno são os *nós* do elemento e os valores das variáveis y e t nesses pontos são y_1^e, y_2^e e t_1^e, t_2^e, respectivamente, conforme representado na figura 1.2 .

Para a construção das aproximações de y e t utilizaremos a coordenada natural r, o que facilita o tratamento computacional do algoritmo empregado para a solução do modelo. Desta forma, obtemos

$$y\approx y^e(r)=\psi_1(r)y_1^e+\psi_2(r)y_2^e=\sum_{i=1}^{2}\psi_i(r)y_i^e \tag{1.7}$$

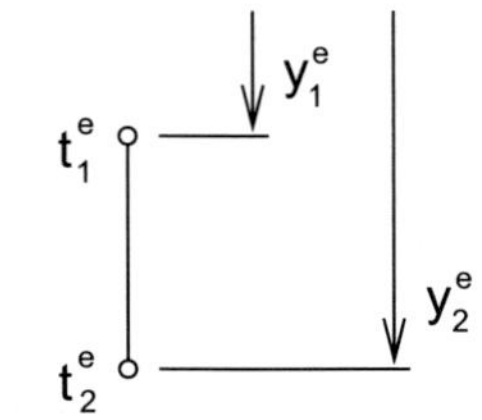

Figura 1.2: Elemento finito para o modelo de uma partícula em queda livre.

$$t \approx t^e(r) = \sum_{i=1}^{2} \psi_i(r) t_i^e \tag{1.8}$$

As funções $\psi_1(r)$ e $\psi_2(r)$ são as *funções de interpolação* do elemento definidas no intervalo $[-1, +1]$ da coordenada natural r, conforme ilustra a figura 1.3 . Note que estamos utilizando as mesmas funções para aproximar tanto o deslocamento da partícula y como a variável tempo t. Neste caso denominamos o elemento de isoparamétrico, como veremos em detalhes na seção 1.2 .

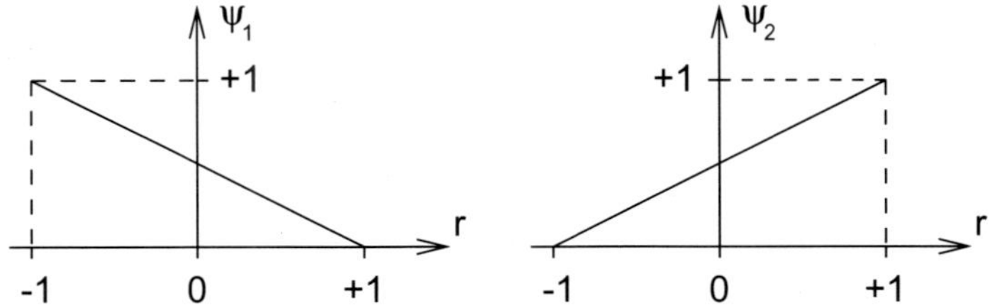

Figura 1.3: *Funções de interpolação* do elemento.

Substituindo (1.7) em (1.6), obtemos

$$\int_{\Omega^e} \left[\frac{dp}{dt} \sum_{i=1}^{2} \left(\frac{d\psi_i}{dt} y_i^e \right) + pg \right] dt = p(t_2^e) v_2^e - p(t_1^e) v_1^e \tag{1.9}$$

Para que o desenvolvimento do modelo de elementos finitos seja completado, é necessário atribuir valores para a função $p(t)$. Devemos notar que na construção da integral ponderada (1.3) foi utilizada uma função $p(t)$ qualquer. Assim, adotamos as funções ψ_1 e ψ_2 como valores de $p(t)$ de forma a obtermos um sistema de duas equações e duas incógnitas (y_1^e e y_2^e) pela substituição em (1.9), ou seja

$$\int_{\Omega^e} \left[\frac{d\psi_j}{dt} \sum_{i=1}^{2} \left(\frac{d\psi_i}{dt} y_i^e \right) + \psi_j g \right] dt = \psi_j(t_2^e) v_2^e - \psi_j(t_1^e) v_1^e \tag{1.10}$$

para $j = 1, 2$.

Desenvolvendo (1.10) para os dois valores do índice j, obtemos

$$j = 1: \quad \left[\int_{\Omega^e} \left(\frac{d\psi_1}{dt} \right)^2 dt \right] y_1^e + \left[\int_{\Omega^e} \frac{d\psi_1}{dt} \frac{d\psi_2}{dt} dt \right] y_2^e = -g \int_{\Omega^e} \psi_1 \, dt - v_1^e \tag{1.11}$$

$$j = 2: \quad \left[\int_{\Omega^e} \frac{d\psi_2}{dt} \frac{d\psi_1}{dt} dt \right] y_1^e + \left[\int_{\Omega^e} \left(\frac{d\psi_2}{dt} \right)^2 dt \right] y_2^e = -g \int_{\Omega^e} \psi_2 \, dt + v_2^e \tag{1.12}$$

Note que $\psi_1(t_2^e) = \psi_2(t_1^e) = 0$ e $\psi_1(t_1^e) = \psi_2(t_2^e) = 1$, pela própria definição das *funções de interpolação* ilustradas na figura 1.3 .

As equações (1.11) e (1.12) podem ser representadas na forma matricial como

$$\begin{bmatrix} K_{11}^e & K_{12}^e \\ K_{21}^e & K_{22}^e \end{bmatrix} \begin{bmatrix} y_1^e \\ y_2^e \end{bmatrix} = \begin{bmatrix} b_1^e \\ b_2^e \end{bmatrix} \tag{1.13}$$

onde

$$K_{ij}^e = \int_{\Omega^e} \frac{d\psi_i}{dt} \frac{d\psi_j}{dt} dt \tag{1.14}$$

$$b_i^e = (-1)^i v_i^e - g \int_{\Omega^e} \psi_i \, dt \tag{1.15}$$

1.1.2 Montagem do sistema de equações

O sistema de equações $\mathbf{K}^e \mathbf{y}^e = \mathbf{b}^e$ representado em (1.13) é a formulação matemática do elemento finito definido pelos nós t_1^e e t_2^e (nós *locais*). Esta formulação tem de ser aplicada ao espaço percorrido pela partícula em queda livre de forma a obtermos um sistema de equações similar a (1.13) para os nós *globais* da discretização da trajetória da partícula (figura 1.4). Note que a coordenada da escala do tempo (t) não possui uma correlação geométrica com a posição da partícula (y).

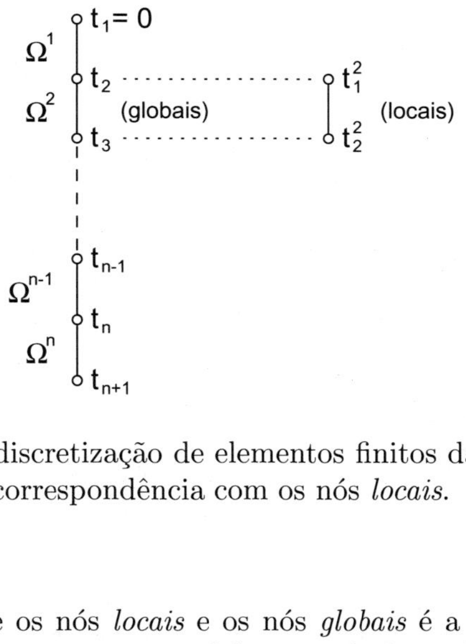

Figura 1.4: Nós *globais* da discretização de elementos finitos da trajetória da partícula; e correspondência com os nós *locais*.

A correspondência entre os nós *locais* e os nós *globais* é a chave para a montagem da matriz do sistema que modela a queda livre da partícula a partir da matriz (1.13) de cada elemento. Para a execução desta tarefa utiliza-se a função de *conectividade* dos elementos (g_i^e) que armazena a informação dos nós *globais* associados aos nós *locais*. Tomando como exemplo o elemento Ω^2 da figura 1.4, temos $g_1^2 = 2$, ou seja, o nó *local* 1 do elemento Ω^2 corresponde ao nó *global* 2 e, por conseguinte, $g_2^2 = 3$.

Durante a montagem do sistema, adiciona-se as constantes das matrizes de cada um dos elementos às constantes da matriz do modelo, seguindo-se a correspondência dada pela função de *conectividade*. Desta forma, para a discretização da figura 1.4, obtemos

$$\mathbf{Ky} = \mathbf{b} \tag{1.16}$$

onde

$$\mathbf{K} = \begin{bmatrix} K_{11}^1 & K_{12}^1 & & & & & \\ K_{21}^1 & K_{22}^1 + K_{11}^2 & K_{12}^2 & & & 0 & \\ & K_{21}^2 & K_{22}^2 + K_{11}^3 & K_{12}^3 & & & \\ & & \dots & \dots & \dots & \dots & \\ & 0 & & & K_{21}^{n-1} & K_{22}^{n-1} + K_{11}^n & K_{12}^n \\ & & & & & K_{21}^n & K_{22}^n \end{bmatrix} \tag{1.17}$$

$$\mathbf{y} = \begin{bmatrix} y_1 \\ y_2 \\ y_3 \\ \dots \\ y_n \\ y_{n+1} \end{bmatrix} \tag{1.18}$$

$$\mathbf{b} = \begin{bmatrix} b_1^1 \\ b_2^1 + b_1^2 \\ b_2^2 + b_1^3 \\ \dots \\ b_2^{n-1} + b_1^n \\ b_2^n \end{bmatrix} \tag{1.19}$$

Esta operação equivale à soma das equações (1.13) de todos os elementos escritas no formato do vetor $\mathbf{y}$. Neste formato, tanto as matrizes $\mathbf{K}^e$ dos elementos, representadas no tamanho $n+1 \times n+1$, como os seus vetores $\mathbf{b}^e$, possuirão valores nulos para as variáveis y_i que não tenham correspondência com os nós *locais* do elemento Ω^e.

1.1.3 Cálculo analítico das constantes do sistema

As constantes numéricas do sistema (1.16) são obtidas pela integração direta dos elementos da matriz $\mathbf{K}$ e do vetor $\mathbf{b}$ definidos em (1.17) e (1.19), respectivamente. Esta integração, na maioria dos problemas, é feita numericamente, no entanto vamos executá-la inicialmente por meios analíticos para exemplificar as fases do processo. O procedimento de integração numérica será apresentado na seção 1.1.4 .

Para calcular (1.14) e (1.15) é necessário derivar ψ_i em relação a t. Como ψ_i é função de r (figura 1.3) e t também é função de r, temos

$$\frac{d\psi_i}{dr} = \frac{d\psi_i}{dt}\frac{dt}{dr} \tag{1.20}$$

para $i = 1, 2$. Logo

$$\frac{d\psi_i}{dt} = \frac{d\psi_i}{dr}\left(\frac{dt}{dr}\right)^{-1} \tag{1.21}$$

Da figura 1.3 obtemos as funções ψ_1 e ψ_2 e suas respectivas derivadas em relação à coordenada natural r, ou seja

$$\psi_1 = \frac{1}{2}(1 - r) \qquad \Rightarrow \quad \frac{d\psi_1}{dr} = -\frac{1}{2} \tag{1.22}$$

$$\psi_2 = \frac{1}{2}(1 + r) \qquad \Rightarrow \quad \frac{d\psi_2}{dr} = \frac{1}{2} \tag{1.23}$$

Derivando (1.8), temos

$$\frac{dt}{dr} = \frac{d\psi_1}{dr}t_1^e + \frac{d\psi_2}{dr}t_2^e = \frac{1}{2}(-t_1^e + t_2^e) = \frac{\Delta t}{2} \tag{1.24}$$

Note que adotamos $\Delta t = t_2^e - t_1^e$ = constante.

Assim, substituindo (1.22), (1.23) e (1.24) em (1.21), obtemos

$$\frac{d\psi_1}{dt} = -\frac{1}{\Delta t} \qquad \frac{d\psi_2}{dt} = \frac{1}{\Delta t} \tag{1.25}$$

De posse dos resultados de (1.22), (1.23) e (1.25), calculamos K_{ij}^e com (1.14) e b_i^e com (1.15), por integração direta, lembrando que adotamos Δt = constante.

$$K_{ij}^e = (-1)^{(i+j)}\frac{1}{\Delta t^2}\int_{t_1^e}^{t_2^e} dt = (-1)^{(i+j)}\frac{1}{\Delta t} \quad , \quad j = 1,2 \tag{1.26}$$

$$b_1^e = -v_1^e - \frac{g}{2}\int_{t_1^e}^{t_2^e}(1-r)\,dt \qquad b_2^e = v_2^e - \frac{g}{2}\int_{t_1^e}^{t_2^e}(1+r)\,dt \tag{1.27}$$

Para calcular b_1^e e b_2^e é necessário substituir a variável de integração t por r. Isso é obtido pelo uso da relação (1.24)

$$dt = \frac{\Delta t}{2}dr \tag{1.28}$$

Substituindo (1.28) em (1.27), concluímos que

$$b_1^e = -v_1^e - \frac{g}{2}\Delta t \qquad b_2^e = v_2^e - \frac{g}{2}\Delta t \tag{1.29}$$

Substituindo (1.26) e (1.29) em (1.13), temos o seguinte sistema de equações para o modelo do elemento da figura 1.2:

$$\frac{1}{\Delta t}\begin{bmatrix} 1 & -1 \\ -1 & 1 \end{bmatrix}\begin{bmatrix} y_1^e \\ y_2^e \end{bmatrix} = \frac{g}{2}\Delta t\begin{bmatrix} -1 \\ -1 \end{bmatrix} + \begin{bmatrix} -v_1^e \\ v_2^e \end{bmatrix} \tag{1.30}$$

Utilizando a função de *conectividade* dos elementos $g_1^e = e$ e $g_2^e = e+1$ $(e = 1, \ldots, n)$, ou aplicando (1.30) diretamente sobre a matriz $\mathbf{K}$ e sobre o vetor $\mathbf{b}$ do modelo em (1.16), obtemos

$$\frac{1}{\Delta t}\begin{bmatrix} 1 & -1 & & & & \\ -1 & 2 & -1 & & 0 & \\ & -1 & 2 & -1 & & \\ & & \cdots & \cdots & \cdots & \\ & 0 & & -1 & 2 & -1 \\ & & & & -1 & 1 \end{bmatrix}\begin{bmatrix} y_1 \\ y_2 \\ y_3 \\ \cdots \\ y_n \\ y_{n+1} \end{bmatrix} = \frac{g}{2}\Delta t\begin{bmatrix} -1 \\ -2 \\ -2 \\ \cdots \\ -2 \\ -1 \end{bmatrix} + \begin{bmatrix} -v_1 \\ 0 \\ 0 \\ \cdots \\ 0 \\ v_{n+1} \end{bmatrix} \tag{1.31}$$

Note que $v_2^i = v_1^{i+1}$, fazendo com que haja o cancelamento da contribuição destes valores nas constantes de **b** correspondentes aos nós internos da trajetória. Note ainda que $v_1^1 = v_1$ e $v_2^n = v_{n+1}$, que são as velocidades conhecidas da partícula no início e no fim da trajetória, respectivamente.

1.1.4 Integração numérica das constantes do sistema

O cálculo analítico das constantes do sistema apresentado na seção 1.1.3 se torna extenso para elementos bi-dimensionais (2D) ou sólidos (3D), especialmente para aqueles que empregam *funções de interpolação* quadráticas ou de ordem mais elevada. Nestes casos, utilizamos a integração numérica de Gauss-Legendre que permite integrar exatamente um polinômio de ordem $op = 2m - 1$ ou inferior, conhecendo-se o valor deste polinômio em apenas m pontos do intervalo de integração. Assim, dado o polinômio de ordem op

$$P(r) = \sum_{i=0}^{op} a_i r^i \tag{1.32}$$

podemos calcular o valor exato da sua integral definida, no intervalo $[-1, +1]$ da coordenada natural r, por meio da seguinte expressão:

$$\int_{-1}^{+1} P(r)\, dr = \sum_{i=1}^{m} \omega_i P(c_i) \tag{1.33}$$

onde c_i e ω_i são as constantes da formulação de Gauss-Legendre apresentadas na tabela 1.1 .

No caso do sistema de equações (1.16) aplicamos esta formulação para o cálculo dos valores do vetor **b** com um ponto de integração ($m = 1$), visando exemplificar a utilização do método. Assim, obtemos

$$b_1^e = -v_1^e - \frac{g}{4}\Delta t \int_{-1}^{+1} (1 - r)\, dr = -v_1^e - \frac{g}{4}\Delta t\big[(2).(1 - 0)\big] = -v_1^e - \frac{g}{2}\Delta t \tag{1.34}$$

Tabela 1.1: Constantes de Gauss-Legendre da equação (1.33) para integração exata de polinômios de ordem menor ou igual a $op = 2m - 1$, no intervalo $[-1, +1]$.

m	c_i	ω_i
1	$c_1 = \quad 0,000\ 0000\ 0000\ 0000$	$\omega_1 = \quad 2,000\ 0000\ 0000\ 0000$
2	$c_1 = -c_2 = -0,577\ 3502\ 6918\ 9626$	$\omega_1 = \omega_2 = 1,000\ 0000\ 0000\ 0000$
3	$c_1 = -c_3 = -0,774\ 5966\ 6924\ 1483$ $c_2 = \quad 0,000\ 0000\ 0000\ 0000$	$\omega_1 = \omega_3 = 0,555\ 5555\ 5555\ 5556$ $\omega_2 = \quad 0,888\ 8888\ 8888\ 8889$
4	$c_1 = -c_4 = -0,861\ 1363\ 1159\ 4053$ $c_2 = -c_3 = -0,339\ 9810\ 4358\ 4856$	$\omega_1 = \omega_4 = 0,347\ 8548\ 4513\ 7454$ $\omega_2 = \omega_3 = 0,652\ 1451\ 5486\ 2546$
5	$c_1 = -c_5 = -0,906\ 1798\ 4593\ 8664$ $c_2 = -c_4 = -0,538\ 4693\ 1010\ 5683$ $c_3 = \quad 0,000\ 0000\ 0000\ 0000$	$\omega_1 = \omega_5 = 0,236\ 9268\ 8505\ 6189$ $\omega_2 = \omega_4 = 0,478\ 6286\ 7049\ 9366$ $\omega_3 = \quad 0,568\ 8888\ 8888\ 8889$

$$b_2^e = v_2^e - \frac{g}{4}\Delta t \int_{-1}^{+1} (1 + r)\ dr = v_2^e - \frac{g}{4}\Delta t\big[(2).(1+0)\big] = v_2^e - \frac{g}{2}\Delta t \quad (1.35)$$

Note que os resultados de (1.34) e (1.35) são iguais aos obtidos analiticamente em (1.29).

Exemplo 1.1 Utilize a integração numérica de Gauss-Legendre para calcular o valor exato das integrais definidas dos polinômios, enumeradas abaixo. Compare com os valores obtidos analiticamente.

a) $\int_{-1}^{+1} (x^2 - 3x + 2)\, dx$

b) $\int_{0}^{3} (x^5 + 1)\, dx$

Como a ordem do polinômio $P(x)$ da integral de (a) é $op = 2$, utilizamos a formulação de Gauss-Legendre com 2 (dois) pontos que calcula exatamente o valor da integral de polinômios de até terceira ordem ($op = 3$). Assim, pela tabela 1.1, temos

$$\int_{-1}^{+1} P(x)\,dx = (c_1^2 - 3c_1 + 2)\omega_1 + (c_2^2 - 3c_2 + 2)\omega_2$$

$$= 4,666\ 6666\ 6666\ 6667$$

Este valor é o mesmo obtido analiticamente, ou seja, $\frac{14}{3}$.

No caso da integral de (b) usamos $m = 3$ que integra exatamente polinômios de até quinta ordem ($op = 5$). Para obter o valor desta integral com a formulação de Gauss-Legendre é necessário escalonar os valores de $c_1, c_2, c_3, \omega_1, \omega_2$ e ω_3 da tabela 1.1 para o intervalo de integração $[0, 3]$, alterando também a posição do ponto médio do intervalo de 0 para $+\frac{3}{2}$. Note que esta tabela foi obtida para o intervalo de integração $[-1, +1]$. Assim, temos

$$c_1' = \frac{3-0}{1-(-1)}c_1 + \frac{3}{2} = \frac{3}{2}(c_1 + 1) = 0,338\ 1049\ 9613\ 7776$$

$$c_2' = \frac{3}{2}(c_2 + 1) = 1,500\ 0000\ 0000\ 0000$$

$$c_3' = \frac{3}{2}(c_3 + 1) = 2,661\ 8950\ 0386\ 2225$$

$$\omega_1' = \frac{3}{2}\omega_1 = 0,833\ 3333\ 3333\ 3334$$

$$\omega_2' = \frac{3}{2}\omega_2 = 1,333\ 3333\ 3333\ 3333$$

$$\omega_3' = \frac{3}{2}\omega_3 = 0,833\ 3333\ 3333\ 3334$$

Assim, obtemos:

$$\int_0^3 (x^5 + 1)\,dx = (c_1'^5 + 1)\omega_1' + (c_2'^5 + 1)\omega_2' + (c_3'^5 + 1)\omega_3'$$

$$= 124,500\ 0000\ 0000\ 0014$$

Como foi previsto, este valor coincide com o calculado analiticamente, ou seja, $\frac{249}{2}$.

1.1.5 Condições de contorno

O modelo físico da partícula em queda livre ilustrado na figura 1.1 está sujeito à condição de contorno $y(0) = 0$. Esta condição tem que ser imposta sobre o sistema de equações (1.31) resultante do modelo de elementos finitos. Observe que as condições de contorno abordadas nesta seção diferem das velocidades nos contornos do elemento, introduzidas na equação (1.6).

Se pensarmos em resolver sistemas com um grande número de equações e incógnitas, veremos que o método de impor as condições de contorno tem de ser eficiente do ponto de vista do algoritmo computacional utilizado para obtermos a solução do sistema.

O modelo que adotamos consiste em substituir a constante K_{11} da matriz $\mathbf{K}$ do sistema (1.31) por um número $\beta \gg 1$ e a constante b_1 do vetor $\mathbf{b}$ pelo valor da coordenada y_1 (zero), como ilustrado abaixo.

$$\frac{1}{\Delta t}\begin{bmatrix} \beta\Delta t & -1 & & & & \\ -1 & 2 & -1 & & 0 & \\ & -1 & 2 & -1 & & \\ & & \cdots & \cdots & \cdots & \\ & 0 & & -1 & 2 & -1 \\ & & & & -1 & 1 \end{bmatrix}\begin{bmatrix} y_1 \\ y_2 \\ y_3 \\ \cdots \\ y_n \\ y_{n+1} \end{bmatrix} = \frac{g}{2}\Delta t\begin{bmatrix} 0 \\ -2 \\ -2 \\ \cdots \\ -2 \\ -1 \end{bmatrix} + \begin{bmatrix} 0 \\ 0 \\ 0 \\ \cdots \\ 0 \\ v_2^n \end{bmatrix} \tag{1.36}$$

Note que para um caso geral, onde a posição inicial da partícula não é nula, substituímos b_1 por βY, onde Y é a posição conhecida da partícula no ponto nodal y_1, ou seja, $y(0) = y_1 = Y$.

Exemplo 1.2 Dado o sistema de equações descrito na forma matricial abaixo ($\Delta t = 0,5$, $g = 10$ e $v_2^4 = 30$), mostre que o método de impor a condição de contorno da seção 1.1.5 resulta na solução $y_1 = Y$.

$$\begin{bmatrix} 1 & -1 & 0 & 0 \\ -1 & 2 & -1 & 0 \\ 0 & -1 & 2 & -1 \\ 0 & 0 & -1 & 1 \end{bmatrix}\begin{bmatrix} y_1 \\ y_2 \\ y_3 \\ y_4 \end{bmatrix} = \begin{bmatrix} -5 \\ -10 \\ -10 \\ 25 \end{bmatrix}$$

Aplicando o método para impor a condição de contorno $y_1 = Y$, temos

$$\begin{bmatrix} \beta & -1 & 0 & 0 \\ -1 & 2 & -1 & 0 \\ 0 & -1 & 2 & -1 \\ 0 & 0 & -1 & 1 \end{bmatrix} \begin{bmatrix} y_1 \\ y_2 \\ y_3 \\ y_4 \end{bmatrix} = \begin{bmatrix} \beta Y \\ -10 \\ -10 \\ 25 \end{bmatrix}$$

Para obtermos a solução deste sistema, vamos utilizar o algoritmo de eliminação de Gauss que consiste em executar operações algébricas sobre as linhas de $\mathbf{K}$ até que esta se torne a matriz identidade ($\mathbf{I}$). Concomitantemente, aplicamos as mesmas operações sobre uma outra matriz identidade até que, ao final do processo, obtemos $\mathbf{K}^{-1}$. Assim, o algoritmo de eliminação de Gauss transforma $\mathbf{K}$ em $\mathbf{I}$ e a matriz identidade $\mathbf{I}$ em $\mathbf{K}^{-1}$. Com isso, obtemos

$$\mathbf{K}^{-1} = \begin{bmatrix} \frac{1}{\beta-1} & \frac{1}{\beta-1} & \frac{1}{\beta-1} & \frac{1}{\beta-1} \\ \frac{1}{\beta-1} & \frac{\beta}{\beta-1} & \frac{\beta}{\beta-1} & \frac{\beta}{\beta-1} \\ \frac{1}{\beta-1} & \frac{\beta}{\beta-1} & \frac{2\beta-1}{\beta-1} & \frac{2\beta-1}{\beta-1} \\ \frac{1}{\beta-1} & \frac{\beta}{\beta-1} & \frac{2\beta-1}{\beta-1} & \frac{3\beta-2}{\beta-1} \end{bmatrix}$$

A solução do sistema é obtida pela multiplicação do vetor $\mathbf{b}$ pela matriz $\mathbf{K}^{-1}$, ou seja

$$\mathbf{y} = \mathbf{K}^{-1}\mathbf{b} = \begin{bmatrix} \frac{\beta Y+5}{\beta-1} \\ \frac{\beta(Y+5)}{\beta-1} \\ \frac{\beta(Y+20)-15}{\beta-1} \\ \frac{\beta(Y+45)-40}{\beta-1} \end{bmatrix}$$

O valor numérico de $\mathbf{y}$ é obtido para $\beta \gg 1$. Logo

$$\lim_{\beta \to \infty} \mathbf{y} = \begin{bmatrix} Y \\ Y+5 \\ Y+20 \\ Y+45 \end{bmatrix}$$

Para $Y = 0$, temos

$$\mathbf{y} = \begin{bmatrix} 0 \\ 5 \\ 20 \\ 45 \end{bmatrix}$$

Observe que o número $\beta \gg 1$, utilizado para impor a condição de contorno, se propaga por toda a matriz $\mathbf{K}^{-1}$ durante a solução do sistema de equações. Este fato indica que a escolha do valor de β tem de ser feita com critério, pois valores muito elevados de β podem introduzir erros devido à precisão numérica finita do computador. Por outro lado, valores pequenos de β farão com que a solução não incorpore corretamente as condições de contorno.

1.1.6 Solução do sistema de equações

Uma vez estabelecidas as condições de contorno no sistema de equações, a solução pode ser obtida por vários métodos numéricos. O método analítico utilizado no exemplo 1.2 se torna inviável em um sistema de dimensão elevada, ou seja, com um número de equações e incógnitas elevado. No entanto, o mesmo algoritmo de eliminação de Gauss, usado no exemplo 1.2 pode ser utilizado em um ambiente computacional.

O método de eliminação de Gauss é sensível a sucessivos erros numéricos de arredondamento, ocorridos durante as operações executadas entre as linhas da matriz do sistema. Esta sensibilidade pode ser minimizada pela adição do *pivoteamento parcial.*

A técnica de *pivoteamento parcial* consiste em permutar as linhas da matriz, trazendo para o elemento da diagonal o maior valor da coluna que está para ser eliminada. Esta permutação é feita considerando-se apenas as linhas abaixo da linha a ser usada para a execução da eliminação, incluindo esta própria.

Para obter a solução do sistema de equações (1.31), não é necessário calcular a matriz inversa do sistema, como apresentado no exemplo 1.2 . Para isso, basta tornar a matriz **K** triangular e calcular os valores y_i a partir de y_4 até y_1, num processo denominado *retrosubstituição*. Assim, uma vez obtida a matriz triangular do sistema

$$\begin{bmatrix} K'_{11} & K'_{12} & K'_{13} & K'_{14} \\ 0 & K'_{22} & K'_{23} & K'_{24} \\ 0 & 0 & K'_{33} & K'_{34} \\ 0 & 0 & 0 & K'_{44} \end{bmatrix} \begin{bmatrix} y_1 \\ y_2 \\ y_3 \\ y_4 \end{bmatrix} = \begin{bmatrix} b'_1 \\ b'_2 \\ b'_3 \\ b'_4 \end{bmatrix} \tag{1.37}$$

calculamos inicialmente o valor de y_4 com a expressão

$$y_4 = \frac{b'_4}{K'_{44}} \tag{1.38}$$

e, por *retrosubstituição*, calculamos os valores dos demais y_i (na ordem $i = 3, 2$ e 1) com o uso da seguinte expressão:

$$y_i = \frac{1}{K'_{ii}} \left(b'_i - \sum_{j=i+1}^{4} K'_{ij} y_j \right) \tag{1.39}$$

Note que o vetor $\mathbf{b}'$ em (1.37) é o resultado da aplicação das mesmas operações, utilizadas para tornar a matriz **K** triangular, sobre o vetor **b**.

O método de eliminação de Gauss é computacionalmente ineficiente, pois requer um tempo de processamento relativamente elevado quando comparado com os métodos de decomposição da matriz **K** [13]. No entanto, devido à simplicidade de seu algoritmo, se presta ao enfoque didático deste texto. Além disso, a forma particular da matriz (tri-diagonal), resultante do modelo de elementos finitos da partícula em queda livre, permite que utilizemos o método de eliminação de Gauss para obter a solução do seu sistema de equações (1.31), uma vez que o grande número de zeros existentes na matriz **K** reduz o esforço computacional de eliminação.

1.2 Funções de interpolação

As *funções de interpolação* são parte integrante do método dos elementos finitos. Estas funções devem ser coerentes com o comportamento do modelo de elementos finitos adotado, ou seja, devem descrever corretamente as características do modelo físico.

De uma maneira geral, estas funções se subdividem em duas categorias: as *funções de deslocamento*, utilizadas para aproximar a variável que se deseja calcular, como por exemplo, a variável y da partícula em (1.7); e as *funções de forma*, utilizadas para aproximar a geometria do elemento, como no caso da variável tempo (t) em (1.8). Note que a palavra "geometria" é empregada para caracterizar a variável utilizada na discretização do domínio, a qual nem sempre possui um significado dimensional.

Quando utilizamos os mesmos pontos nodais para aproximar as variáveis de deslocamento e as que descrevem a geometria, como ilustrado na figura 1.5b, dizemos que o elemento é isoparamétrico. Em consequência, adotamos também as mesmas funções para interpolar tanto os deslocamentos como a forma. Temos ainda outras duas classes gerais de elementos: os *superparamétricos* que utilizam um número maior de pontos nodais para aproximar a geometria do que os usados para a variável que se deseja calcular; e os *subparamétricos* que utilizam um menor número de nós para a geometria do elemento.

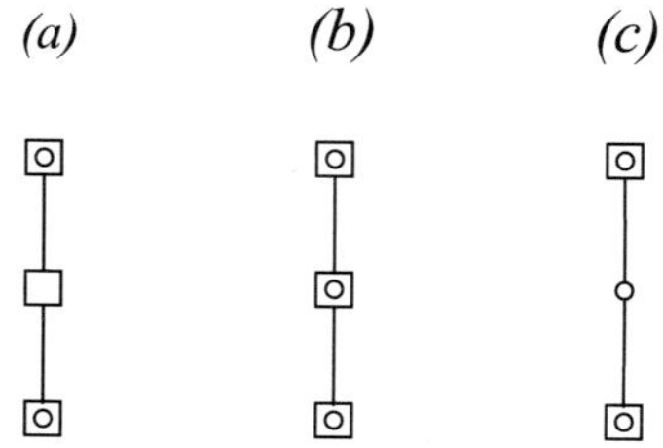

Figura 1.5: Classificação dos elementos finitos quanto ao número de pontos utilizados para aproximar a geometria (pontos marcados com "∘") e a variável y (pontos marcados com "□"). (a) subparamétrico; (b) isoparamétrico; e (c) superparamétrico.

No caso particular da partícula em queda livre, as *funções de inter-*

polação devem satisfazer as condições 1.1, 1.2 e 1.3, definidas nesta seção.

Condição 1.1 As *funções de interpolação* aproximam a variável em questão por meio dos seus valores nos pontos nodais.

Conforme observamos na figura 1.3, a consequência imediata da condição 1.1 é que as *funções de interpolação* devem satisfazer à seguinte expressão:

$$\psi_i(r) = \begin{cases} 1 & \text{para } r = r_i, \\ 0 & \text{para } r = r_j, \; j \neq i \end{cases} \tag{1.40}$$

onde r_i correspondente ao valor da coordenada natural r no ponto nodal i.

Condição 1.2 As *funções de deslocamento* devem garantir que não haverá deslocamento da partícula em repouso, quando a força gravitacional não estiver atuando.

Como a velocidade inicial da partícula é nula, $v(0) = 0$, teremos $y_1^e = y_2^e = y(0)$, para todos os elementos da discretização (figura 1.4). Assim, aplicando este resultado sobre a aproximação da coordenada y em (1.7), obtemos

$$y \approx \sum_{i=1}^{2} \psi_i(r) y_i^e = y(0) \sum_{i=1}^{2} \psi_i(r) = y(0) \tag{1.41}$$

Logo, as funções ψ_i têm de satisfazer à expressão

$$\sum_{i=1}^{2} \psi_i(r) = 1 \tag{1.42}$$

Note que a condição 1.2 equivale ao caso de distribuição de temperatura constante, em problemas de transmissão de calor, e ao caso de deslocamento de corpo rígido, em problemas de elasticidade dos materiais, como discutiremos nos capítulos 2 e 3, respectivamente.

Condição 1.3 O produto da primeira derivada das *funções de interpolação* deve ser integrável no intervalo $[t_1^e, t_2^e]$ do elemento.

A condição 1.3 garante que as constantes K^e_{ij} da matriz do sistema podem ser obtidas pela integração do produto das funções $\frac{d\psi_i}{dt}$ e $\frac{d\psi_j}{dt}$, como definido na equação (1.14).

Problemas

1.1 Utilize o modelo de elementos finitos da partícula em queda livre desenvolvido neste capítulo para obter a solução no intervalo de tempo $0 \leq t \leq 1,5$ segundo, com a condição de contorno $y(0) = 0$, $\Delta t = 0,5$ segundo e $\beta = 1,0 \times 10^5$. Compare com a solução analítica e mostre que as duas coincidem nos pontos nodais.

Sugestão: utilize $\mathbf{K}^{-1}$ do exemplo 1.2, obtenha $\mathbf{y}$ e substitua o valor de β.

1.2 Calcule as posições de uma partícula em queda livre, a cada intervalo de tempo de 1 (um) segundo, largada de uma altura de 50 metros, no instante $t = 0$, com velocidade nula. Utilize a aceleração da gravidade $g = 10$ m/s.

1.3 Determine as *funções de interpolação* (ψ_i) do elemento isoparamétrico representado na figura abaixo, utilizando a coordenada natural r.

Sugestões: a) Determine primeiro ψ_2;
b) Note que $\psi_1^{e2}(0) = \psi_2^{e2}(0) = \frac{1}{2}\psi_2(0)$, onde ψ_1^{e2} e ψ_2^{e2} são as *funções de interpolação* do elemento da figura 1.2;
c) Utilize as propriedades (1.40) e (1.42) resultantes das condições 1.1 e 1.2, apresentadas na seção 1.2 ; e
d) Verifique se as funções obtidas satisfazem a condição 1.3 .

Prob. 1.3

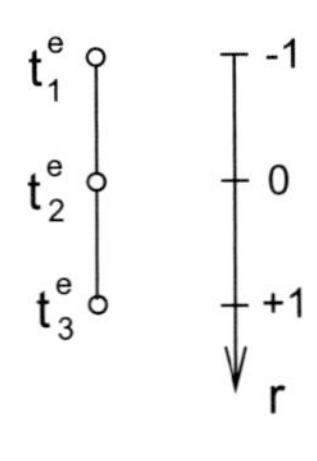

1.4 Desloque o ponto nodal t_2^e do elemento do problema 1.3 para a posição $r = -0,5$ e determine as *funções de interpolação* ψ_i do elemento resultante. Siga as sugestões apresentadas no problema 1.3 .

1.5 Partindo da equação (1.6), mostre que as constantes do sistema de equações do elemento empregado no problema 1.3 são calculadas por expressões semelhantes às das constantes do elemento da figura 1.2, ou seja

$$\begin{bmatrix} K_{11}^e & K_{12}^e & K_{13}^e \\ K_{21}^e & K_{22}^e & K_{23}^e \\ K_{31}^e & K_{32}^e & K_{33}^e \end{bmatrix} \begin{bmatrix} y_1^e \\ y_2^e \\ y_3^e \end{bmatrix} = \begin{bmatrix} b_1^e \\ b_2^e \\ b_3^e \end{bmatrix}, \text{ onde}$$

$$K_{ij}^e = \int_{\Omega^e} \frac{d\psi_i}{dt}\frac{d\psi_j}{dt}\, dt \quad \text{e} \quad b_i^e = \kappa_i v_i^e - g \int_{\Omega^e} \psi_i \, dt$$

para $i, j = 1, 2,$ e 3, onde $\kappa_1 = -\kappa_3 = -1$ e $\kappa_2 = 0$

1.6 Utilize as mesmas expressões definidas no problema 1.5 e obtenha os valores das constantes K_{ij}^e e b_i^e para um elemento isoparamétrico de 3 nós com as seguintes *funções de interpolação*:

$$\psi_1 = \tfrac{1}{2}(1 - r) - \tfrac{1}{2}\psi_2$$

$$\psi_2 = 1 - |r|$$

$$\psi_3 = \tfrac{1}{2}(1 + r) - \tfrac{1}{2}\psi_2$$

1.7 Calcule os valores das constantes K_{ij}^e e b_i^e do elemento isoparamétrico do problema 1.5 utilizando as *funções de interpolação* determinadas no problema 1.3 . Escreva K_{ij}^e e b_i^e em função de $\Delta t = t_3^e - t_1^e$, g, v_1^e e v_3^e.

Note que $t_2^e = (t_1^e + t_3^e)/2$.

1.8 Calcule as constantes da matriz $\mathbf{K}^e$ do sistema de equações do elemento isoparamétrico definido pelas *funções de interpolação* do problema 1.13c .

1.9 Obtenha por integração numérica (formulação de Gauss-Legendre) o valor exato de K_{22}^e do problema 1.7 .

1.10 Com apenas 2 (dois) pontos nodais de integração numérica ($m =$ 2, da tabela 1.1), calcule pela formulação de Gauss-Legendre o valor da integral do polinômio do exemplo 1.1b. Compare o resultado com o valor obtido para $m = 3$, calculado no exemplo em questão.

1.11 Calcule as integrais definidas abaixo utilizando a formulação de Gauss-Legendre.

a) $\int_0^2 (x-1)(x-2)(x-3)\,dx$

b) $\int_0^{\frac{\pi}{2}} \cos(\theta)\,d\theta$, com cinco pontos de integração ($m = 5$).

Utilizando o valor exato calculado analiticamente, determine o erro do valor obtido no item b).

1.12 Obtenha a solução da partícula em queda livre descrita no problema 1.1, utilizando o elemento do problema 1.3 na construção do modelo de elementos finitos.

Sugestão: utilize as constantes do sistema de equações calculadas para este elemento no problema 1.7 .

1.13 Verifique se as funções abaixo são *funções de interpolação* válidas para o elemento isoparamétrico de três nós do problema 1.3 .

a) $\psi_1 = \frac{1}{2}(r^2 - r)$ $\qquad \psi_2 = 1 - \text{sen}^2(\frac{\pi}{2}r)$ $\qquad \psi_3 = \frac{1}{2}(r^2 + r)$

b) $\psi_1 = \frac{1}{2}(1 - r) - \frac{1}{2}\psi_2$ $\qquad \psi_2 = 1 - \sqrt{|r|}$ $\qquad \psi_3 = \frac{1}{2}(1 + r) - \frac{1}{2}\psi_2$

c)

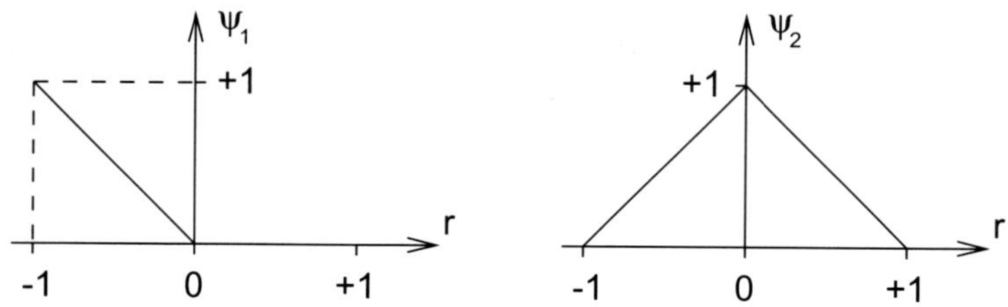

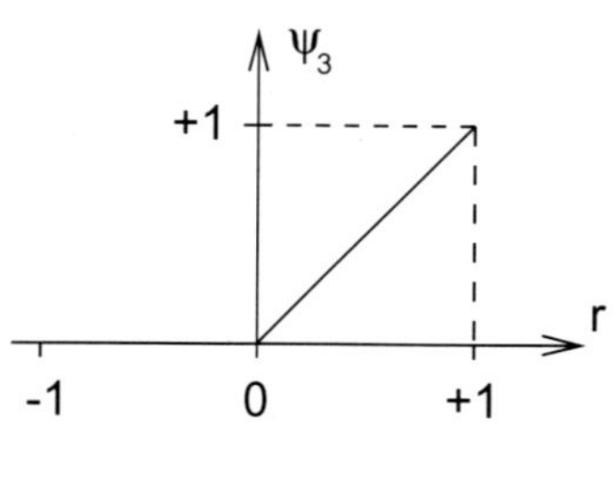

Prob. 1.13c

1.14 Resolva o problema 1.1 com a condição de contorno natural $v_1 = -15$ m/s, ou seja, para o caso da partícula ter sido lançada para cima no instante

$t = 0$. Observe que os valores de y_i serão negativos pela convenção do eixo y adotada no modelo desenvolvido neste capítulo (figura 1.1).

Capítulo 2

Aplicação em transmissão de calor

A modelagem de problemas de transmissão de calor segue os mesmos passos apresentados no capítulo 1 adaptados para a equação característica que governa este fenômeno físico. Esta equação de governo pode ser empregada para a modelagem e solução de problemas em uma (1D), duas (2D) ou três dimensões (3D), no entanto, nos limitaremos a geometrias planas, buscando, nesta dimensão, generalizar o método para a construção do modelo de elementos finitos. A extrapolação para casos em 3D é imediata, porém não será tratada neste texto.

O problema físico que nos propomos modelar consiste de uma placa plana com aberturas internas de geometrias variadas, como ilustrado na figura 2.1. Assumiremos que nos contornos desta placa são conhecidas as distribuições de temperatura e que não há geração interna de energia. Além destas condições, são consideradas as trocas de calor por convecção com o ambiente na temperatura T_a, sobre as duas superfícies da placa. Todas estas formas de troca de calor, presentes no problema proposto, ocorrem em regime permanente, de forma que nenhuma consideração sobre transiente será abordada.

Apesar do enfoque didático que visa atender ao objetivo principal deste texto, o modelo aqui desenvolvido pode ser também aplicado em problemas práticos, como por exemplo na análise da distribuição de temperatura sobre uma chapa por onde passam tubos contendo líquidos quentes ou frios. Podemos ainda adicionar a este problema o fluxo de calor proveniente da radiação térmica, como a incidência da luz solar sobre o convés de um navio, ou sobre o pavimento de um prédio. Neste caso, o modelo de radiação térmica a ser utilizado deve ser semelhante à uma condição de contorno onde o fluxo de calor por radiação (q_{rad}) é conhecido. A equação de Stefan-Boltzmann, $q_{rad} = \sigma(T^4 - T_r^4)$, introduziria uma não-linearidade no modelo com a potência quarta da temperatura que desejamos calcular.

2.1 Condução em uma placa plana

Inicialmente, vamos apresentar o desenvolvimento do modelo de elementos finitos para o problema de transmissão de calor por condução simples (sem convecção) sobre uma placa plana de geometria genérica, podendo conter aberturas internas, como ilustrado na figura 2.1 .

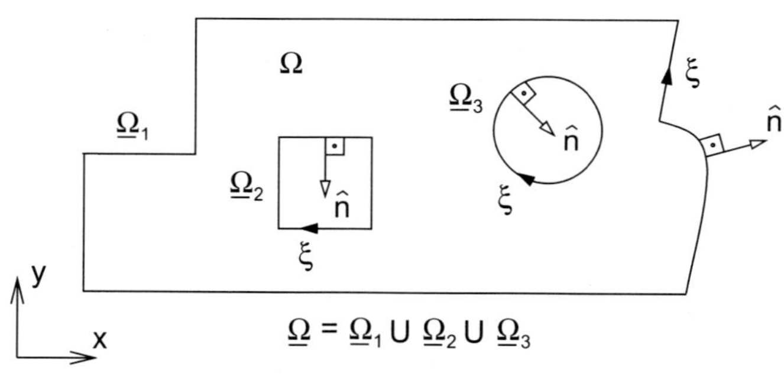

Figura 2.1: Placa plana com aberturas internas, submetida às seguintes distribuições de temperatura nos contornos: $T_1(x, y)$ ao longo do contorno externo $\underline{\Omega}_1$; $T_2(x, y)$ e $T_3(x, y)$ ao longo dos contornos internos $\underline{\Omega}_2$ e $\underline{\Omega}_3$, respectivamente.

Consideramos no nosso modelo que o material da placa é isotrópico, ou seja, que o coeficiente de transmissão de calor por condução k é constante ao longo do domínio e possui o mesmo valor em qualquer direção.

A equação de governo deste problema pode ser representada para as coordenadas cartesianas (x, y) da seguinte forma:

$$-\left[\frac{\partial}{\partial x}\left(k\frac{\partial T}{\partial x}\right) + \frac{\partial}{\partial y}\left(k\frac{\partial T}{\partial y}\right)\right] w = Q \tag{2.1}$$

O modelo proposto está sujeito apenas à distribuição de temperatura $T_i(x,y)$ ao longo dos contornos do domínio Ω de espessura w constante. Assim, a geração interna de energia Q é nula para o problema em questão. Adotaremos ainda o coeficiente de condução térmica k constante (independente da temperatura), o que nos leva a obter a seguinte expressão:

$$\left(k\frac{\partial^2 T}{\partial x^2} + k\frac{\partial^2 T}{\partial y^2}\right) w = 0 \tag{2.2}$$

Note que o problema proposto descreve o fenômeno de transmissão de calor em regime permanente, o que exclui da equação de governo (2.1) qualquer componente temporal.

2.1.1 Desenvolvimento do modelo de elementos finitos

Para construir o modelo de elementos finitos utilizaremos os mesmos passos usados para o problema da partícula em queda livre do capítulo 1, ou seja

1. Obtenção da *forma fraca* da equação (2.2), por meio da integração ponderada pela função $p(x,y)$, no domínio do elemento Ω^e;
2. Aproximação da geometria do elemento e da variável temperatura (T) por meio do uso de *funções de forma* e de *funções de deslocamento*, respectivamente ($\psi_i(r,s)$); e
3. Construção do sistema de equações do modelo pela substituição da função de ponderação $p(x,y)$ pelas *funções de deslocamento* $\psi_i(r,s)$.

Obtenção da *forma fraca* da equação (2.2)

Conforme vimos no capítulo 1, o processo para a obtenção da *forma fraca* inicia com a integração ponderada da equação (2.2), no domínio Ω^e do elemento, ou seja

$$\iint_{\Omega^e} pw\left(k\frac{\partial^2 T^e}{\partial x^2} + k\frac{\partial^2 T^e}{\partial y^2}\right) dxdy = 0 \tag{2.3}$$

Pelo teorema da derivada do produto de duas funções podemos expandir a equação (2.3) em termos, apenas, das derivadas parciais de primeira ordem, ou seja

$$p\frac{\partial^2 T^e}{\partial x^2} = \left[\frac{\partial}{\partial x}\left(p\frac{\partial T^e}{\partial x}\right) - \frac{\partial p}{\partial x}\frac{\partial T^e}{\partial x}\right] \tag{2.4}$$

Substituindo em (2.3), temos

$$\iint_{\Omega^e} kw\left(\frac{\partial p}{\partial x}\frac{\partial T^e}{\partial x} + \frac{\partial p}{\partial y}\frac{\partial T^e}{\partial y}\right) dxdy$$

$$= \iint_{\Omega^e} kw\left[\frac{\partial}{\partial x}\left(p\frac{\partial T^e}{\partial x}\right) + \frac{\partial}{\partial y}\left(p\frac{\partial T^e}{\partial y}\right)\right] dxdy \tag{2.5}$$

Pelo teorema do gradiente (Green), a integral de linha de uma função campo vetorial $\vec{f}(x,y) = [f_1(x,y), f_2(x,y)]$, ao longo do contorno $\underline{\Omega}^e$ do domínio Ω^e, pode ser calculada pela seguinte igualdade:

$$\oint_{\underline{\Omega}^e} \vec{f}\cdot\widehat{n}\, d\xi = \iint_{\Omega^e} \vec{\nabla}\cdot\vec{f}\, dxdy \tag{2.6}$$

onde $\vec{\nabla} = \left(\frac{\partial}{\partial x}, \frac{\partial}{\partial y}\right)$

Aplicando o teorema de Green em (2.5), com $\vec{f} = \left[p\frac{\partial T^e}{\partial x}, p\frac{\partial T^e}{\partial y}\right]$, obtemos a seguinte expressão:

$$\iint_{\Omega^e} kw\left(\frac{\partial p}{\partial x}\frac{\partial T^e}{\partial x} + \frac{\partial p}{\partial y}\frac{\partial T^e}{\partial y}\right) dxdy = \oint_{\underline{\Omega}^e} pkw\left(\frac{\partial T^e}{\partial x}, \frac{\partial T^e}{\partial y}\right)\cdot\widehat{n}\, d\xi \tag{2.7}$$

Note que ξ é contado positivo no sentido anti-horário para os contornos externos e horário para os contornos internos, conforme ilustrado na figura 2.1. Note ainda que o vetor normal unitário $\widehat{n}$ segue a mesma convenção representada na figura 2.1 .

A integral de linha da equação (2.7) representa o fluxo de calor q^e através do contorno $\underline{\Omega}^e$ do elemento. Este fluxo constitui a condição de contorno natural da equação (2.2), à semelhança dos valores v_1^e e v_2^e do modelo da equação de governo da partícula em queda livre, discutido na seção 1.1.1 . Assim, a equação (2.7) pode ser escrita na forma

$$\iint_{\Omega^e} kw \left(\frac{\partial p}{\partial x} \frac{\partial T^e}{\partial x} + \frac{\partial p}{\partial y} \frac{\partial T^e}{\partial y} \right) dx dy = -q^e \tag{2.8}$$

onde

$$q^e = -\oint_{\underline{\Omega}^e} pkw \left(\frac{\partial T^e}{\partial x}, \frac{\partial T^e}{\partial y} \right) \cdot \widehat{n} \, d\xi \tag{2.9}$$

sendo que o sinal negativo nas relações (2.8) e (2.9), entre q^e e a integral de linha, é devido ao fato do fluxo de calor por condução ter direção oposta ao gradiente de temperatura.

A equação (2.8) é a *forma fraca* ou *forma variacional* da equação de governo (2.2). Note que no caso particular que estamos estudando, o coeficiente k pode ser eliminado por cancelamento. No entanto, manteremos k com o objetivo de buscar a generalidade no desenvolvimento e de facilitar a obtenção do modelo de transmissão de calor por condução, com geração interna de energia (Q) não nula, por parte do leitor. Além disso, este resultado será utilizado no desenvolvimento do modelo de condução com convecção, descrito na seção 2.3 . A manutenção de k durante o desenvolvimento é ainda necessária caso seja utilizado o fluxo de calor concentrado nos pontos nodais, conforme descrito na seção 2.1.6 . Note que os mesmos argumentos se aplicam à espessura w.

Aproximação da geometria e da temperatura no elemento

O segundo passo para a construção do modelo de elementos finitos consiste na aproximação da temperatura da placa (T) e das coordenadas cartesianas (x, y), por meio do uso das *funções de deslocamento* e das *funções de forma*, respectivamente.

Do mesmo modo que aproximamos as variáveis da partícula em queda livre no capítulo 1, por meio da interpolação dos seus valores nos nós do elemento, aproximaremos a temperatura T e as coordenadas (x, y) de um ponto no interior do elemento plano, representado na figura 2.2, pelos seus valores nos pontos nodais $1, 2, 3$ e 4. Logo

$$T \approx T^e(r,s) = \sum_{i=1}^{4} \psi_i(r,s) T_i^e \tag{2.10}$$

$$x \approx x^e(r,s) = \sum_{i=1}^{4} \psi_i(r,s) x_i^e \tag{2.11}$$

$$y \approx y^e(r,s) = \sum_{i=1}^{4} \psi_i(r,s) y_i^e \tag{2.12}$$

Note que estamos modelando um elemento isoparamétrico, razão pela qual utilizamos as mesmas funções para interpolar a variável T e as coordenadas (x, y), em outras palavras, as mesmas *funções de interpolação* para a *forma* e para os *deslocamentos*. Cabe ressaltar que a denominação *deslocamentos* não tem relação com um valor dimensional. Esta é uma herança da formulação dos *deslocamentos*, a qual foi uma das primeiras formulações desenvolvidas como aplicação do método dos elementos finitos (ver texto introdutório no início do capítulo 1).

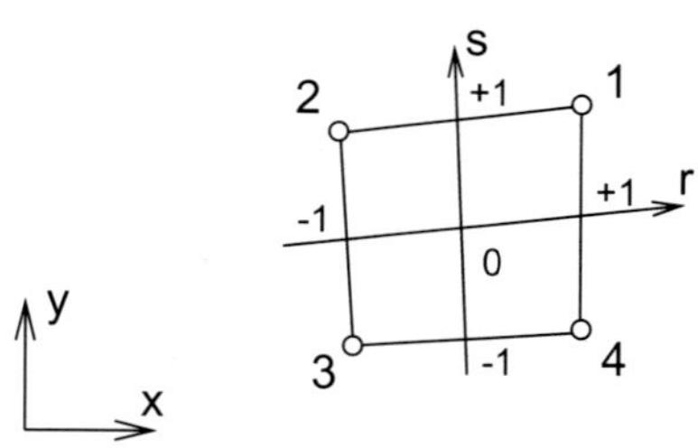

Figura 2.2: Elemento quadrilátero isoparamétrico de 4 nós utilizado para a construção do modelo de elementos finitos, com a numeração dos nós *locais* no sentido anti-horário.

Por se tratar de um problema bi-dimensional, é necessário o uso de coordenadas naturais (r, s) para descrever o domínio do elemento Ω^e. Analogamente à coordenada natural adotada para o problema da partícula no capítulo 1, estas coordenadas naturais são definidas no intervalo $-1 \leq r, s \leq +1$. Assim, por exemplo, o lado do elemento da figura 2.2 delimitado pelos nós 1 e 2 corresponde à coordenada $s = +1$ constante, ou ainda o lado delimitado pelos nós 2 e 3 corresponde à $r = -1$ constante.

As *funções de interpolação* ψ_i, neste caso, são definidas no domínio natural e associam à cada coordenada (r, s) um valor dentro do intervalo $[-1, 1]$ conforme ilustrado na figura 2.3 . Observando que as funções ψ_i são lineares em r e em s, obtemos

$$\psi_1 = \frac{1}{4}(1+r)(1+s) \tag{2.13}$$

$$\psi_2 = \frac{1}{4}(1-r)(1+s) \tag{2.14}$$

$$\psi_3 = \frac{1}{4}(1-r)(1-s) \tag{2.15}$$

$$\psi_4 = \frac{1}{4}(1+r)(1-s) \tag{2.16}$$

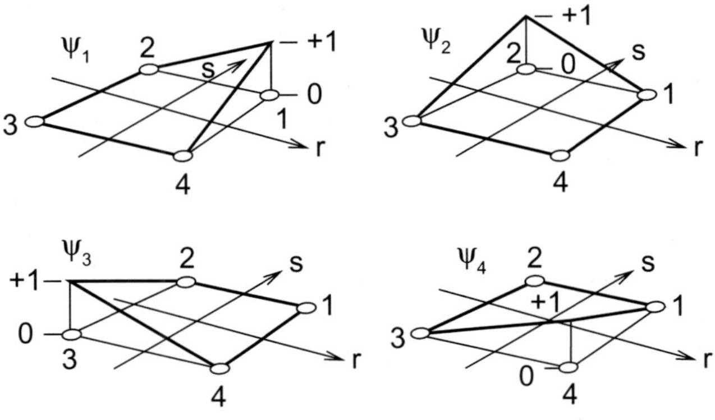

Figura 2.3: *Funções de interpolação* do elemento da figura 2.2 .

Substituindo (2.10) em (2.8), obtemos

$$\iint_{\Omega^e} kw \left[\frac{\partial p}{\partial x} \sum_{i=1}^{4} \left(\frac{\partial \psi_i}{\partial x} T_i^e \right) + \frac{\partial p}{\partial y} \sum_{i=1}^{4} \left(\frac{\partial \psi_i}{\partial y} T_i^e \right) \right] dxdy = -q^e \quad (2.17)$$

e ainda, substituindo (2.10) em (2.9), obtemos, para a condição de contorno natural q^e, a seguinte expressão:

$$q^e = -\oint_{\underline{\Omega}^e} pkw \left[\left(\sum_{i=1}^{4} \frac{\partial \psi_i}{\partial x} T_i^e \right), \left(\sum_{i=1}^{4} \frac{\partial \psi_i}{\partial y} T_i^e \right) \right] \cdot \widehat{n}\, d\xi \quad (2.18)$$

Construção do sistema de equações do modelo

Como foi mencionado no desenvolvimento do modelo de elementos finitos da partícula no capítulo 1, é necessário atribuir valores para a função de ponderação $p(x, y)$ de modo a obtermos um sistema de equações, onde as incógnitas são os valores de temperatura T_i^e nos nós do elemento. Assim, relembrando que p pode assumir qualquer valor, adotaremos as *funções de deslocamento* ψ_j, para $j = 1, \ldots, 4$, de modo a obtermos o seguinte sistema de 4 (quatro) equações com 4 (quatro) incógnitas, pela substituição em (2.17) e (2.18):

$$\iint_{\Omega^e} kw \left[\frac{\partial \psi_j}{\partial x} \sum_{i=1}^{4} \left(\frac{\partial \psi_i}{\partial x} T_i^e \right) + \frac{\partial \psi_j}{\partial y} \sum_{i=1}^{4} \left(\frac{\partial \psi_i}{\partial y} T_i^e \right) \right] dxdy = -q_j^e \quad (2.19)$$

$$q_j^e = -\oint_{\underline{\Omega}^e} \psi_j kw \left[\left(\sum_{i=1}^{4} \frac{\partial \psi_i}{\partial x} T_i^e \right), \left(\sum_{i=1}^{4} \frac{\partial \psi_i}{\partial y} T_i^e \right) \right] \cdot \widehat{n}\, d\xi \quad (2.20)$$

Explicitando (2.19) e (2.20), para os valores de j, na forma matricial $\mathbf{K}^e\mathbf{T}^e = \mathbf{q}^e$, temos

$$\begin{bmatrix} K_{11}^e & K_{12}^e & K_{13}^e & K_{14}^e \\ K_{21}^e & K_{22}^e & K_{23}^e & K_{24}^e \\ K_{31}^e & K_{32}^e & K_{33}^e & K_{34}^e \\ K_{41}^e & K_{42}^e & K_{43}^e & K_{44}^e \end{bmatrix} \begin{bmatrix} T_1^e \\ T_2^e \\ T_3^e \\ T_4^e \end{bmatrix} = \begin{bmatrix} -q_1^e \\ -q_2^e \\ -q_3^e \\ -q_4^e \end{bmatrix} \quad (2.21)$$

onde

$$K_{ij}^e = \iint_{\Omega^e} kw \left(\frac{\partial \psi_i}{\partial x} \frac{\partial \psi_j}{\partial x} + \frac{\partial \psi_i}{\partial y} \frac{\partial \psi_j}{\partial y} \right) dxdy \tag{2.22}$$

Note que $K_{ij}^e = K_{ji}^e$, o que torna a matriz do sitema $\mathbf{K}^e \mathbf{T}^e = \mathbf{q}^e$, expressa em (2.21), simétrica.

Neste ponto do desenvolvimento do modelo de elementos finitos são necessárias algumas considerações sobre a condição de contorno natural q_i^e. O valor do fluxo de calor através dos contornos dos elementos, não pertencentes aos contornos do domínio Ω (figura 2.1), são anulados durante a montagem do sistema de equações do modelo, à semelhança do que ocorreu com a velocidade v_i^e no problema da partícula no capítulo 1. Assim, apenas os fluxos de calor nos contornos dos elementos, pertencentes aos contornos $\underline{\Omega}_i$ do domínio Ω devem ser motivo de consideração na construção do modelo.

No problema de transmissão de calor por condução em uma placa plana, ilustrado na figura 2.1, assumimos que as distribuições de temperatura ao longo dos contornos $\underline{\Omega}_1$, $\underline{\Omega}_2$ e $\underline{\Omega}_3$ são conhecidas. Esta característica do problema proposto possibilita o cálculo das temperaturas nos nós do elemento sem a necessidade de conhecermos os fluxos de calor nos contornos, como veremos adiante neste capítulo.

2.1.2 Montagem do sistema de equações do modelo

Seguindo o mesmo roteiro utilizado para a construção do modelo de elementos finitos da partícula em queda livre (capítulo 1), devemos aplicar a formulação desenvolvida para um elemento isolado sobre o domínio Ω da figura 2.1 . Para isso, temos que discretizar a região contínua deste domínio com o uso de uma malha de elementos finitos.

A geração da malha sobre o domínio Ω requer técnicas mais elaboradas do que a simples divisão da escala de tempo utilizada no problema da trajetória da partícula (figura 1.4). No caso de discretizações bi-dimensionais, várias técnicas de geração de malha vem sendo desenvolvidas visando tanto a sua automação como a obtenção de elementos pouco distorcidos. Como veremos no capítulo 7, estas técnicas se aplicam também à geração de elementos triangulares. Para o propósito desta seção, ilustraremos a discretização do domínio Ω com uma malha gerada manualmente (figura 2.4).

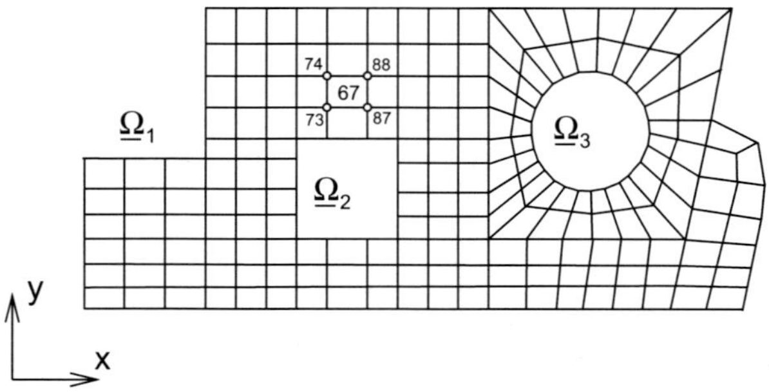

Figura 2.4: Malha gerada manualmente para discretizar o domínio da figura 2.1 .

O procedimento para montarmos o sistema de equações consiste em adicionar os valores K_{ij}^e, da matriz de cada elemento, à matriz do sistema do modelo, seguindo a função de *conectividade* dos elementos.

Para ilustrar este processo, vamos tomar como exemplo o elemento número 67 da figura 2.4, o qual é definido pelos nós *globais* 88, 74, 73 e 87. Estes nós *globais* correspondem aos nós *locais* 1, 2, 3 e 4, respectivamente. Cabe ressaltar que, tanto para a posição relativa dos nós *locais* como para o sentido de numeração destes nós, foi adotada a convenção da figura 2.2.

A função de *conectividade* para o elemento 67 é então definida como: $g_1^{67} = 88$, $g_2^{67} = 74$, $g_3^{67} = 73$ e $g_4^{67} = 87$. Assim, para adicionar a matriz do elemento à matriz do modelo, utilizamos a correspondência dada por g_i^{67}, ou seja

$$K_{(g_i^{67})(g_j^{67})} = K_{(g_i^{67})(g_j^{67})} + K_{ij}^{67} \tag{2.23}$$

Para $i = 3$ e $j = 1$, por exemplo, obtemos $K_{73\ 88} = K_{73\ 88} + K_{31}^{67}$. A mesma função de *conectividade* se aplica ao vetor do fluxo de calor do sistema do modelo, onde $q_{(g_i^{67})} = q_{(g_i^{67})} + (-q_i^{67})$. Note no entanto, que, no problema em questão, estes fluxos não são conhecidos e que as condições de contorno são dadas pelas distribuições de temperatura nos contornos da placa (ver seção 2.1.5).

O sistema de equações obtido para o modelo de elementos finitos possui n equações e n incógnitas correspondentes aos n nós *globais* da discretização da figura 2.4, o qual, na sua forma matricial, pode ser representado como $\mathbf{KT} = \mathbf{q}$, ou seja

$$\begin{bmatrix} K_{11} & \cdot & \cdot & \cdot & K_{1n} \\ \cdot & & \cdot & & \cdot \\ \cdot & & \cdot & & \cdot \\ \cdot & & \cdot & & \cdot \\ K_{n1} & \cdot & \cdot & \cdot & K_{nn} \end{bmatrix} \begin{bmatrix} T_1 \\ \cdot \\ \cdot \\ \cdot \\ T_n \end{bmatrix} = \begin{bmatrix} q_1 \\ \cdot \\ \cdot \\ \cdot \\ q_n \end{bmatrix} \tag{2.24}$$

A matriz $\mathbf{K}$ obtida é simétrica, em consequência da simetria das matrizes dos elementos. Esta propriedade pode ser utilizada para reduzir o trabalho de montagem do sistema, uma vez que devemos calcular apenas as constantes acima ou abaixo da diagonal principal e os da própria diagonal principal.

2.1.3 Cálculo analítico das constantes do sistema

As constantes do sistema (2.21) são obtidas pela integral definida (2.22), que fornece os valores de K_{ij}^e, por meio do uso das *funções de deslocamento* de (2.13) a (2.16).

O domínio utilizado na integração é o das coordenadas naturais, o que torna necessário a transformação de coordenadas do sistema global (x, y) para o sistema natural de coordenadas $-1 \leq r, s \leq +1$. Esta mudança é feita pela definição da área diferencial dA, em coordenadas naturais. Note que no sistema das coordenadas *globais* (x, y), a área diferencial é dada por $dA = dxdy = |(dx\widehat{x}) \times (dy\widehat{y})| = |\widehat{x} \times \widehat{y}|dxdy$, onde $\widehat{x}$ e $\widehat{y}$ são vetores unitários do sistema coordenado global. O mesmo dA pode ser definido para as coordenadas naturais, ou seja

$$dA = |(dr\widehat{r}) \times (ds\widehat{s})| = |\widehat{r} \times \widehat{s}|drds \tag{2.25}$$

Os vetores unitários $\widehat{x}$ e $\widehat{y}$ são obtidos pela variação de um vetor qualquer $\vec{v} = (x, y)$, nas direções das coordenadas x e y, ou seja, $\widehat{x} = \frac{\partial \vec{v}}{\partial x} = (1, 0)$ e $\widehat{y} = \frac{\partial \vec{v}}{\partial y} = (0, 1)$. Aplicando este mesmo conceito a $\widehat{r}$ e $\widehat{s}$, obtemos

$$\widehat{r} = \frac{\partial \vec{v}}{\partial r} = \left(\frac{\partial x}{\partial r}, \frac{\partial y}{\partial r}\right) \qquad \widehat{s} = \frac{\partial \vec{v}}{\partial s} = \left(\frac{\partial x}{\partial s}, \frac{\partial y}{\partial s}\right) \tag{2.26}$$

Substituindo (2.26) em (2.25), obtemos

$$dA = dxdy = \det \begin{bmatrix} \frac{\partial x}{\partial r} & \frac{\partial y}{\partial r} \\ \frac{\partial x}{\partial s} & \frac{\partial y}{\partial s} \end{bmatrix} drds = (\det J)drds \tag{2.27}$$

onde J é a matriz Jacobiana da transformação de coordenadas. Assim, a equação (2.22) assume a seguinte forma:

$$K_{ij}^e = \int_{-1}^{+1} \int_{-1}^{+1} kw \left(\frac{\partial \psi_i}{\partial x} \frac{\partial \psi_j}{\partial x} + \frac{\partial \psi_i}{\partial y} \frac{\partial \psi_j}{\partial y} \right) (\det J)\, drds \tag{2.28}$$

Como as *funções de deslocamento* ψ_i são definidas pelas coordenadas (r, s), as derivadas em (2.28) devem ser calculadas por meio de uma transformação de variáveis de derivação, ou seja

$$\frac{\partial \psi_i}{\partial r} = \frac{\partial \psi_i}{\partial x} \frac{\partial x}{\partial r} + \frac{\partial \psi_i}{\partial y} \frac{\partial y}{\partial r} \tag{2.29}$$

$$\frac{\partial \psi_i}{\partial s} = \frac{\partial \psi_i}{\partial x} \frac{\partial x}{\partial s} + \frac{\partial \psi_i}{\partial y} \frac{\partial y}{\partial s} \tag{2.30}$$

Na forma matricial, temos

$$\begin{bmatrix} \frac{\partial \psi_i}{\partial r} \\ \frac{\partial \psi_i}{\partial s} \end{bmatrix} = \begin{bmatrix} \frac{\partial x}{\partial r} & \frac{\partial y}{\partial r} \\ \frac{\partial x}{\partial s} & \frac{\partial y}{\partial s} \end{bmatrix} \begin{bmatrix} \frac{\partial \psi_i}{\partial x} \\ \frac{\partial \psi_i}{\partial y} \end{bmatrix} = J \begin{bmatrix} \frac{\partial \psi_i}{\partial x} \\ \frac{\partial \psi_i}{\partial y} \end{bmatrix} \tag{2.31}$$

Logo, as derivadas de ψ_i em relação a x e y são calculadas pela seguinte expressão:

$$\begin{bmatrix} \frac{\partial \psi_i}{\partial x} \\ \frac{\partial \psi_i}{\partial y} \end{bmatrix} = J^{-1} \begin{bmatrix} \frac{\partial \psi_i}{\partial r} \\ \frac{\partial \psi_i}{\partial s} \end{bmatrix} \tag{2.32}$$

Note que para o problema da placa plana (problema bi-dimensional), a matriz J^{-1} pode ser calculada analiticamente pela expressão

$$J^{-1} = \frac{1}{\det J} \begin{bmatrix} \frac{\partial y}{\partial s} & -\frac{\partial y}{\partial r} \\ -\frac{\partial x}{\partial s} & \frac{\partial x}{\partial r} \end{bmatrix} \tag{2.33}$$

onde x e y são as coordenadas aproximadas no interior do elemento pelas equações (2.11) e (2.12), respectivamente.

Exemplo 2.1 Para termos uma interpretação geométrica da transformação de coordenadas, utilizada para a integração da expressão de K^e_{ij}, no sistema das coordenadas naturais, tomemos como exemplo o sistema de coordenadas polares, onde a transformação de coordenadas do plano cartesiano (x, y) para o plano polar (r, θ) é conhecida. Mostre que a área diferencial dA calculada geometricamente é igual à obtida pela equação (2.27).

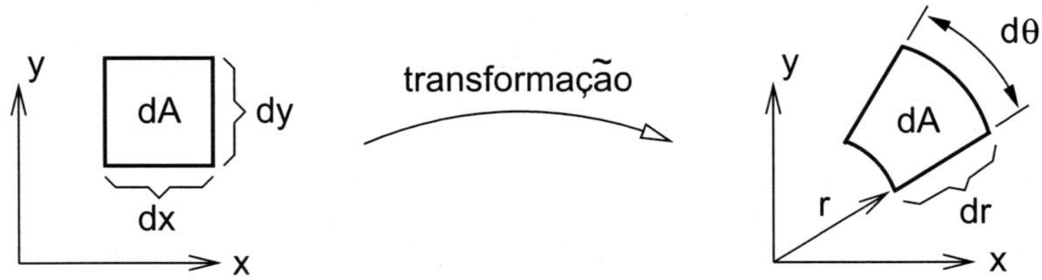

A área diferencial no sistema de coordenadas polares pode ser calculada geometricamente seguindo a convenção utilizada na figura acima, ou seja

$$dA = (rd\theta)dr = rdrd\theta$$

A transformação do plano de coordenadas cartesianas para o de coordenadas polares associa cada ponto (r, θ) a um ponto (x, y) por meio das seguintes expressões:

$$x = r\cos\theta$$

$$y = r\sin\theta$$

Aplicando a equação (2.27) a essas expressões, obtemos

$$dA = \det\begin{bmatrix} \frac{\partial x}{\partial r} & \frac{\partial y}{\partial r} \\ \frac{\partial x}{\partial \theta} & \frac{\partial y}{\partial \theta} \end{bmatrix} drd\theta = \det\begin{bmatrix} \cos\theta & \sin\theta \\ -r\sin\theta & r\cos\theta \end{bmatrix} drd\theta$$

$$= (r\cos^2\theta + r\sin^2\theta)drd\theta = r(\cos^2\theta + \sin^2\theta)drd\theta = rdrd\theta$$

Do exemplo 2.1 concluímos que a matriz Jacobiana é característica da tranformação geométrica entre o plano das coordenadas *globais* (x, y) e o plano das coordenadas naturais (r, s). Podemos dizer que ela descreve a deformação entre o plano (x, y) e o plano (r, s) por meio do mapeamento da geometria do elemento em relação ao domínio de um quadrado de dimensões 2×2 no plano natural.

Devido a esta correlação com a geometria dos elementos quadriláteros, a matriz Jacobiana é utilizada na quantificação da distorção destes elementos, como discutiremos na seção 7.1.4 .

Exemplo 2.2 No caso de um elemento finito, a deformação representada pela transformação entre os planos coordenados global e natural pode ser notada na forma da matriz Jacobiana. Deste modo, é de se esperar que um elemento, que não apresenta deformação entre os dois planos, possua uma matriz Jacobiana igual à matriz indentidade ($\mathbf{I}$). Mostre que o elemento abaixo, de dimensão 2×2 possui $J = \mathbf{I}$.

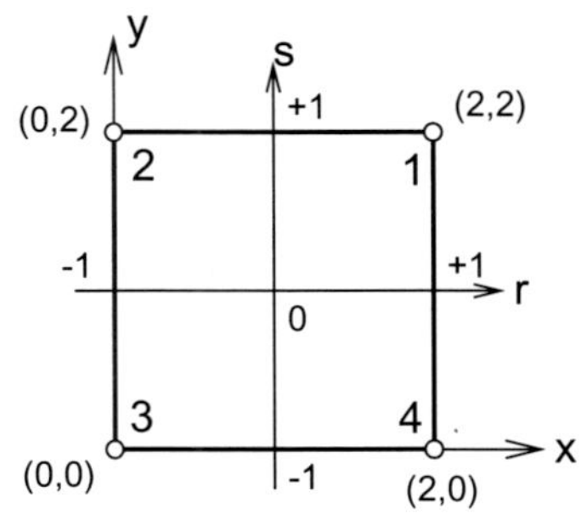

Para obtermos a matriz Jacobiana do elemento da figura, temos de calcular as derivadas parciais que compõem os elementos desta matriz, utilizando as aproximações de (2.11) e (2.12), e as *funções de deslocamento* de (2.13) a (2.16). Assim, temos

$$\frac{\partial x}{\partial r} = \sum_{i=1}^{4} \frac{\partial \psi_i}{\partial r} x_i^e = \frac{1}{4}(1+s)(2) + \frac{1}{4}(1-s)(2) = 1$$

$$\frac{\partial y}{\partial r} = \sum_{i=1}^{4} \frac{\partial \psi_i}{\partial r} y_i^e = \frac{1}{4}(1+s)(2) - \frac{1}{4}(1+s)(2) = 0$$

$$\frac{\partial x}{\partial s} = \sum_{i=1}^{4} \frac{\partial \psi_i}{\partial s} x_i^e = \frac{1}{4}(1+r)(2) - \frac{1}{4}(1+r)(2) = 0$$

$$\frac{\partial y}{\partial s} = \sum_{i=1}^{4} \frac{\partial \psi_i}{\partial s} y_i^e = \frac{1}{4}(1+r)(2) + \frac{1}{4}(1-r)(2) = 1$$

Logo

$$J = \begin{bmatrix} 1 & 0 \\ 0 & 1 \end{bmatrix}$$

Observe que a ausência de deformação na transformação de coordenadas deste elemento pode ser observada também no cálculo da área diferencial $dA = (\det J)drds$, onde o determinante da matriz Jacobiana atua como fator amplificador, ou seja, como um fator representativo da deformação. Neste exemplo, não ocorre amplificação, pois $\det J = 1$.

Do exemplo 2.2 podemos deduzir que cada elemento possui a sua própria matriz Jacobiana, pois, apesar de utilizarem as mesmas *funções de deslo-*

camento para aproximar as coordenadas (x, y), os valores das suas componentes são calculados com base nas coordenadas dos pontos nodais.

Exemplo 2.3 Calcule analiticamente o valor da constante K_{31}^e da matriz do elemento do exemplo 2.2 em função do coeficiente de transmissão de calor por condução k e da espessura w. Qual o valor da constante K_{13}^e deste mesmo elemento?

Da equação (2.28), temos

$$K_{31}^e = \int_{-1}^{+1}\int_{-1}^{+1} kw\left(\frac{\partial\psi_3}{\partial x}\frac{\partial\psi_1}{\partial x} + \frac{\partial\psi_3}{\partial y}\frac{\partial\psi_1}{\partial y}\right)(\det J)\,drds$$

Do exemplo 2.2, temos que $J = \mathbf{I}$ e, consequentemente, $J^{-1} = \mathbf{I}$. Logo, por (2.32), temos

$$\frac{\partial\psi_i}{\partial x} = \frac{\partial\psi_i}{\partial r} \quad \text{e} \quad \frac{\partial\psi_i}{\partial y} = \frac{\partial\psi_i}{\partial s}$$

Utilizando as expressões (2.13) a (2.16) para ψ_i, obtemos as seguintes derivadas parciais:

$$\frac{\partial\psi_1}{\partial r} = \tfrac{1}{4}(1+s) \qquad \frac{\partial\psi_3}{\partial r} = -\tfrac{1}{4}(1-s)$$

$$\frac{\partial\psi_1}{\partial s} = \tfrac{1}{4}(1+r) \qquad \frac{\partial\psi_3}{\partial s} = -\tfrac{1}{4}(1-r)$$

Substituindo na expressão de K_{31}^e acima, obtemos

$$\begin{aligned}
K_{31}^e &= kw\int_{-1}^{+1}\int_{-1}^{+1}\left[-\tfrac{1}{16}(1-s)(1+s) - \tfrac{1}{16}(1-r)(1+r)\right] drds \\
&= \tfrac{kw}{16}\int_{-1}^{+1}\int_{-1}^{+1}\left[(s^2-1)+(r^2-1)\right] drds \\
&= \tfrac{kw}{16}\int_{-1}^{+1}\left[2(s^2-1) - \tfrac{4}{3}\right] ds \\
&= \tfrac{kw}{16}\left(-\tfrac{16}{3}\right) = -\tfrac{kw}{3}
\end{aligned}$$

Como a matriz do elemento é simétrica, temos que $K_{13}^e = K_{31}^e = -\frac{kw}{3}$.

2.1.4 Integração numérica das constantes do sistema

Como foi mencionado na seção 1.1.4, o cálculo analítico das constantes do sistema $\mathbf{K}^e\mathbf{T}^e = \mathbf{q}^e$, para elementos 2D, é extenso. Isto nos obriga a adotarmos a integração numérica, que além de ser adequada para a utilização em ambientes computacionais, gera algoritmos mais portáveis, ou seja, mais fáceis de serem alterados para outros tipos de elementos. Note que a simplificação resultante do uso da integração numérica é mais acentuada nos modelos que utilizam *funções de interpolação* quadráticas ou de ordem mais elevada.

O método que adotaremos para a integração numérica é o de Gauss-Legendre, o mesmo utilizado no modelo da partícula em queda livre no capítulo 1. Para o caso da integração de polinômios de duas variáveis (r, s), esta formulação permite integrarmos exatamente o polinômio de ordem $opr = 2mr - 1$ ou inferior na variável r e de ordem $ops = 2ms - 1$ ou inferior na variável s, com apenas mr e ms pontos no intervalo de integração, respectivamente. Deste modo, dado o polinômio de ordens opr e ops na forma

$$P(r, s) = \sum_{i=0}^{opr} \sum_{j=0}^{ops} a_{ij} r^i s^j \tag{2.34}$$

podemos calcular exatamente o valor da sua integral definida, nos intervalos de integração das coordenadas naturais $-1 \leq r \leq +1$ e $-1 \leq s \leq +1$, por meio da seguinte equação:

$$\begin{aligned}\int_{-1}^{+1} \int_{-1}^{+1} P(r, s)\, dr ds &= \sum_{i=1}^{mr} \omega_i \left[\sum_{j=1}^{ms} \omega_j P(c_i, c_j) \right] \\ &= \sum_{i=1}^{mr} \sum_{j=1}^{ms} \omega_i \omega_j P(c_i, c_j) \end{aligned} \tag{2.35}$$

onde ω_i, ω_j, c_i e c_j são as mesmas constantes de Gauss-Legendre apresentadas na tabela 1.1, cujas entradas passam a ser mr e ms no lugar de m.

Exemplo 2.4 Utilizando a formulação de Gauss-Legendre para a integração numérica exata de polinômios, calcule o valor da constante K_{31}^{e} da matriz do elemento do exemplo 2.2, em função do coeficiente de transmissão de calor por condução k e da espessura w. Compare este valor com o calculado analiticamente no exemplo 2.3 .

No exemplo 2.3, após a manipulação da expressão da integral definida dupla, obtivemos

$$K_{31}^{e} = \frac{kw}{16}\int_{-1}^{+1}\int_{-1}^{+1}\left[(s^2-1)+(r^2-1)\right]\,drds$$

Segundo a formulação de Gauss-Legendre, para calcularmos exatamente o valor desta integral, devemos utilizar dois pontos para ambas as variáveis de integração ($mr = ms = 2$), o que nos possibilita integrar um polinômio de ordem até 3 (três) em r e em s. Assim, temos

$$\begin{aligned} K_{31}^{e} &= \frac{kw}{16}\sum_{i=1}^{2}\sum_{j=1}^{2}\omega_i\omega_j\left[(c_j^2-1)+(c_i^2-1)\right] \\ &= \Big\{\ \omega_1\omega_1\left[(c_1^2-1)+(c_1^2-1)\right]+ \\ &\qquad \omega_1\omega_2\left[(c_2^2-1)+(c_1^2-1)\right]+ \\ &\qquad \omega_2\omega_1\left[(c_1^2-1)+(c_2^2-1)\right]+ \\ &\qquad \omega_2\omega_2\left[(c_2^2-1)+(c_2^2-1)\right]\Big\}\frac{kw}{16} \end{aligned}$$

Substituindo as constantes da tabela 1.1, obtemos

$$K_{31}^{e} = -0.333333333333333\ kw$$

Comparando com o valor de K_{31}^{e} calculado analiticamente no exemplo 2.3, vemos que a formulação de Gauss-Legendre nos permite obter, a menos da precisão numérica finita do cálculo, o mesmo valor, ou seja, $-\frac{kw}{3}$.

2.1.5 Condições de contorno

O problema de tranferência de calor em uma placa plana, para o qual estamos construindo o modelo de elementos finitos, está sujeito a dois tipos de condição de contorno. O primeiro é a condição de contorno natural (2.9), identificada durante o desenvolvimento da *forma fraca* da equação de governo do modelo físico. Esta condição de contorno representa o fluxo de calor q^e através dos contornos dos elementos. O segundo é dado por meio das distribuições de temperatura ao longo dos contornos externos e internos da placa, conforme ilustrado na figura 2.1 .

Para que possamos obter a solução do sistema de equações (2.24) é necessário que ao menos um desses dois tipos de condição de contorno seja utilizado sobre cada um dos contornos do domínio do problema. Cabe aqui ressaltar que a imposição da distribuição de temperatura, como condição de contorno, anula a existência de qualquer condição natural em um determinado contorno. Tal fato ocorre porque a imposição da distribuição de temperatura é feita do mesmo modo como foi descrito na seção 1.1.5, ou seja, pela substituição das constantes q_i do vetor $\mathbf{q}$ do sistema (2.24). No entanto, após a obtenção da solução do sistema de equações, podemos calcular o fluxo de calor através dos contornos onde foram impostas as distribuições de temperatura, com o uso da equação (2.20).

Com o objetivo de exemplificar o processo de impor os 2 (dois) tipos de condição de contorno descritos acima, vamos tomar o nó a de um contorno, cujas coordenadas são (x_a, y_a), e que está sujeito à uma distribuição de temperatura $T_c(x, y)$. Vamos tomar ainda outro nó b, de outro contorno, com coordenadas (x_b, y_b), que está termicamente isolado, ou seja, onde o fluxo de calor através do contorno é nulo ($q_b = 0$). Utilizando o mesmo esquema adotado para impor as condições de contorno no problema da partícula em queda livre, substituiremos a constante K_{aa} da matriz do sistema (2.24) por um número $\beta \gg 1$ e a constante q_a do vetor $\mathbf{q}$ pelo produto $\beta T_c(x_a, y_a)$. Para a condição do nó b, basta fazer $q_b = 0$. Assim,

$$\begin{bmatrix} K_{11} & \cdot & \cdot & \cdot & \cdot & K_{1n} \\ \cdot & \cdot & & & & \cdot \\ \cdot & & \beta & & & \cdot \\ \cdot & & & \cdot & & \cdot \\ \cdot & & & & K_{bb} & \cdot \\ \cdot & & & & \cdot & \cdot \\ K_{n1} & \cdot & \cdot & \cdot & \cdot & K_{nn} \end{bmatrix} \begin{bmatrix} T_1 \\ \cdot \\ \cdot \\ \cdot \\ \cdot \\ \cdot \\ T_n \end{bmatrix} = \begin{bmatrix} q_1 \\ \cdot \\ \beta T_c(x_a, y_a) \\ \cdot \\ 0 \\ \cdot \\ q_n \end{bmatrix} \tag{2.36}$$

Devido a existência de continuidade entre elementos adjacentes, a contribuição do fluxo de calor em nós que unem 2 (dois) elementos, durante a montagem do sistema de equações do modelo, é nula. Isto é devido ao fato de que o fluxo de calor que sai de um elemento, ao entrar no seu adjacente, é computado com sinal oposto. Assim, apenas os fluxos de calor através dos contornos $\underline{\Omega}_i$ do domínio devem ser considerados no processo de impor as condições de contorno. Desta forma, as demais constantes do vetor $\mathbf{q}$, do sistema de equações do modelo, são nulas.

2.1.6 Fluxo de calor concentrado nos pontos nodais

Em um contorno onde é conhecido o fluxo de calor em cada um dos nós, a condição de contorno é imposta fazendo q_i igual ao valor deste fluxo. Neste sentido é necessário adotar a convenção dos vetores normais utilizados na figura 2.1, onde o fluxo de calor q_i^e é positivo quando estiver saindo na placa, pois, deste modo, o produto interno entre o vetor normal e o gradiente de temperatura em (2.20) é negativo. Observe que, como discutimos na seção 2.1.1, o fluxo de calor por condução tem direção oposta ao gradiente de temperatura.

Na prática isto não ocorre. O fluxo de calor em geral é conhecido sob a forma de uma distribuição ao longo do contorno. Neste caso, os valores de q_i^e nos nós de um elemento do contorno devem ser calculados por meio da equação (2.20), ou seja

$$q_i^e = \oint_{\underline{\Omega}^e} \psi_i \vec{q}(\xi) \cdot \widehat{n}\, d\xi \tag{2.37}$$

onde $\vec{q}(\xi) = -kw\left(\vec{\nabla} T\right)$ é a função vetorial da distribuição do fluxo de calor atuando sobre o lado do elemento ao qual o nó i pertence, e ξ é a variável paramétrica definida ao longo deste mesmo lado.

Exemplo 2.5 Calcule os valores dos fluxos de calor concentrados nos pontos nodais 1, 4 e 8, do elemento quadrilátero isoparamétrico de 8 nós representado na figura. Apresente os resultados em função da dimensão do lado do elemento (L) e da distribuição do fluxo de calor (q).

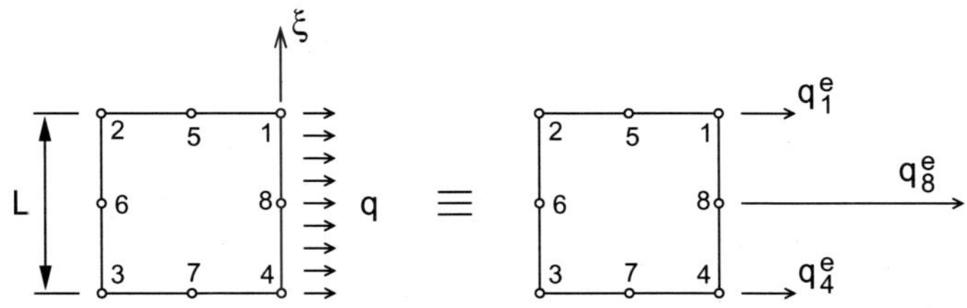

Aplicando a equação (2.37) para o cálculo de q_1, temos

$$q_1^e = q \int_0^L \psi_1(1, s)\, d\xi$$

Note que para calcularmos o valor desta integral definida utilizamos $r = +1$, pois estamos integrando no lado do elemento definido pelos nós 1, 8 e 4, com a mesma convenção dos eixos naturais da figura 2.6*a*.

Utilizando a transformação de ξ para a coordenada natural s, temos

$$d\xi = \tfrac{L}{2} ds$$

Substituindo na integral, obtemos

$$\begin{aligned} q_1^e &= \tfrac{qL}{2} \int_{-1}^{+1} \psi_1(1, s)\, ds \\ &= \tfrac{qL}{2} \int_{-1}^{+1} \left[\tfrac{1}{2}(1+s) - \tfrac{1}{2}(1-s^2)\right] ds \\ &= \tfrac{qL}{2} \left[\tfrac{s^2}{4} + \tfrac{s^3}{6}\right]_{-1}^{+1} \\ &= \tfrac{qL}{6} \end{aligned}$$

Analogamente para q_4^e, obtemos

$$
\begin{aligned}
q_4^e &= \tfrac{qL}{2} \int_{-1}^{+1} \psi_4(1,s)\, ds \\
&= \tfrac{qL}{2} \int_{-1}^{+1} \left[\tfrac{1}{2}(1-s) - \tfrac{1}{2}(1-s^2)\right] ds \\
&= \tfrac{qL}{2} \left[-\tfrac{s^2}{4} + \tfrac{s^3}{6}\right]_{-1}^{+1} \\
&= \tfrac{qL}{6}
\end{aligned}
$$

Para q_8^e, obtemos

$$
\begin{aligned}
q_8^e &= \tfrac{qL}{2} \int_{-1}^{+1} \psi_8(1,s)\, ds \\
&= \tfrac{qL}{2} \int_{-1}^{+1} (1-s^2)\, ds \\
&= \tfrac{qL}{2} \left[s - \tfrac{s^3}{3}\right]_{-1}^{+1} \\
&= \tfrac{4qL}{6}
\end{aligned}
$$

Desta forma, o fluxo de calor uniformemente distribuído ao longo do contorno de um elemento quadrilátero isoparamétrico de 8 nós equivale a valores concentrados na razão $\frac{1}{6}{:}\frac{4}{6}{:}\frac{1}{6}$, nos nós do lado pertencente ao contorno.

Caso tivéssemos utilizado no exemplo 2.5 um elemento quadrilátero isoparamétrico de 4 nós, o valor do fluxo de calor concentrado em cada um dos 2 nós de um lado do elemento seria igual à metade do valor do fluxo através deste lado, ou seja, $q_1^e = q_4^e = \frac{qL}{2}$. É importante observar que estas razões são válidas apenas para fluxos de calor cuja distribuição é uniforme, tanto para o elemento quadrilátero isoparamétrico de 4 nós como para os elementos quadriláteros isoparamétricos de 8 e 9 nós.

Exemplo 2.6 Considere a placa da figura utilizada para fixar um tubo contendo água gelada (a 7 °C), exposto à temperatura ambiente (25 °C). Utilizando argumentos de simetria, reduza a área do domínio a $\frac{1}{4}$ da área total e indique as condições de contorno no sistema de equações deste novo domínio, como em (2.36). Utilize uma malha de 4 elementos (2×2 elementos) e elementos quadriláteros isoparamétricos de 4 nós para a construção do sistema de equações.

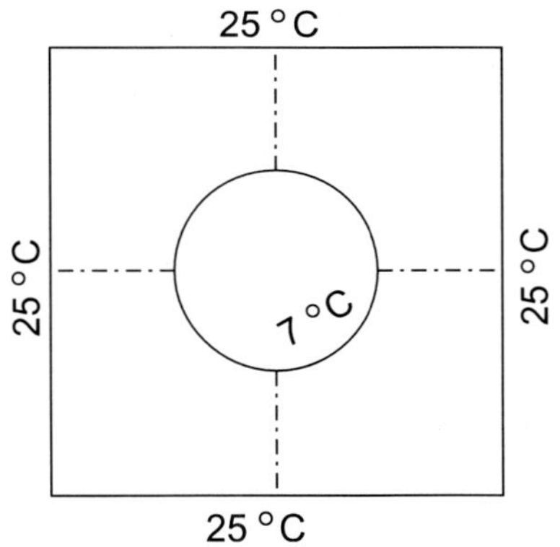

Pela simetria do problema não haverá fluxo de calor através das linhas traço-ponto indicadas na figura.

Assim, discretizando um quarto do domínio com 2×2 elementos, obtemos a seguinte malha, representada na figura ao lado da área reduzida do domínio:

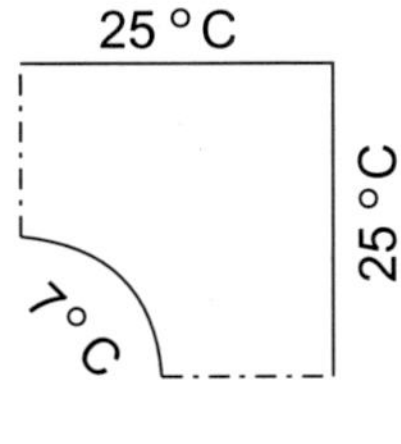

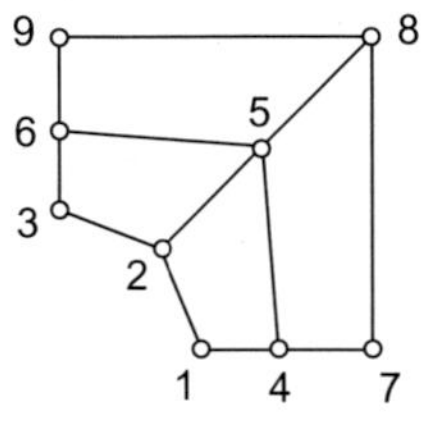

O sistema de equações da discretização está sujeito às condições de contorno especificadas na figura, ou seja: nós 1, 2 e 3 sujeitos à temperatura constante de 7 °C; nós 4 e 6 sujeitos a fluxo de calor nulo ($q_4 = q_6 = 0$); e nós 7, 8 e 9 sujeitos à temperatura constante de 25 °C. Assim, para a forma matricial do sistema, obtemos

$$\begin{bmatrix} \beta & \cdot & \cdot & \cdot & \cdot & \cdot & \cdot & \cdot & K_{19} \\ \cdot & \beta & & & & & & & \cdot \\ \cdot & & \beta & & & & & & \cdot \\ \cdot & & & K_{44} & & & & & \cdot \\ \cdot & & & & K_{55} & & & & \cdot \\ \cdot & & & & & K_{66} & & & \cdot \\ \cdot & & & & & & \beta & & \cdot \\ \cdot & & & & & & & \beta & \cdot \\ K_{91} & \cdot & \cdot & \cdot & \cdot & \cdot & \cdot & \cdot & \beta \end{bmatrix} \begin{bmatrix} T_1 \\ T_2 \\ T_3 \\ T_4 \\ T_5 \\ T_6 \\ T_7 \\ T_8 \\ T_9 \end{bmatrix} = \begin{bmatrix} 7\beta \\ 7\beta \\ 7\beta \\ 0 \\ 0 \\ 0 \\ 25\beta \\ 25\beta \\ 25\beta \end{bmatrix}$$

Note que $q_5 = 0$ devido ao anulamento que ocorre durante a montagem do sistema, conforme descrito na seção 2.1.5 .

2.1.7 Solução do sistema de equações do modelo

O método utilizado para a solução do sistema de equações do modelo de elementos finitos, desenvolvido para o problema de transmissão de calor em uma placa plana, é basicamente o mesmo discutido para a obtenção da posição da partícula em queda livre no capítulo 1. No entanto, o método analítico utilizado no exemplo 1.2 tem emprego limitado neste problema, pois dificilmente teremos discretizações com um número de nós que viabilize a obtenção da solução analiticamente. Note que uma malha de apenas um elemento de 4 nós gera um sistema de equações da mesma ordem do sistema daquele exemplo.

À semelhança do sistema (1.36), a matriz do sistema de equações (2.36) também é simétrica, o que reduz o esforço computacional para a montagem do sistema. No entanto, esta matriz não é tri-diagonal como no caso de (1.36). Isto adiciona a necessidade de controlar a numeração dos nós da malha de elementos finitos de forma a reduzir a banda da matriz, definida como $2m_b + 1$, onde m_b é a meia-banda da matriz simétrica. A meia-banda é a distância horizontal entre a diagonal principal da matriz e a primeira diagonal, contendo apenas constantes nulas (zeros). A redução da banda da matriz **K** do sistema (2.36) torna-se indispensável em problemas onde o número de nós da malha utilizada é muito elevado. Em tal situação, a armazenagem é feita por meio de vetores, ou melhor, por um "array" de vetores de dimensões *banda* × n, onde n é a dimensão do sistema de equações.

O controle da numeração é feito por meio de algoritmos de renumeração dos nós, que têm este nome por serem aplicados sobre uma malha já numerada, após a sua elaboração por um dos métodos de geração descritos no capítulo 7.

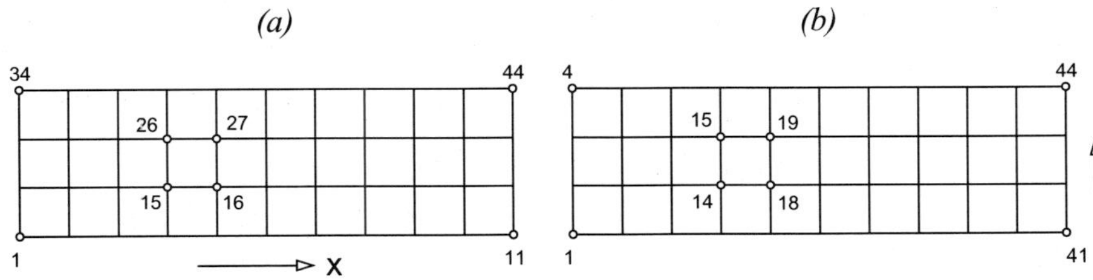

Figura 2.5: Malhas de elementos finitos renumeradas: (a) renumeração na direção x - aumenta a banda da matriz **K**; (b) renumeração na direção y - diminui a banda da matriz **K**.

Vamos descrever a renumeração dos nós, e suas implicações na forma da matriz **K** do sistema (2.36), tomando como exemplo as duas malhas de elementos finitos da figura 2.5 . Em ambos os casos, a técnica utilizada baseia-se na escolha de uma direção principal para efetuar a renumeração. No caso da figura 2.5a, a renumeração executada na direção x gera uma matriz **K** com uma banda larga, uma vez que a diferença máxima entre os números dos seus nós *globais* é grande, ou seja, $27 - 15 = 12$. Isso significa que teremos até 12 constantes acima e 12 constantes abaixo (não nulas) da diagonal principal da matriz **K**. Como, pela geometria do domínio, todos os elementos da malha possuem a mesma diferença máxima entre os números dos nós *globais*, a banda de **K** será igual a 25.

Para a figura 2.5b, a diferença máxima entre os números dos nós *globais* é reduzida, pois o comprimento da fileira de elementos da malha na direção de renumeração (direção y) é menor. Neste caso a meia-banda da matriz **K** será igual a $19 - 14 = 5$ (banda $= 11$). Podemos ilustrar esta banda representando na matriz **K** os nós *globais* que definem o elemento em destaque na figura 2.5b, ou seja

$$
\begin{bmatrix}
\cdot & \cdot & \cdot & \cdot & \cdot & \cdot & 0 & \cdot & \cdot & 0 \\
\cdot & \cdot & \cdot & \cdot & \cdot & \cdot & \cdot & 0 & \cdot & \cdot \\
\cdot & \cdot & K_{14\ 14} & K_{14\ 15} & {\scriptstyle K_{14\ 16}} & {\scriptstyle K_{14\ 17}} & K_{14\ 18} & K_{14\ 19} & 0 & \cdot \\
\cdot & \cdot & K_{15\ 14} & K_{15\ 15} & {\scriptstyle K_{15\ 16}} & {\scriptstyle K_{15\ 17}} & K_{15\ 18} & K_{15\ 19} & \cdot & 0 \\
\cdot & \cdot & {\scriptstyle K_{16\ 14}} & {\scriptstyle K_{16\ 15}} & {\scriptstyle K_{16\ 16}} & {\scriptstyle K_{16\ 17}} & {\scriptstyle K_{16\ 18}} & {\scriptstyle K_{16\ 19}} & \cdot & \cdot \\
\cdot & \cdot & {\scriptstyle K_{17\ 14}} & {\scriptstyle K_{17\ 15}} & {\scriptstyle K_{17\ 16}} & {\scriptstyle K_{17\ 17}} & {\scriptstyle K_{17\ 18}} & {\scriptstyle K_{17\ 19}} & \cdot & \cdot \\
0 & \cdot & K_{18\ 14} & K_{18\ 15} & {\scriptstyle K_{18\ 16}} & {\scriptstyle K_{18\ 17}} & K_{18\ 18} & K_{18\ 19} & \cdot & \cdot \\
\cdot & 0 & K_{19\ 14} & K_{19\ 15} & {\scriptstyle K_{19\ 16}} & {\scriptstyle K_{19\ 17}} & K_{19\ 18} & K_{19\ 19} & \cdot & \cdot \\
\cdot & \cdot & 0 & \cdot & \cdot & \cdot & \cdot & \cdot & \cdot & \cdot \\
0 & \cdot & \cdot & 0 & \cdot & \cdot & \cdot & \cdot & \cdot & \cdot
\end{bmatrix}
\mathbf{T} = \mathbf{q} \tag{2.38}
$$

Em (2.38), a distância entre a primeira constante imediatamente à direita de $K_{14\ 14}$ (inclusive) e a primeira constante nula (exclusive) é a meia-banda da matriz ($m_b = 5$).

Decomposição de Cholesky

Uma vez obtida a matriz **K** e impostas as condições de contorno, conforme descrito na seção 2.1.5, passamos à solução do sistema com o emprego de um método numérico adequado. No caso do problema de transmissão de calor em uma placa plana, o método de decomposição de Cholesky se apresenta como o indicado, pois se aplica à solução de sistemas cujas matrizes são simétricas e positivamente definidas [9],[13], ou seja, $\vec{v} \cdot \mathbf{K} \cdot \vec{v} > 0$, para todo vetor $\vec{v}$.

O método de Cholesky consiste em decompor a matriz **K** do sistema em um produto de duas outras matrizes, onde a segunda é a matriz transposta da primeira ($L_{ij}^T = L_{ji}$), ou seja

$$\mathbf{K} = \mathbf{L}\mathbf{L}^T \tag{2.39}$$

A matriz **L** é uma matriz com constantes nulas acima da diagonal principal, por isso é denominada de matriz de baixo. Consequentemente, a matriz $\mathbf{L}^T$ é denominada de matriz de cima. Uma vez efetuada essa decomposição, a solução do sistema de equações pode ser obtida por meio de uma *substituição direta* e uma *retrosubstituição*, como descrito na seção 1.1.6 . Assim, partindo da igualdade (2.39), obtemos

$$\mathbf{KT} = (\mathbf{LL}^T)\mathbf{T} = \mathbf{L}(\mathbf{L}^T\mathbf{T}) = \mathbf{Lq}' = \mathbf{q} \tag{2.40}$$

Logo, por *substituição direta* resolvemos $\mathbf{Lq}' = \mathbf{q}$ e, em seguida, obtemos $\mathbf{T}$ aplicando a *retrosubstituição* à $\mathbf{L}^T\mathbf{T} = \mathbf{q}'$. Note que estes dois passos são idênticos, sendo que o primeiro calcula q_i' na ordem inversa usada em (1.38) e (1.39), ou seja

$$q_1' = \frac{q_1}{L_{11}} \tag{2.41}$$

$$q_i' = \frac{1}{L_{ii}}\left(q_i - \sum_{k=1}^{i-1} L_{ik}q_k'\right) \tag{2.42}$$

A obtenção das constantes da decomposição $\mathbf{K} = \mathbf{LL}^T$ é feita diretamente pela aplicação das seguintes equações:

$$L_{ii} = \left(K_{ii} - \sum_{k=1}^{i-1} L_{ik}^2\right)^{\frac{1}{2}} \tag{2.43}$$

$$L_{ij} = \frac{1}{L_{jj}}\left(K_{ij} - \sum_{k=1}^{j-1} L_{ik}L_{jk}\right) \tag{2.44}$$

onde L_{ii} são as constantes pertencentes à diagonal principal e L_{ij} são as constantes situadas abaixo da diagonal principal da matriz $\mathbf{L}$, ou seja, para $i \neq j$. Assim, na forma matricial, obtemos

$$\begin{bmatrix} K_{11} & \cdot & \cdot & K_{1n} \\ \cdot & \cdot & & \cdot \\ \cdot & & \cdot & \cdot \\ \cdot & & \cdot & \cdot \\ K_{n1} & \cdot & \cdot & K_{nn} \end{bmatrix} = \begin{bmatrix} L_{11} & 0 & \cdot & \cdot & 0 \\ \cdot & \cdot & \cdot & & \cdot \\ \cdot & & \cdot & \cdot & \cdot \\ \cdot & & & \cdot & 0 \\ L_{n1} & \cdot & \cdot & \cdot & L_{nn} \end{bmatrix} \begin{bmatrix} L_{11} & \cdot & \cdot & \cdot & L_{1n} \\ 0 & \cdot & & & \cdot \\ \cdot & \cdot & \cdot & & \cdot \\ \cdot & & \cdot & \cdot & \cdot \\ 0 & \cdot & \cdot & 0 & L_{nn} \end{bmatrix} \tag{2.45}$$

As equações (2.43) e (2.44) devem ser empregadas para cada i, variando j no intervalo $[1, i]$

Exemplo 2.7 Obtenha a matriz $\mathbf{L}$ da decomposição de Cholesky $\mathbf{A} = \mathbf{L}\mathbf{L}^T$, para a matriz abaixo. Verifique se a decomposição obtida está correta executando o produto $\mathbf{L}\mathbf{L}^T$.

$$\mathbf{A} = \begin{bmatrix} 2 & 1 & 1 \\ 1 & 2 & 1 \\ 1 & 1 & 2 \end{bmatrix}$$

Utilizando (2.43), calculamos L_{11}

$$L_{11} = (2 - 0)^{\frac{1}{2}} = \sqrt{2}$$

Calculamos em seguida L_{21} e L_{22}, utilizando (2.44) e (2.43), respectivamente.

$$L_{21} = \frac{1}{\sqrt{2}}(1 - 0) = \frac{1}{\sqrt{2}}$$

$$L_{22} = \left(2 - L_{21}^2\right)^{\frac{1}{2}} = \left(2 - \frac{1}{2}\right)^{\frac{1}{2}} = \sqrt{\frac{3}{2}}$$

Finalmente, obtemos as constantes da última linha de $\mathbf{L}$.

$$L_{31} = \frac{1}{\sqrt{2}}(1 - 0) = \frac{1}{\sqrt{2}}$$

$$L_{32} = \frac{1}{\sqrt{\frac{3}{2}}}\left(1 - L_{31}L_{21}\right) = \sqrt{\frac{2}{3}}\left(1 - \frac{1}{\sqrt{2}}\frac{1}{\sqrt{2}}\right) = \frac{1}{\sqrt{6}}$$

$$L_{33} = \left[2 - \left(L_{31}^2 + L_{32}^2\right)\right]^{\frac{1}{2}} = \left[2 - \left(\frac{1}{2} + \frac{1}{6}\right)\right]^{\frac{1}{2}} = \frac{2}{\sqrt{3}}$$

Verificando a decomposição obtida, temos

$$\begin{bmatrix} \sqrt{2} & 0 & 0 \\ \frac{1}{\sqrt{2}} & \sqrt{\frac{3}{2}} & 0 \\ \frac{1}{\sqrt{2}} & \frac{1}{\sqrt{6}} & \frac{2}{\sqrt{3}} \end{bmatrix} \begin{bmatrix} \sqrt{2} & \frac{1}{\sqrt{2}} & \frac{1}{\sqrt{2}} \\ 0 & \sqrt{\frac{3}{2}} & \frac{1}{\sqrt{6}} \\ 0 & 0 & \frac{2}{\sqrt{3}} \end{bmatrix} = \begin{bmatrix} 2 & 1 & 1 \\ 1 & 2 & 1 \\ 1 & 1 & 2 \end{bmatrix}$$

A decomposição de Cholesky possui ainda a vantagem de podermos utilizar a parte abaixo da diagonal principal da matriz **K** do sistema para armazenar **L** durante a execução do algoritmo de decomposição, uma vez que só necessitamos de um dos lados da diagonal de **K** para executar o algoritmo de decomposição.

Outra propriedade que, se associada à esta, torna a decomposição de Cholesky um método computacional ainda mais eficiente é a da preservação da meia-banda da matriz. Isto significa que a meia-banda inferior da matriz **L** é igual à meia-banda da matriz **K**. Assim, é posssível uma economia de memória computacional, pois caso se use um "array" de dimensões $banda \times n$ para armazenar a matriz **K**, o mesmo pode ser utilizado para armazenar a matriz **L**.

Exemplo 2.8 Mostre que a matriz **L**, obtida por meio da decomposição de Cholesky de uma matriz **A**, de banda $2m_b + 1$, possui a mesma meia-banda m_b da matriz original **A**, ou seja, que a decomposição preserva a meia-banda da matriz.

Dada a matriz **A** simétrica, de meia-banda m_b, temos que mostrar que as constantes L_{ij} da matriz **L** da decomposição de Cholesky, fora da meia-banda inferior, são nulas; ou seja, que $L_{ij} = 0$, para $i > m_b + 1$ e $1 \leq j \leq [i - (m_b + 1)]$.

Para provarmos esta tese vamos utilizar o método da indução matemática, pelo qual temos de mostrar inicialmente que, para todo $i > m_b + 1$, $L_{ij} = 0$ para $j = 1$. Em seguida, supondo que para $j \leq c$ (c limitado à $a_{i,(c+1)} = 0$), todo L_{ij} é nulo, temos de mostrar que $L_{i(c+1)}$ também é nulo. É importante observar que a equação (2.44) calcula, a partir de $j = 1$, os valores de L_{ij} na ordem crescente de j, para cada valor de i. Assim, para $j = 1$, obtemos

$$L_{i1} = \tfrac{1}{L_{11}} \left(a_{i1} - 0\right) = \tfrac{1}{L_{11}}(0 - 0) = 0$$

Note que para todo $i > m_b + 1$ e $1 \leq j \leq [i - (m_b + 1)]$, as constantes da matriz **A** são nulas, ou seja, $a_{ij} = 0$.

Assumindo que, por hipótese, $L_{ij} = 0$ para todo $j \leq c$, obtemos $L_{i(c+1)}$ por meio da seguinte expressão derivada de (2.44):

$$L_{i(c+1)} = \frac{1}{L_{(c+1)(c+1)}} \left(a_{i(c+1)} - \sum_{k=1}^{c} L_{ik} L_{(c+1)k} \right)$$

$$= \frac{-1}{L_{(c+1)(c+1)}} \left(\sum_{k=1}^{c} L_{ik} L_{(c+1)k} \right)$$

Como, por hipótese, $L_{ij} = 0$ para todo $j \leq c$, o somatório acima é nulo, porque todas as constantes L_{ik} são nulas, uma vez que $k \leq c$. Assim, $L_{i(c+1)}$ também é nulo, como queríamos demonstrar.

2.2 Funções de interpolação do elemento quadrilátero

Todas as *funções de interpolação* utilizadas para aproximar a variável temperatura e as coordenadas (x, y) do elemento ilustrado na figura 2.2 são lineares, obrigando que a solução do sistema de equações (2.36) também tenha um comportamento linear. Em outras palavras, esta aproximação não captura adequadamente soluções com gradientes não-lineares e acentuados. Tal limitação nos obriga a utilizar uma malha muito fina e, portanto, com um elevado números de nós, para capturar tais gradientes. Com isso, em muitos casos, o método numérico é levado ao limite onde a precisão finita do computador passa a ser significativa na precisão da solução obtida.

Para minimizar esta limitação, são propostas *funções de interpolação* quadráticas, com o uso de elementos isoparamétricos de 8 e 9 nós. É importante notar que poderíamos utilizar também elementos subparamétricos ou superparamétricos, no entanto, o uso dos isoparamétricos tem se consagrado por atender às necessidades de aproximações melhores, tanto para a variável de interesse (temperatura) como para a geometria. No caso da geometria, tomemos como exemplo a aproximação do contorno circular do domínio ilustrado na figura 2.4, ou a aproximação do contorno externo curvilíneo da extremidade direita do mesmo domínio. Caso fosse utilizado um elemento de 8 ou 9 nós, a aproximação não seria feita por segmentos retos dos lados dos elementos como mostra a figura, mas por curvas quadráticas que mais se aproximam da forma destas geometrias.

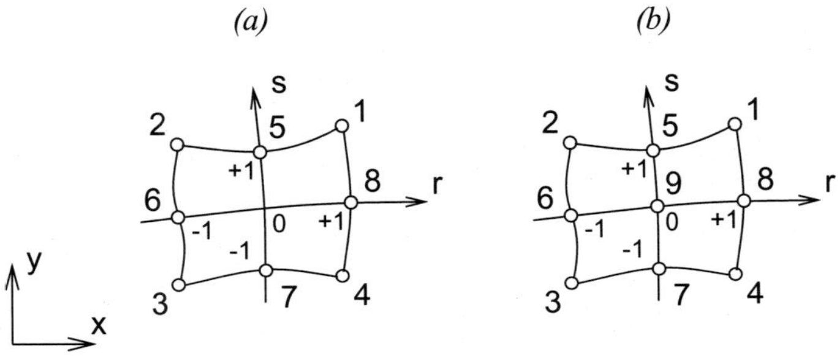

Figura 2.6: Elementos quadriláteros isoparamétricos: (a) elemento de 8 (oito) nós; (b) elemento de 9 (nove) nós.

Para o elemento de 8 (oito) nós da figura 2.6a, temos as seguintes *funções de interpolação*:

$$\psi_1 = \frac{1}{4}(1+r)(1+s) - \frac{1}{2}(\psi_8 + \psi_5) \tag{2.46}$$

$$\psi_2 = \frac{1}{4}(1-r)(1+s) - \frac{1}{2}(\psi_5 + \psi_6) \tag{2.47}$$

$$\psi_3 = \frac{1}{4}(1-r)(1-s) - \frac{1}{2}(\psi_6 + \psi_7) \tag{2.48}$$

$$\psi_4 = \frac{1}{4}(1+r)(1-s) - \frac{1}{2}(\psi_7 + \psi_8) \tag{2.49}$$

$$\psi_5 = \frac{1}{2}(1-r^2)(1+s) \tag{2.50}$$

$$\psi_6 = \frac{1}{2}(1-r)(1-s^2) \tag{2.51}$$

$$\psi_7 = \frac{1}{2}(1 - r^2)(1 - s) \tag{2.52}$$

$$\psi_8 = \frac{1}{2}(1 + r)(1 - s^2) \tag{2.53}$$

Para o elemento de 9 (nove) nós da figura 2.6*b*, temos as seguintes *funções de interpolação*:

$$\psi_1 = \frac{1}{4}(1 + r)(1 + s) - \frac{1}{2}(\psi_8 + \psi_5) - \frac{1}{4}\psi_9 \tag{2.54}$$

$$\psi_2 = \frac{1}{4}(1 - r)(1 + s) - \frac{1}{2}(\psi_5 + \psi_6) - \frac{1}{4}\psi_9 \tag{2.55}$$

$$\psi_3 = \frac{1}{4}(1 - r)(1 - s) - \frac{1}{2}(\psi_6 + \psi_7) - \frac{1}{4}\psi_9 \tag{2.56}$$

$$\psi_4 = \frac{1}{4}(1 + r)(1 - s) - \frac{1}{2}(\psi_7 + \psi_8) - \frac{1}{4}\psi_9 \tag{2.57}$$

$$\psi_5 = \frac{1}{2}(1 - r^2)(1 + s) - \frac{1}{2}\psi_9 \tag{2.58}$$

$$\psi_6 = \frac{1}{2}(1 - r)(1 - s^2) - \frac{1}{2}\psi_9 \tag{2.59}$$

$$\psi_7 = \frac{1}{2}(1 - r^2)(1 - s) - \frac{1}{2}\psi_9 \tag{2.60}$$

$$\psi_8 = \frac{1}{2}(1 + r)(1 - s^2) - \frac{1}{2}\psi_9 \tag{2.61}$$

$$\psi_9 = (1 - r^2)(1 - s^2) \tag{2.62}$$

As *funções de interpolação* para os elementos de 8 e 9 nós, definidas nas expressões de (2.46) a (2.62), têm de satisfazer as mesmas condições 1.1 e 1.2 necessárias para as *funções de interpolação* do modelo da partícula em queda livre, apresentadas na seção 1.2 .

Note que é exatamente a necessidade de satisfazer a primeira condição que nos possibilita determinar as *funções de interpolação*, para os elementos quadriláteros isoparamétricos de 8 e 9 nós, da forma que fizemos, ou seja, derivando a expressão de ψ_i de um nó como função das *funções de interpolação* dos outros nós.

Assim, como consequência imediata da condição 1.1, podemos enunciar a primeira condição para estas funções:

Condição 2.1

$$\psi_i(r,s) = \begin{cases} 1 & \text{para } (r,s) = (r_i, s_i) \\ 0 & \text{para } (r,s) = (r_j, s_j),\ j \neq i. \end{cases} \tag{2.63}$$

onde (r_i, s_i) corresponde ao valor das coordenadas naturais (r, s) no ponto nodal i.

Relembrando que a condição 1.2 equivale à distribuição de temperatura constante em problemas de transmissão de calor (seção 1.2), obtemos a seguinte expressão para a segunda condição:

Condição 2.2

$$\sum_{i=1}^{N} \psi_i(r,s) = 1 \tag{2.64}$$

onde $N = 8$ ou 9, para os elementos de 8 ou 9 nós, respectivamente.

A terceira condição visa garantir que os valores de K_{ij}^e possam ser obtidos pela integral definida (2.22). Esta condição resume-se à exigência de que a expressão do integrando de (2.22) seja integrável no domínio do elemento, como discutimos para a condição 1.3 na seção 1.2 .

Exemplo 2.9 Mostre que as *funções de interpolação* (2.46) a (2.53), para o elemento quadrilátero isoparamétrico de 8 nós, satisfazem à condição 2.2.

Para mostrar que estas *funções de interpolação* satisfazem à condição 2.2, basta aplicarmos (2.64) a estas funções, ou seja

$$\begin{aligned}\sum_{i=1}^{N} \psi_i(r,s) = {} & \tfrac{1}{4}(1+r)(1+s) - \tfrac{1}{2}(\psi_8 + \psi_5) + \\ & \tfrac{1}{4}(1-r)(1+s) - \tfrac{1}{2}(\psi_5 + \psi_6) + \\ & \tfrac{1}{4}(1-r)(1-s) - \tfrac{1}{2}(\psi_6 + \psi_7) + \\ & \tfrac{1}{4}(1+r)(1-s) - \tfrac{1}{2}(\psi_7 + \psi_8) + \psi_5 + \psi_6 + \psi_7 + \psi_8\end{aligned}$$

Desenvolvendo esta expressão, obtemos

$$\begin{aligned}\sum_{i=1}^{N} \psi_i(r,s) = {} & \tfrac{1}{4}(1+r)(1+s) + \tfrac{1}{4}(1-r)(1+s) + \\ & \tfrac{1}{4}(1-r)(1-s) + \tfrac{1}{4}(1+r)(1-s) \\ = {} & \tfrac{1}{2}(1+r) + \tfrac{1}{2}(1-r) = \tfrac{1}{2} + \tfrac{1}{2} = 1\end{aligned}$$

É importante observar que no emprego do elemento de 9 nós da figura 2.6*b*, o valor do fluxo de calor no ponto nodal número 9 é sempre nulo, pois no cálculo de q_9^e por meio da equação (2.20), a função de interpolação ψ_9 é nula no contorno $\underline{\Omega}^e$ do elemento.

2.3 Condução com convecção

Na secção 2.1 foi apresentado o desenvolvimento do modelo de elementos finitos para a transmissão de calor por condução, em uma placa plana genérica, sujeita a distribuições de temperatura e fluxos de calor nos contornos como os únicos tipos de condição de contorno. Este modelo físico pressupõe que as duas superfícies da placa estejam isoladas termicamente. No entanto, esta não é uma condição normalmente existente nos problemas de transmissão de calor, especialmente nos problemas das áreas de engenharia. Quando a convecção através das superfícies da placa não for desprezível, esta forma de troca de calor com o ambiente deve ser modelada adequadamente.

A equação de governo do fenômeno de transmissão de calor em uma placa plana sujeita à convecção, sem geração interna de energia, é derivada da equação (2.1) por meio da adição dos termos resultantes da convecção nas duas superfícies da placa. Assim, para o coeficiente de condução k constante, temos

$$-\left(k\frac{\partial^2 T}{\partial x^2}+k\frac{\partial^2 T}{\partial y^2}\right)w+h_1(T-T_{a1})+h_2(T-T_{a2})=0 \tag{2.65}$$

onde h_1 e h_2 são os coeficientes de transmissão de calor por convecção, w é a espessura da placa, e T_{a1} e T_{a2} são as temperaturas dos ambientes em cada um dos lados da placa. Note que é perfeitamente possível termos tanto os coeficientes de convecção como as temperaturas dos ambientes diferentes para cada superfície da placa.

Aplicando os mesmos passos para a construção do modelo descrito na seção 2.1.1, podemos deduzir a seguinte *forma fraca* para a equação de governo (2.65):

$$\begin{aligned}\iint_{\Omega^e} kw\left(\frac{\partial p}{\partial x}\frac{\partial T}{\partial x}+\frac{\partial p}{\partial y}\frac{\partial T}{\partial y}\right)dxdy+\iint_{\Omega^e} p(h_1+h_2)T\,dxdy &= \\ -q^e+\iint_{\Omega^e} p(h_1T_{a1}+h_2T_{a2})\,dxdy & \quad (2.66)\end{aligned}$$

Seguindo o processo de construção do modelo da seção 2.1.1, obtemos o seguinte sistema de equações na forma matricial:

$$(\mathbf{K}^e+\mathbf{H}^e)\mathbf{T}^e=\mathbf{q}^e+\mathbf{R}^e \tag{2.67}$$

onde as constantes das matrizes $\mathbf{K}^e$, $\mathbf{H}^e$, $\mathbf{q}^e$ e $\mathbf{R}^e$ são dadas pelas seguintes expressões:

$$K_{ij}^e = \iint_{\Omega^e} kw \left(\frac{\partial \psi_i}{\partial x} \frac{\partial \psi_j}{\partial x} + \frac{\partial \psi_i}{\partial y} \frac{\partial \psi_j}{\partial y} \right) dxdy \tag{2.68}$$

$$H_{ij}^e = \iint_{\Omega^e} (h_1 + h_2) \psi_i \psi_j \, dxdy \tag{2.69}$$

$$q_j^e = -\oint_{\underline{\Omega}^e} \psi_j kw \left[\left(\sum_{i=1}^{4} \frac{\partial \psi_i}{\partial x} T_i^e \right), \left(\sum_{i=1}^{4} \frac{\partial \psi_i}{\partial y} T_i^e \right) \right] \cdot \widehat{n} \, d\xi \tag{2.70}$$

$$R_i^e = \iint_{\Omega^e} (h_1 T_{a1} + h_2 T_{a2}) \psi_i \, dxdy \tag{2.71}$$

É importante notar que o fluxo de calor resultante da convecção é perpendicular às superfícies da placa plana, por isso os valores de H_{ij}^e e de R_i^e são obtidos pelas integrais de área (2.69) e (2.71), definidas no domínio plano do elemento.

O processo de montagem do sistema de equações, o cálculo das suas constantes, a imposição das condições de contorno e o método de solução do sistema são idênticos aos do problema de transmissão de calor por condução (sem convecção), apresentado na seção 2.1 . Note que, durante a montagem do sistema, os valores de R_i^e não se anulam nos nós internos da malha, como acontece com a condição de contorno natural q_i^e.

2.4 Programa computacional em C++

O emprego do método dos elementos finitos apresentado neste capítulo demanda o uso de programas computacionais que executem, de forma sistemática, os procedimentos de montagem, a imposição das condições de contorno e a resolução do sistema de equações do modelo. Além disso, torna-se também indispensável o uso de algoritmos computacionais para a geração da malha de elementos finitos, que forneçam, como saídas, as coordenadas dos pontos nodais e a função de *conectividade* dos elementos.

Nesta seção apresentaremos um programa computacional, desenvolvido em linguagem orientada-objeto C++, para o cálculo das temperaturas em uma placa plana genérica (figura 2.1), sujeita à transmissão de calor por condução e convecção. Para isto, o programa apresentado utiliza elementos quadriláteros isoparamétricos de 4 nós.

Programa **TRANSCAL**

Este programa, cujo código consta do Apêndice B, possui uma estrutura orientada-objeto, tendo a classe `Mesh` como o objeto que executa todas as atividades necessárias à construção do modelo de elementos finitos e à obtenção da solução numérica. O código apresentado no Apêndice B contém os dados utilizados para a modelagem da aleta descrita no exemplo 2.10 .

A entrada dos dados da discretização do domínio, necessários para a execução do programa, são as coordenadas dos pontos nodais e a função de *conectividade* dos elementos, os quais são introduzidos diretamente na definição da função `manual_mesh()` da classe `Mesh`. Com isso, definimos a malha de elementos finitos utilizada. Note que em problemas cuja geometria da placa é complexa, é necessário o uso de geradores automáticos para a construção da malha, como discutiremos no capítulo 7.

As condições de contorno são introduzidas no corpo da função `bound()` da classe `Mesh`. Para isso, é necessário especificar não só os valores das temperaturas nos nós, mas também quais os nós que estão sujeitos às condições de contorno. Note que os nós pertencentes aos contornos do domínio da placa, identificados como não sujeitos às condições de contorno, são nós onde o fluxo de calor por condução é nulo, ou seja, estão isolados termicamente no plano.

O programa **TRANSCAL** pode também ser utilizado para o cálculo das temperaturas em uma placa sujeita apenas a transmissão de calor por condução. Para a solução desses problemas, onde não há troca de calor por convecção, devemos atribuir valores nulos aos coeficientes de convecção (`h1` = `h2` = 0).

A função `solve()` da classe `Mesh`, executa a montagem do sistema de equações, impõe as condições de contorno e resolve o sistema pelo método da decomposição de Cholesky. A solução é apresentada pela execução da função `temperatura()`, a qual imprime na tela os valores das temperaturas calculadas para os nós da malha.

O algoritmo utilizado para a solução do sistema de equações é o mesmo apresentado na seção 2.1.7, ou seja, o da decomposição da matriz $\mathbf{K}$ pelo método de Cholesky, seguida por um processo de *substituição direta* e outro de *retrosubstituição*, nesta ordem.

Devido a estrutura orientada-objeto do programa **TRANSCAL**, podemos isolar a classe `Quad4` que gera as matrizes $\mathbf{K}^e$ dos elementos, as quais são utilizadas para a montagem da matriz $\mathbf{K}$ do sistema. Com isso, é possível, com um mínimo de alterações, adicionar outros elementos ao programa, tais como os de 8 ou 9 nós, apresentados na seção 2.2 .

Exemplo 2.10 Uma aleta retangular em aço inoxidável, de seção reta constante 10 × 1 mm e comprimento 10 mm, dissipa calor de um componente eletrônico que durante a sua operação atinge a temperatura T_b = 100 °C. A dissipação ocorre para o ambiente (T_a = 25 °C) por convecção forçada com um coeficiente de 50 W/m^2 °C. Desprezando-se a troca de calor pelas extremidades (bordas) da aleta, calcule as temperaturas no seu plano, e compare o resultado com a solução analítica. Considere o coeficiente de transmissão de calor por condução do aço inoxidável igual a 17 W/m °C.

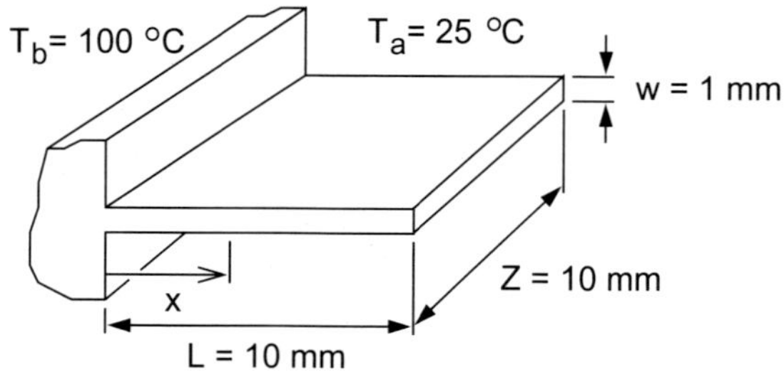

Mesmo para uma discretização constituída de poucos elementos, como a que estamos utilizando neste problema, é extremamente trabalhoso tentar construir o sistema de equações do modelo e resolvê-lo sem o uso de programas computacionais específicos. Assim, utilizaremos o programa **TRANSCAL** do Apêndice B, restringindo o nosso trabalho à geração manual da malha, determinação das condições de contorno e, posteriormente, introdução dos dados no programa.

Dentro deste contexto, é importante o leitor não se limitar apenas ao acompanhamento da solução deste problema, como apresentada no texto, mas efetivamente compilar o código do programa **TRANSCAL** e experimentá-lo na obtenção dos valores das temperaturas nos pontos nodais.

O modelo físico do problema apresentado pode ser esquematizado como ilustra a figura, onde também é mostrada a malha que utilizaremos para a construção do modelo de elementos finitos.

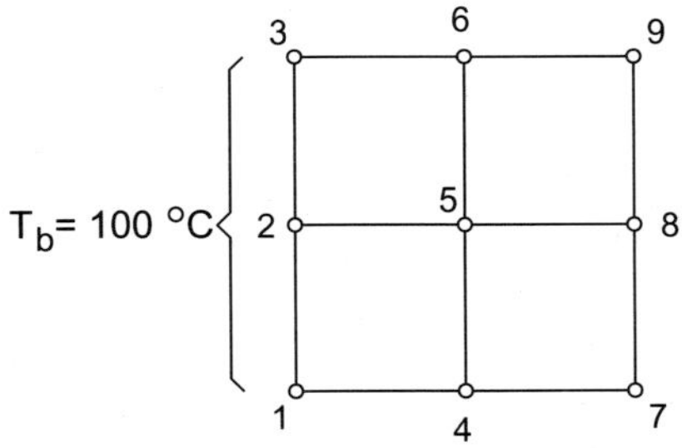

A partir deste modelo físico construímos o modelo de elementos finitos, utilizando a malha de 2×2 elementos quadriláteros isoparamétricos de 4 nós, como indicado na figura, com as seguintes condições de contorno: $T_1 = T_2 = T_3 = 100$ °C e $q_4 = q_6 = q_7 = q_8 = q_9 = 0$.

Com o uso do programa **TRANSCAL** do Apêndice B, obtemos a seguinte solução:

$$T_1 = T_2 = T_3 = 1.00 \times 10^2 \text{ °C}$$

$$T_4 = T_5 = T_6 = 8.64 \times 10^1 \text{ °C}$$

$$T_7 = T_8 = T_9 = 8.21 \times 10^1 \text{ °C}$$

Note que o programa **TRANSCAL** utiliza a numeração dos vetores a partir do índice 0 (zero), devido ao uso dos "arrays" da linguagem C++.

A solução analítica, para uma aleta de seção constante [15], é dada por

$$T(x) = T_a + (T_b - T_a)\frac{\cosh[m(L-x)]}{\cosh(mL)}$$

onde $m = \sqrt{\frac{2h}{wk}}$

Calculando os valores de temperatura para os nós da malha, temos

$$T_1 = T_2 = T_3 = 1.00 \times 10^2 \ ^\circ\mathrm{C}$$

$$T_4 = T_5 = T_6 = 8.66 \times 10^1 \ ^\circ\mathrm{C}$$

$$T_7 = T_8 = T_9 = 8.23 \times 10^1 \ ^\circ\mathrm{C}$$

Note que o erro máximo entre a solução obtida com modelo e a solução analítica é menor que 0,25 %.

É importante notar que a proximidade entre a solução do modelo, obtida no exemplo 2.10 com apenas poucos elementos de 4 nós, e a solução analítica não pode ser considerada uma característica intrínseca do método de elementos finitos, como veremos nos problemas de elasticidade e de mecânica dos fluidos nos capítulos 3 e 4, respectivamente.

Problemas

2.1 Mostre que, para o sistema de coordenadas esféricas (r, φ, θ), o volume diferencial dV, calculado geometricamente, é igual ao obtido pelo determinante da matriz Jacobiana da transformação do plano coordenado (x, y, z), dada por

$$dV = \det \begin{bmatrix} \frac{\partial x}{\partial r} & \frac{\partial y}{\partial r} & \frac{\partial z}{\partial r} \\ \frac{\partial x}{\partial \varphi} & \frac{\partial y}{\partial \varphi} & \frac{\partial z}{\partial \varphi} \\ \frac{\partial x}{\partial \theta} & \frac{\partial y}{\partial \theta} & \frac{\partial z}{\partial \theta} \end{bmatrix}$$

onde

$$x = r \ \text{sen}\varphi \ \ \cos\theta$$

$$y = r \ \text{sen}\varphi \ \ \text{sen}\theta$$

$$z = r \ \cos\varphi$$

2.2 Repita a demonstração do problema 2.1 para o sistema de coordenadas cilíndricas (r, θ, z), onde a transformação do plano coordenado (x, y, z) é definida pela seguinte matriz Jacobiana:

$$dV = \det \begin{bmatrix} \frac{\partial x}{\partial r} & \frac{\partial y}{\partial r} & \frac{\partial z}{\partial r} \\ \frac{\partial x}{\partial \theta} & \frac{\partial y}{\partial \theta} & \frac{\partial z}{\partial \theta} \\ \frac{\partial x}{\partial z} & \frac{\partial y}{\partial z} & \frac{\partial z}{\partial z} \end{bmatrix}$$

onde

$$x = r \ \cos\theta$$

$$y = r \ \text{sen}\theta$$

$$z = z$$

2.3 Determine a matriz Jacobiana do elemento quadrilátero isoparamétrico de 4 nós da figura, utilizando as *funções de interpolação* do elemento ilustrado na figura 2.3 .

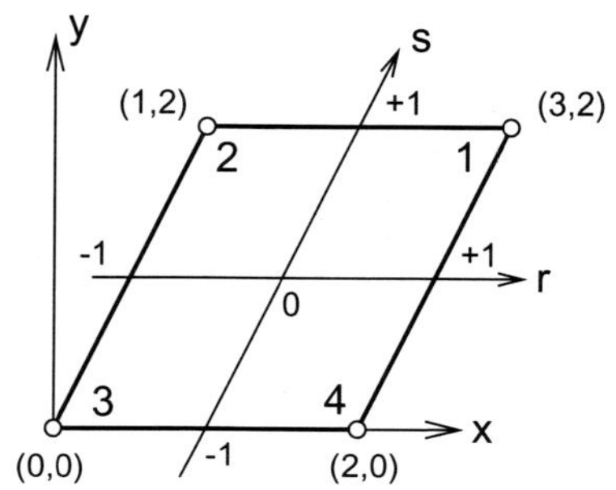

Prob. 2.3

2.4 Obtenha a matriz Jacobiana para os elementos isoparamétricos de 4 e 9 nós ilustrados nas figuras. Utilize as mesmas *funções de interpolação* do elemento do problema 2.3 e do elemento representado na figura 2.6*b*, respectivamente.

a)

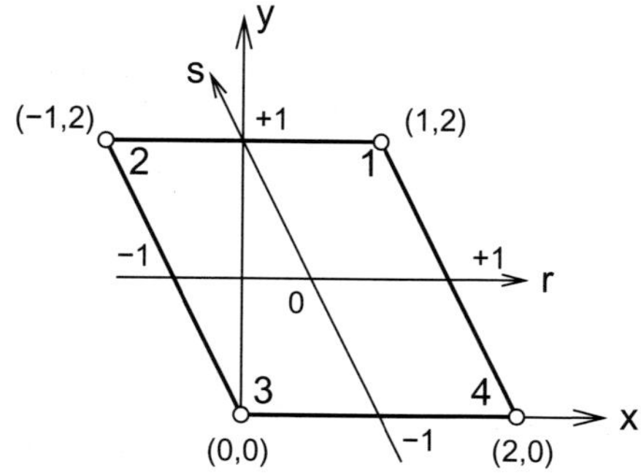

Prob. 2.4*a*

b)

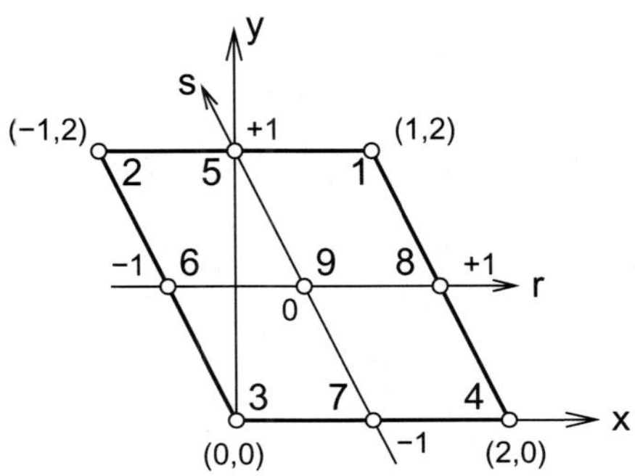

Prob. 2.4*b*

2.5 Mostre que as constantes K^e_{ij} da matriz 8×8 do elemento quadrilátero isoparamétrico de 8 nós (figura 2.6*a*) são calculadas com a mesma equação (2.22) do elemento de 4 nós.

Sugestão: substitua a aproximação (2.10), para a temperatura no elemento de 8 nós, na equação (2.8).

2.6 Demonstre que a mesma equação utilizada para calcular as constantes K^e_{ij} da matriz 8×8 do elemento quadrilátero isoparamétrico de 8 nós (ver problema 2.5) pode ser usada para o cálculo das constantes da matriz 9×9 do elemento quadrilátero isoparamétrico de 9 nós.

2.7 Com base na afirmação do problema 2.5, calcule as constantes K^e_{57} e K^e_{75} do elemento do exemplo 2.5, pelo método analítico. Calcule também os mesmos valores pelo método de integração numérica de Gauss-Legendre. Use $L = 1$, para o valor da dimensão do lado do elemento. Compare os valores calculados pelos dois métodos.

2.8 Utilize o resultado obtido no problema 2.6 para calcular a constante K_{92} do sistema de equações para elemento do problema 2.4*b* pelo método analítico. Calcule a mesma constante utilizando o método de integração numérica de Gauss-Legendre.

2.9 Calcule os valores dos fluxos de calor concentrados no pontos nodais q_1 e q_4, para o fluxo de calor distribuído ilustrado na figura, supondo um elemento quadrilátero isoparamétrico de 4 nós e uma função de fluxo de calor da forma $q(s) = \frac{1}{2}[b(1+s) + a(1-s)]$.

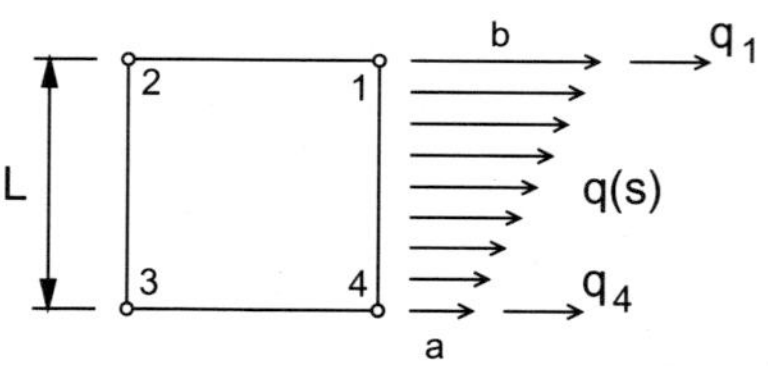

Prob. 2.9

2.10 Para a mesma função de fluxo de calor $q(s)$ do problema 2.9, calcule os valores dos fluxos de calor concentrados no pontos nodais de elementos isoparamétricos de 8 e 9 nós (q_1, q_4 e q_8), com a mesma geometria do elemento daquele problema.

2.11 Considere o modelo da figura composto apenas de 1 (um) elemento quadrilátero isoparamétrico de 9 nós. Monte o sistema de equações do modelo de elementos finitos e imponha as condições de contorno para as temperaturas T_6 e T_8, o fluxo de calor q e o isolamento térmico.

Prob. 2.11

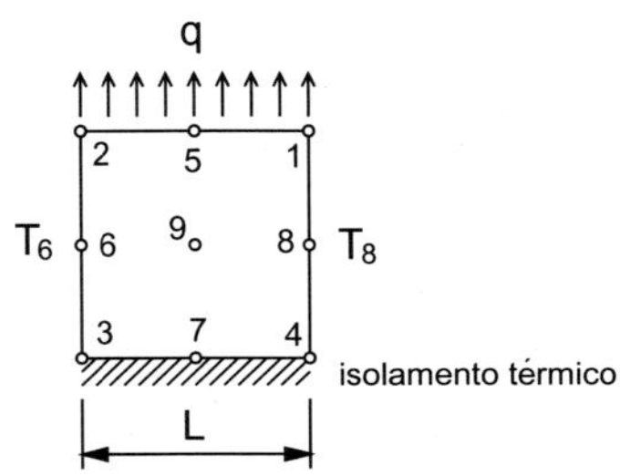

2.12 Suponha que o elemento quadrilátero isoparamétrico de 8 nós da figura 2.6*a* tenha sido utilizado no cálculo das temperaturas de uma placa. Sabendo que a solução do modelo de elementos finitos fornece o resultado apresentado abaixo para os pontos nodais 1 a 8, calcule a temperatura no ponto de coordenada natural $(r, s) = (-0,2; 0,3)$.

$T_1 = 80\ °C$

$T_2 = T_4 = 60\ °C$

$T_3 = 40\ °C$

$T_5 = T_8 = 70\ °C$

$T_6 = T_7 = 50\ °C$

2.13 Determine se as matrizes abaixo são positivamente definidas e obtenha a matriz **L** da decomposição de Cholesky $\mathbf{LL}^T$, para as que forem positivamente definidas.

Sugestão: utilize o algoritmo de decomposição de Cholesky. A matriz será positivamente definida se o algoritmo puder ser executado até obtermos a matriz **L** (sem a ocorrência de nenhuma raiz quadrada de número negativo ou divisão por zero).

a) $\begin{bmatrix} 9 & 3 & 3 \\ 3 & 10 & 4 \\ 3 & 4 & 11 \end{bmatrix}$

b) $\begin{bmatrix} 1 & 1 & 1 \\ 1 & 1 & 1 \\ 1 & 1 & 1 \end{bmatrix}$

c) $\begin{bmatrix} 4 & 2 & 0 & 0 \\ 2 & 5 & 2 & 0 \\ 0 & 2 & 5 & 2 \\ 0 & 0 & 2 & 5 \end{bmatrix}$

2.14 Obtenha a decomposição de Cholesky da matriz identidade **I** de dimensão $n \times n$. O que se pode concluir?

2.15 Mostre que as *funções de interpolação* (2.54) a (2.62), para o elemento quadrilátero isoparamétrico de 9 nós, satisfazem à condição 2.2.

2.16 Para as temperaturas indicadas nos pontos nodais do elemento da figura, onde $T_2 = (T_1 + T_3)/2$, mostre que a temperatura interna ao elemento, ao longo da linha que une os nós 2 e 4, é igual a T_2 (constante).

Sugestão: calcule $T(r,s) = \sum_{i=1}^{4} \psi_i T_i$ ao longo da reta que une os dois pontos nodais.

Prob. 2.16

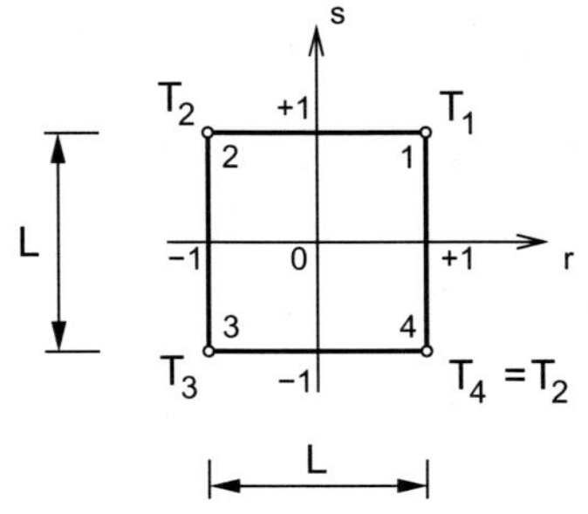

2.17 Calcule as temperaturas nos pontos nodais da malha criada para discretizar $\frac{1}{4}$ do domínio da placa do exemplo 2.6 . Considere que a placa é feita em alumínio (k = 202 W/m °C) e que a troca de calor por convecção com o meio ambiente é desprezível. Utilize as seguintes dimensões para a placa: 100 × 100 mm com furo de 20 mm de diâmetro. Para a construção da malha, posicione o nó 5 equidistante dos nós 2 e 8. Faça o mesmo para os nós 4 e 6, em relação aos nós 1 e 7 e aos nós 3 e 9, respectivamente.

2.18 Utilize os mesmos dados do problema 2.17, acrescidos da transmissão de calor por convecção em apenas um dos lados da placa, e calcule as temperaturas nos pontos nodais da malha. Empregue para a solução do problema o coeficiente de convecção $h_1 = 50$ W/m^2 °C, a espessura da placa $w = 2$ mm e a temperatura ambiente $T_a = 30$ °C.

2.19 Calcule as temperaturas ao longo da barra metálica de seção reta (10 × 10 mm), sujeita às seguintes temperaturas nas suas extremidades: $T_A = 25$ °C e $T_B = 100$ °C. Utilize uma malha com 5 (cinco) elementos ao longo da dimensão $L = 100$ mm e 2 (dois) elementos na largura. Compare os valores das temperaturas nos pontos nodais 4, 7, 10 e 13 da figura com os valores obtidos analiticamente pela solução da equação $k\frac{\partial^2 T}{\partial x^2} = 0$.

Sugestão: utilize o program **TRANSCAL**.

Prob. 2.19

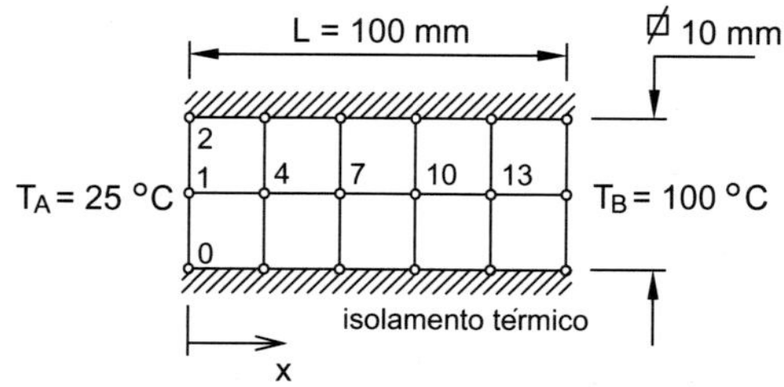

2.20 Calcule o valor de todas as constantes K_{ij} do sistema de equações do elemento quadrilátero isoparamétrico de 4 nós, em função do coeficiente de transmissão de calor por condução k do material e da espessura w da placa. Considere que o elemento empregado é um quadrado regular de lado L, à semelhança do elemento do problema 2.9. Utilize este resultado e calcule o fluxo de calor através dos nós 1, 2 e 3 do modelo da aleta do exemplo 2.10, especificando a direção do fluxo.

Capítulo 3

Aplicação em elasticidade

Os problemas de elasticidade foram o principal motivador no desenvolvimento do método dos elementos finitos que, devido a variável de interesse envolvida, receberam o nome genérico de formulação dos *deslocamentos*. Esta formulação é ainda largamente utilizada na análise de tensões e deformações em estruturas e sólidos de geometria ou carregamentos complexos, devido, em parte, à aceitabilidade da precisão obtida nas soluções onde materiais metálicos são empregados. Estes materiais, além do comportamento elástico, são caracterizados pelo valor do coeficiente de Poisson menor que $\frac{1}{3}$.

Para materiais cujos coeficientes de Poisson são próximos do valor $\frac{1}{2}$, a formulação *mista* permite obter soluções com precisão satisfatória, por meio da incorporação da pressão como variável de interesse na construção do modelo de elementos finitos [9],[10]. Outra formulação que apresenta resultados precisos, especialmente em malhas contendo elementos com distorção elevada, é a dos elementos *híbridos* proposta por Theodore H. H. Pian [25],[26],[27],[28],[29]. Estas formulações, no entanto, não serão tratadas neste texto.

Seguindo a mesma didática empregada no capítulo 2, apresentaremos o desenvolvimento do modelo de elementos finitos com a formulação dos *deslocamentos*, para a solução do problema de tensão plana em uma placa (2D) de geometria genérica, submetida a carregamentos concentrados e/ou distribuídos, e apoios estáticos ou hiperestáticos. O modelo será construído por meio da aplicação dos mesmos passos que guiaram o desenvolvimento dos modelos da partícula em queda livre e de transmissão de calor nos capítulos 1 e 2, respectivamente.

3.1 Deformações elásticas em estado plano de tensão

O modelo de elementos finitos será desenvolvido para uma geometria plana genérica, sujeita a carregamentos concentrados e distribuídos, e apoiada de forma hiperestática (ou estática), conforme ilustrado na figura 3.1 . O estado plano de tensão é uma hipótese assumida com base na condição de que a espessura da placa é muito menor que as suas dimensões no plano (x, y).

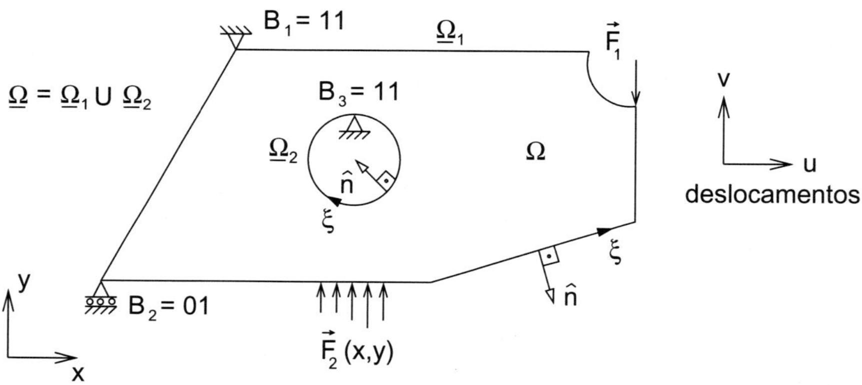

Figura 3.1: Placa submetida a estado plano de tensão causado por carregamento concentrado e distribuído. Os apoios $B_1 = 11$, $B_2 = 01$ e $B_3 = 11$ indicam os graus de liberdade (0=livre e 1=fixo) dos deslocamentos u e v, nesta ordem.

Os apoios na figura 3.1 são indicados pelo grau de liberdade dos deslocamentos u e v dos pontos onde estão aplicados. Por exemplo, o apoio $B_2 = 01$ permite que haja deslocamento (0=livre) na direção x e que não haja deslocamento na direção y (1=fixo).

Por hipótese, assumiremos que o material é metálico e isotrópico, de modo que o coeficiente de Poisson é de aproximadamente $0,3$ e constante em qualquer direção. A isotropia do material também é assumida para o módulo de elasticidade (E).

Este problema é governado por 3 (três) conjuntos de equações: as equações de equilíbrio de forças nas direções x e y; as relações entre tensões e deformações [19],[22]; e as relações entre deformações e deslocamentos. As equações de equilíbrio podem ser escritas da seguinte forma:

$$\frac{\partial \sigma_x}{\partial x} + \frac{\partial \tau_{xy}}{\partial y} + F_{Cx} = 0 \tag{3.1}$$

$$\frac{\partial \tau_{xy}}{\partial x} + \frac{\partial \sigma_y}{\partial y} + F_{Cy} = 0 \tag{3.2}$$

onde σ_x e σ_y são as tensões nas direções x e y respectivamente; τ_{xy} a tensão de cisalhamento no plano xy; e F_{Cx} e F_{Cy} as componentes das forças de corpo. No caso do problema em questão, estas forças não serão consideradas, ou seja, $F_{Cx} = F_{Cy} = 0$.

As relações entre as tensões e as deformações (ϵ_x, ϵ_y e γ_{xy}) são dadas pelas seguintes expressões:

$$\sigma_x = \frac{E}{1-\nu^2}(\epsilon_x + \nu\epsilon_y) \tag{3.3}$$

$$\sigma_y = \frac{E}{1-\nu^2}(\nu\epsilon_x + \epsilon_y) \tag{3.4}$$

$$\tau_{xy} = \frac{E}{2(1+\nu)}\gamma_{xy} \tag{3.5}$$

onde ν é o coeficiente de Poisson e E o módulo de elasticidade do material.

Na forma matricial, o conjunto das equações de equilíbrio (3.1) e (3.2) pode ser representado por

$$\begin{bmatrix} \frac{\partial}{\partial x} & 0 & \frac{\partial}{\partial y} \\ 0 & \frac{\partial}{\partial y} & \frac{\partial}{\partial x} \end{bmatrix} \begin{bmatrix} \sigma_x \\ \sigma_y \\ \tau_{xy} \end{bmatrix} = \begin{bmatrix} 0 \\ 0 \end{bmatrix} \tag{3.6}$$

As relações (3.3) a (3.5) também podem ser escritas na forma matricial como

$$\begin{bmatrix} \sigma_x \\ \sigma_y \\ \tau_{xy} \end{bmatrix} = \frac{E}{1-\nu^2} \begin{bmatrix} 1 & \nu & 0 \\ \nu & 1 & 0 \\ 0 & 0 & \frac{1-\nu}{2} \end{bmatrix} \begin{bmatrix} \epsilon_x \\ \epsilon_y \\ \gamma_{xy} \end{bmatrix} \tag{3.7}$$

Substituindo (3.7) em (3.6), temos

$$\begin{bmatrix} \frac{\partial}{\partial x} & 0 & \frac{\partial}{\partial y} \\ 0 & \frac{\partial}{\partial y} & \frac{\partial}{\partial x} \end{bmatrix} \frac{E}{1-\nu^2} \begin{bmatrix} 1 & \nu & 0 \\ \nu & 1 & 0 \\ 0 & 0 & \frac{1-\nu}{2} \end{bmatrix} \begin{bmatrix} \epsilon_x \\ \epsilon_y \\ \gamma_{xy} \end{bmatrix} = \begin{bmatrix} 0 \\ 0 \end{bmatrix} \tag{3.8}$$

Utilizando uma notação mais compacta, a equação (3.8) pode ser escrita como $\left(\frac{\partial}{\partial \mathbf{x}}\right)^T \mathbf{CE} = \mathbf{0}$, onde

$$\left(\frac{\partial}{\partial \mathbf{x}}\right)^T = \begin{bmatrix} \frac{\partial}{\partial x} & 0 & \frac{\partial}{\partial y} \\ 0 & \frac{\partial}{\partial y} & \frac{\partial}{\partial x} \end{bmatrix} \tag{3.9}$$

$$\mathbf{C} = \frac{E}{1-\nu^2} \begin{bmatrix} 1 & \nu & 0 \\ \nu & 1 & 0 \\ 0 & 0 & \frac{1-\nu}{2} \end{bmatrix} \tag{3.10}$$

$$\mathbf{E} = \begin{bmatrix} \epsilon_x \\ \epsilon_y \\ \gamma_{xy} \end{bmatrix} \tag{3.11}$$

Note que o índice $()^T$ indica matriz transposta.

As relações entre as deformações e os deslocamentos no plano xy são dadas pela seguintes expressões:

$$\epsilon_x = \frac{\partial u}{\partial x} \tag{3.12}$$

$$\epsilon_y = \frac{\partial v}{\partial y} \tag{3.13}$$

$$\gamma_{xy} = \frac{\partial u}{\partial y} + \frac{\partial v}{\partial x} \tag{3.14}$$

Na forma matricial, temos

$$\begin{bmatrix} \epsilon_x \\ \epsilon_y \\ \gamma_{xy} \end{bmatrix} = \begin{bmatrix} \frac{\partial}{\partial x} & 0 \\ 0 & \frac{\partial}{\partial y} \\ \frac{\partial}{\partial y} & \frac{\partial}{\partial x} \end{bmatrix} \begin{bmatrix} u \\ v \end{bmatrix} \tag{3.15}$$

Utilizando também uma notação mais compacta para expressar (3.15), podemos escrever $\mathbf{E} = \frac{\partial}{\partial \mathbf{x}}\mathbf{u} = \frac{\partial \mathbf{u}}{\partial \mathbf{x}}$, onde

$$\mathbf{u} = \mathbf{u}(x, y) = \begin{bmatrix} u \\ v \end{bmatrix} = \begin{bmatrix} u(x, y) \\ v(x, y) \end{bmatrix} \tag{3.16}$$

Substituindo a expressão (3.15) em (3.8), obtemos a equação de governo para o problema da placa sob estado plano de tensão que, na nossa notação matricial compacta, tem a seguinte forma:

$$\left(\frac{\partial}{\partial \mathbf{x}}\right)^T \mathbf{C}\,\frac{\partial \mathbf{u}}{\partial \mathbf{x}} = \mathbf{0} \tag{3.17}$$

Note que estamos tratando de um problema estático, o que elimina da equação de governo (3.17) qualquer componente temporal (dinâmico).

3.1.1 Desenvolvimento do modelo de elementos finitos

Os mesmos passos utilizados na construção dos modelos apresentados nos capítulos 1 e 2 serão aplicados para o desenvolvimento do modelo de deformação elástica da placa sob estado de tensão plana, considerando o fato de termos a equação de governo (3.17) na forma matricial. Assim, os passos para a construção do modelo podem ser enunciados da seguinte forma:

1. Obtenção da *forma fraca* da equação (3.17) por meio da integração ponderada pela seguinte matriz $\mathbf{p}(x, y)$, no domínio do elemento Ω^e:

$$\mathbf{p}(x,y) = \begin{bmatrix} p(x,y) & 0 \\ 0 & p(x,y) \end{bmatrix} \tag{3.18}$$

2. Aproximação da geometria do elemento e das variáveis dos deslocamentos u e v, pelo uso de *funções de forma* e de *funções de deslocamento*, respectivamente ($\psi_i(r,s)$); e

3. Construção do sistema de equações do modelo por meio da substituição da matriz de ponderação $\mathbf{p}(x,y)$ pelas seguintes *matrizes de deslocamento* $\Psi_i(r,s)$:

$$\Psi_i(r,s) = \begin{bmatrix} \psi_i(r,s) & 0 \\ 0 & \psi_i(r,s) \end{bmatrix} \tag{3.19}$$

Obtenção da *forma fraca* da equação (3.17)

A integração ponderada de (3.17) será feita na área do elemento Ω^e, assumindo que a espessura da placa (w) é constante. Assim, temos

$$\iint_{\Omega^e} \mathbf{p} \left[\left(\frac{\partial}{\partial \mathbf{x}} \right)^T \mathbf{C} \, \frac{\partial \mathbf{u}^e}{\partial \mathbf{x}} \right] w \, dxdy = \mathbf{0} \tag{3.20}$$

Pelo teorema da derivada do produto de duas funções, aplicado aos elementos da matriz resultante da multiplicação $\mathbf{p}\left[\left(\frac{\partial}{\partial \mathbf{x}}\right)^T \mathbf{S}\right]$, temos que

$$\mathbf{p} \left[\left(\frac{\partial}{\partial \mathbf{x}} \right)^T \mathbf{S} \right] = \left(\frac{\partial}{\partial \mathbf{x}} \right)^T (p\mathbf{S}) - \left(\frac{\partial \mathbf{p}}{\partial \mathbf{x}} \right)^T \mathbf{S} \tag{3.21}$$

Note que estamos generalizando o teorema da derivada do produto para o operador matricial $\left(\frac{\partial}{\partial \mathbf{x}}\right)^T$. No entanto, a equação (3.21) é válida para cada derivada parcial dos elementos da matriz deste operador. A demonstração é imediata e será deixada como exercício ao leitor.

Substituindo (3.21) em (3.20), com $\mathbf{S} = \mathbf{C}\left(\frac{\partial \mathbf{u}^e}{\partial \mathbf{x}}\right)$, obtemos

$$\iint_{\Omega^e} \left(\frac{\partial \mathbf{p}}{\partial \mathbf{x}}\right)^T \mathbf{C} \left(\frac{\partial \mathbf{u}^e}{\partial \mathbf{x}}\right) w\, dxdy = \iint_{\Omega^e} \left(\frac{\partial}{\partial \mathbf{x}}\right)^T (p\mathbf{S}) w\, dxdy \tag{3.22}$$

A integral do lado direito da igualdade (3.22) pode ser expandida, lembrando que $\mathbf{S} = \mathbf{C}\left(\frac{\partial \mathbf{u}^e}{\partial \mathbf{x}}\right) = \mathbf{CE} = [\sigma_x \quad \sigma_y \quad \tau_{xy}]^T$. Assim, esta integral pode ser escrita na forma

$$\iint_{\Omega^e} \left(\frac{\partial}{\partial \mathbf{x}}\right)^T (p\mathbf{S}) w\, dxdy = \iint_{\Omega^e} \begin{bmatrix} \frac{\partial}{\partial x} & 0 & \frac{\partial}{\partial y} \\ 0 & \frac{\partial}{\partial y} & \frac{\partial}{\partial x} \end{bmatrix} \left\{ p \begin{bmatrix} \sigma_x \\ \sigma_y \\ \tau_{xy} \end{bmatrix} \right\} w\, dxdy$$

$$= \iint_{\Omega^e} \begin{bmatrix} \vec{\nabla} \cdot (\sigma_x, \tau_{xy}) p \\ \vec{\nabla} \cdot (\tau_{xy}, \sigma_y) p \end{bmatrix} w\, dxdy \tag{3.23}$$

onde $\vec{\nabla} = \left(\frac{\partial}{\partial x}, \frac{\partial}{\partial y}\right)$.

Aplicando o teorema do gradiente (Green), enunciado na igualdade (2.6), sobre a equação (3.23), com $\vec{f} = (\sigma_x, \tau_{xy})p$ na primeira linha e $\vec{f} = (\tau_{xy}, \sigma_y)p$ na segunda linha, obtemos

$$\iint_{\Omega^e} \left(\frac{\partial}{\partial \mathbf{x}}\right)^T (p\mathbf{S}) w\, dxdy = \oint_{\underline{\Omega}^e} p \begin{bmatrix} (\sigma_x, \tau_{xy}) \cdot \widehat{n} \\ (\tau_{xy}, \sigma_y) \cdot \widehat{n} \end{bmatrix} w\, d\xi \tag{3.24}$$

A integral de linha do lado direito da igualdade (3.24) representa as forças atuando na superfície do elemento [19],[22]. À semelhança do fluxo de calor de (2.9), estas forças de superfície constituem a condição de contorno natural da equação de governo (3.17). Assim, a equação (3.22) pode ser escrita na seguinte forma:

$$\iint_{\Omega^e} \left(\frac{\partial \mathbf{p}}{\partial \mathbf{x}}\right)^T \mathbf{C} \left(\frac{\partial \mathbf{u}^e}{\partial \mathbf{x}}\right) w\, dxdy = \mathbf{F}_s^e \tag{3.25}$$

onde

$$\mathbf{F}_s^e = \oint_{\underline{\Omega}^e} p \begin{bmatrix} (\sigma_x, \tau_{xy}) \cdot \widehat{n} \\ (\tau_{xy}, \sigma_y) \cdot \widehat{n} \end{bmatrix} w \, d\xi \tag{3.26}$$

A equação (3.25) é a *forma fraca* ou *forma variacional* da equação (3.17). Cabe ressaltar que a espessura da placa (w) pode ser eliminada da equação (3.25) com as forças de superfície $\mathbf{F}_s^e$ definidas como em (3.26). No entanto, caso as forças de superfície sejam fornecidas como forças concentradas nos pontos nodais do elemento, a espessura w não pode ser cancelada, como veremos na seção 3.1.5 . Note ainda que a integral de linha de (3.26) adota a convenção para $\widehat{n}$ e ξ positivos da forma em que estão indicados na figura 3.1 .

Aproximação da geometria e dos deslocamentos no elemento

Para a aproximação das coordenadas cartesianas (x, y), e dos deslocamentos u e v no interior do elemento, utilizaremos as mesmas *funções de interpolação* (2.13) a (2.16) empregadas no problema de transmissão de calor, estudado no capítulo 2. Isto pressupõe que adotaremos, para o desenvolvimento do modelo, o elemento quadrilátero isoparamétrico de 4 nós, ilustrado na figura 2.2, seguindo a mesma convenção para os eixos das coordenadas naturais e para a numeração dos nós *locais*.

Assim, analogamente às expressões (2.10) a (2.12), obtemos as seguintes aproximações para os deslocamentos e para a geometria do elemento da figura 2.2 :

$$u \approx u^e(r, s) = \sum_{i=1}^{4} \psi_i(r, s) u_i^e \tag{3.27}$$

$$v \approx v^e(r, s) = \sum_{i=1}^{4} \psi_i(r, s) v_i^e \tag{3.28}$$

$$x \approx x^e(r, s) = \sum_{i=1}^{4} \psi_i(r, s) x_i^e \tag{3.29}$$

$$y \approx y^e(r, s) = \sum_{i=1}^{4} \psi_i(r, s) y_i^e \tag{3.30}$$

Note que u_i^e e v_i^e são os deslocamentos dos pontos nodais com numeração *local*, e que as aproximações das coordenadas (x, y) são exatamente as mesmas de (2.11) e (2.12).

Na forma matricial, as expressões (3.27) e (3.28) podem ser escritas como

$$\mathbf{u}^e = \begin{bmatrix} u^e \\ v^e \end{bmatrix} = \begin{bmatrix} \sum_{i=1}^{4} \psi_i(r,s) u_i^e \\ \sum_{i=1}^{4} \psi_i(r,s) v_i^e \end{bmatrix}$$

$$= \begin{bmatrix} \psi_1 & 0 & \psi_2 & 0 & \psi_3 & 0 & \psi_4 & 0 \\ 0 & \psi_1 & 0 & \psi_2 & 0 & \psi_3 & 0 & \psi_4 \end{bmatrix} \begin{bmatrix} u_1^e \\ v_1^e \\ u_2^e \\ v_2^e \\ u_3^e \\ v_3^e \\ u_4^e \\ v_4^e \end{bmatrix} = \Psi \mathbf{U}^e \quad (3.31)$$

Substituindo (3.31) em (3.25), obtemos

$$\iint_{\Omega^e} \left(\frac{\partial \mathbf{p}}{\partial \mathbf{x}} \right)^T \mathbf{C} \left(\frac{\partial \Psi}{\partial \mathbf{x}} \right) \mathbf{U}^e w \, dxdy = \mathbf{F}_s^e \qquad (3.32)$$

As forças de superfície $\mathbf{F}_s^e$ podem ser expressas em termos dos deslocamentos dos pontos nodais, por meio do uso da aproximação dada por (3.31), substituída em (3.15) e, posteriormente, em (3.7), ou seja, $[\sigma_x \ \ \sigma_y \ \ \tau_{xy}]^T = \mathbf{C}\frac{\partial \mathbf{u}^e}{\partial \mathbf{x}}$. Com isso, obtemos as tensões para a substituição em (3.26). Entretanto, este procedimento não é comum nos problemas de engenharia. Na prática, a expressão (3.26) é adaptada para o cálculo das forças concentradas nos nós dos contornos do domínio da placa, como veremos na seção 3.1.6 .

Construção do sistema de equações do modelo

Para obtermos um sistema de equações onde as incógnitas são os deslocamentos nos pontos nodais do elemento, é preciso atribuir valores convenientes à matriz de ponderação $\mathbf{p}$ na equação (3.32). Assim, seguindo o mesmo processo adotado no desenvolvimento dos modelos nos capítulos 1 e 2, substituiremos a matriz $\mathbf{p}$ pela *matriz de deslocamento* Ψ_i expressa em (3.19), para $i = 1, 2, 3$ e 4, obtendo assim, a partir de (3.32), um sistema de 8 (oito) equações com 8 (oito) incógnitas, ou seja

$$\iint_{\Omega^e} \left(\frac{\partial \Psi_i}{\partial \mathbf{x}}\right)^T \mathbf{C} \left(\frac{\partial \Psi}{\partial \mathbf{x}}\right) \mathbf{U}^e w\, dxdy = \mathbf{F}_i^e \tag{3.33}$$

onde

$$\mathbf{F}_i^e = \oint_{\underline{\Omega}^e} \psi_i \begin{bmatrix} (\sigma_x, \tau_{xy}) \cdot \widehat{n} \\ (\tau_{xy}, \sigma_y) \cdot \widehat{n} \end{bmatrix} w\, d\xi \tag{3.34}$$

Note que passamos a escrever $\mathbf{F}_i^e$ no lugar de $\mathbf{F}_s^e$, pois a integral (3.34), com a adoção de $p = \psi_i$ (equivalente à $\mathbf{p} = \Psi_i$), passa a representar as forças de superfície concentradas nos pontos nodais do elemento.

Para explicitarmos (3.33) e (3.34) na forma matricial, é necessário notar que cada par de equações é formado por meio das duas colunas da matriz Ψ_i. Deste modo, a expressão do sistema de equações do elemento é obtida pela substituição de Ψ_i pela matriz Ψ, de (3.31), em (3.33), ou seja

$$\left\{\iint_{\Omega^e} \left(\frac{\partial \Psi}{\partial \mathbf{x}}\right)^T \mathbf{C} \left(\frac{\partial \Psi}{\partial \mathbf{x}}\right) w\, dxdy\right\} \mathbf{U}^e = \mathbf{F}^e \tag{3.35}$$

onde

$$\mathbf{F}^e = \oint_{\underline{\Omega}^e} \Psi^T \begin{bmatrix} (\sigma_x, \tau_{xy}) \cdot \widehat{n} \\ (\tau_{xy}, \sigma_y) \cdot \widehat{n} \end{bmatrix} w\, d\xi \tag{3.36}$$

Note que o mesmo ocorre com o vetor das forças de superfície expresso em (3.36), pois a função ψ_i pode ser substituída pelo produto $\mathbf{I}\psi_i = \Psi_i$, onde aplica-se o mesmo raciocínio que gerou (3.35).

Explicitando (3.35) e (3.36) na forma matricial $\mathbf{K}^e\mathbf{U}^e = \mathbf{F}^e$, temos

$$\begin{bmatrix} K_{11}^e & \cdot & \cdot & \cdot & \cdot & \cdot & \cdot & K_{18}^e \\ \cdot & \cdot & & & & & & \cdot \\ \cdot & & \cdot & & & & & \cdot \\ \cdot & & & \cdot & & & & \cdot \\ \cdot & & & & \cdot & & & \cdot \\ \cdot & & & & & \cdot & & \cdot \\ \cdot & & & & & & \cdot & \cdot \\ K_{81}^e & \cdot & \cdot & \cdot & \cdot & \cdot & \cdot & K_{88}^e \end{bmatrix} \begin{bmatrix} u_1^e \\ v_1^e \\ u_2^e \\ v_2^e \\ u_3^e \\ v_3^e \\ u_4^e \\ v_4^e \end{bmatrix} = \begin{bmatrix} F_{1x}^e \\ F_{1y}^e \\ F_{2x}^e \\ F_{2y}^e \\ F_{3x}^e \\ F_{3y}^e \\ F_{4x}^e \\ F_{4y}^e \end{bmatrix} \tag{3.37}$$

onde

$$K_{ij}^e = \iint_{\Omega^e} \sum_{a=1}^{3} \sum_{b=1}^{3} \left(\frac{\partial \Psi}{\partial \mathbf{x}} \right)_{ia}^T C_{ab} \left(\frac{\partial \Psi}{\partial \mathbf{x}} \right)_{bj} w \, dxdy \tag{3.38}$$

Por analogia à equação de uma mola, $\mathbf{K}^e$ é denominada de matriz de elasticidade do elemento Ω^e.

É importante observar que o vetor $\mathbf{U}^e$, o qual contém os deslocamentos dos pontos nodais do elemento, é independente das variáveis de integração x e y.

Exemplo 3.1 Mostre que a matriz $\mathbf{K}^e$ do sistema de equações (3.37) é simétrica.

A matriz $\mathbf{K}^e$ é simétrica, se e somente se, $(\mathbf{K}^e)^T = \mathbf{K}^e$. Para provar esta tese, vamos escrever $\mathbf{K}^e$ a partir de (3.35), ou seja

$$\mathbf{K}^e = \iint_{\Omega^e} \left(\frac{\partial \Psi}{\partial \mathbf{x}}\right)^T \mathbf{C} \left(\frac{\partial \Psi}{\partial \mathbf{x}}\right) w \, dxdy$$

Calculando $(\mathbf{K}^e)^T$ e aplicando a propriedade da transposta do produto de matrizes $(\mathbf{AB})^T = \mathbf{B}^T\mathbf{A}^T$, temos

$$
\begin{aligned}
(\mathbf{K}^e)^T &= \iint_{\Omega^e} \left[\left(\frac{\partial \Psi}{\partial \mathbf{x}}\right)^T \mathbf{C}\left(\frac{\partial \Psi}{\partial \mathbf{x}}\right)\right]^T w\, dxdy \\
&= \iint_{\Omega^e} \left[\mathbf{C}\left(\frac{\partial \Psi}{\partial \mathbf{x}}\right)\right]^T \left[\left(\frac{\partial \Psi}{\partial \mathbf{x}}\right)^T\right]^T w\, dxdy \\
&= \iint_{\Omega^e} \left(\frac{\partial \Psi}{\partial \mathbf{x}}\right)^T \mathbf{C}^T \left(\frac{\partial \Psi}{\partial \mathbf{x}}\right) w\, dxdy \\
&= \iint_{\Omega^e} \left(\frac{\partial \Psi}{\partial \mathbf{x}}\right)^T \mathbf{C} \left(\frac{\partial \Psi}{\partial \mathbf{x}}\right) w\, dxdy = \mathbf{K}^e
\end{aligned}
$$

Note que, como $\mathbf{C}$ é simétrica, $\mathbf{C}^T = \mathbf{C}$.

À semelhança do que ocorre para o fluxo de calor no desenvolvimento do modelo do capítulo 2, a condição de contorno natural (F_{ix}^e, F_{iy}^e) atuante nos nós dos elementos, cujos lados não pertencem ao contorno do domínio $\underline{\Omega}$ (figura 3.1), são anuladas durante a montagem do sistema de equações do modelo. Desta forma, apenas as forças de superfície, concentradas nos nós pertencentes aos contornos $\underline{\Omega}_i$ da figura 3.1, devem ser consideradas na solução do problema. Cabe ressaltar, no entanto, que podem haver forças no plano xy, atuando em nós internos do domínio, que devem ser impostas como condições de contorno.

Ao contrário do que vimos no problema estudado no capítulo 2, a condição de contorno natural $\mathbf{F}^e$ é também uma das condições de contorno que determinaram a solução, juntamente com os apoios B_i, constantes da figura 3.1 .

3.1.2 Montagem do sistema de equações do modelo

O processo de montagem do sistema de equações do modelo de elementos finitos tem início com a discretização do domínio Ω da figura 3.1, do mesmo modo que foi feito para o problema abordado no capítulo 2. A discretização do domínio será realizada manualmente (figura 3.2), no entanto, como veremos no capítulo 7, existem várias técnicas de geração de malhas que permitem automatizar esta tarefa.

O procedimento de montagem do sistema de equações segue exatamente o mesmo processo apresentado na seção 2.1.2 . Para facilitar o entendi-

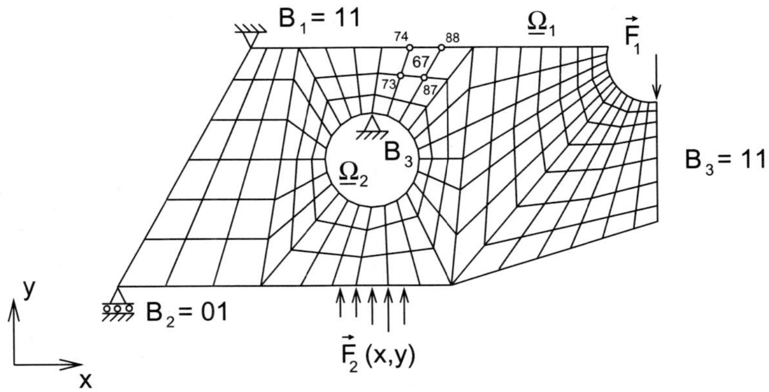

Figura 3.2: Malha de elementos finitos gerada manualmente para a discretização do domínio Ω da figura 3.1 .

mento do texto pelo leitor, destacamos um elemento na malha da figura 3.2 com os mesmos números utilizados na figura 2.4, tanto para o elemento (67) como para os nós *globais* (88, 74, 73 e 87).

A montagem do vetor **F** segue o mesmo esquema de montagem do vetor **q**, tendo em consideração a correspondência com as direções x e y, ou seja

$$F_{(g_i^{67})x} = F_{(g_i^{67})x} + F_{ix}^{67} \tag{3.39}$$

$$F_{(g_i^{67})y} = F_{(g_i^{67})y} + F_{iy}^{67} \tag{3.40}$$

para $i = 1, 2, 3$ e 4 (nós *locais*). Note que g_i^{67} representa os valores da função de *conectividade* para o elemento 67.

O mesmo cuidado deve ser tomado em relação à montagem da matriz **K**, de modo que para cada nó *local* $i, j = 1, 2, 3$ e 4 do elemento 67, temos

$$K_{hl} = K_{hl} + K_{ab}^{67} \tag{3.41}$$

$$K_{(h+1)l} = K_{(h+1)l} + K^{67}_{(a+1)b} \tag{3.42}$$

$$K_{h(l+1)} = K_{h(l+1)} + K^{67}_{a(b+1)} \tag{3.43}$$

$$K_{(h+1)(l+1)} = K_{(h+1)(l+1)} + K^{67}_{(a+1)(b+1)} \tag{3.44}$$

onde $h = 2(g_i^{67}) - 1$, $l = 2(g_j^{67}) - 1$, $a = 2i - 1$ e $b = 2j - 1$. Note que para um elemento Ω^e qualquer da malha, basta que utilizemos os valores da função de *conectividade* g_i^e, no lugar de g_i^{67}.

Do mesmo modo que na seção 2.1.2, obtemos um sistema de $2n$ equações e $2n$ incógnitas correspondentes aos n nós *globais* da malha da figura 3.2 . O sistema $\mathbf{KU} = \mathbf{F}$ obtido pode ser representado, na forma matricial, como

$$\begin{bmatrix} K_{11} & \cdot\ \cdot\ \cdot\ \cdot\ \cdot & K_{1(2n)} \\ \cdot & \cdot & \cdot \\ \cdot & \cdot & \cdot \\ \cdot & \cdot & \cdot \\ \cdot & \cdot & \cdot \\ \cdot & \cdot & \cdot \\ K_{(2n)1} & \cdot\ \cdot\ \cdot\ \cdot\ \cdot & K_{(2n)(2n)} \end{bmatrix} \begin{bmatrix} u_1 \\ v_1 \\ \cdot \\ \cdot \\ \cdot \\ u_n \\ v_n \end{bmatrix} = \begin{bmatrix} F_{1x} \\ F_{1y} \\ \cdot \\ \cdot \\ \cdot \\ F_{nx} \\ F_{ny} \end{bmatrix} \tag{3.45}$$

A matriz $\mathbf{K}$ do sistema é simétrica, em consequência da simetria das matrizes $\mathbf{K}^e$, o que nos permite reduzir o esforço computacional de montagem, calculando apenas as constantes acima ou abaixo da diagonal principal, como ocorre no caso da matriz do sistema do problema de transmissão de calor, apresentado no capítulo 2.

Exemplo 3.2 Escreva as equações de montagem do vetor $\mathbf{F}$ sem utilizar os índices indicadores das direções x e y, ou seja, considerando os vetores dos elementos ($\mathbf{F}^e$) e o próprio vetor $\mathbf{F}$ numerados sequencialmente de 1 a 8 e de 1 a $2n$, respectivamente. Utilize a mesma notação dos índices das constantes da matriz $\mathbf{K}$, empregada em (3.41) a (3.44), e o elemento 67 da figura 3.2 como exemplo.

Para escrever as equações (3.39) e (3.40) utilizando os índices h e a, basta notar que a posição $h = 2(g_i^{67}) - 1$, no vetor $\mathbf{F}$, corresponde à posição $(g_i^{67})x$ e que $h+1$ corresponde à posição $(g_i^{67})y$. Isto pode ser mais facilmente visualizado no vetor $\mathbf{F}^e$, onde $a = 2i - 1$ corresponde à posição ix e $a+1$ corresponde à posição iy. Para exemplificar, vamos tomar a posição $2y$, a qual corresponde à $a = 4$, ou seja

$$\mathbf{F}^e = \begin{bmatrix} F_{1x} \\ F_{1y} \\ F_{2x} \\ F_{2y} \\ . \\ F_{4y} \end{bmatrix} = \begin{bmatrix} F_1 \\ F_2 \\ F_3 \\ F_4 \\ . \\ F_8 \end{bmatrix}$$

Assim, a montagem de $\mathbf{F}$ é feita por meio das seguintes espressões:

$$F_h = F_h + F_a^e$$

$$F_{h+1} = F_{h+1} + F_{a+1}^e$$

onde $h = 2(g_i^{67}) - 1$ e $a = 2i - 1$.

Note que o fato de termos $2n$ equações é determinado pela existência de deslocamentos nas duas direções x e y, ou seja, u_i e v_i.

3.1.3 Cálculo analítico das constantes do sistema

O cálculo analítico das constantes de (3.37) é feito do mesmo modo como foi apresentado na seção 2.1.3, para o sistema de equações do modelo de transmissão de calor. Assim, utilizando a expressão (2.32) para o cálculo de $\frac{\partial \Psi}{\partial \mathbf{x}}$ e a transformação de coordenadas (2.27) para as variáveis de integração r e s, obtemos, a partir de (3.38), a seguinte expressão:

$$K_{ij}^e = \int_{-1}^{+1} \int_{-1}^{+1} \sum_{a=1}^{3} \sum_{b=1}^{3} \left(\frac{\partial \Psi}{\partial \mathbf{x}} \right)_{ia}^T C_{ab} \left(\frac{\partial \Psi}{\partial \mathbf{x}} \right)_{bj} w(\det J)\, drds \qquad (3.46)$$

As constantes do vetor $\mathbf{F}^e$ são calculadas de acordo com o procedimento descrito na seção 3.1.6. Note que os carregamentos concentrados nos nós da malha ($\vec{F_1}$ da figura 3.2) são adicionados diretamente à **F** de acordo com as expressões (3.39) e (3.40), como veremos na seção 3.1.5 .

Exemplo 3.3 Calcule analiticamente o valor da constante K^e_{61} da matriz do elemento do exemplo 2.2 em função do coeficiente de Poisson ν, do módulo de elasticidade E e da espessura w do elemento.

Partindo da matriz $\frac{\partial \Psi}{\partial \mathbf{x}}$, definida como

$$\frac{\partial \Psi}{\partial \mathbf{x}} = \begin{bmatrix} \frac{\partial \psi_1}{\partial x} & 0 & \frac{\partial \psi_2}{\partial x} & 0 & \frac{\partial \psi_3}{\partial x} & 0 & \frac{\partial \psi_4}{\partial x} & 0 \\ 0 & \frac{\partial \psi_1}{\partial y} & 0 & \frac{\partial \psi_2}{\partial y} & 0 & \frac{\partial \psi_3}{\partial y} & 0 & \frac{\partial \psi_4}{\partial y} \\ \frac{\partial \psi_1}{\partial y} & \frac{\partial \psi_1}{\partial x} & \frac{\partial \psi_2}{\partial y} & \frac{\partial \psi_2}{\partial x} & \frac{\partial \psi_3}{\partial y} & \frac{\partial \psi_3}{\partial x} & \frac{\partial \psi_4}{\partial y} & \frac{\partial \psi_4}{\partial x} \end{bmatrix}$$

podemos escrever (3.46), para $i = 6$ e $j = 1$, como a multiplicação das colunas 6 e 1 de $\frac{\partial \Psi}{\partial \mathbf{x}}$, ou seja

$$K^e_{61} = \int_{-1}^{+1}\int_{-1}^{+1} \sum_{a=1}^{3}\sum_{b=1}^{3} \left(\frac{\partial \Psi}{\partial \mathbf{x}}\right)^T_{6a} C_{ab} \left(\frac{\partial \Psi}{\partial \mathbf{x}}\right)_{b1} w\, drds$$

$$= \int_{-1}^{+1}\int_{-1}^{+1} \begin{bmatrix} 0 \\ \frac{\partial \psi_3}{\partial y} \\ \frac{\partial \psi_3}{\partial x} \end{bmatrix}^T \frac{E}{1-\nu^2} \begin{bmatrix} 1 & \nu & 0 \\ \nu & 1 & 0 \\ 0 & 0 & \frac{1-\nu}{2} \end{bmatrix} \begin{bmatrix} \frac{\partial \psi_1}{\partial x} \\ 0 \\ \frac{\partial \psi_1}{\partial y} \end{bmatrix} w\, drds$$

$$= \int_{-1}^{+1}\int_{-1}^{+1} \begin{bmatrix} 0 & \frac{\partial \psi_3}{\partial y} & \frac{\partial \psi_3}{\partial x} \end{bmatrix} \frac{E}{1-\nu^2} \begin{bmatrix} \frac{\partial \psi_1}{\partial x} \\ \nu \frac{\partial \psi_1}{\partial x} \\ \frac{(1-\nu)}{2}\frac{\partial \psi_1}{\partial y} \end{bmatrix} w\, drds$$

$$= \int_{-1}^{+1}\int_{-1}^{+1} \frac{E}{1-\nu^2} \left[\nu \frac{\partial \psi_3}{\partial y}\frac{\partial \psi_1}{\partial x} + \frac{(1-\nu)}{2}\frac{\partial \psi_3}{\partial x}\frac{\partial \psi_1}{\partial y}\right] w\, drds$$

Note que a matriz Jacobiana do elemento do exemplo 2.2 é igual à matriz identidade e, portanto, $\frac{\partial\psi_i}{\partial x} = \frac{\partial\psi_i}{\partial r}$ e $\frac{\partial\psi_i}{\partial y} = \frac{\partial\psi_i}{\partial s}$. Assim, utilizando o resultado destas derivadas parciais obtido no exemplo 2.3, temos

$$K^e_{61} = \frac{Ew}{16(1-\nu^2)}\int_{-1}^{+1}\int_{-1}^{+1}\left[\nu(r-1)(1+s) + \frac{(1-\nu)}{2}(s-1)(1+r)\right] drds$$

$$= \frac{Ew}{16(1-\nu^2)}\int_{-1}^{+1}\left[-2\nu(1+s) + (1-\nu)(s-1)\right] ds$$

$$= \frac{Ew}{16(1-\nu^2)}\left[-4\nu - 2(1-\nu)\right] = \frac{-Ew}{8(1-\nu)}$$

Note ainda que $K^e_{16} = K^e_{61}$, pois como vimos no exemplo 3.1, a matriz $\mathbf{K}^e$ é simétrica.

Como podemos observar pelo resultado obtido no exemplo 3.3, o cálculo analítico das constantes do sistema se torna extremamente extenso, especialmente quando o determinante da matriz Jacobiana é expresso em função das coordenadas naturais (r, s), agravando-se para o caso de elementos de ordem elevada, como os da figura 2.6 . Para possibilitar o uso deste modelo num ambiente computacional, utilizamos a integração numérica.

3.1.4 Integração numérica das constantes do sistema

O método para a integração numérica das expressões que adotaremos no cálculo das constantes do sistema $\mathbf{KU} = \mathbf{F}$ é o mesmo que utilizamos para calcular as constantes do sistema construído no capítulo 2, ou seja, a formulação de Gauss-Legendre para duas variáveis de integração, como descrita na seção 2.1.4 .

Exemplo 3.4 Calcule o valor da constante K^e_{61} da matriz do elemento do exemplo 2.2 em função de ν, E e w, utilizando a formulação de Gauss-Legendre. Compare o valor obtido com o resultado do exemplo 3.3 .

Do exemplo 3.3, temos que

$$K_{61}^e = \frac{Ew}{16(1-\nu^2)} \int_{-1}^{+1} \int_{-1}^{+1} \left[\nu(r-1)(1+s) + \frac{(1-\nu)}{2}(s-1)(1+r) \right] drds$$

Para obter o valor desta integral, pela formulação de Gauss-Legendre, temos que usar 1 (um) ponto de integração em r e em s ($mr = ms = 1$), que nos permite calcular a integral de polinômios de ordem até 1 (um), ou seja

$$K_{61}^e = \frac{Ew}{16(1-\nu^2)} \omega_1^2 \left[\nu(c_1-1)(1+c_1) + \frac{(1-\nu)}{2}(c_1-1)(1+c_1) \right]$$

Substituindo as constantes da tabela 1.1, obtemos

$$K_{61}^e = \frac{Ew}{4(1-\nu^2)} \left[-\nu - \frac{(1-\nu)}{2} \right] = \frac{-Ew}{8(1-\nu)}$$

O valor obtido para K_{61}^e pela formulação de Gauss-Legendre é igual ao calculado analiticamente no exemplo 3.3 .

O fato de termos utilizado apenas 1 (um) ponto de integração para calcular as constantes da matriz $\mathbf{K}^e$ no exemplo 3.4 não pode ser tomado como regra geral. Na realidade é um caso particular da constante K_{ij}^e e da geometria do elemento em questão (exemplo 2.2). O número de pontos de integração depende da equação que define a constante K_{ij}^e e do tipo de elemento utilizado, mais especificamente da ordem do polinômio em r e s gerado pelo determinante da matriz Jacobiana, durante a transformação de coordenadas de (x, y) para (r, s).

Para o caso particular dos elementos quadriláteros isoparamétricos não distorcidos (retangulares) de 4 (quatro) nós, a maior ordem do polinômio de integração, obtida durante o cálculo das constantes da matriz $\mathbf{K}^e$, é igual a 2 (dois). Assim, são necessários no máximo 2×2 pontos de integração ($mr = ms = 2$) para calcular exatamente as constantes da matriz $\mathbf{K}^e$ do modelo desenvolvido neste capítulo. Note que o mesmo resultado é válido para o modelo de transmissão de calor do capítulo 2 (ver exemplo 2.4). A tabela 3.1 apresenta um sumário desta análise, incluindo os elementos de 8 e 9 nós.

Tabela 3.1: Número mínimo de pontos de integração ($mr \times ms$) para o cálculo exato das constantes K^e_{ij} por meio da formulação de Gauss-Legendre, para os elementos quadriláteros isoparamétricos definidos pelas equações (2.28) e (3.46).

N$^{\underline{o}}$ de nós	$mr \times ms$
4	2×2
8	3×3
9	3×3

Podemos aplicar os valores da tabela 3.1 também aos casos onde os elementos são distorcidos. Este fato pode ser verificado observando-se que, para elementos cujo $\det J$ é uma função polinomial em r e s, a ordem dos elementos da matriz J^{-1} ($o[J^{-1}]$, na nossa notação) calculada pela expressão (2.33) é sempre negativa, e que $o[\det(J)] = -2o[J^{-1}]$. Como J^{-1} é aplicada duas vezes no cálculo de (2.28) e (3.46), e o $\det(J)$ é aplicado apenas uma vez, estes não aumentam, na prática, a ordem do polinômio de integração.

3.1.5 Condições de contorno

Para a solução do sistema de equações (3.45) é necessário impor as condições de contorno que representam os carregamentos e os pontos de apoio atuantes sobre o domínio. Os carregamentos estão expressos na forma de forças distribuídas, como na condição de contorno natural (3.36), ou simplesmente por forças concentradas aplicadas diretamente nos nós da malha. Os pontos de apoio atuam como restrições aos deslocamentos de alguns nós, especificando quais os graus de liberdade (u e/ou v) que podem ou não ocorrer em determinado nó (ponto de apoio).

Devemos ressaltar que a contribuição das forças de superfície, atuantes nos nós internos do domínio Ω, é nula no sistema de equações do modelo. Isto é devido à necessidade de continuidade entre elementos adjacentes que, pelo princípio de "ação e reação", anulam as parcelas adicionadas ao vetor $\mathbf{F}$. Este fato assemelha-se ao cancelamento da contribuição do fluxo de calor nos nós de elementos adjacentes, descrito na seção 2.1.5 . No entanto, carregamentos não oriundos de condições de contorno naturais, atuando em nós internos da malha, não são anulados e devem ser impostos como condições de contorno sobre (3.45).

A imposição de forças concentradas nos nós é feita pela simples substituição das suas projeções, em x e y, nas constantes correspondentes do vetor **F** do sistema (3.45). Assim, supondo que a força concentrada $\vec{F_1} = [f_{1x}, f_{1y}]$ ilustrada na figura 3.2, esteja atuando no nó *global* c, a sua contribuição ocorrerá nas posições $2c - 1$ e $2c$ do vetor **F**, ou seja, $F_{2c-1} = f_{1x}$ e $F_{2c} = f_{1y}$. Note que pela figura 3.2, $f_{1x} = 0$.

No caso das forças de superfície distribuídas, como por exemplo $\vec{F_2}(x, y) = [f_{2x}(x, y), f_{2y}(x, y)]$ da figura 3.2, os valores concentrados nos nós dos elementos, atingidos por este tipo de condição de contorno, devem ser calculados conforme descrito na seção 3.1.6 . Para este tipo de condição, as contribuições para a força atuante em um nó podem advir de dois elementos adjacentes do contorno, como ilustrado na figura 3.3 .

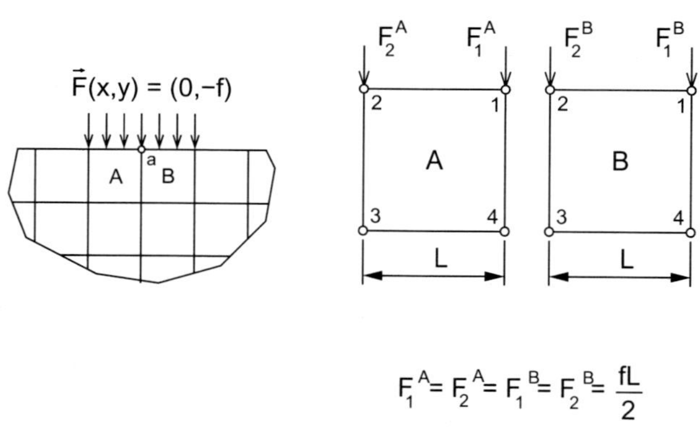

Figura 3.3: Forças concentradas nos nós de dois elementos adjacentes, submetidos a um carregamento uniformemente distribuído aplicado sobre os lados pertencentes ao contorno do domínio.

O carregamento atuante sobre o nó *global* a da malha, ilustrado na figura 3.3, é a resultante das contribuições das forças de superfície concentradas nos nós *locais* correspondentes (dos elementos A e B). Assim, utilizando o algoritmo apresentado no exemplo 3.2, podemos calcular a constante F_{2a} do vetor **F**, ou seja, $F_{2a} = F_1^A + F_2^B$. Note que o valor da força concentrada em cada um dos nós do elemento é igual à metade da carga total atuando sobre o seu lado. Isto ocorre por se tratar de um carregamento uniformemente distribuído sobre elementos de 4 nós. Para o caso de elementos de 8 e 9 nós, as forças concentradas nos pontos nodais, resultantes das forças de superfície, não possuem o mesmo valor, ou seja, não são simplesmente uma divisão do valor total do carregamento atuando sobre o lado do elemento pelo número de pontos nodais pertencentes a este lado (ver seção 3.1.6).

A imposição das condições de contorno, relativas aos pontos de apoio, é feita de modo semelhante à imposição das condições de contorno de temperatura (descrita na seção 2.1.5), observando-se que no caso das restrições aos deslocamentos dos nós, imposta pelo apoio, o índice 1 (fixo) equivale a um deslocamento nulo. Por exemplo, os apoios $B_1 = B_3 = 11$, ilustrados na figura 3.2, equivalem à condição de contorno $u = v = 0$, já o apoio $B_2 = 01$ corresponde à condição de contorno $v = 0$, sem nenhuma restrição imposta ao deslocamento u.

Tomando como exemplo a força $\vec{F_1}$, atuando no nó *global* c, e o apoio B_2, atuando no nó *global* 1, como ilustrado na figura 3.2, o sistema de equações (3.45), com estas condições de contorno impostas, pode ser escrito da seguinte forma:

$$\begin{bmatrix} K_{11} & \cdot & \cdot & \cdot & \cdot & K_{1(2n)} \\ \cdot & \beta & & & & \cdot \\ \cdot & & \cdot & & & \cdot \\ \cdot & & K_{(2c)(2c)} & & & \cdot \\ \cdot & & & & \cdot & \cdot \\ \cdot & & & & \cdot & \cdot \\ K_{(2n)1} & \cdot & \cdot & \cdot & \cdot & K_{(2n)(2n)} \end{bmatrix} \begin{bmatrix} u_1 \\ v_1 \\ \cdot \\ v_c \\ \cdot \\ u_n \\ v_n \end{bmatrix} = \begin{bmatrix} 0 \\ 0 \\ \cdot \\ f_{1y} \\ \cdot \\ \cdot \\ 0 \end{bmatrix} \quad (3.47)$$

onde $\beta \gg 1$.

Note que as constantes do vetor **F**, relativas aos nós dos contornos livres de forças de superfície e de restrições de apoio, possuem valor nulo. O mesmo ocorre para as constantes de **F** nas posições equivalentes às restrições de deslocamento, como no caso do deslocamento v do nó *global* 1 do sistema de equações (3.47).

Exemplo 3.5 Uma barra chata engastada é tracionada pela extremidade, como mostra a figura. Sabendo que $a \gg L$, utilize argumentos de simetria para reduzir o domínio da barra a ser utilizado na modelagem pelo método dos elementos finitos. Para analisar a concentração de tensões na seção do furo circular, construa o sistema de equações do modelo para uma malha de 2×2 elementos e represente as condições de contorno (forças e apoios), tanto na malha como no sistema de equações.

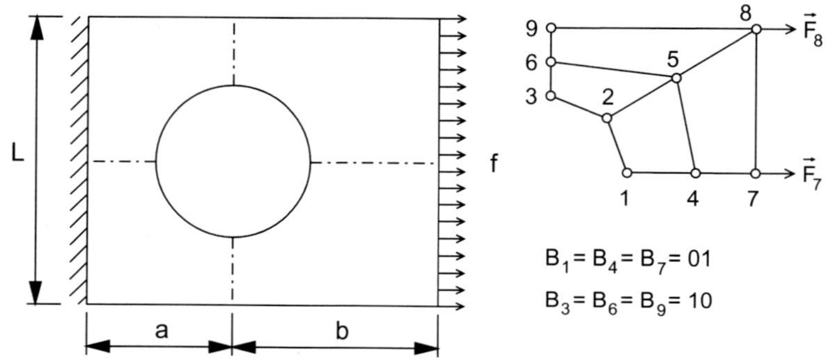

Com base na simetria do problema (geometria do domínio e carregamento) serão considerados como nulos os deslocamentos perpendiculares às linhas traço-ponto horizontais e verticais. Assim, tomaremos apenas um quadrante para construir o modelo.

Do mesmo argumento de simetria decorre as condições de apoio para os nós 1, 4 e 7, e 3, 6 e 9, onde são permitidos apenas deslocamentos na direção paralela às linhas traço-ponto de simetria, como registrado na figura ($u_3 = u_6 = u_9 = 0$ e $v_1 = v_4 = v_7 = 0$). Note que por tratar-se de uma análise de tensões é possível adotar $u_3 = u_6 = u_9 = 0$.

As forças de superfície concentradas nos nós 7 e 8 são obtidas da mesma forma que calculamos as forças nos nós dos elementos da figura 3.3, ou seja

$$F_{7x} = F_{8x} = \frac{Lf}{4}$$

$$F_{7y} = F_{8y} = 0$$

Note que por estarmos modelando apenas uma parte (metade superior) do lado do domínio, onde está aplicada a força de superfície distribuída f, a força concentrada no nó *global* 7 recebe apenas a contribuição do elemento da metade superior.

Assim, o sistema de equações do modelo, com as condições de contorno impostas, pode ser escrito como

$$\mathbf{K}\begin{bmatrix} u_1 \\ v_1 \\ u_2 \\ v_2 \\ u_3 \\ v_3 \\ u_4 \\ v_4 \\ u_5 \\ v_5 \\ u_6 \\ v_6 \\ u_7 \\ v_7 \\ u_8 \\ v_8 \\ u_9 \\ v_9 \end{bmatrix} = \begin{bmatrix} 0 \\ 0 \\ 0 \\ 0 \\ 0 \\ 0 \\ 0 \\ 0 \\ 0 \\ 0 \\ 0 \\ 0 \\ F_{7x} \\ 0 \\ F_{8x} \\ 0 \\ 0 \\ 0 \end{bmatrix} \quad \text{sendo} \quad \text{diag}(\mathbf{K}) = \begin{bmatrix} K_{11} \\ \beta \\ K_{33} \\ K_{44} \\ \beta \\ K_{66} \\ K_{77} \\ \beta \\ K_{99} \\ K_{10\ 10} \\ \beta \\ K_{12\ 12} \\ K_{13\ 13} \\ \beta \\ K_{15\ 15} \\ K_{16\ 16} \\ \beta \\ K_{18\ 18} \end{bmatrix}$$

onde a diag($\mathbf{K}$) é a representação dos elementos da diagonal da matriz $\mathbf{K}$ e $\beta \gg 1$.

3.1.6 Forças de superfície concentradas nos pontos nodais

Ao contrário do que acontece com o uso do fluxo de calor concentrado nos pontos nodais, o emprego de forças concentradas nos nós é uma prática comum na modelagem de problemas de elasticidade. Apesar de ser fisicamente impossível aplicar uma força realmente concentrada sobre um ponto de área zero, esta aproximação fornece resultados satisfatórios, desde que não estejamos interessados em analisar a área próxima ao ponto de aplicação da força.

No caso de forças de superfície distribuídas sobre o contorno do domínio da malha de elementos finitos, é necessário calcular as forças equivalentes concentradas nos pontos nodais, do mesmo modo que fizemos para o fluxo de calor na seção 2.1.6, ou seja, substituindo as projeções das tensões pela força de superfície distribuída na expressão da condição de contorno natural (3.34), como ilustrado pela força $\vec{F_2}(x, y)$ na figura 3.2 . Assim, obtemos

$$\mathbf{F}_i^e = \oint_{\underline{\Omega}^e} \Psi_i \begin{bmatrix} f_x(\xi) \\ f_y(\xi) \end{bmatrix} d\xi = \oint_{\underline{\Omega}^e} \Psi_i \vec{F}(\xi)\, d\xi \qquad (3.48)$$

onde $f_x(\xi)$ e $f_y(\xi)$ são as componentes da força de superfície $\vec{F}(\xi)$ atuando no lado do elemento, ao qual o nó i pertence. Note que $f_x(\xi)$ e $f_y(\xi)$ possuem dimensão de força por unidade de comprimento.

Exemplo 3.6 Calcule as forças concentradas nos nós do elemento quadrilátero isoparamétrico de 8 nós, equivalentes à força de superfície distribuída do problema definido na figura.

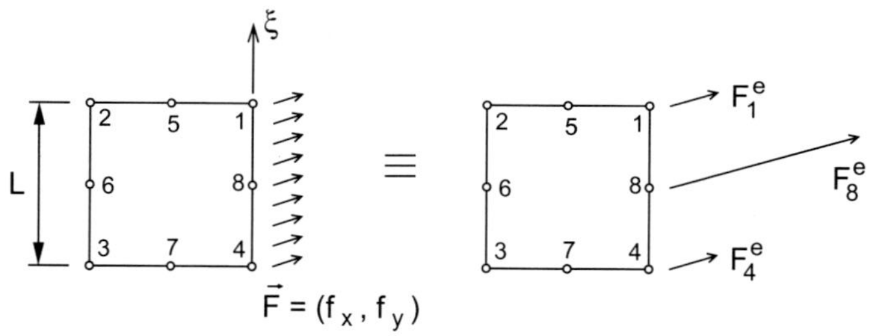

À semelhança do exemplo 2.5, aplicaremos a equação (3.48) com as *funções de interpolação* dos pontos nodais 1, 4 e 8, sujeitas à condicionante $r = +1$. Assim, para o nó 1, temos

$$\vec{F}_1^e = \int_0^L \begin{bmatrix} \psi_1(1,s) & 0 \\ 0 & \psi_1(1,s) \end{bmatrix} \begin{bmatrix} f_x \\ f_y \end{bmatrix} ds = \int_0^L \begin{bmatrix} f_x\psi_1(1,s) \\ f_y\psi_2(1,s) \end{bmatrix} ds$$

Observando que cada uma das componentes f_x e f_y da força de superfície é constante, e que a integral usada para calcular cada uma das componentes da força concentrada $\mathbf{F}_1^e$ é idêntica à que obtivemos no exemplo 2.5, para o cálculo de q_1^e, concluímos que

$$\mathbf{F}_1^e = \tfrac{L}{6}\begin{bmatrix} f_x \\ f_y \end{bmatrix}$$

Note que estamos utilizando as mesmas *funções de interpolação* empregadas no exemplo 2.5, onde o fluxo de calor q, aplicado sobre o lado do elemento, também é constante.

Analogamente, obtemos os seguintes valores para as forças concentradas nos nós 4 e 8:

$$\mathbf{F}_4^e = \tfrac{L}{6}\begin{bmatrix} f_x \\ f_y \end{bmatrix} \qquad \mathbf{F}_8^e = \tfrac{4L}{6}\begin{bmatrix} f_x \\ f_y \end{bmatrix}$$

As forças concentradas nos nós de um elemento quadrilátero isoparamétrico de 8 nós, resultantes de um carregamento uniformemente distribuído em um dos seus lados, são aplicadas na razão $\frac{1}{6}$:$\frac{4}{6}$:$\frac{1}{6}$ do valor da força resultante, que é a mesma razão obtida no exemplo 2.5 .

Como já indicamos na figura 3.3, as forças concentradas nos pontos nodais do elemento quadrilátero isoparamétrico de 4 nós, submetido à uma força de superfície uniformemente distribuída, são iguais à metade do carregamento total atuante no lado do elemento. Assim, seguindo a mesma convenção do exemplo 3.6, temos, para o elemento de 4 nós, as seguintes forças concentradas nos pontos nodais: $\mathbf{F}_1^e = \mathbf{F}_4^e = \frac{L}{2}[f_x \;\; f_y]^T$.

No caso de termos um força concentrada, aplicada fora dos pontos nodais do elemento, como ilustrado na figura 3.4, esta também deve ser concentrada nos nós para que possamos montar o vetor $\mathbf{F}^e$ do elemento com componentes consistentes. O procedimento para calcularmos as componentes dessas forças concentradas nos nós é idêntico ao descrito para as forças de superfície distribuídas. Para isto vamos usar o artifício de substituir a função $\vec{F}(\xi)$ que possui dimensão de força por unidade de comprimento pela razão $\frac{P}{\Delta\xi}$, onde $\vec{P}$ é a força concentrada fora dos pontos nodais e $\Delta\xi$ é um pequeno intervalo do contorno do elemento, em torno do ponto ξ_P, sobre o qual aplicamos $\vec{P}$. Assim, podemos escrever (3.48) como

$$\mathbf{F}_i^e = \lim_{\Delta\xi\to 0} \oint_{\underline{\Omega}^e} \Psi_i \begin{bmatrix} \frac{p_x}{\Delta\xi} \\ \frac{p_y}{\Delta\xi} \end{bmatrix} d\xi = \lim_{\Delta\xi\to 0} \oint_{\underline{\Omega}^e} \Psi_i \frac{\vec{P}}{\Delta\xi}\, d\xi \qquad (3.49)$$

onde p_x e p_y são as componentes da força concentrada $\vec{P}$.

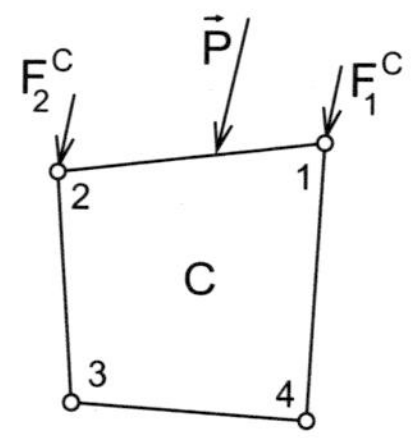

Figura 3.4: Forças concentradas nos nós de um elemento submetido a um carregamento concentrado, aplicado fora dos pontos nodais.

Desenvolvendo (3.49), temos

$$\mathbf{F}_i^e = \lim_{\Delta\xi\to 0} \oint_{\underline{\Omega}^e} \Psi_i \frac{\vec{P}}{\Delta\xi}\, d\xi = \lim_{\Delta\xi\to 0} \left\{ \oint_{\xi_P}^{\xi_P+\Delta\xi} \Psi_i\, d\xi \right\} \frac{\vec{P}}{\Delta\xi} \qquad (3.50)$$

Denominando $\Theta(\xi) = \oint_{\xi_0}^{\xi} \Psi_i\, d\xi$, obtemos

$$\mathbf{F}_i^e = \lim_{\Delta\xi\to 0} \left\{ \oint_{\xi_P}^{\xi_P+\Delta\xi} \Psi_i\, d\xi \right\} \frac{\vec{P}}{\Delta\xi} = \left\{ \lim_{\Delta\xi\to 0} \frac{\Theta(\xi_P+\Delta\xi) - \Theta(\xi_P)}{\Delta\xi} \right\} \vec{P}$$

$$= \left.\frac{d\Theta}{d\xi}\right|_{\xi=\xi_P} \vec{P} = \frac{d}{d\xi} \left\{ \oint_{\xi_0}^{\xi} \Psi_i\, d\xi \right\}_{\xi=\xi_P} \vec{P} = \Psi_i(\xi_P)\vec{P} \qquad (3.51)$$

Note que este resultado é válido para qualquer elemento independentemente do seu número de nós.

Exemplo 3.7 Mostre que as forças concentradas nos nós, calculadas com a expressão (3.51), satisfazem à condição de equilíbrio, ou seja, são iguais à força $\vec{P}$ atuando entre os nós da figura 3.4 .

Por (3.51), as forças concentradas nos nós 1 e 2 do elemento da figura 3.4 são

$$\mathbf{F}_1^C = \Psi_1(\xi_P)\vec{P}$$

$$\mathbf{F}_2^C = \Psi_2(\xi_P)\vec{P}$$

Como estamos calculando as forças concentradas no lado do elemento definido no sistema de coordenadas naturais por $s = +1$, temos que a força $\vec{P}$ é aplicada em $r = r_P$, ou seja

$$\mathbf{F}_1^C = \Psi_1(r_P, 1)\vec{P}$$

$$\mathbf{F}_2^C = \Psi_2(r_P, 1)\vec{P}$$

Pela condição de equilíbrio temos que satisfazer à igualdade $\mathbf{F}_1^C + \mathbf{F}_2^C = \vec{P}$. Assim, utilizando as *funções de interpolação* (2.13) e (2.14) para definir as *matrizes de deslocamento* Ψ_1 e Ψ_2 como em (3.19), obtemos o seguinte resultado:

$$\begin{aligned}
\mathbf{F}_1^C + \mathbf{F}_2^C &= \{\Psi_1(r_P, 1) + \Psi_2(r_P, 1)\}\vec{P} \\
&= \begin{bmatrix} \frac{1}{2}(1 + r_P) + \frac{1}{2}(1 - r_P) & 0 \\ 0 & \frac{1}{2}(1 + r_P) + \frac{1}{2}(1 - r_P) \end{bmatrix} \vec{P} \\
&= \mathbf{I}\vec{P} = \vec{P}
\end{aligned}$$

Como queríamos demonstrar.

3.1.7 Solução do sistema de equações do modelo

A obtenção da solução numérica do sistema de equações (3.45), é feita utilizando o mesmo procedimento empregado na seção 2.1.7, onde a decomposição de Cholesky foi descrita, juntamente com o conceito de renumeração dos nós necessário para reduzir a banda da matriz. Note que a obtenção da solução do sistema de equações (3.45) só é possível após a imposição das condições de contorno (apoios e forças de superfície), conforme descrito na seção 3.1.5 . A omissão dos apoios como condição de contorno gera a insolubilidade do sistema de equações, pois equivale a um problema de deslocamento de corpo rígido da placa, onde todos os pontos nodais podem deslocar-se para infinitas posições no plano.

Essa necessidade de minimizar a banda da matriz, pela aplicação de algoritmos de renumeração, é mais evidente no modelo desenvolvido para o problema proposto neste capítulo, uma vez que, para uma dada discretização, existem dois graus de liberdade para o deslocamento do nó e, consequentemente, a matriz $\mathbf{K}$ de (3.45) requer 4 (quatro) vezes mais memória de armazenamento do que a matriz do modelo apresentado no capítulo 2.

3.1.8 Cálculo das reações de apoio

A solução do sistema de equações (3.45) fornece os deslocamentos dos pontos nodais para os carregamentos e apoios impostos por meio das condições de contorno. Em algumas análises, no entanto, é necessário calcular também as reações de apoio, visando dimensionar os pontos de fixação da placa.

O cálculo das reações de apoio é feito por determinação das forças atuantes nos pontos nodais do elemento. Utilizando a equação (3.35), podemos calcular a reação de apoio para o elemento Ω^e, que contém o nó de aplicação do apoio na placa, conforme ilustrado na figura 3.5. Assim, uma vez calculados os deslocamentos dos pontos nodais do elemento Ω^e, obtemos as reações de apoio por meio da seguinte expressão:

$$\mathbf{F}^e = \left\{ \iint_{\Omega^e} \left(\frac{\partial \Psi}{\partial \mathbf{x}} \right)^T \mathbf{C} \left(\frac{\partial \Psi}{\partial \mathbf{x}} \right) w \, dxdy \right\} \mathbf{U}^e = \mathbf{K}^e \mathbf{U}^e \tag{3.52}$$

A reação de apoio $\vec{R} = (R_{ix}, R_{iy})$ é igual à força atuando no nó 3 do elemento Ω^e, como ilustrado na figura 3.5 . Note que a reação de apoio é função das restrições impostas pela condição de contorno B_i. Por exemplo, caso tivéssemos $B_i = 01$ o valor da componente em x da reação de apoio $\vec{R}$ seria nulo ($R_{ix} = 0$), pois não há restrição imposta ao deslocamento u_i, conforme a convenção apresentada na seção 3.1.5 .

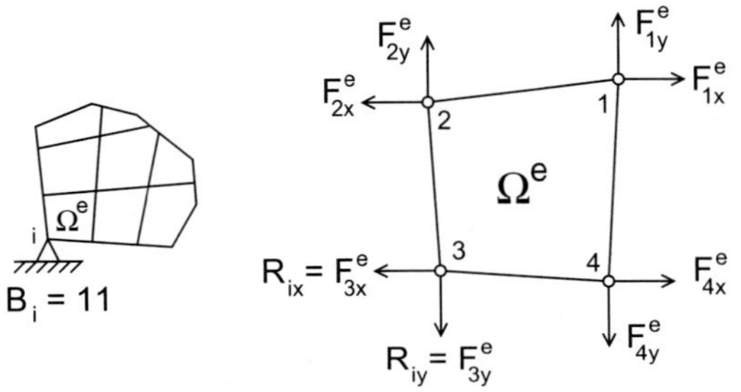

Figura 3.5: Forças calculadas nos nós de um elemento que contém o nó *global* i (nó *local* 3), onde é aplicado um dos apoios da placa.

O cálculo das reações de apoio pode ainda ser feito com o uso do sistema (3.45), ou seja, $\mathbf{F} = \mathbf{KU}$. Neste caso, obtemos não só as reações de apoio, mas também todas as forças atuando no domínio, como veremos na seção 4.1.8 .

3.1.9 Cálculo das tensões no elemento

Uma vez conhecidos os deslocamentos dos pontos nodais, as tensões em um ponto interno do elemento também podem ser obtidas por meio do emprego das relações entre tensões, deformações e deslocamentos, à semelhança do que foi descrito para o cálculo das reações de apoio na seção 3.1.8 .

Em um ponto (x^e, y^e), interno ao elemento Ω^e, as tensões podem ser calculadas diretamente pelo uso de (3.7), (3.15) e (3.31), combinadas na seguinte expressão:

$$\begin{bmatrix} \sigma_x(x^e, y^e) \\ \sigma_y(x^e, y^e) \\ \tau_{xy}(x^e, y^e) \end{bmatrix} = \mathbf{CE}\Big|_{(x^e, y^e)} = \mathbf{C}\frac{\partial \Psi}{\partial \mathbf{x}}\Big|_{(x^e, y^e)} \mathbf{U}^e \tag{3.53}$$

Exemplo 3.8 Dado que a solução $\mathbf{U}$ do modelo de elementos finitos do problema da figura é conhecida, calcule as tensões ao longo de uma seção vertical nos elementos 1 e 2 e verifique que σ_x é constante. Verifique ainda que $\sigma_y = \tau_{xy} = 0$. Considere o estado plano de tensão, e note que $\delta_y = -\frac{\nu}{2}\delta_x$, devido ao efeito (coeficiente) de Poisson.

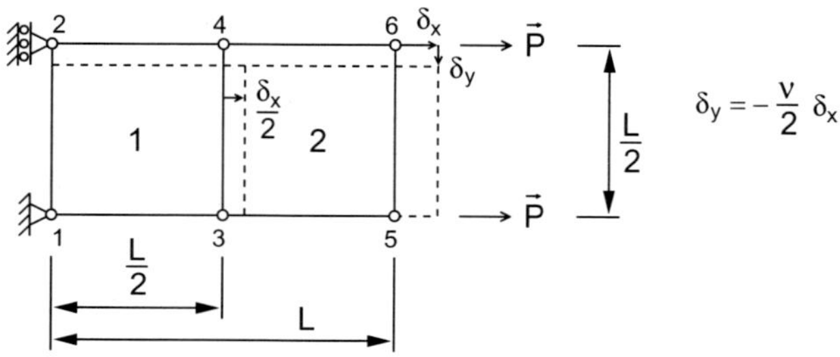

Podemos calcular as tensões a partir dos deslocamentos dos pontos nodais por meio da relação (3.53), ou seja, $[\sigma_x \;\; \sigma_y \;\; \tau_{xy}]^T = \mathbf{C}\frac{\partial \Psi}{\partial \mathbf{x}}\mathbf{U}^e = \mathbf{CE}$, onde $\mathbf{E}$ para o elemento 1, tem a forma

$$\mathbf{E}^1 = \left[\begin{array}{cccccccc} 1+s & 0 & -1-s & 0 & -1+s & 0 & 1-s & 0 \\ \hline 0 & 1+r & 0 & 1-r & 0 & -1+r & 0 & -1-r \\ \hline 1+r & 1+s & 1-r & -1-s & -1+r & -1+s & -1-r & 1-s \end{array}\right] \begin{bmatrix} 1 \\ -\nu \\ 0 \\ -\nu \\ 0 \\ 0 \\ 1 \\ 0 \end{bmatrix} \frac{\delta_x}{2L}$$

Efetuando o produto $\mathbf{E}^1 = \frac{\partial \Psi}{\partial \mathbf{x}}\mathbf{U}^1$ acima, obtemos os seguintes valores de deformações, constantes ao longo do elemento 1:

$$\mathbf{E}^1 = \begin{bmatrix} 2 \\ -2\nu \\ 0 \end{bmatrix} \frac{\delta_x}{2L}$$

Note que

$$\frac{\partial \psi_i}{\partial x} = \frac{4}{L}\frac{\partial \psi_i}{\partial r}$$

$$\frac{\partial \psi_i}{\partial y} = \frac{4}{L}\frac{\partial \psi_i}{\partial s}$$

Assim, obtemos as seguintes tensões para o elemento 1:

$$\begin{bmatrix} \sigma_x^1 \\ \sigma_y^1 \\ \tau_{xy}^1 \end{bmatrix} = \mathbf{C}\begin{bmatrix} 2 \\ -2\nu \\ 0 \end{bmatrix}\frac{\delta_x}{2L} = \mathbf{C}\begin{bmatrix} 1 \\ -\nu \\ 0 \end{bmatrix}\frac{\delta_x}{L} = \begin{bmatrix} \frac{E}{L}\delta_x \\ 0 \\ 0 \end{bmatrix}$$

Analogamente para o elemento 2, temos

$$\begin{bmatrix} \sigma_x^2 \\ \sigma_y^2 \\ \tau_{xy}^2 \end{bmatrix} = \mathbf{C}\frac{\partial \Psi}{\partial \mathbf{x}}\begin{bmatrix} 2 \\ -\nu \\ 1 \\ -\nu \\ 1 \\ 0 \\ 2 \\ 0 \end{bmatrix}\frac{\delta_x}{2} = \mathbf{C}\begin{bmatrix} 2 \\ -2\nu \\ 0 \end{bmatrix}\frac{\delta_x}{2L} = \mathbf{C}\begin{bmatrix} 1 \\ -\nu \\ 0 \end{bmatrix}\frac{\delta_x}{L} = \begin{bmatrix} \frac{E}{L}\delta_x \\ 0 \\ 0 \end{bmatrix}$$

Note que o valor calculado para a tensão σ_x independe da posição (x, y) nos elementos 1 e 2, e que seu valor é igual ao valor calculado analiticamente, ou seja

$$\sigma_x = \frac{2(2P)}{wL} = \frac{2}{wL}\frac{E(wL)}{2L}\delta_x = \frac{E}{L}\delta_x$$

No caso do exemplo 3.8, o método dos elementos finitos fornece a solução exata para o problema. Este fato, no entanto, não é sempre observado, especialmente em problemas com gradientes de tensão acentuados.

Exemplo 3.9 Para o problema do exemplo 3.8, calcule as reações de apoio e mostre que estas estão em equilíbrio com o carregamento $\vec{P}$, aplicado nos nós *globais* 5 e 6.

Para efetuarmos o cálculo das reações de apoio, é necessário conhecer as constantes da matriz de elasticidade $\mathbf{K}^1$ para então aplicarmos (3.52), ou seja, $\mathbf{F}^1 = \mathbf{K}^1\mathbf{U}^1$. Esta tarefa é trabalhosa se executada manualmente. No entanto, com o auxílio de um programa de matemática simbólica, podemos obter as expressões que fornecem os valores de cada constante da matriz, em função de E, ν e w.

É ainda importante observar que não é preciso calcular todos os elementos de $\mathbf{K}^1$, basta calcularmos apenas as constantes da interseção entre as colunas 1, 2, 4 e 7, relativas às componentes não nulas do vetor $\mathbf{U}^1$, e as linhas 3, 4, 5 e 6, relativas às componentes x e y do vetor $\mathbf{F}^1$, das forças atuantes nos nós *locais* 2 e 3 (ver figura).

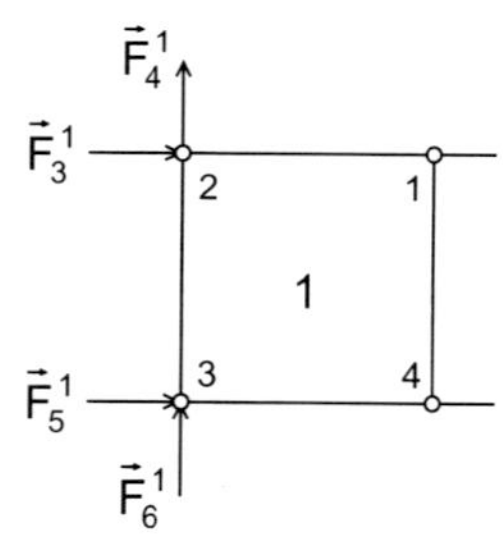

Assim, temos

$$\begin{bmatrix} F_3^1 \\ F_4^1 \\ F_5^1 \\ F_6^1 \end{bmatrix} = \begin{bmatrix} K_{31}^e & K_{32}^e & K_{34}^e & K_{37}^e \\ K_{41}^e & K_{42}^e & K_{44}^e & K_{47}^e \\ K_{51}^e & K_{52}^e & K_{54}^e & K_{57}^e \\ K_{61}^e & K_{62}^e & K_{64}^e & K_{67}^e \end{bmatrix} \begin{bmatrix} u_1^1 \\ v_1^1 \\ v_2^1 \\ u_4^1 \end{bmatrix}$$

Calculando as constantes selecionadas da matriz $\mathbf{K}^1$, temos

$$\begin{bmatrix} F_3^1 \\ F_4^1 \\ F_5^1 \\ F_6^1 \end{bmatrix} = \frac{Ew}{1-\nu^2} \begin{bmatrix} (-\frac{1}{4} - \frac{\nu}{12}) & (\frac{1}{8} - \frac{3\nu}{8}) & (-\frac{1}{8} - \frac{\nu}{8}) & (-\frac{1}{4} + \frac{\nu}{12}) \\ (-\frac{1}{8} + \frac{3\nu}{8}) & (+\frac{\nu}{6}) & (\frac{1}{2} - \frac{\nu}{6}) & (\frac{1}{8} + \frac{\nu}{8}) \\ (-\frac{1}{4} + \frac{\nu}{12}) & (-\frac{1}{8} - \frac{\nu}{8}) & (\frac{1}{8} - \frac{3\nu}{8}) & (-\frac{1}{4} - \frac{\nu}{12}) \\ (-\frac{1}{8} - \frac{\nu}{8}) & (-\frac{1}{4} + \frac{\nu}{12}) & (-\frac{1}{4} - \frac{\nu}{12}) & (\frac{1}{8} - \frac{3\nu}{8}) \end{bmatrix} \begin{bmatrix} u_1^1 \\ v_1^1 \\ v_2^1 \\ u_4^1 \end{bmatrix}$$

onde

$$\begin{bmatrix} u_1^1 \\ v_1^1 \\ v_2^1 \\ u_4^1 \end{bmatrix} = \begin{bmatrix} 1 \\ -\nu \\ -\nu \\ 1 \end{bmatrix} \frac{\delta_x}{2}$$

Note que excluímos os zeros do vetor $\mathbf{U}^1$, uma vez que estamos utilizando apenas as constantes de interesse da matriz de elasticidade $\mathbf{K}^1$, ou seja, as necessárias ao cálculo das reações de apoio.

Assim, obtemos as seguintes reações de apoio:

$$F_3^1 = F_5^1 = -\frac{Ew}{4}\delta_x$$

$$F_4^1 = F_6^1 = 0$$

Observe que devido ao apoio no nó *global* 2, já era esperado $F_4^1 = 0$ e, por equilíbrio de forças, $F_6^1 = 0$.

O valor calculado analiticamente para a força total $(2P)$, correspondente ao deslocamento δ_x, é dado pela expressão

$$(2P) = \frac{E(wL)}{2L}\delta_x = \frac{Ew}{2}\delta_x$$

Para a força P concentrada em cada nó, temos

$P = \frac{Ew}{4}\delta_x$

Logo, $F_3^1 = F_5^1 = -P$, de onde concluímos que as forças atuando na placa estão em equilíbrio.

3.2 Funções de interpolação do elemento quadrilátero

Durante o desenvolvimento do sistema de equações (3.37), utilizamos as *funções de interpolação* do elemento quadrilátero isoparamétrico de 4 nós. No entanto, o mesmo modelo pode ser construído com o uso de elementos de 8 e 9 nós, ilustrados na figura 2.6, resultando em sistemas de equações de dimensões 16×16 e 18×18, respectivamente. Estes elementos possibilitam uma aproximação quadrática dos deslocamentos e da geometria e, consequentemente, uma melhor precisão no resultado obtido para uma mesma discretização.

Devemos notar que as *funções de interpolação* devem satisfazer às mesmas condições apresentadas na seção 2.2, sendo que a segunda condição equivale ao deslocamento de corpo rígido da placa, pois como todos os deslocamentos nos pontos nodais são iguais nesta condição, os deslocamentos nos pontos interiores dos elementos também são iguais.

3.3 Análise de erro

A análise de erro consiste em determinar a precisão obtida na solução numérica do sistema de equações construído para o modelo. O conceito de precisão numérica está relacionado com a proximidade entre a solução numérica e a exata, a qual, na maioria dos casos, não é conhecida. Assim, surge o conceito de convergência, onde, apesar de não ser conhecida a solução exata, busca-se determinar o quão "próximo" estamos dela e a velocidade (razão de convergência) com que nos aproximamos, à medida que refinamos a malha utilizada para discretizar o domínio.

Quando analisamos a solução numérica de uma equação com apenas uma variável, buscamos a convergência da solução pela comparação do valor calculado da variável em uma iteração com o calculado na iteração anterior, até que o erro seja pequeno. No caso do método dos elementos finitos, temos que comparar o valor da norma de um vetor (variável).

A dificuldade de implementação deste método reside na existência de modelos que não convergem monotonicamente, ou seja, o valor da variável (ou norma do vetor) oscila em torno da solução exata. Isso dificulta a implementação de um algoritmo de verificação de convergência, pois da comparação entre dois valores consecutivos, pode-se concluir erradamente sobre a convergência da solução à medida em que refinamos a malha.

Outra forma de procedermos com a análise de convergência, consiste em avaliar a variação da norma da diferença entre a solução exata e a numérica, $||\mathbf{U}_{exata} - \mathbf{U}_{num}||$, em função do refinamento da malha. Como nem sempre conhecemos a solução exata, utilizamos uma solução numérica calculada para uma malha muito fina. Com isso, podemos medir a razão de convergência por meio do gráfico $\log(||\mathbf{U}_{exata} - \mathbf{U}_{num}||)$ versus $\log(d)$, onde d é uma dimensão representativa do elemento. Observa-se que, à medida em que d tende a zero ($d \to 0$), o gráfico assume uma forma linear de inclinação constante e descendente, indicando a tendência da solução convergir. A discussão sobre a escolha da norma do vetor das variáveis a ser utilizada para mensurar a solução foge ao escopo deste texto. No entanto, podemos indicar que a norma de energia tem sido utilizada satisfatoriamente na análise de convergência [7],[9],[10]. Esta norma é de fácil implementação computacional, pois é calculada diretamente por meio do trabalho mecânico realizado pelo carregamento sobre o sólido, ou seja

$$\Pi = \frac{1}{2}\mathbf{U}^T\mathbf{F} = \frac{1}{2}\mathbf{U}^T\mathbf{K}\mathbf{U} \tag{3.54}$$

Um instrumento prático para verificarmos a convergência da solução são as *bandas de tensão* utilizadas para representar, de forma gráfica, os níveis de uma determinada tensão, resultante da aplicação dos apoios e carregamentos atuantes no modelo.

As *bandas de tensão* podem ser empregadas para representar as tensões obtidas diretamente por (3.53) ou por outro tipo de tensão resultante da combinação destas, como, por exemplo, a tensão de von Mises, a qual pode ser definida, para o estado plano de tensão, pela seguinte expressão:

$$\sigma_{von\ Misses} = \sqrt{\sigma_x^2 - \sigma_x\sigma_y + \sigma_y^2 + 3\tau_{xy}^2} \quad (3.55)$$

Note que (3.55) utiliza tensões em direções não principais, ou seja, onde $\tau_{xy} \neq 0$.

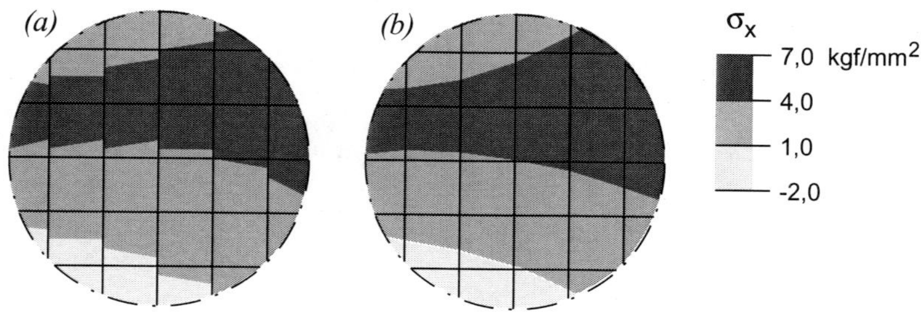

Figura 3.6: Representação típica de *bandas de tensão* para a tensão σ_x: (a) solução não indicando convergência; (b) solução indicando convergência.

A convergência da solução pode ser qualitativamente observada por meio do grau de suavidade das *bandas de tensão* através dos contornos dos elementos. Quanto mais suave for a passagem das bandas entre dois elementos adjacentes, mais próximo da convergência estaremos. A figura 3.6a mostra um exemplo típico de *bandas de tensão* para a tensão σ_x de uma solução distante da convergência, enquanto que a figura 3.6b exemplifica o mesmo problema com uma solução mais próxima da convergência. Note que, no caso de uma solução numérica, nem sempre é possível caracterizar a convergência da solução em um sentido absoluto, mas apenas como uma maior ou menor proximidade da solução exata.

3.4 Programa computacional em C++

O programa **RESMAT**, apresentado nesta seção, possui uma estrutura semelhante ao programa **TRANSCAL**, empregado na solução de problemas de trasmissão de calor, como descrito no capítulo 2.

O programa **RESMAT** foi desenvolvido em linguagem orientada-objeto C++ para o cálculo dos deslocamentos em uma placa plana genérica (figura

3.1), sujeita a um estado plano de tensão gerado por carregamentos e apoios aplicados aos nós da malha.

Além dos deslocamentos, o programa calcula as tensões σ_x, σ_y e τ_{xy} nos pontos de integração da formulação de Gauss-Legendre, para cada elemento da malha. O programa emprega elementos quadriláteros isoparamétricos de 4 nós.

Programa RESMAT

À semelhança do programa **TRANSCAL**, este programa possui uma estrutura orientada-objeto, tendo a classe `Mesh` como o objeto que executa as atividades de construção do modelo e de obtenção da solução numérica. O código apresentado no Apêndice B contém os dados do problema descrito no exemplo 3.10, para a malha 5×1.

A malha é gerada manualmente por meio da entrada das coordenadas dos pontos nodais e da função de *conectividade* dos elementos, diretamente na função `manual_mesh()` da classe `Mesh`.

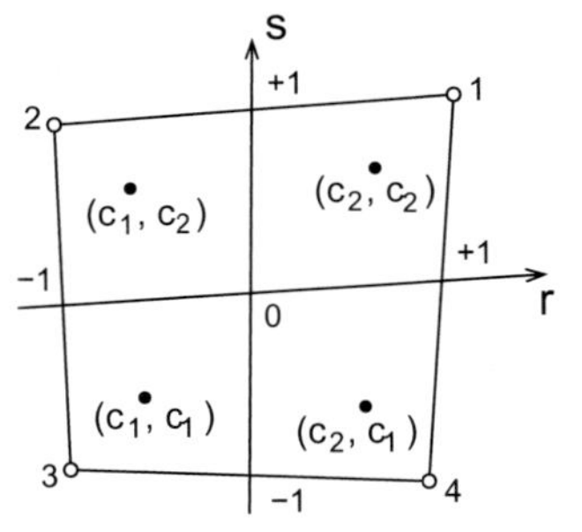

Figura 3.7: Pontos de integração da formulação de Gauss-Legendre nos quais o programa **RESMAT** calcula as tensões σ_x, σ_y e τ_{xy} para cada elemento. Nas coordenadas naturais, temos $c_1 = -c_2 = -0.577\ 3502\ 6918\ 9626$ (ver tabela 1.1).

As condições de contorno são introduzidas na função `bound()` da classe `Mesh`. Para a condição de apoio é necessário especificar apenas os nós fixos nas direções x e y. No caso dos carregamentos, deve-se indicar diretamente o valor das componentes x e y da força no nó. Note que os pontos nodais da malha são armazenados no "array" `*n[ni]` de objetos `Node`.

A função `solve()` da classe `Mesh` monta o sistema de equações, impõe as condições de contorno (apoios e carregamentos) e obtém a solução pelo método da decomposição de Cholesky. Os valores dos deslocamentos u e v, calculados nos nós da malha, são impressos na tela por meio da execução da função `deform()`.

Por último, a função `stress()` calcula as tensões σ_x, σ_y e τ_{xy} nos pontos de integração da formulação de Gauss-Legendre, ilustrados na figura 3.7, e imprime seus valores na tela.

Exemplo 3.10 Calcule os deslocamentos nos pontos nodais da barra engastada (dimensões definidas na figura), sujeita à uma força concentrada na sua extremidade, utilizando o programa **RESMAT** com malhas de 5×1, 10×2, 20×4, 40×8 e 80×16 e elementos quadriláteros isoparamétricos de 4 nós. Para cada uma das cinco malhas, compare o valor do deslocamento v (δ_y), calculado no ponto médio da seção de aplicação da força, com o valor analítico (exato). Utilize o módulo de elasticidade $E = 7.000$ kgf/mm^2 (alumínio) e o coeficiente de Poisson $\nu = 0,25$.

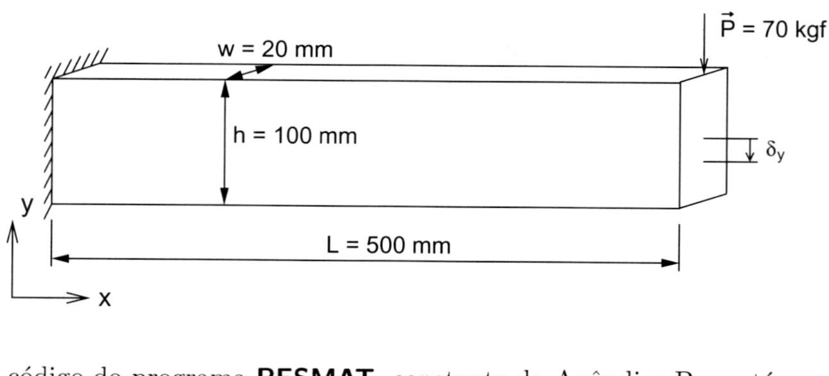

O código do programa **RESMAT**, constante do Apêndice B, contém os dados deste exemplo para a malha 5×1. Para esta malha, calcularemos o deslocamento do ponto médio da seção de aplicação da força pela média dos deslocamentos dos nós 10 e 11. Note que este procedimento equivale a utilizarmos a equação (3.28) para $v^5(1,0)$. Assim, temos

$$\delta_y = \frac{v_{10}+v_{11}}{2} = \frac{-0{,}17464-0{,}17536}{2} = -0,1750 \text{ mm}$$

Para as outras malhas, o deslocamento δ_y coincide com um dos pontos nodais da malha. Deste modo, temos

Malha 10 × 2: $\delta_y = v_{31} = -0,22843$ mm

Malha 20 × 4: $\delta_y = v_{102} = -0,24865$ mm

Malha 40 × 8: $\delta_y = v_{364} = -0,25447$ mm

Malha 80 × 16: $\delta_y = v_{1368} = -0,25603$ mm

A solução analítica, considerando a deformação causada pela tensão cortante τ_{xy} [19],[22], é dada por

$$\delta_y = -\left(\frac{PL^3}{3EI_z} + \frac{PLh^2}{8GI_z}\right)$$

onde $I_z = \frac{wh^3}{12}$ e $G = \frac{E}{2(1+\nu)}$

Substituindo os valores nesta expressão, obtemos

$$\delta_y = -0,25938 \text{ mm}$$

Na medida em que aumentamos o número de elementos, o valor obtido para o deslocamento δ_y se aproxima do valor exato. Note que o refinamento da malha utilizada é feito de modo que os pontos nodais da malha anterior estejam presentes na nova malha. Assim, a solução para uma malha mais fina é uma melhoria da solução da malha anterior.

Para ilustrar o resultado obtido com a solução do modelo de elementos finitos, representamos na figura abaixo a malha 20 × 4 deformada, com os deslocamentos amplificados por um fator de 20.

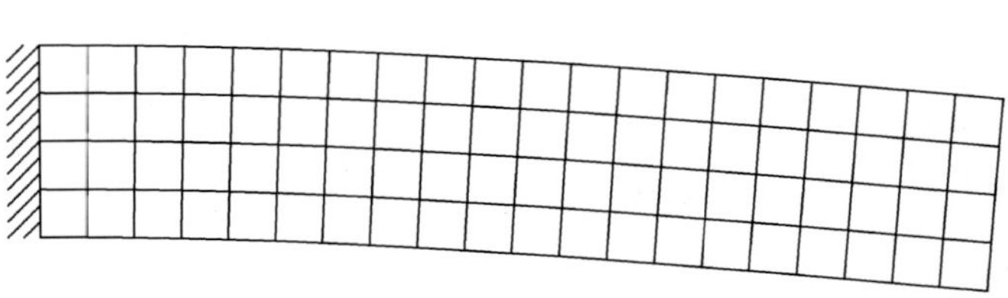

No exemplo 3.10 foi possível avaliar a precisão da solução numérica do modelo, pois é conhecida a solução analítica para o problema de flexão de uma viga engastada. No entanto, isto nem sempre é possível. Nestes casos devemos empregar a análise de erro discutida na seção 3.3 . Tal análise, entretanto, encontra limites na capacidade computacional requerida para obtermos soluções com malhas muito finas, que possam ser utilizadas como deslocamentos exatos. A dificuldade de proceder a análise de erro é ainda maior quando a dimensão do problema gera sistemas de equações de ordem elevada. Infelizmente, esta limitação só pode ser contornada com o aumento da velocidade de processamento e da capacidade de memória disponível no computador que utilizamos para executar o programa do modelo.

Esta mesma limitação tem sido fonte de motivação para a pesquisa de elementos que forneçam soluções cada vez mais precisas, com malhas constituídas de poucos elementos e pontos nodais.

3.5 Problema axissimétrico

Um problema de elasticidade é classificado como axissimétrico se tanto a geometria como os carregamentos aplicados sobre o domínio do sólido forem simétricos em relação à um eixo. Deste modo, as geometrias que se enquadram neste tipo de problema são sólidos de revolução, como o exemplo ilustrado na figura 3.8 .

A axissimetria do problema (geometria e carregamentos) permite que simplifiquemos o modelo de elementos finitos de modo a empregar apenas as coordenadas cartesianas x e y para representar a geometria do domínio do elemento Ω^e. Além disso, os deslocamentos u e v são os únicos necessários para a representação da deformação elástica da malha gerada sobre o plano xy (figura 3.9). Note que os deslocamentos u e v no plano cartesiano são distintos dos de mesmo nome, empregados no sistema de coordenadas cilíndricas.

A axissimetria do problema (da geometria, dos carregamentos e dos apoios) gera um estado de tensão igualmente axissimétrico, onde as tensões de cisalhamento no plano coordenado xy ($\equiv rz$, em coordenadas cilíndricas) são nulas, ou seja, $\tau_{yz}(\equiv \tau_{z\theta}) = \tau_{zx}(\equiv \tau_{\theta r}) = 0$, conforme ilustrado na figura 3.10, e as demais tensões são constantes ao longo da coordenada $z \equiv \theta$, ou seja, $\sigma_x(x, y), \sigma_y(x, y), \sigma_z(x, y)$ e $\tau_{xy}(x, y)$. Assim, é possível analisar um problema tri-dimensional (3D) com equações que contém dimensão apenas bi-dimensional, no plano cartesiano xy.

Os apoios utilizados no modelo (B_1 e B_2, figura 3.8), também devem ser axissimétricos e as propriedades do material do sólido de revolução tem de ser constantes ao longo do perímetro de revolução (coordenada $z \equiv \theta$).

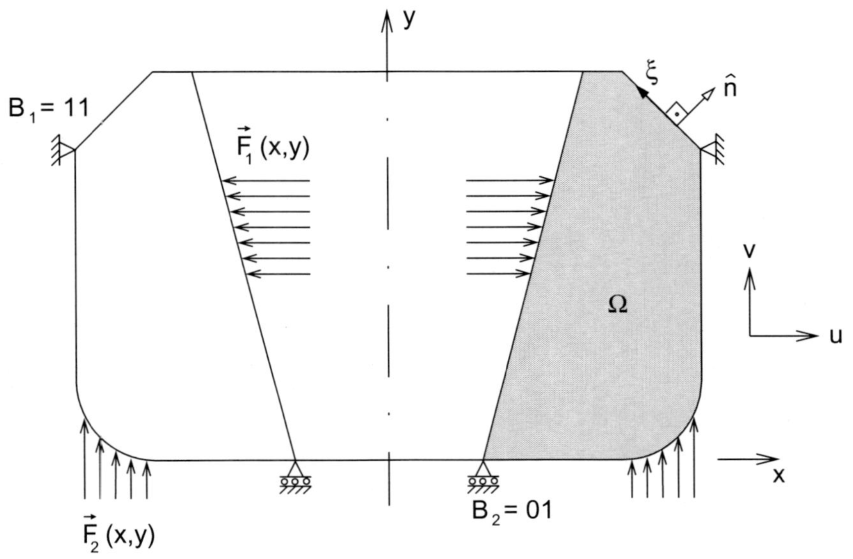

Figura 3.8: Problema axissimétrico: sólido de revolução submetido a carregamentos axissimétricos, tanto na direção radial ($\vec{F_1}$) como na direção axial ($\vec{F_2}$).

No entanto, para o modelo desenvolvido nesta seção, utilizaremos material isotrópico (propriedades iguais e constantes em todas as direções do sólido de revolução), com coeficiente de Poisson em torno de $0,3$ (metal).

À semelhança do modelo de elementos finitos desenvolvido para o estado plano de tensão, descrito na seção 3.1, o problema axissimétrico é governado por 3 (três) conjuntos de equações: as equações de equilíbrio de forças nas direções x e y ($\sum F_{ix} = \sum F_{iy} = 0$); as equações que relacionam as tensões e as deformações; e as equações que fornecem as deformações em função dos deslocamentos.

Como o modelo é uma simplificação de um problema físico descrito em coordenadas cilíndricas, as equações de equilíbrio de forças e as que relacionam as deformações e os deslocamentos serão escritas em coordenadas cilíndricas, com a transformação para o plano de coordenadas cartesianas feita pelo emprego de elementos finitos com espessura equivalente ao perímetro de revolução do sólido ($2\pi x$) e pela transformação de coordenadas $x \equiv r$ e $y \equiv z$ (figura 3.9). Note que, pela convenção adotada,

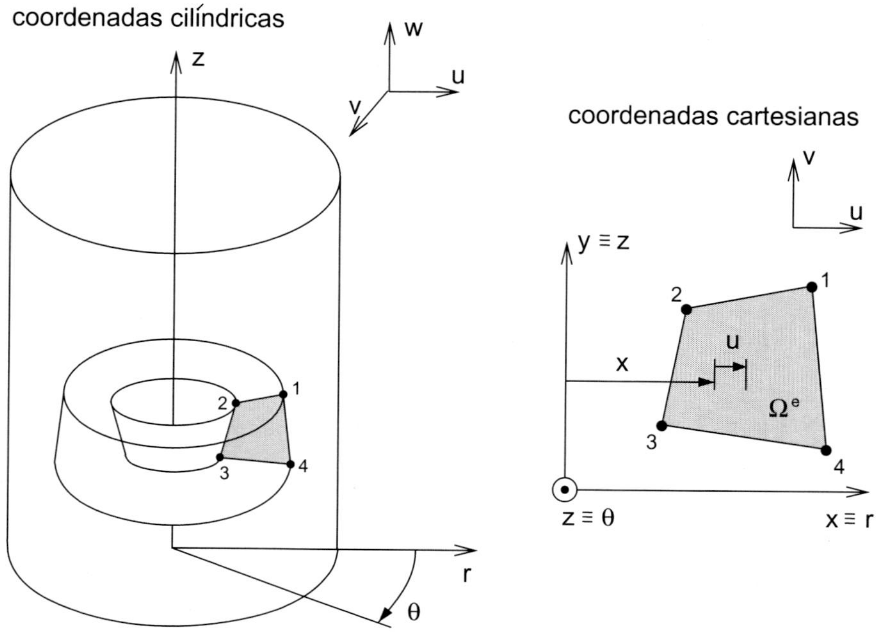

Figura 3.9: Elemento axissimétrico e sistema de coordenadas cartesianas equivalente ao de coordenadas cilíndricas.

a coordenada z do sistema de coordenadas cilíndricas é distinta da coordenada z do sistema de coordenadas cartesiano. Deste modo, podemos escrever as equações de equilíbrio da seguinte forma [19],[22]:

$$\frac{\partial \sigma_x}{\partial x} + \frac{\partial \tau_{xy}}{\partial y} + \frac{\sigma_x - \sigma_z}{x} + F_{Cx} = 0 \tag{3.56}$$

$$\frac{\partial \tau_{xy}}{\partial x} + \frac{\partial \sigma_y}{\partial y} + \frac{\tau_{xy}}{x} + F_{Cy} = 0 \tag{3.57}$$

Note que as expressões (3.56) e (3.57) foram obtidas das equações de estado geral de tensões e deformações de um sólido em coordenadas cilíndricas, com $\tau_{yz}(\equiv \tau_{z\theta}) = \tau_{zx}(\equiv \tau_{\theta r}) = 0$ e $\frac{\partial \sigma_z}{\partial z}(\equiv \frac{\partial \sigma_\theta}{\partial \theta}) = 0$.

Neste modelo, as componentes F_{Cx} e F_{Cy} das forças de corpo não serão consideradas nulas como nas equações (3.1) e (3.2), pois são de interesse

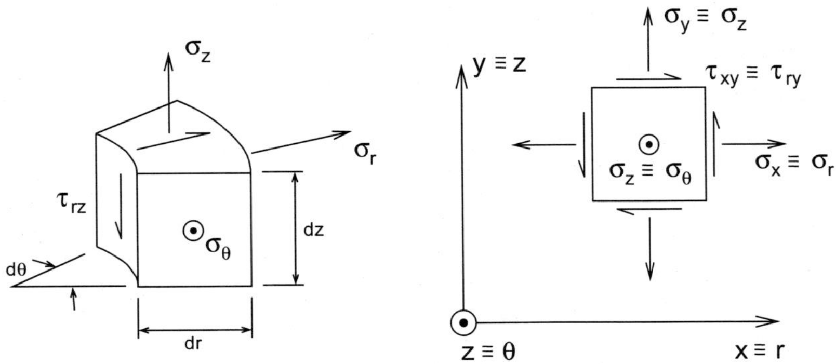

Figura 3.10: Estado axissimétrico de tensão e correspondência entre as coordenadas cilíndricas (r, θ, z) e as coordernadas cartesianas (x, y, z).

em aplicações onde se deseja calcular as tensões e os deslocamentos de componentes mecânicos que giram em torno de um eixo e, desta forma, podem ser modelados como componentes sólidos submetidos a forças centrífugas (F_{Cx}). O mesmo podemos dizer de reservatórios de água (ou outro líquido) de grandes dimensões, onde o peso da estrutura é considerável (F_{Cy}).

As equações que relacionam as tensões e as deformações podem ser obtidas a partir das equações que fornecem as deformações como efeito das tensões atuantes no meio sólido, ou seja

$$\epsilon_x = \frac{1}{E}\left[\sigma_x - \nu(\sigma_y + \sigma_z)\right] \tag{3.58}$$

$$\epsilon_y = \frac{1}{E}\left[\sigma_y - \nu(\sigma_z + \sigma_x)\right] \tag{3.59}$$

$$\epsilon_z = \frac{1}{E}\left[\sigma_z - \nu(\sigma_x + \sigma_y)\right] \tag{3.60}$$

$$\gamma_{xy} = \frac{2(1+\nu)}{E}\tau_{xy} \tag{3.61}$$

Invertendo as expressões (3.58) a (3.61), obtemos as equações das tensões como função das deformações, as quais, na forma matricial, podem ser escritas como

$$\mathbf{S} = \mathbf{C}\mathbf{E} \tag{3.62}$$

onde

$$\mathbf{S} = \begin{bmatrix} \sigma_x \\ \sigma_y \\ \sigma_z \\ \tau_{xy} \end{bmatrix} \tag{3.63}$$

$$\mathbf{C} = \frac{E(1-\nu)}{(1+\nu)(1-2\nu)} \begin{bmatrix} 1 & \frac{\nu}{1-\nu} & \frac{\nu}{1-\nu} & 0 \\ \frac{\nu}{1-\nu} & 1 & \frac{\nu}{1-\nu} & 0 \\ \frac{\nu}{1-\nu} & \frac{\nu}{1-\nu} & 1 & 0 \\ 0 & 0 & 0 & \frac{1-2\nu}{2(1-\nu)} \end{bmatrix} \tag{3.64}$$

$$\mathbf{E} = \begin{bmatrix} \epsilon_x \\ \epsilon_y \\ \epsilon_z \\ \gamma_{xy} \end{bmatrix} \tag{3.65}$$

As equações que fornecem as deformações u e v são obtidas do mesmo modo que as equações de equilíbrio de forças, ou seja, aplicando o estado axissimétrico de deformações às equações gerais do estado de deformação de um sólido, escritas no sistema de coordenadas cilíndricas [19],[22]. Assim, para $\gamma_{yz}(\equiv \gamma_{z\theta}) = \gamma_{zx}(\equiv \gamma_{\theta r}) = 0$ e $\frac{\partial v}{\partial z}(\equiv \frac{\partial w}{\partial \theta}) = 0$, temos

$$\epsilon_x = \frac{\partial u}{\partial x} \tag{3.66}$$

$$\epsilon_y = \frac{\partial v}{\partial y} \tag{3.67}$$

$$\epsilon_z = \frac{u}{x} \tag{3.68}$$

$$\gamma_{xy} = \frac{\partial u}{\partial y} + \frac{\partial v}{\partial x} \tag{3.69}$$

Note que a deformação da circunferência (ϵ_z) pode ser visualizada pela axissimetria do problema, ilustrada na figura 3.9, ou seja

$$\epsilon_z = \frac{2\pi(x+u) - 2\pi x}{2\pi x} = \frac{u}{x} \tag{3.70}$$

As equações (3.66) a (3.69) podem ser escritas na forma matricial, à semelhança da equação (3.15). Assim, temos

$$\mathbf{E} = \frac{\partial \mathbf{u}}{\partial \mathbf{x}} \tag{3.71}$$

onde

$$\frac{\partial}{\partial \mathbf{x}} = \begin{bmatrix} \frac{\partial}{\partial x} & 0 \\ 0 & \frac{\partial}{\partial y} \\ \frac{1}{x} & 0 \\ \frac{\partial}{\partial y} & \frac{\partial}{\partial x} \end{bmatrix} \tag{3.72}$$

$$\mathbf{u} = \mathbf{u}(x,y) = \begin{bmatrix} u \\ v \end{bmatrix} = \begin{bmatrix} u(x,y) \\ v(x,y) \end{bmatrix} \tag{3.73}$$

Podemos também escrever as equações de equilíbrio (3.56) e (3.57) na forma matricial, ou seja

$$\begin{bmatrix} \frac{\partial}{\partial x} + \frac{1}{x} & 0 & -\frac{1}{x} & \frac{\partial}{\partial y} \\ 0 & \frac{\partial}{\partial y} & 0 & \frac{\partial}{\partial x} + \frac{1}{x} \end{bmatrix} \begin{bmatrix} \sigma_x \\ \sigma_y \\ \sigma_z \\ \tau_{xy} \end{bmatrix} + \begin{bmatrix} F_{Cx} \\ F_{Cy} \end{bmatrix} = \begin{bmatrix} 0 \\ 0 \end{bmatrix} \tag{3.74}$$

Substituindo **E** de (3.71) em (3.62) e a expressão de **S** resultante na equação (3.74), obtemos a equação de governo na notação matricial, ou seja

$$\left[\left(\frac{\partial}{\partial \mathbf{x}_0}\right)^T + \frac{1}{\mathbf{x}}\right] \mathbf{C}\,\frac{\partial \mathbf{u}}{\partial \mathbf{x}} + \mathbf{F}_C = \mathbf{0} \tag{3.75}$$

onde

$$\left(\frac{\partial}{\partial \mathbf{x}_0}\right)^T = \begin{bmatrix} \frac{\partial}{\partial x} & 0 & 0 & \frac{\partial}{\partial y} \\ 0 & \frac{\partial}{\partial y} & 0 & \frac{\partial}{\partial x} \end{bmatrix} \tag{3.76}$$

$$\frac{1}{\mathbf{x}} = \begin{bmatrix} \frac{1}{x} & 0 & -\frac{1}{x} & 0 \\ 0 & 0 & 0 & \frac{1}{x} \end{bmatrix} \tag{3.77}$$

Pela comparação entre a equação de governo do problema axissimétrico, expresso em (3.75), e a equação (3.17), vemos que a simetria necessária para que a matriz de elasticidade $\mathbf{K}^e$ seja simétrica não é obtida nesta fase do desenvolvimento. Esta simetria será obtida durante o primeiro passo para a construção do modelo de elementos finitos, descrito na seção 3.5.1, ou seja, no processo de obtenção da *forma fraca* da equação de governo. Cabe ainda ressaltar que este modelo está sendo desenvolvido para um problema estático, o que elimina qualquer componente temporal (dinâmico) da equação de governo (3.75).

3.5.1 Desenvolvimento do modelo de elementos finitos para o problema axissimétrico

Os passos necessários para a construção do modelo de elementos finitos do problema axissimétrico são exatamente os mesmos utilizados no desenvolvimento do modelo para o estado plano de tensão, apresentado na seção 3.1.1, acrescido de um maior número de operações algébricas para obtermos a *forma fraca* da equação de governo.

Obtenção da *forma fraca* da equação (3.75)

A integração ponderada de (3.75) pela matriz **p** de (3.18) é feita no domínio Ω^e do elemento, cuja espessura é igual ao perímetro da circunferência de raio x, ou seja, $2\pi x$. Assim, temos

$$2\pi \iint_{\Omega^e} \mathbf{p} \left\{ \left[\left(\frac{\partial}{\partial \mathbf{x}_0} \right)^T + \frac{1}{\mathbf{x}} \right] \mathbf{C} \, \frac{\partial \mathbf{u}^e}{\partial \mathbf{x}} \right\} x dx dy + 2\pi \iint_{\Omega^e} \mathbf{p} \mathbf{F}_C \, x dx dy = \mathbf{0} \tag{3.78}$$

Aplicando o teorema da derivada do produto de duas funções de (3.21) sobre a parcela $\mathbf{p} \left[\left(\frac{\partial}{\partial \mathbf{x}_0} \right)^T \mathbf{S} \right]$ de (3.78), onde $\mathbf{S} = \mathbf{C} \left(\frac{\partial \mathbf{u}^e}{\partial \mathbf{x}} \right)$, temos

$$2\pi \iint_{\Omega^e} \left(\frac{\partial}{\partial \mathbf{x}_0} \right)^T (p\mathbf{S}) - \left(\frac{\partial \mathbf{p}}{\partial \mathbf{x}_0} \right)^T \mathbf{S} + \mathbf{p} \frac{1}{\mathbf{x}} \mathbf{S} \; x dx dy + 2\pi \iint_{\Omega^e} \mathbf{p} \mathbf{F}_C \, x dx dy = \mathbf{0} \tag{3.79}$$

Expandindo (3.79) de modo a combinar as três parcelas da primeira integral, temos

$$\begin{aligned} & 2\pi \iint_{\Omega^e} \begin{bmatrix} \frac{\partial}{\partial x}(p\sigma_x) + p\frac{\sigma_x}{x} + \frac{\partial}{\partial y}(p\tau_{xy}) \\ \frac{\partial}{\partial y}(p\sigma_y) + \frac{\partial}{\partial x}(p\tau_{xy}) + p\frac{\tau_{xy}}{x} \end{bmatrix} x dx dy \\ & - 2\pi \iint_{\Omega^e} \begin{bmatrix} \frac{\partial p}{\partial x} & 0 & \frac{p}{x} & \frac{\partial p}{\partial y} \\ 0 & \frac{\partial p}{\partial y} & 0 & \frac{\partial p}{\partial x} \end{bmatrix} \mathbf{S} \, x dx dy \\ & + 2\pi \iint_{\Omega^e} \mathbf{p} \mathbf{F}_C \, x dx dy = \mathbf{0} \end{aligned} \tag{3.80}$$

Desenvolvendo a primeira integral de (3.80) e notando que o integrando da segunda integral dessa expressão é igual à $\left(\frac{\partial \mathbf{p}}{\partial \mathbf{x}} \right)^T \mathbf{S}$, temos

$$2\pi \iint_{\Omega^e} \begin{bmatrix} \frac{\partial}{\partial x}(xp\sigma_x) + \frac{\partial}{\partial y}(xp\tau_{xy}) \\ \frac{\partial}{\partial x}(xp\tau_{xy}) + \frac{\partial}{\partial y}(xp\sigma_y) \end{bmatrix} dx dy$$

$$- 2\pi \iint_{\Omega^e} \left(\frac{\partial \mathbf{p}}{\partial \mathbf{x}} \right)^T \mathbf{S}\, x dx dy + 2\pi \iint_{\Omega^e} \mathbf{p} \mathbf{F}_C\, x dx dy = \mathbf{0} \tag{3.81}$$

Substituindo $\mathbf{S} = \mathbf{C}\left(\frac{\partial \mathbf{u}^e}{\partial \mathbf{x}}\right)$ em (3.81) e utilizando a mesma notação $\vec{\nabla} = \left(\frac{\partial}{\partial x}, \frac{\partial}{\partial y}\right)$ empregada em (3.23), temos

$$2\pi \iint_{\Omega^e} \left\{ \begin{array}{c} \vec{\nabla} \cdot [xp(\sigma_x, \tau_{xy})] \\ \vec{\nabla} \cdot [xp(\tau_{xy}, \sigma_y)] \end{array} \right\} dx dy$$

$$- 2\pi \iint_{\Omega^e} \left(\frac{\partial \mathbf{p}}{\partial \mathbf{x}} \right)^T \mathbf{C} \left(\frac{\partial \mathbf{u}^e}{\partial \mathbf{x}} \right) x dx dy$$

$$+ 2\pi \iint_{\Omega^e} \mathbf{p} \mathbf{F}_C\, x dx dy = \mathbf{0} \tag{3.82}$$

Aplicando o teorema do gradiente (Green) sobre a primeira integral de (3.82), com $\vec{f} = xp(\sigma_x, \tau_{xy})$ na primeira linha e $\vec{f} = xp(\tau_{xy}, \sigma_y)$ na segunda, por meio da formulação apresentada em (2.6), temos

$$2\pi \oint_{\underline{\Omega}^e} p \left[\begin{array}{c} (\sigma_x, \tau_{xy}) \cdot \widehat{n} \\ (\tau_{xy}, \sigma_y) \cdot \widehat{n} \end{array} \right] x d\xi$$

$$- 2\pi \iint_{\Omega^e} \left(\frac{\partial \mathbf{p}}{\partial \mathbf{x}} \right)^T \mathbf{C} \left(\frac{\partial \mathbf{u}^e}{\partial \mathbf{x}} \right) x dx dy$$

$$+ 2\pi \iint_{\Omega^e} \mathbf{p} \mathbf{F}_C\, x dx dy = \mathbf{0} \tag{3.83}$$

Note que a convenção adotada para o vetor normal $\widehat{n}$ e para a variável de integração de linha ξ está ilustrada nas figuras 3.8 e 3.1 .

À semelhança do que foi obtido no desenvolvimento do modelo do estado plano de tensão em (3.26), a integral de linha de (3.83) é a condição de contorno natural da equação de governo (3.75). Esta integral de linha calcula as forças de superfície $\mathbf{F}_s^e$ atuando no contorno do elemento. Assim, temos

$$2\pi \iint_{\Omega^e} \left(\frac{\partial \mathbf{p}}{\partial \mathbf{x}} \right)^T \mathbf{C} \left(\frac{\partial \mathbf{u}^e}{\partial \mathbf{x}} \right) xdxdy = \mathbf{F}^e \tag{3.84}$$

onde $\mathbf{F}^e = \mathbf{F}^e_C + \mathbf{F}^e_s$, sendo

$$\mathbf{F}^e_C = 2\pi \iint_{\Omega^e} \mathbf{p} \begin{bmatrix} F_{Cx} \\ F_{Cy} \end{bmatrix} xdxdy = \mathbf{0} \tag{3.85}$$

$$\mathbf{F}^e_s = 2\pi \oint_{\underline{\Omega}^e} \mathbf{p} \begin{bmatrix} (\sigma_x, \tau_{xy}) \cdot \widehat{n} \\ (\tau_{xy}, \sigma_y) \cdot \widehat{n} \end{bmatrix} xd\xi \tag{3.86}$$

A equação (3.84) é a *forma fraca* ou *forma variacional* da equação de governo (3.75), onde o vetor $\mathbf{F}^e_C$ é a força de corpo atuando no elemento axissimétrico.

Aproximação da geometria e dos deslocamentos no elemento

A aproximação tanto das coordenadas cartesianas (xy) como dos deslocamentos u e v, no interior do domínio do elemento, é feita com as mesmas *funções de interpolação* empregadas no modelo de elementos finitos desenvolvido na seção 3.1.1 . Para a construção do modelo do elemento axissimétrico, utilizaremos o elemento quadrilátero isoparamétrico de 4 nós, ilustrado na figura 2.2, de modo que substituindo os deslocamentos $\mathbf{u}^e = \Psi\mathbf{U}^e$ de (3.31) em (3.84), obtemos

$$2\pi \iint_{\Omega^e} \left(\frac{\partial \mathbf{p}}{\partial \mathbf{x}} \right)^T \mathbf{C} \left(\frac{\partial \Psi}{\partial \mathbf{x}} \right) \mathbf{U}^e xdxdy = \mathbf{F}^e \tag{3.87}$$

Construção do sistema de equações do modelo

Seguindo o mesmo procedimento da seção 3.1.1, substituiremos a matriz $\mathbf{p}$ pela *matriz de interpolação* Ψ_i expressa em (3.19), para $i = 1, 2, 3$ e 4, obtendo assim, a partir de (3.87), um sistema de 8 (oito) equações com 8 (oito) incógnitas, provenientes dos 4 (quatro) pares de equações de Ψ_i, ou seja

$$\left\{ 2\pi \iint_{\Omega^e} \left(\frac{\partial \Psi}{\partial \mathbf{x}} \right)^T \mathbf{C} \left(\frac{\partial \Psi}{\partial \mathbf{x}} \right) xdxdy \right\} \mathbf{U}^e = \mathbf{F}^e \tag{3.88}$$

onde as componentes de $\mathbf{F}^e = \mathbf{F}^e_C + \mathbf{F}^e_s$ são igualmente obtidas pela substituição de $\mathbf{p}$ por Ψ_i, ou seja

$$\mathbf{F}^e_C = 2\pi \iint_{\Omega^e} \Psi^T \begin{bmatrix} F_{Cx} \\ F_{Cy} \end{bmatrix} x dx dy \tag{3.89}$$

$$\mathbf{F}^e_s = 2\pi \oint_{\underline{\Omega}^e} \Psi^T \begin{bmatrix} (\sigma_x, \tau_{xy}) \cdot \widehat{n} \\ (\tau_{xy}, \sigma_y) \cdot \widehat{n} \end{bmatrix} x d\xi \tag{3.90}$$

Cabe ressaltar que, no modelo de elementos finitos para o problema axissimétrico, as forças de superfície $\mathbf{F}^e_s$, nos nós internos ao domínio Ω, também são anuladas durante a montagem do sistema de equações.

O sistema de equações (3.88) para o modelo do elemento quadrilátero isoparamétrico de 4 nós, na forma matricial $\mathbf{K}^e = \mathbf{U}^e\mathbf{F}^e$, tem a mesma estrutura do sistema desenvolvido na seção 3.1.1, ou seja, de (3.37), sendo que as constantes da matriz de elasticidade (simétrica) do elemento axissimétrico Ω^e são calculadas pela seguinte expressão:

$$K^e_{ij} = 2\pi \iint_{\Omega^e} \sum_{a=1}^{4} \sum_{b=1}^{4} \left(\frac{\partial \Psi}{\partial \mathbf{x}}\right)^T_{ia} C_{ab} \left(\frac{\partial \Psi}{\partial \mathbf{x}}\right)_{bj} x dx dy \tag{3.91}$$

Esta expressão é similar à (3.38), diferindo no limite superior dos somatórios devido à dimensão 4×4 da matriz $\mathbf{C}$ definida em (3.64), na espessura de integração ($w = 2\pi x$), e no operador $\frac{\partial}{\partial \mathbf{x}}$ de (3.72).

Exemplo 3.11 Calcule analiticamente o valor da constante K^e_{15} da matriz do elemento do exemplo 2.2, em função dos parâmetros E e ν. Considere o modelo axissimétrico para as equações do elemento.

A partir da matriz $\frac{\partial \Psi}{\partial \mathbf{x}}$ para o elemento em questão, escrita na forma matricial

$$\frac{\partial\Psi}{\partial\mathbf{x}} = \begin{bmatrix} \frac{\partial\psi_1}{\partial x} & 0 & \frac{\partial\psi_2}{\partial x} & 0 & \frac{\partial\psi_3}{\partial x} & 0 & \frac{\partial\psi_4}{\partial x} & 0 \\ 0 & \frac{\partial\psi_1}{\partial y} & 0 & \frac{\partial\psi_2}{\partial y} & 0 & \frac{\partial\psi_3}{\partial y} & 0 & \frac{\partial\psi_4}{\partial y} \\ \frac{\psi_1}{x} & 0 & \frac{\psi_2}{x} & 0 & \frac{\psi_3}{x} & 0 & \frac{\psi_4}{x} & 0 \\ \frac{\partial\psi_1}{\partial y} & \frac{\partial\psi_1}{\partial x} & \frac{\partial\psi_2}{\partial y} & \frac{\partial\psi_2}{\partial x} & \frac{\partial\psi_3}{\partial y} & \frac{\partial\psi_3}{\partial x} & \frac{\partial\psi_4}{\partial y} & \frac{\partial\psi_4}{\partial x} \end{bmatrix}$$

é possível obter a constante K^e_{15} calculada por (3.91), para $i = 1$ e $j = 5$, com o uso das colunas 1 e 5 de $\frac{\partial\Psi}{\partial\mathbf{x}}$, ou seja

$$K^e_{15} = 2\pi \int_{-1}^{+1}\int_{-1}^{+1} \sum_{a=1}^{4}\sum_{b=1}^{4} \left(\frac{\partial\Psi}{\partial\mathbf{x}}\right)^T_{1a} C_{ab} \left(\frac{\partial\Psi}{\partial\mathbf{x}}\right)_{b5} x dr ds$$

$$= 2\pi \int_{-1}^{+1}\int_{-1}^{+1} \begin{bmatrix} \frac{\partial\psi_1}{\partial x} \\ 0 \\ \frac{\psi_1}{x} \\ \frac{\partial\psi_1}{\partial y} \end{bmatrix}^T \frac{E(1-\nu)}{(1+\nu)(1-2\nu)} \begin{bmatrix} 1 & \frac{\nu}{1-\nu} & \frac{\nu}{1-\nu} & 0 \\ \frac{\nu}{1-\nu} & 1 & \frac{\nu}{1-\nu} & 0 \\ \frac{\nu}{1-\nu} & \frac{\nu}{1-\nu} & 1 & 0 \\ 0 & 0 & 0 & \frac{1-2\nu}{2(1-\nu)} \end{bmatrix} \begin{bmatrix} \frac{\partial\psi_3}{\partial x} \\ 0 \\ \frac{\psi_3}{x} \\ \frac{\partial\psi_3}{\partial y} \end{bmatrix} x dr ds$$

$$= \frac{2\pi E(1-\nu)}{(1+\nu)(1-2\nu)} \int_{-1}^{+1}\int_{-1}^{+1} \begin{bmatrix} \frac{\partial\psi_1}{\partial x} & 0 & \frac{\psi_1}{x} & \frac{\partial\psi_1}{\partial y} \end{bmatrix} \begin{bmatrix} \frac{\partial\psi_3}{\partial x} + \frac{\nu}{1-\nu}\frac{\psi_3}{x} \\ \frac{\nu}{1-\nu}\left(\frac{\partial\psi_3}{\partial x} + \frac{\psi_3}{x}\right) \\ \frac{\nu}{1-\nu}\frac{\partial\psi_3}{\partial x} + \frac{\psi_3}{x} \\ \frac{(1-2\nu)}{2(1-\nu)}\frac{\partial\psi_3}{\partial y} \end{bmatrix} x dr ds$$

$$= \frac{2\pi E(1-\nu)}{(1+\nu)(1-2\nu)} \int_{-1}^{+1} \int_{-1}^{+1} \left[\frac{\psi_1 \psi_3}{x^2} + \frac{\nu}{1-\nu} \left(\frac{\psi_1}{x} \frac{\partial \psi_3}{\partial x} + \frac{\partial \psi_1}{\partial x} \frac{\psi_3}{x} \right) \right.$$

$$\left. + \frac{\partial \psi_1}{\partial x} \frac{\partial \psi_3}{\partial x} + \frac{(1-2\nu)}{2(1-\nu)} \frac{\partial \psi_1}{\partial y} \frac{\partial \psi_3}{\partial y} \right] x dr ds$$

Utilizando as *funções de interpolação* de (2.13) a (2.16) e o resultado do exemplo 2.3 para as derivadas parciais do elemento, onde $\frac{\partial \psi_i}{\partial x} = \frac{\partial \psi_i}{\partial r}$ e $\frac{\partial \psi_i}{\partial y} = \frac{\partial \psi_i}{\partial s}$, podemos calcular a integral da expressão de K_{15}^e. Antes porém, é necessário substituir a variável x do integrando por uma função de r e s, com o uso da expressão (3.29), ou seja

$$x = \sum_{i=1}^{4} \psi_i(r,s) x_i^e = 2\psi_1 + 2\psi_4 = 1 + r$$

Substituindo estes resultados na expressão de K_{15}^e, temos

$$K_{15}^e = \frac{\pi E(1-\nu)}{8(1+\nu)(1-2\nu)} \int_{-1}^{+1} \int_{-1}^{+1} \left[(1-r)(1-s^2) - \frac{2\nu}{1-\nu} r(1-s^2) \right.$$

$$\left. -(1+r)(1-s^2) - \frac{1-2\nu}{2(1-\nu)}(1+r)(1-r^2) \right] dr ds$$

$$= -\frac{\pi E(1-\nu)}{12(1+\nu)(1-2\nu)} \int_{-1}^{+1} \left(\frac{1-2\nu}{1-\nu} \right) ds$$

$$= -\frac{\pi E(1-\nu)}{6(1+\nu)(1-2\nu)} \left(\frac{1-2\nu}{1-\nu} \right) ds = -\frac{\pi E}{6(1+\nu)}$$

Note que pela simetria da matriz $\mathbf{K}^e$, o valor de K_{51}^e é igual ao valor de K_{15}^e.

Os demais procedimentos apresentados neste capítulo, para a construção e obtenção da solução do modelo de elementos finitos do estado plano de tensão, são os mesmos utilizados na análise do problema axissimétrico.

Para o cálculo das forças concentradas nos pontos nodais, utilizamos uma expressão similar à (3.48), derivada das expressões das forças de corpo e da condição de contorno natural de (3.89) e (3.90), respectivamente, ou seja

$$\mathbf{F}_i^e = 2\pi \iint_{\Omega^e} \Psi_i \begin{bmatrix} F_{Cx} \\ F_{Cy} \end{bmatrix} x dx dy \; + \; 2\pi \oint_{\underline{\Omega}^e} \Psi_i \begin{bmatrix} f_x(\xi) \\ f_y(\xi) \end{bmatrix} x d\xi \qquad (3.92)$$

onde a primeira integral representa as forças de corpo $\mathbf{F}_C^e$ e a segunda integral representa as forças de superfície $\mathbf{F}_s^e$ (condição de contorno natural).

3.5.2 Programa computacional em C++ do modelo axissimétrico

O programa **AXIS**, apresentado nesta seção para a solução de problemas axissimétricos, possui uma estrutura semelhante à do programa empregado na solução de problemas do estado plano de tensão descrito na seção 3.4 .

Basicamente, o programa emprega a mesma estrutura orientada-objeto do programa **RESMAT**, com a classe `Quad4` modificada para codificar o modelo do elemento axissimétrico. A classe `Mesh` também foi alterada para incorporar as diferenças entre os dois modelos, particularmente quanto à dimensão das matrizes Ψ e $\mathbf{C}$ do elemento axissimétrico.

Assim, no Apêndice B são apresentados os arquivos `axis.c`, `quad4.h`, `quad4.c` e `mesh.c` do programa **AXIS** que substituem os de mesmo nome do programa **RESMAT**. Os dados constantes do programa no Apêndice são os mesmos empregados no exemplo 3.12, para a malha 1×4.

Exemplo 3.12 Utilize o programa **AXIS** para calcular o deslocamento radial interno de um tubo de alumínio, utilizado para o escoamento de óleo submetido à pressão $P = 5 \times 10^{-6}$ kgf/mm^2. Adote o módulo de elasticidade do alumínio $E = 7.000$ kgf/mm^2 e o coeficiente de Poisson $\nu = 0,25$. Compare o resultado com o valor calculado analiticamente.

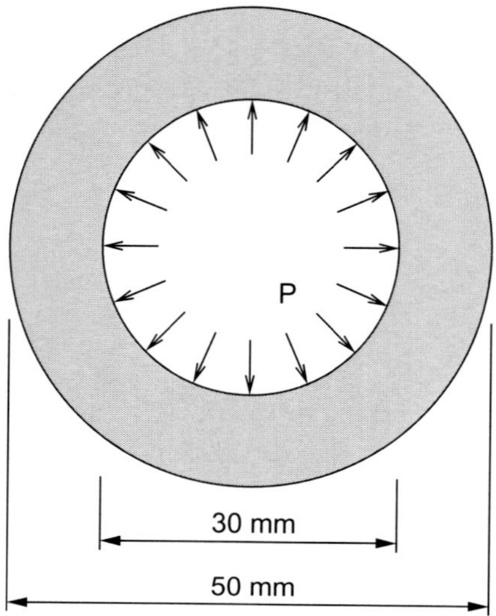

Para construírmos um modelo axissimétrico de elementos finitos é necessário selecionar uma seção do tubo de altura determinada, de modo a podermos discretizar o domínio com a malha desejada. Assim, selecionamos uma seção de comprimento $L = 40$ mm e geramos, inicialmente, uma malha de 1×4 elementos, ou seja

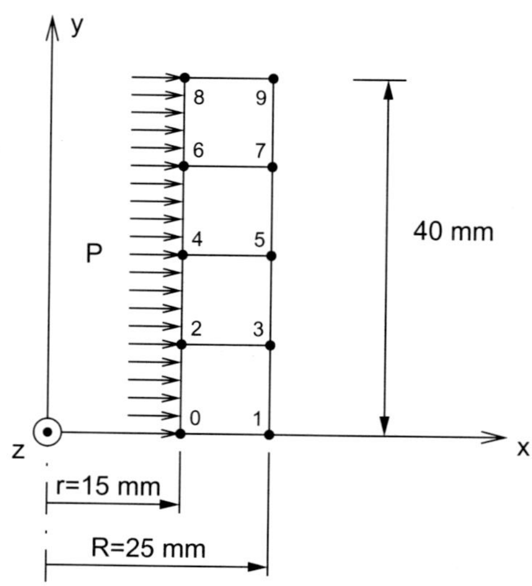

Devido a axissimetria do modelo, os apoios restringem apenas o movimento de corpo rígido da seção do tubo na direção y. Este apoio é consistente com a solução analítica utilizada para comparação com o resultado numérico obtido com o modelo. Note que estamos utilizando a numeração dos nós inicianda em zero (0), seguindo a mesma convenção da numeração dos vetores ("array") da linguagem C++. Assim, adotamos

$$B_0 = 01$$

Resolvendo o modelo com o uso do programa **AXIS**, obtemos os seguintes deslocamentos internos da malha ilustrada na figura:

$$u_0 = 2,2942 \times 10^{-8} \text{ mm}$$
$$u_2 = 2,4579 \times 10^{-8} \text{ mm}$$
$$u_4 = 2,4919 \times 10^{-8} \text{ mm}$$
$$u_6 = 2,4579 \times 10^{-8} \text{ mm}$$
$$u_8 = 2,2942 \times 10^{-8} \text{ mm}$$

A seguinte solução analítica para um tubo de comprimento infinito, com a tensão nula na direção y ($\sigma_y = 0$) pode ser obtida nas referências [19],[22],[23]:

$$\sigma_x(x) = -\left(\frac{R^2-x^2}{R^2-r^2}\right)P$$

$$\sigma_z(x) = \left(\frac{R^2+x^2}{R^2-r^2}\right)P$$

$$u(x) = \frac{x}{E}\left(\sigma_z - \nu\sigma_x\right)$$

Logo,

$$u(x=r) = 2,5446 \times 10^{-8} \text{ mm}$$

A diferença entre a solução numérica do modelo de elementos finitos e a solução analítica é de 2,1%, utilizando o valor do ponto médio (u_4) para esta comparação. Apesar de ser um erro satisfatório, calcularemos ainda o deslocamento radial para as malhas com 2×8 e 4×16 elementos.

Para a malha 2×8, temos

$$
\begin{aligned}
u_0 &= 2,4595 \times 10^{-8} \text{ mm} \\
u_3 &= 2,4994 \times 10^{-8} \text{ mm} \\
u_6 &= 2,5166 \times 10^{-8} \text{ mm} \\
u_9 &= 2,5244 \times 10^{-8} \text{ mm} \\
u_{12} &= 2,5265 \times 10^{-8} \text{ mm} \\
u_{15} &= 2,5244 \times 10^{-8} \text{ mm} \\
u_{18} &= 2,5166 \times 10^{-8} \text{ mm} \\
u_{21} &= 2,4994 \times 10^{-8} \text{ mm} \\
u_{24} &= 2,4595 \times 10^{-8} \text{ mm}
\end{aligned}
$$

Para a malha 4×16, temos

$$
\begin{aligned}
u_0 &= 2,5191 \times 10^{-8} \text{ mm} \\
u_5 &= 2,5287 \times 10^{-8} \text{ mm} \\
u_{10} &= 2,5326 \times 10^{-8} \text{ mm} \\
u_{15} &= 2,5353 \times 10^{-8} \text{ mm} \\
u_{20} &= 2,5371 \times 10^{-8} \text{ mm} \\
u_{25} &= 2,5383 \times 10^{-8} \text{ mm} \\
u_{30} &= 2,5391 \times 10^{-8} \text{ mm} \\
u_{35} &= 2,5395 \times 10^{-8} \text{ mm} \\
u_{40} &= 2,5396 \times 10^{-8} \text{ mm} \\
u_{45} &= 2,5395 \times 10^{-8} \text{ mm} \\
u_{50} &= 2,5391 \times 10^{-8} \text{ mm} \\
u_{55} &= 2,5383 \times 10^{-8} \text{ mm} \\
u_{60} &= 2,5371 \times 10^{-8} \text{ mm} \\
u_{65} &= 2,5353 \times 10^{-8} \text{ mm} \\
u_{70} &= 2,5326 \times 10^{-8} \text{ mm} \\
u_{75} &= 2,5287 \times 10^{-8} \text{ mm} \\
u_{80} &= 2,5191 \times 10^{-8} \text{ mm}
\end{aligned}
$$

Comparando os valores de u_{12} e u_{40} das malhas 2×8 e 4×16 com o valor calculado analiticamente, obtemos as diferenças percentuais de 0,7% e 0,2%, respectivamente. Note que a variação dos valores calculados para u_i, ao longo da altura da seção do tubo, é menor para a malha mais fina (4×16), ou seja, para o resultado numérico que se aproxima mais da solução analítica.

Exemplo 3.13 Considere a tubulação de alumínio ilustrada na figura, a qual foi projetada para transportar vapor de água à pressão de $P = 1 \times 10^{-3}$ kgf/mm^2. O trecho mostrado na figura contém uma derivação em "T" flangeada com uma placa circular em alumínio de espessura $h = 25$ mm. Com o auxílio do programa **AXIS** calcule a deflexão do ponto central do flange. Utilize o módulo de elasticidade do alumínio $E = 7.000$ kgf/mm^2 e o coeficiente de Poisson $\nu = 0,25$.

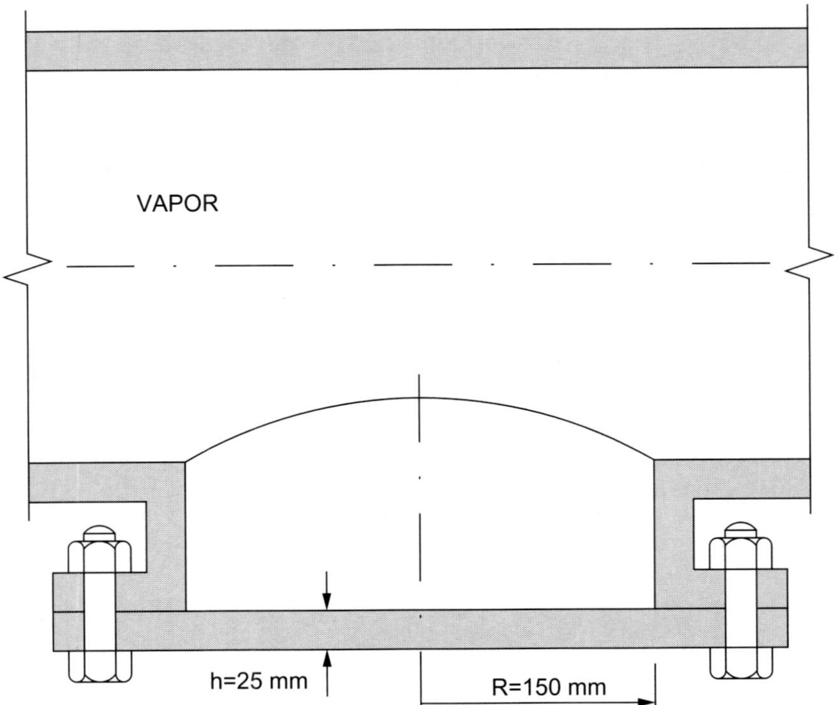

Modelaremos o flange como uma placa circular com o contorno engastado, submetida à uma força uniformemente distribuída (pressão $P = 1 \times 10^{-3}$ kgf/mm^2) atuando na sua superfície superior. Adotaremos, inicialmente, uma malha de 1×6 elementos, conforme ilustra a figura abaixo.

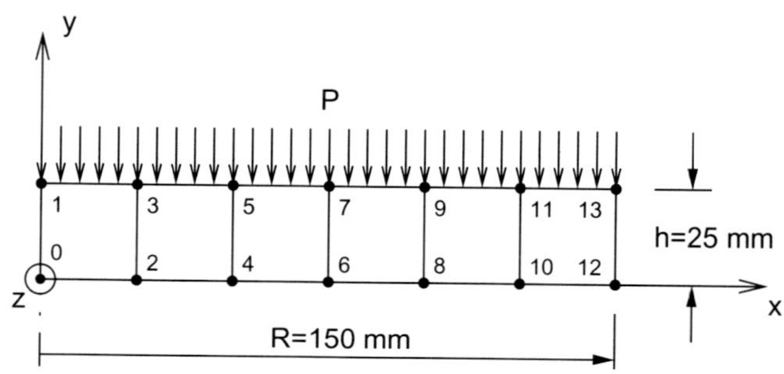

Os apoios para modelar o contorno circular engastado são $B_i = 11$ aplicados aos pontos nodais em $x = 150$, ou seja, no caso da malha 1×6, $B_{12} = B_{13} = 11$. Os pontos nodais do centro da placa circular estão sujeitos à condição de simetria, ou seja, $B_0 = B_1 = 10$

A pressão P tem de ser transformada em forças concentradas nos pontos nodais por meio do emprego da expressão (3.92). Assim, para um elemento qualquer, temos

$$F_{iy}^e = 2\pi \int_{x_2^e}^{x_1^e} \psi_i(r,1)(-P)\, x dx$$

para os nós *locais* 1 e 2, utilizando as *funções de interpolação* de (2.13) e (2.14). Para calcular esta integral, temos que efetuar a transformação de variáveis para o sistema de coordenadas naturais, e representar a variável x em função de r, ou seja

$$dx = \frac{x_1^e - x_2^e}{2} dr$$

$$x = \psi_1(r,1)x_1^e + \psi_2(r,1)x_2^e = \frac{1}{2}\left[(1+r)x_1^e + (1-r)x_2^e\right]$$

Assim, obtemos

$$F^e_{1y} = -\tfrac{\pi P}{4}(x^e_1 - x^e_2)\int_{-1}^{+1}\left[(1+r)^2 x^e_1 + (1-r^2)x^e_2\right]dr$$
$$= -\tfrac{\pi P}{3}(x^e_1 - x^e_2)(2x^e_1 + x^e_2)$$

$$F^e_{2y} = -\tfrac{\pi P}{4}(x^e_1 - x^e_2)\int_{-1}^{+1}\left[(1-r^2)x^e_1 + (1-r)^2 x^e_2\right]dr$$
$$= -\tfrac{\pi P}{3}(x^e_1 - x^e_2)(x^e_1 + 2x^e_2)$$

Note que estamos utilizando a convenção da figura 2.2 para a numeração dos nós *locais*.

As forças de superfície concentradas nos nós *locais* 1 e 2 de cada elemento são aplicadas sobre os nós *globais* da malha, de modo que as forças provenientes de elementos adjacentes devem ser somadas para obtermos o valor total do carregamento atuando sobre cada ponto nodal da malha. Assim, tomando como exemplo dois elementos adjacentes ao nó i (Ω^e e Ω^{e+1}), pertencentes à malha 1×6 ilustrada na figura, temos

$$F_{iy} = F^e_{1y} + F^{e+1}_{2y}$$

Note que para o nó *global* 1 (malha 1×6) $F_{1y} = F^0_{2y}$ e que F_{13y} não é considerada, pois $B_{13} = 11$.

A solução do modelo, por meio do programa **AXIS**, fornece

$$v_0 = -6,9432^{-4} \text{ mm}$$
$$v_1 = -6,9583^{-4} \text{ mm}$$

Da referência [20], temos a seguinte solução analítica (exata para este problema) para a deflexão do ponto central da placa, calculada no ponto médio da altura h:

$$\delta = -\frac{P}{64D}\left[R^4 + \frac{4h^2R^2}{1-\nu}\right]$$

onde, $D = \frac{Eh^3}{12(1-\nu^2)}$

Substituindo os valores nesta expressão, obtemos

$$\delta = -9,3415^{-4} \text{ mm}$$

Isto representa um erro de 25,6%, calculado para o ponto médio da altura h, ou seja, $v = (v_0 + v_1)/2$. Para obter um resultado numérico mais preciso, utilizaremos uma malha mais fina, com 2×12 elementos. Assim, obtemos

$$v_0 = -8.2154^{-4} \text{ mm}$$
$$v_1 = -8.2955^{-4} \text{ mm}$$
$$v_2 = -8.2304^{-4} \text{ mm}$$

O que representa um erro de 11,2%, calculado para o ponto médio da altura h, ou seja, v_1. Para uma malha de 4×24 elementos, obtemos

$$v_0 = -8,7542^{-4} \text{ mm}$$
$$v_1 = -8,8114^{-4} \text{ mm}$$
$$v_2 = -8,8317^{-4} \text{ mm}$$
$$v_3 = -8,8188^{-4} \text{ mm}$$
$$v_4 = -8,7691^{-4} \text{ mm}$$

O que representa um erro de 5,5%, calculado para o ponto médio da altura h, ou seja, v_2. Refinando ainda mais a malha, obtemos, para 8×48 elementos, o seguinte resultado:

$$v_0 = -8.9173^{-4} \text{ mm}$$
$$v_1 = -8.9505^{-4} \text{ mm}$$
$$v_2 = -8.9740^{-4} \text{ mm}$$
$$v_3 = -8.9887^{-4} \text{ mm}$$
$$v_4 = -8.9948^{-4} \text{ mm}$$
$$v_5 = -8.9924^{-4} \text{ mm}$$
$$v_6 = -8.9815^{-4} \text{ mm}$$
$$v_7 = -8.9617^{-4} \text{ mm}$$
$$v_8 = -8.9322^{-4} \text{ mm}$$

Para o ponto médio da altura h (v_4), o erro desta solução é de 3,7%.

É importante ressaltar que esta diferença entre a solução numérica e a analítica é devida não somente à discretização, mas também à hipótese de placa fina, assumida no desenvolvimento da expressão da solução analítica, ou seja, $h/R \ll 1$. Assim, se utilizarmos uma placa de raio $R = 300$ mm e uma malha de 8×96 elementos, para gerarmos apenas elementos quadrados como nas discretizações anteriores, obtemos

$$v_0 = -1.3260^{-2} \text{ mm}$$
$$v_1 = -1.3274^{-2} \text{ mm}$$
$$v_2 = -1.3283^{-2} \text{ mm}$$
$$v_3 = -1.3289^{-2} \text{ mm}$$
$$v_4 = -1.3291^{-2} \text{ mm}$$
$$v_5 = -1.3289^{-2} \text{ mm}$$
$$v_6 = -1.3284^{-2} \text{ mm}$$
$$v_7 = -1.3275^{-2} \text{ mm}$$
$$v_8 = -1.3262^{-2} \text{ mm}$$

A solução analítica para este caso é $\delta = -1,3500^{-2}$ mm, que fornece um erro de $1,5\%$ para o ponto de deslocamento v_4. Note que isto representa menos da metade do erro calculado para a placa de raio $R = 150$ mm, com a mesma densidade de malha.

A solução obtida para a malha 8×48 está ilustrada abaixo, com os deslocamentos amplificados por um fator de 5.000.

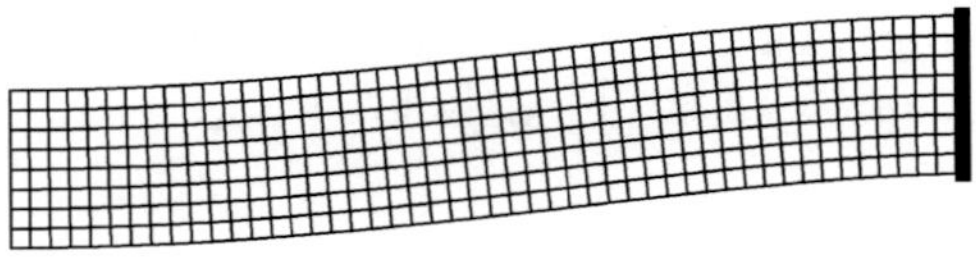

Problemas

3.1 Determine a matriz **C** para o estado plano de deformação ($\epsilon_z = 0$), onde z é a direção perpendicular ao plano.

Sugestão: use as relações entre tensões e deformações com $\epsilon_z = 0$, ou seja

$$\epsilon_x = \tfrac{1}{E}[\sigma_x - \nu(\sigma_y + \sigma_z)]$$

$$\epsilon_y = \tfrac{1}{E}[\sigma_y - \nu(\sigma_z + \sigma_x)]$$

$$\epsilon_z = \tfrac{1}{E}[\sigma_z - \nu(\sigma_x + \sigma_y)] = 0$$

$$\gamma_{xy} = \tfrac{\tau_{xy}}{G}$$

onde $G = \frac{E}{2(1+\nu)}$

3.2 Calcule analiticamente o valor da constante K_{11}^e da matriz do elemento quadrilátero isoparamétrico de 8 nós, ilustrado na figura 2.6a, em função do coeficiente de Poisson ν, do módulo de elasticidade E e da espessura w do elemento.

3.3 Derive as *funções de interpolação* para o elemento sólido hexaédrico isoparamétrico de 8 nós, utilizando as coordenadas naturais (r, s, t) definidas na figura.

Prob. 3.3

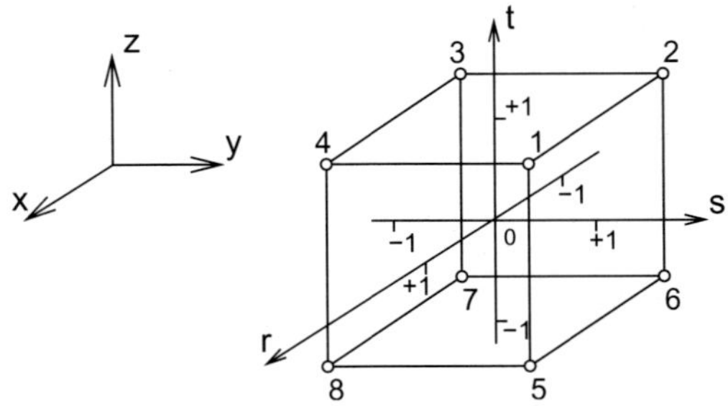

3.4 Derive as *funções de interpolação* para o elemento sólido hexaédrico isoparamétrico de 20 nós, utilizando as mesmas coordenadas naturais (r, s, t) definidas no problema 3.3 .

Prob. 3.4

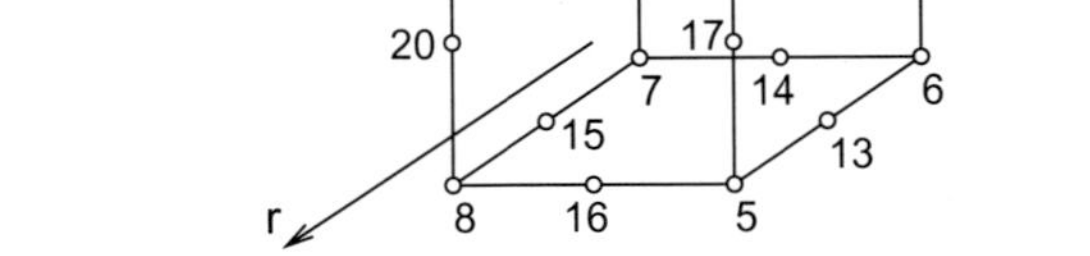

3.5 Calcule as forças concentradas nos pontos nodais 1 e 4 do elemento, correspondentes à distribuição parabólica de forças de superfície da figura. Compare o resultado com a força total atuando no lado do elemento definido pelos nós 1 e 4.

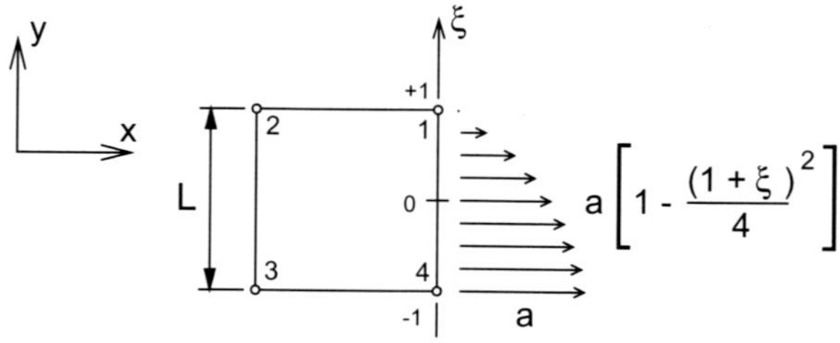

Prob. 3.5

3.6 Calcule as forças nos pontos nodais 1, 4 e 8 do elemento do problema 3.7 submetido à mesma distribuição parabólica de forças de superfície do problema 3.5 .

3.7 Determine as forças concentradas nos pontos nodais 1, 2 e 5 do elemento quadrilátero isoparamétrico de 9 nós, correspondentes à força $\vec{P}$ da figura. Verifique que o somatório das forças concentradas nos nós 1, 2 e 5 é igual a $-P$ ($\vec{P}$ no sentido negativo de y).

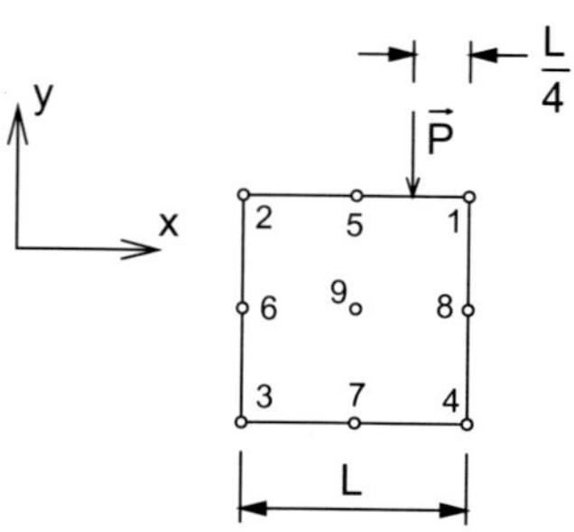

Prob. 3.7

3.8 Obtenha as forças concentradas nos pontos nodais 1, 4 e 8 do elemento isoparamétrico da figura, em função da coordenada ξ_P do ponto de aplicação da força $\vec{P}$.

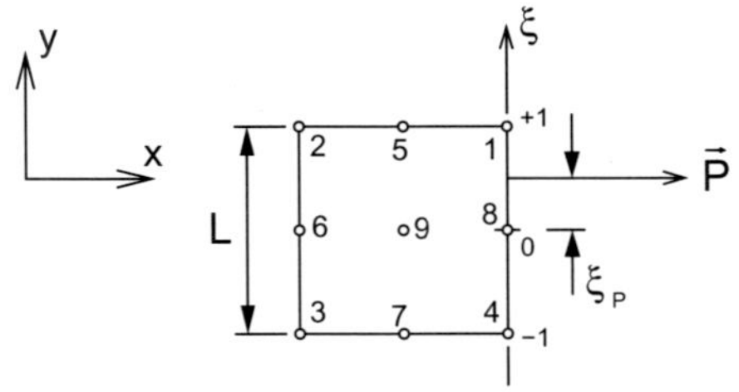

Prob. 3.8

3.9 Calcule a tensão σ_x no ponto de integração (c_2, c_2) do elemento 39 do problema do exemplo 3.10, para a malha 20×4. Utilize o programa **RESMAT** e compare o resultado com o valor calculado analiticamente. Note que a posição do ponto $(r, s) = (c_2, c_2)$ é dada pela convenção da figura 3.7 .

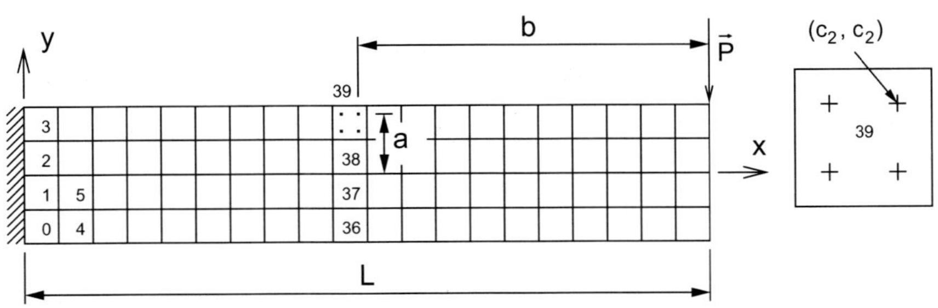

Prob. 3.9

3.10 Utilize o programa **RESMAT** para calcular a tensão σ_x no ponto de integração $(c_1,\ c_1)$ do elemento 0 (zero) da malha do problema 3.9 (note que $c_1 < 0$). Compare com o valor calculado analiticamente, ou seja

$$\sigma_x(x_{c_1}, -a) = -\tfrac{PL}{I_z}\left[1 - \tfrac{(1+c_1)}{40}\right] a$$

3.11 Calcule a deflexão no centro da barra (v_{52}) do exemplo 3.10, discretizada com uma malha 20 × 4, para as condições de carregamento e apoio ilustradas na figura. Utilize o programa **RESMAT** e compare o resultado numérico obtido com a solução analítica. Calcule a solução analítica considerando também a deformação causada pela tensão cortante τ_{xy}.

Prob. 3.11

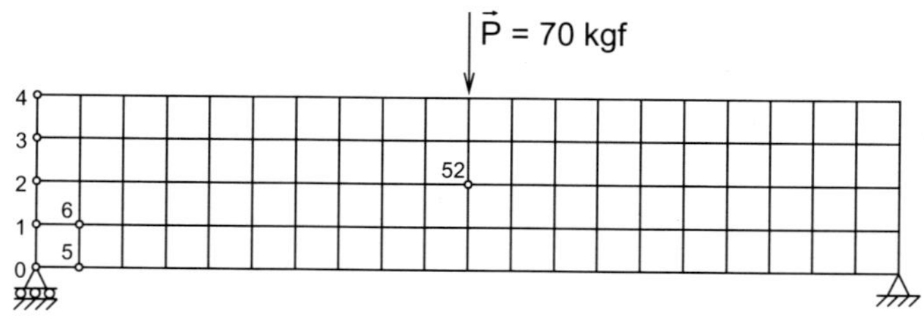

3.12 Substitua a força concentrada $\vec{P}$ do problema 3.11 por uma distribuição de forças de superfície $\vec{F} = (0, -f)$, atuando na parte superior da barra, e calcule a mesma deflexão no seu centro (v_{52}). Utilize $f = P/L$, onde $L = 500$ mm.

3.13 Obtenha a matriz **C** para o elemento sólido hexaédrico isoparamétrico de 8 nós do problema 3.3, submetido a um estado geral de tensão e deformação.

Sugestão: use as mesmas relações entre tensões e deformações apresentadas no problema 3.1, acrescidas das seguintes relações para τ_{yz} e τ_{zx}:

$$\gamma_{yz} = \frac{\tau_{yz}}{G}$$

$$\gamma_{zx} = \frac{\tau_{zx}}{G}$$

Note que, neste caso, o estado de tensão e deformação é genérico, portanto ϵ_z não é, obrigatoriamente, nulo.

3.14 Alguns materiais estratificados, como as placas de fibras resinadas, possuem propriedades anisotrópicas apenas na direção perpendicular ao plano de laminação. Para o caso do problema axissimétrico, tanto o módulo de elasticidade como o coeficiente de Poisson diferem apenas na direção y, ou seja, $E = E_x = E_z \neq E_y$ e $\nu = \nu_x = \nu_z \neq \nu_y$. Utilize as relações entre tensões e deformações abaixo [10] e obtenha a matriz $\mathbf{C}$ do modelo axissimétrico de elementos finitos para materiais estratificados.

$$\epsilon_x = \tfrac{1}{E}\sigma_x - \tfrac{\nu_y}{E_y}\sigma_y - \tfrac{\nu}{E}\sigma_z$$

$$\epsilon_y = -\tfrac{\nu}{E}\sigma_x + \tfrac{1}{E_y}\sigma_y - \tfrac{\nu}{E}\sigma_z$$

$$\epsilon_z = -\tfrac{\nu}{E}\sigma_x - \tfrac{\nu_y}{E_y}\sigma_y + \tfrac{1}{E}\sigma_z$$

$$\gamma_{xy} = \tfrac{\tau_{xy}}{G_y}$$

3.15 Usando as equações de equilíbrio e as relações entre deformações e deslocamentos abaixo, para o estado tri-dimensional de tensão, determine a expressão da matriz de elasticidade $\mathbf{K}^e$ e do vetor das forças de superfície $\mathbf{F}^e$, para o sistema de equações $\mathbf{K}^e\mathbf{U}^e = \mathbf{F}^e$ do elemento do problema 3.3 . Expresse a matriz $\mathbf{K}^e$ em função do operador $\left(\frac{\partial}{\partial \mathbf{x}}\right)$, da matriz Ψ para o elemento sólido hexaédrico isoparamétrico de 8 nós, e da matriz $\mathbf{C}$ determinada no problema 3.13 . Utilize o vetor $\mathbf{U}^e = [u_1^e \ v_1^e \ w_1^e \ \cdots \ u_8^e \ v_8^e \ w_8^e]^T$.

Sugestão: siga os mesmos passos utilizados para obter o sistema de equações (3.37). Note que, neste caso, o teorema do gradiente (Green) é aplicado na conversão de uma integral tripla do gradiente de uma função campo vetorial em (x, y, z), definida em um volume (domínio), para uma integral de área desta função campo vetorial definida no contorno do mesmo volume (contorno do domínio).

Equações de equilíbrio:

$$\frac{\partial \sigma_x}{\partial x} + \frac{\partial \tau_{xy}}{\partial y} + \frac{\partial \tau_{zx}}{\partial z} = 0$$

$$\frac{\partial \tau_{xy}}{\partial x} + \frac{\partial \sigma_y}{\partial y} + \frac{\partial \tau_{yz}}{\partial z} = 0$$

$$\frac{\partial \tau_{zx}}{\partial x} + \frac{\partial \tau_{yz}}{\partial y} + \frac{\partial \sigma_z}{\partial z} = 0$$

Relações entre deformações e deslocamentos: as mesmas de (3.12), (3.13) e (3.14), e as seguintes relações para ϵ_z, γ_{yz} e γ_{zx}:

$$\epsilon_z = \frac{\partial w}{\partial z}$$

$$\gamma_{yz} = \frac{\partial v}{\partial z} + \frac{\partial w}{\partial y}$$

$$\gamma_{zx} = \frac{\partial u}{\partial z} + \frac{\partial w}{\partial x}$$

3.16 Determine a expressão da matriz de elasticidade $\mathbf{K}^e$ para o elemento sólido hexaédrico isoparamétrico de 20 nós do problema 3.4 . Expresse apenas as matrizes que diferem das matrizes obtidas na solução do problema 3.15 .

3.17 Obtenha a expressão para o cálculo da constante K_{11}^e do elemento axissimétrico quadrilátero isoparamétrico de 4 nós, empregado no exemplo 3.11, em função dos parâmetros ν e E.

3.18 Suponha que o elemento da figura 3.4 seja axissimétrico e que a força concentrada $\vec{P}$ atue uniformemente ao longo de toda a circunferência de raio r_P. Mostre que as forças concentradas nos pontos nodais das extremidades do lado do elemento, onde é aplicada a força $\vec{P}$, são calculadas pela seguinte expressão (i =1 e 2):

$$\mathbf{F}_i^e = 2\pi r_P \Psi_i(\xi_P)\vec{P}$$

3.19 Com o modelo de elementos finitos para problemas axissimétricos, calcule o deslocamento radial do interior de um vaso de pressão esférico, construído em aço ($E = 21.000$ kgf/mm^2 e $\nu = 0,25$), empregado para armazenar ar-comprimido à pressão de $P = 0,1$ kgf/mm^2. Utilizando a simetria do problema, discretize apenas o primeiro quadrante da esfera com uma malha de 2×6 e resolva o modelo por meio do emprego do programa **AXIS**. Note que os apoios nas linhas de simetria são $B_0 = B_1 = B_2 = 01$ e $B_{18} = B_{19} = B_{20} = 10$.

Prob. 3.19

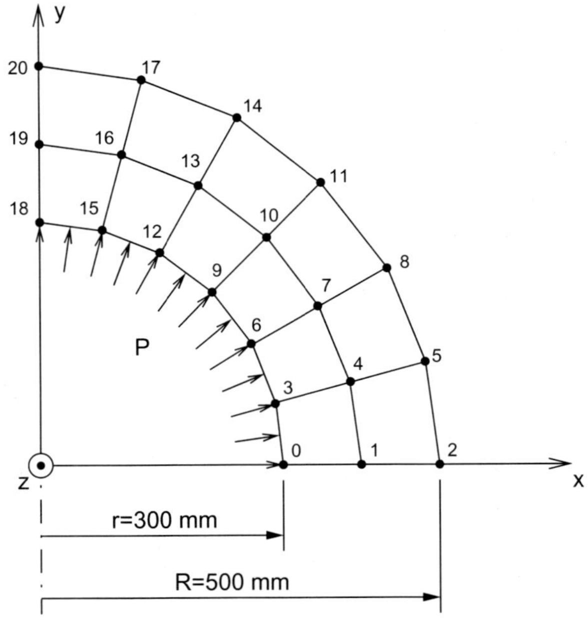

3.20 Considere o volante de uma moto-bomba ilustrado na figura, o qual é utilizado para compensar o movimento intermitente do motor de dois tempos, monocilíndrico, empregado neste equipamento. Considerando a velocidade máxima de rotação do volante de 5.000 r.p.m., calcule a deflexão de sua extremidade (ponto A) na direção x, por meio do emprego do programa **AXIS**, para a malha indicada na figura, com $\nu = 0,3$ e $E = 21.000$ kgf/mm^2 (aço carbono). Despreze a ação da força da gravidade.

Sugestão: calcule o carregamento proveniente das forças de corpo com a expressão (3.89).

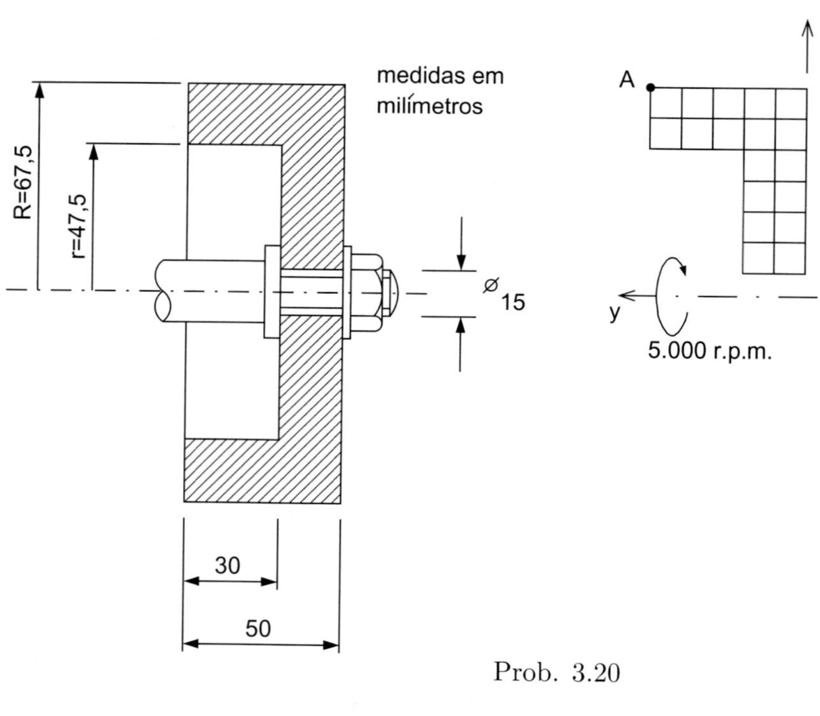

Prob. 3.20

Capítulo 4

Aplicação em mecânica dos fluidos

Nos capítulos anteriores apresentamos o método dos elementos finitos aplicado à solução de problemas físicos, onde os modelos matemáticos eram governados por equações lineares. Isto nos permitiu obter a solução do sistema de equações do modelo diretamente de uma única inversão da sua matriz. No entanto, no estudo do movimento de um fluido, as equações de governo são não-lineares, o que nos obriga a recorrer a métodos iterativos para obter a solução do sistema de equações.

As dificuldades para obter a convergência da solução, calculada por métodos iterativos, têm sido uma das motivações nas pesquisas realizadas sobre a modelagem do problema de escoamento de fluidos e sobre os métodos numéricos para a solução dos sistemas de equações obtidos. Além disso, técnicas de processamento paralelo têm sido utilizadas para dar suporte à grande demanda de capacidade computacional, necessária para armazenar o modelo gerado e executar os algoritmos iterativos de solução, dentro de intervalos de tempo aceitáveis.

Outra dificuldade inerente aos problemas de escoamento é a modelagem do comportamento da viscosidade do fluido em regimes turbulentos. A natureza caótica do movimento das partículas, para números de Reynolds (Re) elevados, requer modelos mais elaborados que descrevam esta propriedade em função das características do escoamento, tais como o próprio campo de velocidades. Estas características, em escoamentos turbulentos, são variantes ao longo do tempo, mesmo em um regime que poderíamos chamar de permanente. Isto é ainda uma fonte intrínseca de instabilidade numérica, que dificulta a convergência da solução em problemas envolvendo escoamentos turbulentos.

Neste capítulo estudaremos a modelagem de escoamentos laminares ($Re < 2.300$, [32]), incompressíveis e isotérmicos, de modo que a viscosidade do fluido também pode ser considerada constante ao longo do domínio. Este tipo de escoamento é governado pela equação de Navier-Stokes, condicionada pelas simplificações decorrentes das hipóteses assumidas. O modelo será construído para problemas em duas dimensões, aplicável tanto a escoamentos internos como externos, tendo como variáveis de interesse o campo de velocidades e a distribuição de pressão (estática). Nenhuma consideração será feita a respeito do desenvolvimento do escoamento ao longo do tempo, ou seja, trataremos apenas de escoamentos em regime permanente.

4.1 Campo de velocidades bi-dimensional

O desenvolvimento do modelo de elementos finitos, que apresentaremos neste capítulo, aplica-se a qualquer tipo de escoamento em regime permanente, ou seja, pode ser empregado para determinar o campo de velocidades (u, v), no plano (x, y), de fluidos em movimento, dentro de um domínio fechado (escoamento interno, figura 4.1), ou em um domínio aberto (escoamento externo), onde o obstáculo é circundado pelo fluido que tem como limites um volume de controle, como ilustra a figura 4.2 . A dimensão deste volume de controle é determinada de maneira que o gradiente do campo de velocidades possa ser considerado desprezível ao longo dos contornos, onde não há condição de contorno preestabelecida. Assim, podemos supor que o valor da velocidade é conhecido nos nós do contorno, como veremos no exemplo 4.11 .

No caso do escoamento interno (figura 4.1), as condições de contorno são obtidas das distribuições de velocidades nas entradas e/ou saídas do domínio, como, por exemplo, $\vec{V}_1(x, y)$ e $\vec{V}_2(x, y)$ aplicadas nos segmentos CD e EF do contorno $\underline{\Omega}_2$, respectivamente. Além disso, as velocidades ao longo dos obstáculos que delimitam o escoamento devem ser iguais à velocidade de deslocamento do obstáculo. Assim, os contornos fixos impõem velocidades nulas aos nós da malha a eles pertencentes (segmentos BC, DE e FA, e contorno $\underline{\Omega}_1$), ou seja, $u = v = 0$. No segmento AB do contorno $\underline{\Omega}_2$, a condição é de forças de superfície nulas, ou seja, vazamento para um espaço livre de restrições.

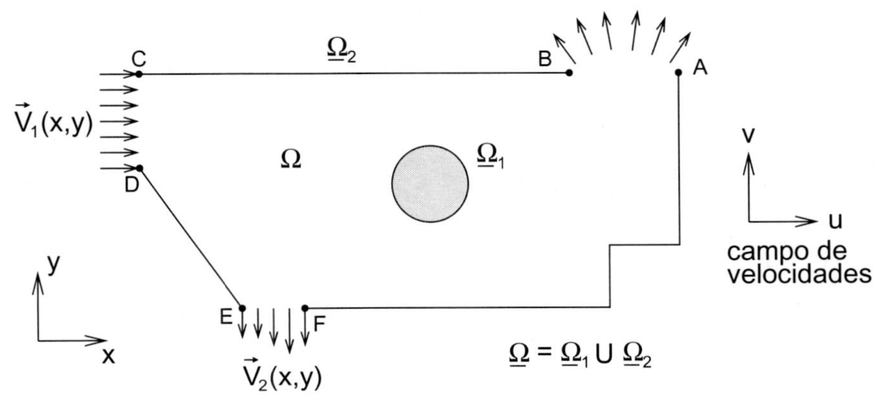

Figura 4.1: Escoamento plano (interno) e condições de contorno típicas.

Para o caso do escoamento externo, as condições de contorno são geralmente a velocidade do escoamento em um ponto suficientemente distante do obstáculo, de modo que a sua presença não perturba a condição imposta. Assim, os contornos do volume de controle, que delimitará a malha de elementos finitos (domínio), são estabelecidos em regiões cujo valor do campo de velocidades é conhecido. No problema ilustrado na figura 4.2, por exemplo, estas condições podem ser expressas por: $\vec{V}_{AB} = \vec{V}_{BC} = \vec{V}_{CD} = \vec{V}_{DA} = \vec{V}_1$.

Além das condições de contorno impostas sobre o campo de velocidades (u, v), temos que considerar uma pressão de referência em torno da qual se desenvolve o escoamento. Note que tanto para o problema do escoamento interno, como para o do escoamento externo, a solução para o campo de velocidades obtida será independente do nível de pressão a que estiver submetido o fluido, antes de iniciarmos o escoamento. No entanto, é necessário atribuir um valor para a pressão em um ponto qualquer do domínio (ver seção 4.1.5), pois, caso contrário, o problema admitirá inúmeras soluções.

Nos dois problemas propostos nas figuras 4.1 e 4.2, modelaremos o escoamento como permanente, de modo que nenhum transiente do campo de velocidades será considerado. Assumiremos ainda que o escoamento é isotérmico e incompressível, ou seja, a viscosidade e a densidade do fluido são constantes.

O escoamento é governado por duas equações: a de momentum e a de

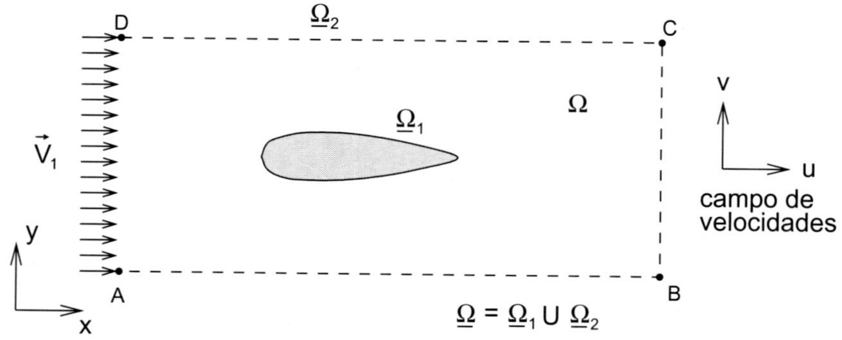

Figura 4.2: Escoamento plano (externo) com o domínio Ω delimitado pelos segmentos AB, BC, CD e DA.

continuidade. A equação de momentum representa o equilíbrio de forças de uma partícula do fluido no escoamento nas direções x e y [31],[32],[33]. A equação de continuidade representa a conservação de massa em um volume diferencial qualquer do escoamento. Este conjunto de equações que governa o escoamento de um fluido é conhecido como equação de Navier-Stokes.

Para um escoamento bi-dimensional, as equações de momentum podem ser escritas como

$$\rho J_{\mathbf{u}}^T \mathbf{u} = \left(\frac{\partial}{\partial \mathbf{x}} \right)^T \mathbf{S} \tag{4.1}$$

onde

$$J_{\mathbf{u}}^T = \begin{bmatrix} \frac{\partial u}{\partial x} & \frac{\partial u}{\partial y} \\ \frac{\partial v}{\partial x} & \frac{\partial v}{\partial y} \end{bmatrix} \tag{4.2}$$

$$\mathbf{u} = \mathbf{u}(x, y) = \begin{bmatrix} u \\ v \end{bmatrix} = \begin{bmatrix} u(x, y) \\ v(x, y) \end{bmatrix} \tag{4.3}$$

$$\left(\frac{\partial}{\partial \mathbf{x}}\right)^T = \begin{bmatrix} \frac{\partial}{\partial x} & 0 & \frac{\partial}{\partial y} \\ 0 & \frac{\partial}{\partial y} & \frac{\partial}{\partial x} \end{bmatrix} \tag{4.4}$$

$$\mathbf{S} = \begin{bmatrix} \sigma_x \\ \sigma_y \\ \tau_{xy} \end{bmatrix} \tag{4.5}$$

e ρ é a densidade do fluido. O produto $J_{\mathbf{u}}^T \mathbf{u}$ é o resultado da multiplicação matricial do campo de velocidades $\mathbf{u}$ por $J_{\mathbf{u}}^T$ (transposta da matriz Jacobiana de $\mathbf{u}$). Para o escoamento incompressível (ρ constante) de um fluido newtoniano, as tensões do vetor $\mathbf{S}$ podem ser expressas da seguinte forma:

$$\sigma_x = -P + \mu\left(2\frac{\partial u}{\partial x}\right) \tag{4.6}$$

$$\sigma_y = -P + \mu\left(2\frac{\partial v}{\partial y}\right) \tag{4.7}$$

$$\tau_{xy} = \mu\left(\frac{\partial v}{\partial x} + \frac{\partial u}{\partial y}\right) \tag{4.8}$$

onde P é a pressão estática atuando na partícula e μ é a viscosidade dinâmica do fluido. As equações (4.6) a (4.8) já incorporam a condição de conservação de massa, expressa pela equação de continuidade, para um escoamento incompressível, ou seja

$$\vec{\nabla} \cdot \mathbf{u}^T = 0 \tag{4.9}$$

onde $\vec{\nabla} = \left(\frac{\partial}{\partial x}, \frac{\partial}{\partial y}\right)$

Assim, as equações de governo do problema físico de escoamento de fluidos são compostas por (4.1) e (4.9), tendo como variável de interesse o campo de velocidades $\mathbf{u}$ e a pressão estática P.

4.1.1 Desenvolvimento do modelo de elementos finitos

A construção do modelo é feita com o mesmo roteiro adotado nos capítulos anteriores. No entanto, é necessário o uso de duas funções de ponderação: uma para a integração ponderada da equação de momentum e outra para a integração ponderada da equação de continuidade. O uso de uma função de ponderação diferente na integração da equação de continuidade é necessário para obtermos um sistema com um número de equações igual ao número de incógnitas, pois a quantidade de nós do elemento, utilizada para interpolar a variável pressão, é menor que a usada para interpolar as variáveis do campo de velocidades (ver seção 4.2). Este elemento é denominado de elemento misto u/p, para o qual adotamos, no caso do nosso desenvolvimento, 9/4 nós, ou seja, 9 (nove) nós para interpolar o campo de velocidades (u, v) e 4 (quatro) nós para interpolar a pressão P, como ilustrado na figura 4.3 .

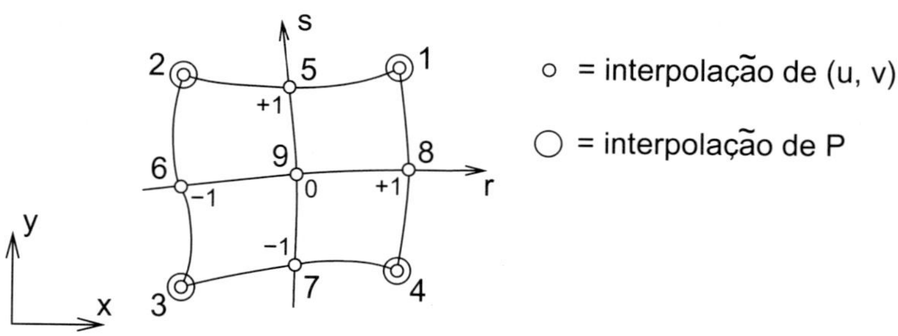

Figura 4.3: Elemento misto u/p = 9/4.

Utilizaremos os 9 nós de interpolação de u e v para interpolar também as coordenadas (x, y), ou seja, teremos um elemento isoparamétrico para as variáveis do campo de velocidades e superparamétrico para a variável pressão.

Assim, podemos enumerar os passos para o desenvolvimento do modelo da seguinte forma:

1. Obtenção da *forma fraca* das equações de governo por meio da integração ponderada de (4.1) pela matriz $\mathbf{p}(x, y)$, e de (4.9) pela função $d(x, y)$, no domínio do elemento Ω^e. A matriz de ponderação $\mathbf{p}(x, y)$ é a mesma de (3.18);

2. Aproximação da geometria (x, y) do elemento e do campo de velocidades (u, v) pelo uso das *funções de interpolação* ψ_i de (2.54) a (2.62), e da pressão P pelo uso de (2.13) a (2.16), renomeadas como ϕ_i para diferenciar das ψ_i usadas para interpolar (x, y) e (u, v); e

3. Construção do sistema de equações do modelo por meio da substituição da matriz $\mathbf{p}(x, y)$ e da função $d(x, y)$ pelas *matrizes de deslocamento* $\Psi_i(r, s)$, definida em (3.19), e pelas *funções de interpolação (de deslocamento)* ϕ_i, respectivamente.

Obtenção da *forma fraca* das equações de governo

A integração da equação (4.1), ponderada por $p(x, y)$, é feita sobre a área do elemento Ω^e, no plano (x, y) do escoamento, ou seja

$$\iint_{\Omega^e} \mathbf{p}\rho J_{\mathbf{u}}^T \mathbf{u}^e \, dxdy = \iint_{\Omega^e} \mathbf{p} \left(\frac{\partial}{\partial \mathbf{x}} \right)^T \mathbf{S} \, dxdy \tag{4.10}$$

Aplicando o resultado do teorema da derivada do produto de duas funções, obtido em (3.21), ao integrando da integral do lado direito da igualdade (4.10), temos

$$\iint_{\Omega^e} \mathbf{p}\rho J_{\mathbf{u}}^T \mathbf{u}^e \, dxdy + \iint_{\Omega^e} \left(\frac{\partial \mathbf{p}}{\partial \mathbf{x}} \right)^T \mathbf{S} \, dxdy = \iint_{\Omega^e} \left(\frac{\partial}{\partial \mathbf{x}} \right)^T (p\mathbf{S}) \, dxdy \tag{4.11}$$

Representando o integrando da integral do lado direito da igualdade (4.11) do mesmo modo como fizemos em (3.23), temos

$$\iint_{\Omega^e} \mathbf{p}\rho J_{\mathbf{u}}^T \mathbf{u}^e \, dxdy + \iint_{\Omega^e} \left(\frac{\partial \mathbf{p}}{\partial \mathbf{x}} \right)^T \mathbf{S} \, dxdy = \iint_{\Omega^e} \begin{bmatrix} \vec{\nabla} \cdot (\sigma_x, \tau_{xy}) p \\ \vec{\nabla} \cdot (\tau_{xy}, \sigma_y) p \end{bmatrix} dxdy \tag{4.12}$$

Aplicando o teorema do gradiente (Green), enunciado em (2.6), sobre a expressão (4.12), da mesma forma que em (3.24), obtemos

$$\iint_{\Omega^e} \mathbf{p}\rho J_{\mathbf{u}}^T \mathbf{u}^e \, dxdy + \iint_{\Omega^e} \left(\frac{\partial \mathbf{p}}{\partial \mathbf{x}}\right)^T \mathbf{S} \, dxdy = \oint_{\underline{\Omega}^e} p \begin{bmatrix} (\sigma_x, \tau_{xy}) \cdot \widehat{n} \\ (\tau_{xy}, \sigma_y) \cdot \widehat{n} \end{bmatrix} d\xi \tag{4.13}$$

Do mesmo modo que na equação (3.25), obtida no desenvolvimento do modelo de elementos finitos do capítulo 3, o lado direito da igualdade (4.13) representa as forças de superfície atuando no contorno do elemento $\underline{\Omega}^e$. Estas forças são a condição de contorno natural das equações de governo do problema proposto. Com isso, podemos escrever (4.13) na forma

$$\iint_{\Omega^e} \mathbf{p}\rho J_{\mathbf{u}}^T \mathbf{u}^e \, dxdy + \iint_{\Omega^e} \left(\frac{\partial \mathbf{p}}{\partial \mathbf{x}}\right)^T \mathbf{S} \, dxdy = \mathbf{F}_s^e \tag{4.14}$$

onde

$$\mathbf{F}_s^e = \oint_{\underline{\Omega}^e} p \begin{bmatrix} (\sigma_x, \tau_{xy}) \cdot \widehat{n} \\ (\tau_{xy}, \sigma_y) \cdot \widehat{n} \end{bmatrix} d\xi \tag{4.15}$$

Note que a convenção para o vetor normal unitário $\widehat{n}$ e para a variável de integração ξ é a mesma adotada na equação (3.26).

Cabe ressaltar que não estamos integrando ao longo da espessura do escoamento (eixo z), nem mesmo estamos considerando esta dimensão como multiplicador da área diferencial $dxdy$, na integração ponderada da equação de governo, ao contrário do que fizemos no desenvolvimento dos modelos nos capítulos 2 e 3. Naqueles problemas existe um sentido na utilização da espessura, pois em aplicações práticas utilizamos condições de contorno como fluxo de calor e forças de superfície diretamente sobre o sistema de equações, sem considerar os seus valores por unidade de comprimento (espessura). Nos problemas de mecânica dos fluidos, como o proposto neste capítulo, não é usual utilizarmos forças de superfície como condições de contorno. Estas ou são nulas, como no caso do segmento AB da figura 4.1, ou são impostas como velocidades conhecidas. Além disso, a hipótese de escoamento bi-dimensional pressupõe que o domínio plano em análise está suficientemente distante dos limites da espessura do domínio, ou seja, a influência dos escoamentos, desenvolvidos nas proximidades das superfícies destes limites, não é perceptível. Assim, é como se estivéssemos modelando a espessura de um volume de controle onde os limites estão livres de qualquer tipo de gradiente do campo de velocidades na direção z. No entanto, caso seja necessário impor forças de superfície como condições de contorno, basta utilizarmos o mesmo método de concentrá-las nos pontos nodais apresentado na seção 3.1.6, adotando os seus valores por unidade de comprimento, ou seja, $\vec{F}(\xi) = \frac{\vec{F}(\xi)}{w}$.

Dando continuidade ao processo para obter a *forma fraca* das equações de governo, vamos substituir (4.6) a (4.8) em (4.5), visando transformar (4.14) em uma expressão cujas variáveis são as componentes do campo de velocidades. Assim, temos

$$\mathbf{S} = \begin{bmatrix} -P^e \\ -P^e \\ 0 \end{bmatrix} + \mathbf{C}\left(\frac{\partial}{\partial \mathbf{x}}\right)\mathbf{u}^e = \begin{bmatrix} -P^e \\ -P^e \\ 0 \end{bmatrix} + \mathbf{C}\frac{\partial \mathbf{u}^e}{\partial \mathbf{x}} \tag{4.16}$$

onde

$$\mathbf{C} = \mu \begin{bmatrix} 2 & 0 & 0 \\ 0 & 2 & 0 \\ 0 & 0 & 1 \end{bmatrix} \tag{4.17}$$

e $\left(\frac{\partial}{\partial \mathbf{x}}\right)$ é dada pela transposta de (4.4).

Substituindo (4.16) em (4.14), obtemos

$$\iint_{\Omega^e} \left(\frac{\partial \mathbf{p}}{\partial \mathbf{x}}\right)^T \mathbf{C}\left(\frac{\partial \mathbf{u}^e}{\partial \mathbf{x}}\right) dxdy + \iint_{\Omega^e} \mathbf{p}\rho J_{\mathbf{u}}^T \mathbf{u}^e \, dxdy$$
$$+ \iint_{\Omega^e} \left(\frac{\partial \mathbf{p}}{\partial \mathbf{x}}\right)^T \begin{bmatrix} -P^e \\ -P^e \\ 0 \end{bmatrix} dxdy = \mathbf{F}_s^e \tag{4.18}$$

A equação (4.18) é a *forma fraca* da equação de momentum (4.1). Para a equação de continuidade, efetuamos em (4.9) a mesma integração no domínio do elemento Ω^e, ponderada pela função $d(x, y)$, ou seja

$$\iint_{\Omega^e} d\vec{\nabla} \cdot (\mathbf{u}^e)^T \, dxdy = 0 \tag{4.19}$$

Obtemos assim a segunda equação para a construção do modelo de elementos finitos. As equações (4.18) e (4.19) são a *forma fraca* ou *forma variacional* das equações de governo do problema de mecânica dos fluidos proposto.

Aproximação da geometria, do campo de velocidades e da pressão

Para o elemento u/p = 9/4 da figura 4.3, aproximaremos as coordenadas (x, y) e o campo de velocidades $(\mathbf{u}^e)^T = [u^e \quad v^e]$ utilizando as mesmas *funções de interpolação* de (2.54) a (2.62). No caso da pressão P, interpolaremos apenas os valores desta variável nos pontos nodais dos vértices do elemento quadrilátero 9/4, empregando para isso, as *funções de interpolação* de (2.13) a (2.16), renomeadas para ϕ_i ($i = 1, 2, 3$ e 4) de modo a diferenciá-las das funções ψ_i adotadas na aproximação da geometria e do campo de velocidades $\mathbf{u}^e$. Assim, utilizando os valores destas variáveis nos nós *locais* como pontos de interpolação, temos

$$u \approx u^e(r, s) = \sum_{i=1}^{9} \psi_i(r, s) u_i^e \tag{4.20}$$

$$v \approx v^e(r, s) = \sum_{i=1}^{9} \psi_i(r, s) v_i^e \tag{4.21}$$

$$P \approx P^e(r, s) = \sum_{i=1}^{4} \phi_i(r, s) P_i^e \tag{4.22}$$

$$x \approx x^e(r, s) = \sum_{i=1}^{9} \psi_i(r, s) x_i^e \tag{4.23}$$

$$y \approx y^e(r, s) = \sum_{i=1}^{9} \psi_i(r, s) y_i^e \tag{4.24}$$

Na forma matricial, podemos escrever (4.20) a (4.22) como

$$\mathbf{u}^e = \begin{bmatrix} u^e \\ v^e \end{bmatrix} = \left\{ \begin{array}{c} [\psi_1 \ldots \psi_9] \begin{bmatrix} u_1^e \\ . \\ . \\ . \\ u_9^e \end{bmatrix} \\ \\ [\psi_1 \ldots \psi_9] \begin{bmatrix} v_1^e \\ . \\ . \\ . \\ v_9^e \end{bmatrix} \end{array} \right\} = \begin{bmatrix} \Psi \mathrm{U}^e \\ \Psi \mathrm{V}^e \end{bmatrix} \tag{4.25}$$

$$P^e = [\phi_1 \quad \phi_2 \quad \phi_3 \quad \phi_4] \begin{bmatrix} P_1^e \\ P_2^e \\ P_3^e \\ P_4^e \end{bmatrix} = \Phi \mathrm{P}^e \tag{4.26}$$

Substituindo (4.25) e (4.26) em (4.18), temos

$$\iint_{\Omega^e} \left(\frac{\partial \mathbf{p}}{\partial \mathbf{x}}\right)^T \mathbf{C} \left(\frac{\partial}{\partial \mathbf{x}}\right) \begin{bmatrix} \Psi \mathrm{U}^e \\ \Psi \mathrm{V}^e \end{bmatrix} dxdy + \iint_{\Omega^e} \mathbf{p}\rho \begin{bmatrix} \frac{\partial \Psi}{\partial x} \mathrm{U}^e & \frac{\partial \Psi}{\partial y} \mathrm{U}^e \\ \frac{\partial \Psi}{\partial x} \mathrm{V}^e & \frac{\partial \Psi}{\partial y} \mathrm{V}^e \end{bmatrix} \begin{bmatrix} \Psi \mathrm{U}^e \\ \Psi \mathrm{V}^e \end{bmatrix} dxdy$$

$$- \iint_{\Omega^e} \left(\frac{\partial \mathbf{p}}{\partial \mathbf{x}}\right)^T \begin{bmatrix} \Phi \mathrm{P}^e \\ \Phi \mathrm{P}^e \\ 0 \end{bmatrix} dxdy = \mathbf{F}_s^e \tag{4.27}$$

Desenvolvendo (4.27), utilizando o fato de que ρ e μ são constantes, temos

$$\mu \iint_{\Omega^e} \begin{bmatrix} \left(2\frac{\partial p}{\partial x}\frac{\partial \Psi}{\partial x} + \frac{\partial p}{\partial y}\frac{\partial \Psi}{\partial y}\right) \mathrm{U}^e + \left(\frac{\partial p}{\partial y}\frac{\partial \Psi}{\partial x}\right) \mathrm{V}^e \\ \left(\frac{\partial p}{\partial x}\frac{\partial \Psi}{\partial y}\right) \mathrm{U}^e + \left(\frac{\partial p}{\partial x}\frac{\partial \Psi}{\partial x} + 2\frac{\partial p}{\partial y}\frac{\partial \Psi}{\partial y}\right) \mathrm{V}^e \end{bmatrix} dxdy$$

$$
+ \rho \iint_{\Omega^e} p \begin{bmatrix} \Psi \left(\mathrm{U}^e \frac{\partial \Psi}{\partial x} + \mathrm{V}^e \frac{\partial \Psi}{\partial y} \right) \mathrm{U}^e \\ \Psi \left(\mathrm{U}^e \frac{\partial \Psi}{\partial x} + \mathrm{V}^e \frac{\partial \Psi}{\partial y} \right) \mathrm{V}^e \end{bmatrix} dxdy - \iint_{\Omega^e} \begin{bmatrix} \frac{\partial p}{\partial x} \Phi \mathrm{P}^e \\ \frac{\partial p}{\partial y} \Phi \mathrm{P}^e \end{bmatrix} dxdy
$$

$$
= \mathbf{F}_s^e \tag{4.28}
$$

Para a equação de continuidade, substituimos (4.25) em (4.19) para obter

$$
\iint_{\Omega^e} d \left(\frac{\partial \Psi}{\partial x} \mathrm{U}^e + \frac{\partial \Psi}{\partial y} \mathrm{V}^e \right) dxdy = 0 \tag{4.29}
$$

As equações (4.28) e (4.29) são a base para a construção do sistema de equações do modelo. Note que o sistema será não-linear, devido aos termos não-lineares presentes na segunda integral de (4.28).

Construção do sistema de equações do modelo

Conforme vimos nos capítulos anteriores, para obtermos um sistema de equações onde u_i^e, v_i^e e P_i^e são as incógnitas, é necessário substituirmos as funções de ponderação $p(x,y)$ e $d(x,y)$ por funções convenientemente escolhidas. Se substituirmos p por ψ $(i = 1, \ldots, 9)$ e d por ϕ_i $(i = 1, 2, 3$ e $4)$, obteremos, com as equações (4.28) e (4.29), um sistema de $(2 \times 9 + 4) \times (2 \times 9 + 4)$ equações e incógnitas, ou seja, um sistema de dimensão 22×22, tendo como variáveis as componentes do vetor $[\mathrm{U}^e \ \ \mathrm{V}^e \ \ \mathrm{P}^e]^T$. Efetuando a substituição de p por ψ_i e de d por ϕ_i, obtemos

$$
\mu \iint_{\Omega^e} \begin{bmatrix} \left(2 \frac{\partial \Psi^T}{\partial x} \frac{\partial \Psi}{\partial x} + \frac{\partial \Psi^T}{\partial y} \frac{\partial \Psi}{\partial y} \right) \mathrm{U}^e + \left(\frac{\partial \Psi^T}{\partial y} \frac{\partial \Psi}{\partial x} \right) \mathrm{V}^e \\ \left(\frac{\partial \Psi^T}{\partial x} \frac{\partial \Psi}{\partial y} \right) \mathrm{U}^e + \left(\frac{\partial \Psi^T}{\partial x} \frac{\partial \Psi}{\partial x} + 2 \frac{\partial \Psi^T}{\partial y} \frac{\partial \Psi}{\partial y} \right) \mathrm{V}^e \end{bmatrix} dxdy
$$

$$
+ \rho \iint_{\Omega^e} \begin{Bmatrix} \Psi^T \left[(\Psi \mathrm{U}^e) \frac{\partial \Psi}{\partial x} + (\Psi \mathrm{V}^e) \frac{\partial \Psi}{\partial y} \right] \mathrm{U}^e \\ \Psi^T \left[(\Psi \mathrm{U}^e) \frac{\partial \Psi}{\partial x} + (\Psi \mathrm{V}^e) \frac{\partial \Psi}{\partial y} \right] \mathrm{V}^e \end{Bmatrix} dxdy
$$

$$
- \iint_{\Omega^e} \begin{bmatrix} \frac{\partial \Psi^T}{\partial x} \Phi \mathrm{P}^e \\ \frac{\partial \Psi^T}{\partial y} \Phi \mathrm{P}^e \end{bmatrix} dxdy
$$

$$= \mathbf{F}^e = \oint_{\underline{\Omega}^e} \left\{ \begin{array}{c} \Psi^T \left[(\sigma_x, \tau_{xy}) \cdot \widehat{n} \right] \\ \Psi^T \left[(\tau_{xy}, \sigma_y) \cdot \widehat{n} \right] \end{array} \right\} d\xi = \begin{bmatrix} \mathrm{F}_x^e \\ \mathrm{F}_y^e \end{bmatrix} \tag{4.30}$$

$$\iint_{\Omega^e} \Phi^T \left(\frac{\partial \Psi}{\partial x} \mathrm{U}^e + \frac{\partial \Psi}{\partial y} \mathrm{V}^e \right) dxdy = \mathbf{0} \tag{4.31}$$

Escrevendo (4.30) e (4.31) na forma matricial, temos $\mathbf{K}^e\mathbf{U}^e = \mathbf{F}^e$, ou seja

$$\begin{bmatrix} 2\mathrm{K}_{xx}^e + \mathrm{K}_{yy}^e + \mathrm{K}_u^e & \mathrm{K}_{yx}^e & (\mathrm{K}_x^e)^T \\ \mathrm{K}_{xy}^e & \mathrm{K}_{xx}^e + 2\mathrm{K}_{yy}^e + \mathrm{K}_u^e & (\mathrm{K}_y^e)^T \\ \mathrm{K}_x^e & \mathrm{K}_y^e & 0 \end{bmatrix} \begin{bmatrix} \mathrm{U}^e \\ \mathrm{V}^e \\ \mathrm{P}^e \end{bmatrix} = \begin{bmatrix} \mathrm{F}_x^e \\ \mathrm{F}_y^e \\ 0 \end{bmatrix} \tag{4.32}$$

onde

$$\mathrm{K}_{\alpha\gamma}^e = \mu \iint_{\Omega^e} \frac{\partial \Psi^T}{\partial \alpha} \frac{\partial \Psi}{\partial \gamma} dxdy \tag{4.33}$$

$$\mathrm{K}_u^e = \rho \iint_{\Omega^e} \Psi^T \left[(\Psi \mathrm{U}^e) \frac{\partial \Psi}{\partial x} + (\Psi \mathrm{V}^e) \frac{\partial \Psi}{\partial y} \right] dxdy \tag{4.34}$$

$$\mathrm{K}_\alpha^e = - \iint_{\Omega^e} \Phi^T \frac{\partial \Psi}{\partial \alpha} dxdy \tag{4.35}$$

sendo as letras α e γ utilizadas para representar genericamente as variáveis de diferenciação x e y.

Note que a equação (4.31) foi multiplicada por -1 para obtermos as linhas $[\mathrm{K}_x^e \;\; \mathrm{K}_y^e \;\; 0]$ da matriz do sistema (4.32), como transpostas das colunas $[(\mathrm{K}_x^e)^T \;\; (\mathrm{K}_y^e)^T \;\; 0]^T$.

O sistema (4.32) está representado em uma forma condensada, onde cada seção representa uma parte da matriz e dos vetores. A dimensão deste sistema para o elemento 9/4 adotado é 22×22, subdividida, conforme (4.32), nas seguintes dimensões:

$$\begin{bmatrix} 9\times 9 & 9\times 9 & 9\times 4 \\ 9\times 9 & 9\times 9 & 9\times 4 \\ 4\times 9 & 4\times 9 & 4\times 4 \end{bmatrix} \begin{bmatrix} 9\times 1 \\ 9\times 1 \\ 4\times 1 \end{bmatrix} = \begin{bmatrix} 9\times 1 \\ 9\times 1 \\ 4\times 1 \end{bmatrix} \tag{4.36}$$

As constantes das matrizes (4.33) a (4.35), das seções da matriz do sistema (4.32), são dadas pelas seguintes expressões:

$$\left(K^e_{\alpha\gamma}\right)_{ij} = \mu \iint_{\Omega^e} \frac{\partial\psi_i}{\partial\alpha}\frac{\partial\psi_j}{\partial\gamma}\, dxdy \qquad i,j = 1,\ldots,9 \tag{4.37}$$

$$(K^e_u)_{ij} = \rho \iint_{\Omega^e} \psi_i \left[(\Psi \mathrm{U}^e)\frac{\partial\psi_j}{\partial x} + (\Psi \mathrm{V}^e)\frac{\partial\psi_j}{\partial y} \right] dxdy \qquad i,j = 1,\ldots,9 \tag{4.38}$$

$$(K^e_\alpha)_{ij} = -\iint_{\Omega^e} \phi_i \frac{\partial\psi_j}{\partial\alpha}\, dxdy \qquad \begin{cases} i = 1,2,3 \text{ e } 4 \\ j = 1,\ldots,9 \end{cases} \tag{4.39}$$

Ao contrário das matrizes dos sistemas obtidos nos capítulos anteriores, a matriz de (4.32) não é simétrica, devido à assimetria de K^e_u. Isso acarreta um grau de dificuldade maior para obtermos a solução do sistema, pois não podemos aplicar o algoritmo de decomposição de Cholesky, como veremos na seção 4.1.6 .

4.1.2 Montagem do sistema de equações do modelo

Como vimos nos capítulos anteriores, a montagem do sistema tem início com a discretização do domínio, ou seja, com a geração da malha de elementos finitos. Neste capítulo construiremos a malha manualmente para o escoamento interno e para o externo, deixando a apresentação da geração automática para o capítulo 7.

A indicação de pressão de referência P_{ref}, ilustrada nas figuras 4.4 e 4.5, é uma condição necessária para estabelecermos o nível de pressão em que

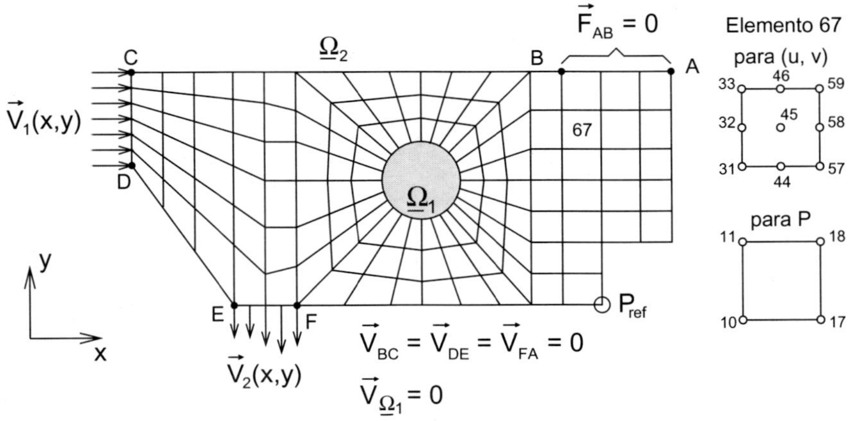

Figura 4.4: Malha de elementos finitos gerada manualmente para discretizar o domínio Ω da figura 4.1 . A numeração dos nós para interpolação de (u, v) é distinta da numeração dos nós para interpolação de P.

se desenvolve o escoamento. Esta referência é estabelecida pela imposição do seu valor como condição inicial da variável pressão, como veremos na seção 4.1.5 .

Para o elemento misto 9/4 são necessárias duas funções de *conectividade*: uma para os nós de interpolação do campo de velocidades (u, v) e outra para os 4 nós dos vértices do elemento, usados para interpolar a variável pressão P, como ilustrado na figura 4.3 . Assim, para o elemento 67 destacado na figura 4.4, a função de *conectividade* para os 9 nós de (u, v) é dada por $g_1^{67} = 59$, $g_2^{67} = 33$, $g_3^{67} = 31$, $g_4^{67} = 57$, $g_5^{67} = 46$, $g_6^{67} = 32$, $g_7^{67} = 44$, $g_8^{67} = 58$ e $g_9^{67} = 45$. Para os 4 nós de P, temos $g_{P1}^{67} = 18$, $g_{P2}^{67} = 11$, $g_{P3}^{67} = 10$ e $g_{P4}^{67} = 17$.

A montagem do sistema de equações do modelo é feita seguindo o mesmo procedimento utilizado nos capítulos anteriores, adaptado para a ordem em que são dispostos o campo de velocidades e a pressão no vetor $\mathbf{U}^e$ do sistema de equações (4.32). Esta ordem de dispor as variáveis será a mesma utilizada no vetor $\mathbf{U} = [\mathrm{U} \;\; \mathrm{V} \;\; \mathrm{P}]^T$ do sistema do modelo $\mathbf{KU} = \mathbf{F}$. Assim, a adição de cada constante da matriz $\mathbf{K}^e$, do elemento misto 9/4, à matriz $\mathbf{K}$ do sistema do modelo, pode ser feita pelas seguintes expressões:

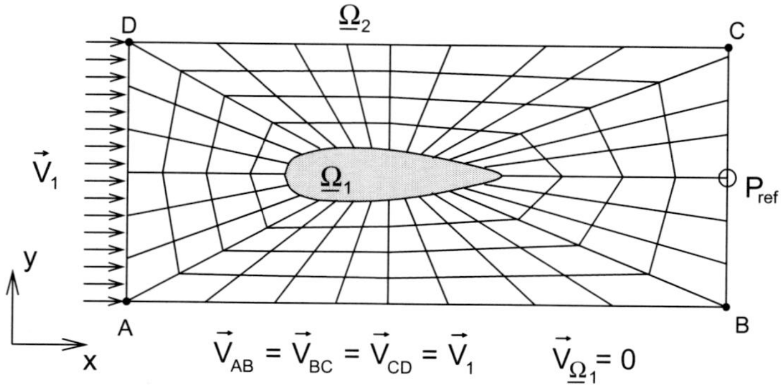

Figura 4.5: Malha de elementos finitos gerada manualmente para discretizar o domínio Ω da figura 4.2 . A numeração dos nós para interpolação de (u, v) é distinta da numeração para interpolação de P, como ilustrado na figura 4.4 .

$$K_{hl} = K_{hl} + \left[2\left(K_{xx}^e\right)_{ij} + \left(K_{yy}^e\right)_{ij} + \left(K_u^e\right)_{ij}\right] \tag{4.40}$$

$$K_{(h+N)(l+N)} = K_{(h+N)(l+N)} + \left[\left(K_{xx}^e\right)_{ij} + 2\left(K_{yy}^e\right)_{ij} + \left(K_u^e\right)_{ij}\right] \tag{4.41}$$

$$K_{(h+N)l} = K_{(h+N)l} + \left(K_{xy}^e\right)_{ij} \tag{4.42}$$

$$K_{l(h+N)} = K_{(h+N)l} \tag{4.43}$$

$$K_{(h_P+2N)l} = K_{(h_P+2N)l} + \left(K_x^e\right)_{i_P j} \tag{4.44}$$

$$K_{l(h_P+2N)} = K_{(h_P+2N)l} \tag{4.45}$$

$$K_{(h_P+2N)(l+N)} = K_{(h_P+2N)(l+N)} + \left(K_y^e\right)_{i_P j} \tag{4.46}$$

$$K_{(l+N)(h_P+2N)} = K_{(h_P+2N)(l+N)} \tag{4.47}$$

onde $h = g_i^{67}$, $l = g_j^{67}$ e $h_P = g_{P\,i}^{67}$, para $i, j = 1, \ldots, 9$ e $i_P = 1, 2, 3$ e 4. Note que i e j são os índices dos 9 nós *locais* usados para o cálculo de (u, v), e i_P é o índice dos 4 nós *locais* para o cálculo da pressão P. Note ainda que N é o número total dos nós *globais* da malha usados para o cálculo do campo de velocidades (u, v).

O sistema $\mathbf{KU} = \mathbf{F}$ obtido possui $n = 2N + N_P$ equações e incógnitas, onde N_P é o número total de nós *globais* para a variável pressão. Na forma matricial, este sistema pode ser escrito como

$$\left[\begin{array}{ccccc|ccc} K_{11} & \cdot & \cdot & \cdot & K_{1(2N)} & \cdot & \cdot & K_{1n} \\ \cdot & \cdot & & & \cdot & & & \cdot \\ \cdot & & \cdot & & \cdot & & & \cdot \\ \cdot & & & \cdot & \cdot & & & \cdot \\ \cdot & & & \cdot & \cdot & & & \cdot \\ K_{(2N)1} & \cdot & \cdot & \cdot & K_{(2N)(2N)} & \cdot & \cdot & K_{(2N)n} \\ \hline \cdot & & & & \cdot & 0 & \cdot & 0 \\ \cdot & & & & \cdot & \cdot & \cdot & \cdot \\ K_{n1} & \cdot & \cdot & \cdot & K_{n(2N)} & 0 & \cdot & 0 \end{array}\right] \left[\begin{array}{c} u_1 \\ \cdot \\ u_N \\ \hline v_1 \\ \cdot \\ v_N \\ \hline P_1 \\ \cdot \\ P_{N_P} \end{array}\right] = \left[\begin{array}{c} F_{1x} \\ \cdot \\ F_{Nx} \\ \hline F_{1y} \\ \cdot \\ F_{Ny} \\ \hline 0 \\ \cdot \\ 0 \end{array}\right] \tag{4.48}$$

Exemplo 4.1 Para o elemento 67, destacado na figura 4.4, determine as contribuições dos nós $i = 3$, $j = 9$ e $i_P = 2$ na matriz $\mathbf{K}$ do sistema de equações, de uma malha que contém $N = 524$ nós para o cálculo de (u, v) e $N_P = 146$ nós para o cálculo da pressão P.

Pelas funções de *conectividade* do campo de velocidades e da pressão, temos

$$h = g_3^{67} = 31 \qquad l = g_9^{67} = 45 \qquad h_P = g_{P2}^{67} = 11$$

Aplicando estes valores nas expressões (4.40) a (4.47), obtemos os seguintes resultados:

$$K_{31\ 45} = K_{31\ 45} + \left[2\,(K^e_{xx})_{39} + \left(K^e_{yy}\right)_{39} + (K^e_u)_{39}\right]$$

$$K_{555\ 569} = K_{555\ 569} + \left[(K^e_{xx})_{39} + 2\left(K^e_{yy}\right)_{39} + (K^e_u)_{39}\right]$$

$$K_{45\ 555} = K_{555\ 45} = K_{555\ 45} + \left(K^e_{xy}\right)_{39}$$

$$K_{45\ 1059} = K_{1059\ 45} = K_{1059\ 45} + (K^e_x)_{29}$$

$$K_{569\ 1059} = K_{1059\ 569} = K_{1059\ 569} + \left(K^e_y\right)_{29}$$

Note que o número total de nós usados para o cálculo da pressão ($N_P =$ 146) não é empregado explicitamente nas expressões adotadas para a montagem do sistema de equações do modelo.

A montagem do vetor **F** das forças de superfície é feita do mesmo modo que para a matriz **K**, ou seja, $F_h = F_h + F^e_{ix}$ e $F(h+N) = F(h+N) + F^e_{iy}$. No entanto, como veremos na seção 4.1.5, as forças de superfície não são normalmente utilizadas como condição de contorno, a menos que sejam nulas, como no caso do segmento AB do contorno do problema ilustrado na figura 4.4 . Na maioria dos casos, os valores das constantes do vetor **F** são substituídos pelas condições de contorno das velocidades.

As únicas constantes não nulas do vetor das forças de superfície **F**, em (4.48), são aquelas atuantes nos nós dos contornos do domínio, pois, para os nós interiores (não pertencentes aos contornos), estas forças se anulam durante a montagem do sistema de equações, à semelhança do que acontece no problema de elasticidade discutido no capítulo 3. As componentes do vetor **F** relativas aos nós do contorno, não anuladas durante a montagem do sistema, serão sobrepostas pela imposição das condições de contorno das velocidades do escoamento, ou anuladas pelas condições de contorno de forças de superfície nulas, como no caso do segmento AB do contorno $\underline{\Omega}_2$, ilustrado na figura 4.4 .

O cálculo das constantes da matriz K^e_u para a primeira iteração depende da velocidade inicial assumida para o escoamento nos pontos nodais. O procedimento usual é assumir inicialmente valores nulos para ambas as componentes (u, v), em todos os nós da malha, e calcular a solução do sistema. Tal procedimento equivale a calcularmos a solução do escoamento com densidade nula ($\rho = 0$), a qual é genericamente conhecida como solução do problema de Stokes. Esta solução é então adotada como a primeira aproximação ($\mathbf{U}^{(1)}$) para o cálculo do campo de velocidades, no processo iterativo utilizado para obter a solução final do problema não-linear, como discutiremos na seção 4.1.6 .

4.1.3 Cálculo analítico das constantes do sistema

Para o cálculo das constantes do sistema (4.32) utilizaremos a mesma transformação de coordenadas (2.27) para as variáveis de integração r e s, apresentada na seção 2.1.3 . Assim, obtemos as seguintes expressões para (4.37) a (4.39):

$$\left(K^e_{\alpha\gamma}\right)_{ij} = \mu \int_{-1}^{+1}\int_{-1}^{+1} \frac{\partial\psi_i}{\partial\alpha}\frac{\partial\psi_j}{\partial\gamma}(\det J)\,drds \tag{4.49}$$

$$(K^e_u)_{ij} = \rho \int_{-1}^{+1}\int_{-1}^{+1} \psi_i \left[\left(\sum_{a=1}^{9}\psi_a u^e_a\right)\frac{\partial\psi_j}{\partial x} + \left(\sum_{a=1}^{9}\psi_a v^e_a\right)\frac{\partial\psi_j}{\partial y}\right](\det J)\,drds \tag{4.50}$$

$$(K^e_\alpha)_{ij} = -\int_{-1}^{+1}\int_{-1}^{+1} \phi_i \frac{\partial\psi_j}{\partial\alpha}(\det J)\,drds \tag{4.51}$$

Note que α e γ são as variáveis de diferenciação x e y, e que as derivadas de ψ_i, em relação a estas variáveis, são calculadas por meio da expressão (2.32).

O cálculo dos valores das constantes do vetor $\mathbf{F}^e$ pode ser feito a partir de (4.30), aplicando-se o mesmo procedimento usado acima para o cálculo das constantes da matriz $\mathbf{K}$. No entanto, este procedimento não tem utilidade prática na análise dos problemas de escoamento de fluidos abordados neste texto, como veremos na seções 4.1.5 e 4.1.8 .

Exemplo 4.2 Calcule analiticamente o valor da constante $K^e_{14\ 11}$ da matriz do elemento da figura, em função da densidade ρ e da viscosidade μ do fluido. Assuma que o valor do campo de velocidades em todos os nós do elemento é $(u^e, v^e) = (1, 1)$.

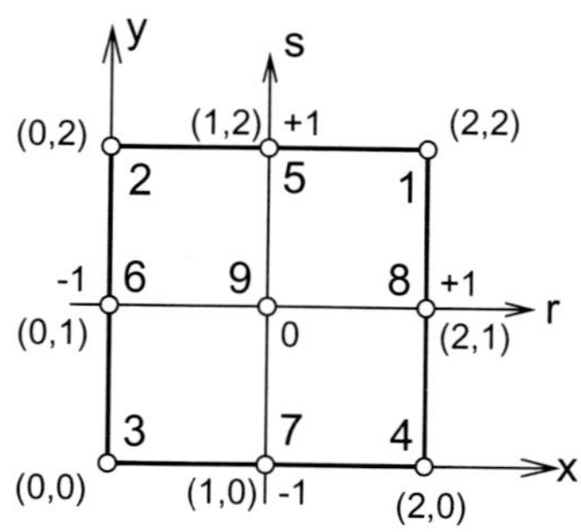

Pela equação (4.32), a constante $K^e_{14\ 11}$ da matriz do elemento é dada por

$$K^e_{14\ 11} = (K^e_{xx})_{52} + 2\left(K^e_{yy}\right)_{52} + (K^e_u)_{52}$$

Esta expressão também pode ser obtida por (4.41), considerando uma malha de 1 (um) elemento com $N = 9$, onde $h = g^e_5 = 5$ e $l = g^e_2 = 2$.

Calculando as duas primeiras parcelas componentes de $K^e_{14\ 11}$, por meio de (4.49), temos

$$(K^e_{xx})_{52} = \mu \int_{-1}^{+1}\int_{-1}^{+1} \frac{\partial\psi_5}{\partial r}\frac{\partial\psi_2}{\partial r}\, drds$$

$$\left(K^e_{yy}\right)_{52} = \mu \int_{-1}^{+1}\int_{-1}^{+1} \frac{\partial\psi_5}{\partial s}\frac{\partial\psi_2}{\partial s}\, drds$$

Para obtermos o valor desta integral dupla, utilizaremos um programa de matemática simbólica, à semelhança do que fizemos no exemplo 3.9 . Note que $J = \mathbf{I}$ e, consequentemente, $\det J = 1$, uma vez que não há deformação entre o plano das coordenadas naturais (r, s) e o plano (x, y), conforme discutido na exemplo 2.2 . Note ainda, por este mesmo argumento e por (2.32), que $\frac{\partial\psi_i}{\partial x} = \frac{\partial\psi_i}{\partial r}$ e $\frac{\partial\psi_i}{\partial y} = \frac{\partial\psi_i}{\partial s}$. Assim, obtemos

$$(K^e_{xx})_{52} = -\tfrac{16}{45}\mu$$

$$\left(K^e_{yy}\right)_{52} = \tfrac{7}{45}\mu$$

Por (4.50), com $u^e = \sum_{a=1}^{9} \psi_a u_a^e = 1$ e $v^e = \sum_{a=1}^{9} \psi_a v_a^e = 1$, temos

$$(K_u^e)_{52} = \rho \int_{-1}^{+1} \int_{-1}^{+1} \psi_5 \left(\frac{\partial \psi_2}{\partial r} + \frac{\partial \psi_2}{\partial s} \right) drds = -\frac{1}{9}\rho$$

Logo

$$K_{14\ 11}^e = -\frac{2}{45}\mu - \frac{1}{9}\rho$$

O valor da constante $K_{14\ 11}^e$, calculado no exemplo 4.2, é composto de duas parcelas: uma fixa e outra dependente do valor do campo de velocidades. A contribuição da constante $(K_u^e)_{52}$ é a origem da parcela não fixa, e é também a fonte da não-linearidade do problema de Navier-Stokes e da não-simetria da matriz **K** do sistema de equações do modelo.

Exemplo 4.3 Calcule analiticamente o valor da constante $(K_u^e)_{25}$ para o elemento do exemplo 4.2, e comprove a assimetria da matriz **K** do modelo.

Por (4.50), com $u^e = v^e = 1$, temos

$$(K_u^e)_{25} = \rho \int_{-1}^{+1} \int_{-1}^{+1} \psi_2 \left(\frac{\partial \psi_5}{\partial r} + \frac{\partial \psi_5}{\partial s} \right) drds$$

Utilizando um programa de matemática simbólica, como mencionado no exemplo 4.2, obtemos

$$(K_u^e)_{25} = \frac{11}{45}\rho \neq (K_u^e)_{52}$$

Como as outras parcelas envolvidas no cálculo de $K_{11\ 14}^e$ são iguais às de $K_{14\ 11}^e$, a matriz **K** é assimétrica.

4.1.4 Integração numérica das constantes do sistema

O uso de programas computacionais na análise de escoamentos pelo método dos elementos finitos é indispensável para que possamos obter a matriz do modelo, impor as condições de contorno e resolver o sistema de equações. Com isso, precisamos calcular numericamente as constantes do sistema por meio do procedimento descrito nos capítulos anteriores, ou seja, com o emprego da formulação de Gauss-Legendre, apresentada na seção 2.1.4 .

Exemplo 4.4 Calcule pela formulação de Gauss-Legendre o valor de $(K_u^e)_{25}$ do exemplo 4.3, com $u^e = v^e = 1$. Compare o resultado com o valor obtido naquele exemplo.

Por (2.55), (2.58), (2.59) e (2.62), temos

$$\begin{aligned}\psi_2 &= \tfrac{1}{4}(1-r)(1+s) - \tfrac{1}{4}\left[(1-r^2)(1+s) + (1-r)(1-s^2)\right] \\ &\quad -\tfrac{1}{4}(1-r^2)(1-s^2)\end{aligned}$$

$$\frac{\partial\psi_5}{\partial r} = -r(1+s) + r(1-s^2) = -r(s+s^2)$$

$$\frac{\partial\psi_5}{\partial s} = \tfrac{1}{2}(1-r^2) + s(1-r^2) = (1-r^2)(\tfrac{1}{2}+s)$$

Pela expressão que define $(K_u^e)_{25}$, apresentada no exemplo 4.3, vemos que o integrando é um polinômio de grau 4 (quatro) em r e também de grau 4 em s. Assim, necessitamos de 3 (três) pontos de integração em r e em s para calcularmos exatamente o valor desta integral dupla ($mr = ms = 3$), conforme discutido na seção 2.1.4. Assim, temos

$$\begin{aligned}(K_u^e)_{25} &= \rho\sum_{i=1}^{3}\sum_{j=1}^{3}\omega_i\omega_j\psi_2(c_i,c_j)\left[\frac{\partial\psi_5}{\partial r}(c_i,c_j) + \frac{\partial\psi_5}{\partial s}(c_i,c_j)\right] \\ &= 0.2444444444\rho = \tfrac{11}{45}\rho\end{aligned}$$

Como já era previsto, o valor obtido numericamente para $(K_u^e)_{25}$ é igual ao obtido analiticamente no exemplo 4.3 .

Para o cálculo das constantes de K_u^e, nos casos em que o campo de velocidades não é constante no domínio do elemento, a ordem do polinômio é acrescida de 2 (dois) devido à presença das *funções de interpolação* nas aproximações das velocidades u e v. Além disso, para elementos distorcidos, onde J é uma função em (r, s), a ordem da derivada de ψ_i é acrescida também de 2 (dois), já considerando o cancelamento do $(\det J)$, da transformação das variáveis de integração, com o fator $\frac{1}{(\det J)}$ de (2.33). Assim, passamos a ter um polinômio de ordem 8 (oito), em r e em s, no integrando. Isto demanda 5 (cinco) pontos de integração em r e em s que, pela formulação de Gauss-Legendre, integra, exatamente, polinômios de até ordem 9 (nove). Note que as constantes de K_u^e são as que requerem o maior número de pontos de integração, dentre as que compõem as constantes da matriz $\mathbf{K}^e$ do elemento.

4.1.5 Condições de contorno e inicial

Após a montagem do sistema de equações, é necessário impor as condições de contorno e inicial para que a solução de (4.48) possa ser obtida. Estas condições podem ser divididas em 3 (três) tipos distintos: as relativas aos valores conhecidos do campo de velocidades, as forças de superfície nulas e a pressão de referência (condição inicial). Tais condições de contorno existem tanto nos problemas de escoamento interno como externo, como ilustrado nas figuras 4.4 e 4.5 [12].

A imposição das condições de contorno e inicial é feita pelo mesmo processo descrito nos capítulos anteriores. Assim, para os nós onde o campo de velocidades é uma condição conhecida, procedemos como na imposição das temperaturas ao longo do contorno (seção 2.1.5). Supondo, por exemplo, que as componentes da velocidade no nó 1 do contorno são (V_{1x}, V_{1y}), substituímos as constantes K_1 e $K_{(1+N)(1+N)}$ da matriz $\mathbf{K}$ por $\beta \gg 1$, e as constantes F_{1x} e F_{1y} do vetor $\mathbf{F}$ por βV_{1x} e βV_{1y}, respectivamente.

Nos nós onde as forças de superfície são nulas, a imposição das condições de contorno é feita pela simples substituição das constantes do vetor $\mathbf{F}$ por 0 (zero). Se o nó N estiver submetido à esta condição de contorno nas direções x e y, basta fazer $F_{Nx} = F_{Ny} = 0$. Isto ocorre, por exemplo, no segmento AB da figura 4.4 .

Como já mencionamos, as forças de superfície relativas às condições de contorno naturais de (4.15), atuando nos nós internos do domínio, não contribuem para as constantes do vetor $\mathbf{F}$, pois são mutuamente anuladas durante a montagem do sistema (seção 4.1.2). No caso dos nós pertencentes aos contornos, as condições de contorno naturais são sobrepostas pela imposição dos valores conhecidos do campo de velocidades ou pela aplicação da condição de força de superfície nula.

A pressão de referência, indicada nas figuras 4.4 e 4.5 como P_{ref}, pode ser imposta sobre qualquer um dos nós dos elementos utilizados para interpolar a variável pressão, como ilustrado na figura 4.3 . Esta referência é necessária para fixar o nível de pressão em torno do qual o escoamento se desenvolve. Por exemplo, note que o comportamento do campo de velocidades do escoamento externo da figura 4.5 não se altera em função do nível de pressão a que o fluido estiver submetido. Se não fixarmos um valor para a pressão de referência, o sistema (4.52) admitirá inúmeras soluções e o método iterativo descrito na seção 4.1.6 não convergirá.

Logo, para as condições de contorno exemplificadas nesta seção, com a pressão de referência imposta sobre o nó *global* de pressão N_P, e com a adoção de $P_{ref} = 0$, o sistema (4.48) terá a seguinte forma:

$$
\left[\begin{array}{ccccc|ccc}
\beta & \cdot & \cdot & \cdot & K_{1(2N)} & \cdot & \cdot & K_{1n} \\
\cdot & \cdot & & & \cdot & & & \cdot \\
\cdot & & \cdot & & \cdot & & & \cdot \\
\cdot & & \beta & & \cdot & & & \cdot \\
\cdot & & & \cdot & \cdot & & & \cdot \\
K_{(2N)1} & \cdot & \cdot & \cdot & K_{(2N)(2N)} & \cdot & \cdot & K_{(2N)n} \\
\hline
\cdot & & & & \cdot & 0 & \cdot & 0 \\
\cdot & & & & \cdot & \cdot & \cdot & \cdot \\
K_{n1} & \cdot & \cdot & \cdot & K_{n(2N)} & 0 & \cdot & \beta
\end{array}\right]
\left[\begin{array}{c}
u_1 \\ \cdot \\ u_N \\ \hline v_1 \\ \cdot \\ v_N \\ \hline P_1 \\ \cdot \\ P_{N_P}
\end{array}\right]
=
\left[\begin{array}{c}
\beta V_{1x} \\ \cdot \\ 0 \\ \hline \beta V_{1y} \\ \cdot \\ 0 \\ \hline 0 \\ \cdot \\ 0
\end{array}\right]
\tag{4.52}
$$

Note que temos uma numeração para os nós onde a variável pressão é calculada independente da usada para os nós das variáveis u e v. Note ainda que aplicamos também a mesma diferenciação para a relação entre os nós *locais* e *globais* desses pontos (funções de *conectividade* distintas).

Exemplo 4.5 A malha da figura representa uma caixa para arrefecimento de um eixo de raio a, que gira com velocidade angular $= \dot{\theta}$. O fluido refrigerante entra pela abertura à esquerda, com velocidade $\vec{V}_1$ uniformemente distribuída, e sai pela abertura à direita, vazando para o reservatório de coleta de óleo. Este vazamento pode ser considerado como sem resistência para o escoamento do fluido. Determine as condições de contorno para os nós indicados na malha, com $P_{ref} = 0$.

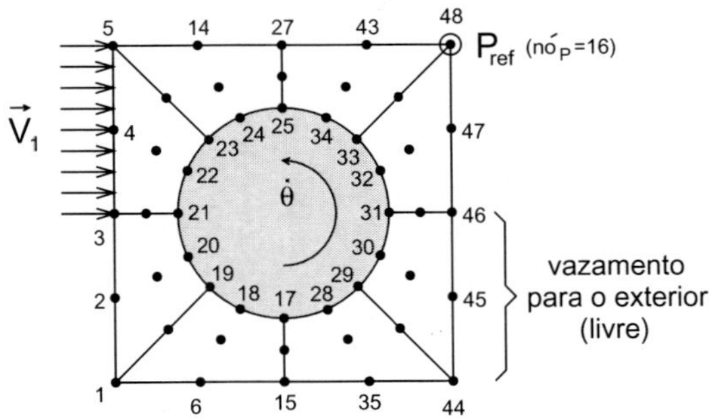

Para os pontos nodais pertencentes às paredes fixas da caixa, a condição de contorno é de velocidade nula, pois as partículas do fluido ao longo destes contornos possuem a mesma velocidade das paredes, ou seja, 0 (zero). Assim, para os nós $i = 1, 2, 6, 14, 15, 27, 35, 43, 47$ e 48, temos $u_i = v_i = 0$. Esta condição é imposta pela substituição das constantes K_{ii} e $K_{(i+N)(i+N)}$ da diagonal da matriz $\mathbf{K}$ do sistema (4.48) por $\beta \gg 1$, e das constantes correspondentes do vetor $\mathbf{F}$ por 0 (zero), ou seja, $F_{ix} = F_{iy} = 0$. Note que $N = 48$ é o número total de nós *globais* da malha.

Analogamente, impomos a condição de contorno do fluido entrando na caixa com velocidade $\vec{V}_1$, pela substituição das constantes K_{jj} e $K_{(j+N)(j+N)}$ ($j = 3, 4$ e 5), da diagonal da matriz $\mathbf{K}$, por β e das constantes F_{jx} e F_{jy} por βV_1 e 0 (zero), respectivamente.

Na abertura onde há o vazamento do fluido para o exterior da caixa, a condição de contorno de forças de superfície nulas pode ser assumida. Assim, basta substituirmos as constantes F_{kx} e F_{ky} por 0 (zero), para $k = 44, 45$ e 46.

Para o eixo que gira com velocidade angular $\dot{\theta}$, as condições de contorno são impostas do mesmo modo que para os nós da entrada do fluido, observando-se as componentes das velocidades nas direções x e y. Assim, substituiremos as constantes K_{ll} e $K_{(l+N)(l+N)}$ ($l = 17$ a 25, e 28 a 34), da diagonal da matriz $\mathbf{K}$, por β e as constantes correspondentes do vetor $\mathbf{F}$ pelo produto de β pelas componentes da velocidade tangente ao contorno do eixo. Como exemplo, para o ponto nodal 19, temos:

$$F_{19x} = \beta \left[a\dot{\theta} \cos\left(\tfrac{\pi}{4}\right) \right]$$

$$F_{19y} = -\beta \left[a\dot{\theta} \operatorname{sen}\left(\tfrac{\pi}{4}\right) \right]$$

Note que pressão de referência $P_{ref} = 0$ foi imposta pela simples substituição da constante K_{2N+16} por β. Note ainda que, como ilustrado na figura acima, a pressão de referência foi imposta no nó 16 de interpolação da pressão.

No exemplo 4.5 adotamos, para os pontos nodais 3 e 5, a condição de contorno igual a do nó 4, ao invés da condição de velocidade nula, como para os demais nós pertencentes às paredes da caixa. O mesmo foi feito para os nós 44 e 46. A adoção desta hipótese depende basicamente da densidade da malha na região do contorno em questão. Se tivéssemos muitos pontos nodais, seria razoável admitirmos que os nós das extremidades destes segmentos do contorno tivessem velocidade nula, ou seja, que pertencessem às paredes fixas, pois as condições de velocidades, na entrada do óleo e no vazamento para o exterior (livre de resistência), estariam substanciadas por meio da maioria dos nós de cada um desses segmentos do contorno.

Condições de contorno em linhas de simetria

Um outro do tipo de condição de contorno que também impõe o valor da velocidade é a aplicação de linhas de simetria sobre o domínio, de modo a reduzir a dimensão da malha, ou seja, o número de pontos nodais da discretização. A linha de simetria, já utilizada nos exemplos 2.6 e 3.5, é aplicada, nos problemas de mecânica dos fluidos, após a constatação da existência das seguintes condições: componente nula da velocidade, perpendicular à linha de simetria, e força de superfície, paralela à mesma linha, também nula. Note que, de acordo com o sistema de coordenadas cartesianas, adotado no desenvolvimento do modelo, as linhas de simetria têm de ser paralelas aos eixos (x, y), nos quais podemos reconhecer valores nulos das componentes u ou v do campo de velocidades, conforme a disposição da linha.

Exemplo 4.6 Utilizando argumentos de simetria, divida o domínio do escoamento da figura e indique as condições de contorno na linha de simetria utilizada.

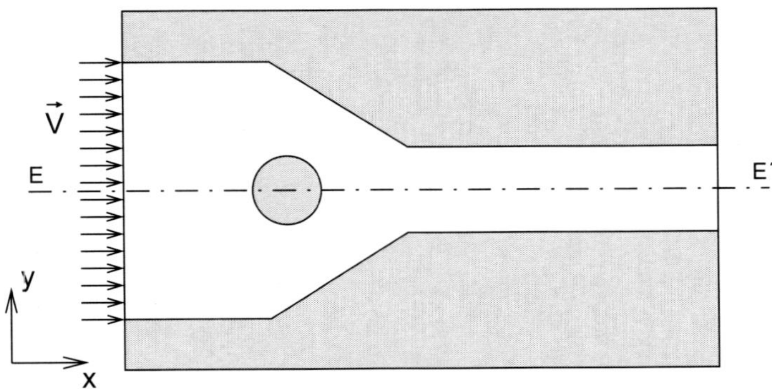

O escoamento através do bocal apresentado na figura acima possui componentes tanto na direção x como na direção y do plano. No entanto, ao longo da linha traço-ponto EE', que divide o escoamento em duas partes simetricamente opostas, a componente v do escoamento é nula. Assim, temos que modelar apenas uma das metades do domínio como representado na figura abaixo.

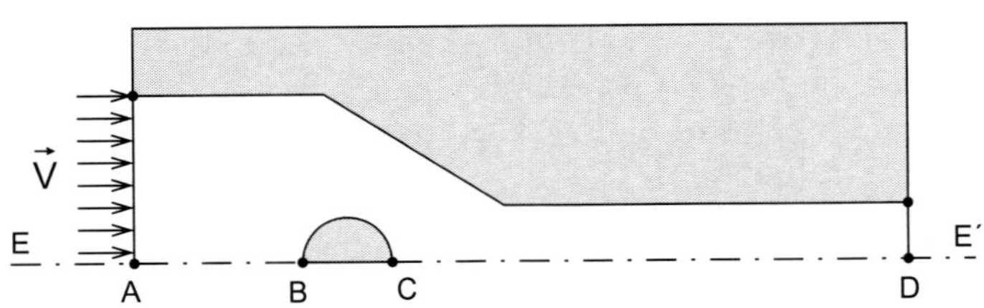

As condições de contorno deste domínio reduzido são as mesmas existentes no domínio original, acrescidas das condições relativas ao contorno criado pela linha de simetria EE', ou seja, $v = 0$ e $F_x = 0$ nos segmentos AB e CD. Observe que nenhuma restrição é imposta à componente u do escoamento ao longo do contorno criado pela linha de simetria.

4.1.6 Solução do sistema de equações do modelo

Devido a não-linearidade da equação de Navier-Stokes, temos que utilizar métodos iterativos para resolver o modelo, ou seja, temos que resolver o sistema inúmeras vezes, até que o valor do campo de velocidades de uma iteração seja igual ao da iteração imediatamente anterior, dentro de uma tolerância preestabelecida. Com isso, é necessário estimar um campo de velocidades inicial para resolvermos (4.52), pois a matriz K_u^e, definida por (4.34), utiliza as componentes do campo de velocidades $(u^e, v^e) = (\Psi \mathrm{U}^e, \Psi \mathrm{V}^e)$ no elemento, para o cálculo de suas constantes. Esta aproximação inicial é obtida pela solução do problema de Stokes, onde as forças de inércia atuantes nas partículas do fluido são desprezadas, resultando em um sistema linear de equações. Isto equivale a dizer que modelamos o fluido do escoamento por um outro de densidade nula, eliminando assim, a contribuição das parcelas da matriz K_u^e.

A implementação do problema de Stokes é relativamente simples, pois basta assumir que o campo de velocidades é identicamente nulo, ou seja, que todas as componentes do vetor $\mathbf{U}$ do sistema (4.52) são nulas, de modo que obtemos, na primeira iteração, valores nulos para todas as constantes da matriz K_u^e, de todos os elementos da malha.

O método para obtermos a solução do sistema de equações em cada iteração é semelhante ao que empregamos para resolver os sistemas dos capítulos 2 e 3. No entanto, como a matriz $\mathbf{K}$ do sistema (4.52) não é simétrica, não podemos empregar a decomposição de Cholesky para calcular o vetor $\mathbf{U}$ a cada iteração. Neste caso, utilizamos o método de decomposição $\mathsf{L}U$ [13], pois se aplica à solução de sistemas de equações com matrizes genéricas, positivamente definidas ou não.

Decomposição $\mathsf{L}U$

Este método de decomposição consiste em determinar duas matrizes triangulares que satisfaçam à condição $\mathsf{L}U = \mathbf{K}$, sendo L uma matriz com constantes nulas acima da diagonal principal (matriz de baixo), e U uma matriz com constantes nulas abaixo da diagonal principal (matriz de cima). Além disso, a matriz L possui todas as constantes da sua diagonal principal com valor unitário, ou seja, $\mathsf{L}_{ii} = 1$. Na forma matricial, a decomposição $\mathsf{L}U$, pode ser escrita como

$$\begin{bmatrix} 1 & 0 & \cdot & \cdot & 0 \\ L_{i1} & \cdot & \cdot & & \cdot \\ \cdot & \cdot & \cdot & \cdot & \cdot \\ \cdot & & \cdot & \cdot & 0 \\ L_{n1} & \cdot & \cdot & L_{nj} & 1 \end{bmatrix} \begin{bmatrix} U_{11} & \cdot & \cdot & \cdot & U_{1n} \\ 0 & \cdot & & & \cdot \\ \cdot & \cdot & \cdot & & \cdot \\ \cdot & & \cdot & \cdot & \cdot \\ 0 & \cdot & \cdot & 0 & U_{nn} \end{bmatrix} = \begin{bmatrix} K_{11} & \cdot & \cdot & \cdot & K_{1n} \\ \cdot & & \cdot & \cdot & \cdot \\ \cdot & & & \cdot & \cdot \\ \cdot & & & \cdot & \cdot \\ K_{n1} & \cdot & \cdot & \cdot & K_{nn} \end{bmatrix} \tag{4.53}$$

A solução do sistema de equações é obtida do mesmo modo que para a decomposição de Cholesky apresentada no capítulo 2, ou seja, pela aplicação de uma *substituição direta* seguida de uma *retrosubstituição*. Assim, para o sistema $\mathbf{KU} = \mathbf{F}$, temos

$$\mathbf{KU} = (\mathsf{L}U)\mathbf{U} = \mathsf{L}(\mathsf{U}\mathbf{U}) = \mathsf{L}\mathbf{F}' = \mathbf{F} \tag{4.54}$$

Logo, por *substituição direta* resolvemos $\mathsf{L}\mathbf{F}' = \mathbf{F}$ e então obtemos a solução $\mathbf{U}$ aplicando a *retrosubstituição* à $\mathsf{U}\mathbf{U} = \mathbf{F}'$, como descrito na seção 2.1.7 .

A obtenção das constantes das matrizes L e U é feita por meio da aplicação do seguinte algoritmo: para cada $j = 1, \ldots, n$, calculamos os valores das constantes U_{ij} e L_{ij}, com as expressões:

$$U_{ij} = \begin{cases} K_{1j} & \text{para } i = 1 \\ K_{ij} - \sum_{k=1}^{i-1} L_{ik} U_{kj} & \text{para } i = 2, \ldots, j \end{cases} \tag{4.55}$$

$$L_{ij} = \frac{1}{U_{jj}} \left(K_{ij} - \sum_{k=1}^{j-1} L_{ik} U_{kj} \right) \qquad \text{para } i = j+1, \ldots, n \tag{4.56}$$

À semelhança do que verificamos na decomposição de Cholesky, apresentada na seção 2.1.7, podemos economizar memória computacional na armazenagem, tanto da matriz $\mathbf{K}$ como das resultantes da decomposição $\mathsf{L}U$, pois esta também preserva, nas matrizes L e U, as meias-bandas da matriz original.

Exemplo 4.7 Verifique que as duas meias-bandas da matriz original são preservadas na decomposição $\mathsf{L}U$, obtendo as matrizes L e U da decomposição da matriz $\mathbf{A}$.

$$\mathbf{A} = \begin{bmatrix} 1 & 2 & 0 & 0 \\ 1 & 4 & 2 & 0 \\ 1 & 4 & 5 & 2 \\ 0 & 2 & 5 & 6 \end{bmatrix}$$

Utilizando (4.55) e (4.56), temos

Para $j = 1$:

$$\mathsf{U}_{11} = A_{11} = 1$$

$$\mathsf{L}_{21} = \frac{1}{\mathsf{U}_{11}}(A_{21} - 0) = (1 - 0) = 1$$

$$\mathsf{L}_{31} = \frac{1}{\mathsf{U}_{11}}(A_{31} - 0) = (1 - 0) = 1$$

$$\mathsf{L}_{41} = \frac{1}{\mathsf{U}_{11}}(A_{41} - 0) = (0 - 0) = 0$$

Para $j = 2$:

$$\mathsf{U}_{12} = A_{12} = 2$$

$$\mathsf{U}_{22} = (A_{22} - \mathsf{L}_{21}\mathsf{U}_{12}) = (4 - 1 \times 2) = 2$$

$$\mathsf{L}_{32} = \frac{1}{\mathsf{U}_{22}}(A_{32} - \mathsf{L}_{31}\mathsf{U}_{12}) = \frac{1}{2}(4 - 1 \times 2) = 1$$

$$\mathsf{L}_{42} = \frac{1}{\mathsf{U}_{22}}(A_{42} - \mathsf{L}_{41}\mathsf{U}_{12}) = \frac{1}{2}(2 - 0 \times 2) = 1$$

Para $j = 3$:

$$\mathsf{U}_{13} = A_{13} = 0$$

$$\mathsf{U}_{23} = (A_{23} - \mathsf{L}_{21}\mathsf{U}_{13}) = (2 - 1 \times 0) = 2$$

$$\mathsf{U}_{33} = (A_{33} - \mathsf{L}_{31}\mathsf{U}_{13} - \mathsf{L}_{32}\mathsf{U}_{23}) = (5 - 1 \times 0 - 1 \times 2) = 3$$

$$\mathsf{L}_{43} = \frac{1}{\mathsf{U}_{33}}(A_{43} - \mathsf{L}_{41}\mathsf{U}_{13} - \mathsf{L}_{42}\mathsf{U}_{23}) = \frac{1}{3}(5 - 0 \times 0 - 1 \times 2) = 1$$

Para $j = 4$:

$$\mathsf{U}_{14} = A_{14} = 0$$

$$\mathsf{U}_{24} = (A_{24} - \mathsf{L}_{21}\mathsf{U}_{14}) = (0 - 1 \times 0) = 0$$

$$\mathsf{U}_{34} = (A_{34} - \mathsf{L}_{31}\mathsf{U}_{14} - \mathsf{L}_{32}\mathsf{U}_{24}) = (2 - 1 \times 0 - 1 \times 0) = 2$$

$$\mathsf{U}_{44} = (A_{44} - \mathsf{L}_{41}\mathsf{U}_{14} - \mathsf{L}_{42}\mathsf{U}_{24} - \mathsf{L}_{43}\mathsf{U}_{34}) = (6 - 0 \times 0 - 1 \times 0 - 1 \times 2) = 4$$

Logo

$$\mathsf{L} = \begin{bmatrix} 1 & 0 & 0 & 0 \\ 1 & 1 & 0 & 0 \\ 1 & 1 & 1 & 0 \\ 0 & 1 & 1 & 1 \end{bmatrix} \qquad \mathsf{U} = \begin{bmatrix} 1 & 2 & 0 & 0 \\ 0 & 2 & 2 & 0 \\ 0 & 0 & 3 & 2 \\ 0 & 0 & 0 & 4 \end{bmatrix}$$

Assim, constatamos que a meia-banda inferior da matriz $\mathbf{A}$ ($m_{b\ (inf)} = 2$) é preservada em L, e a sua meia-banda superior ($m_{b\ (sup)} = 1$) é preservada em U.

Método iterativo

Após calcularmos a primeira aproximação para o campo de velocidades pela solução do problema de Stokes, são necessárias sucessivas iterações para obtermos a solução do problema de Navier-Stokes, proposto neste capítulo. Basicamente, o método iterativo consiste em, a partir do vetor $\mathbf{U}^{(i)}$, calcular o vetor seguinte $\mathbf{U}^{(i+1)}$ pela solução do sistema $\mathbf{K}^{(i)}\mathbf{U}^{(i+1)} = \mathbf{F}$, onde $\mathbf{K}^{(i)}$ é a matriz do sistema montada com o campo de velocidades de $\mathbf{U}^{(i)}$. Este processo é repetido até que se atinja uma aproximação satisfatória para o vetor solução $\mathbf{U}$, quantificada por meio do erro entre $\mathbf{U}^{(i)}$ e $\mathbf{U}^{(i+1)}$, ou seja

$$erro^{(i)} = \frac{\left\| \mathbf{U}^{(i+1)} - \mathbf{U}^{(i)} \right\|}{\left\| \mathbf{U}^{(i)} \right\|} \tag{4.57}$$

A iteração termina quando o $erro^{(i)}$ for menor que uma dada tolerância.

No uso deste método, experimenta-se, muitas vezes, a oscilação da solução $\mathbf{U}^{(i)}$, de modo que não é possível obter a convergêcia para o campo de velocidades e pressão do escoamento. Para contornar esta deficiência do método iterativo, aplicado à solução da equação de Navier-Stokes, utilizamos o esquema de relaxação, o qual consiste em calcular a solução da iteração subsequente como uma média ponderada entre $\mathbf{U}^{(i)}$ e $\mathbf{U}^{(i+1)}$, de modo a reduzir a contribuição da tendência divergente de $\mathbf{U}^{(i+1)}$. Assim, utilizamos a seguinte expressão:

$$\mathbf{U}^{(i+1)} = \eta \mathbf{U}^{(i)} + (1 - \eta)\mathbf{U}^{(i+1)} \tag{4.58}$$

onde $0 < \eta < 1$ é o fator de relaxação.

Mesmo com o uso deste esquema, o método iterativo pode apresentar oscilações durante o processo de convergência. Entretanto, a relaxação nos permite obter uma aproximação para a solução do sistema $\mathbf{KU} = \mathbf{F}$, por meio da busca do valor mínimo do $erro^{(i)}$, atingido durante a oscilação. Esta dificuldade em obter a convergência da solução acentua-se à medida que aumentamos o número de Reynolds característico do escoamento, ou seja, à medida que nos afastamos do regime laminar do escoamento.

Apesar da baixa velocidade de convergência, o método iterativo com relaxação possui um grande raio de convergência, o que possibilita a obtenção de um valor inicial satisfatório para o emprego de outros métodos iterativos, tal como o método de Newton [6],[9],[11],[18].

4.1.7 Distribuição de pressão

A distribuição de pressão do escoamento é obtida diretamente da solução do sistema de equações (4.52), ou seja, são as constantes da seção P (componente do vetor solução $\mathbf{U} = [\mathrm{U\ V\ P}]^T$).

A precisão obtida para a distribuição de pressão é limitada pela ordem das *funções de deslocamento* lineares, utilizadas para interpolar a variável pressão no desenvolvimento do modelo em (4.22). No entanto, aumentar a ordem das *funções de deslocamento*, com o propósito de obter uma solução mais precisa para a distribuição de pressão, acarretaria problemas de convergência para o método iterativo, como veremos na seção 4.2 .

O conhecimento da distribuição de pressão ao longo de escoamentos internos tem aplicação direta na análise da perda de carga entre dois pontos do domínio. Associada ao campo de velocidades obtido com a solução do modelo, a diferença de pressão entre dois pontos do escoamento, representa a perda de energia do fluido neste trajeto.

Exemplo 4.8 Considere o escoamento laminar desenvolvido entre duas placas planas, paralelas e infinitas, como ilustrado na figura. Utilizando o programa **MECFLU**, calcule a perda de carga entre os pontos nodais 2 e 52 ($\Delta p = p_{52} - p_2$) para uma velocidade média do escoamento $\overline{u} = 2$ m/s. Compare o resultado com a solução analítica para este problema. O fluido utilizado é glicerina, com viscosidade de 1,0 Ns/m^2 e densidade de 1.260 kg/m^3.

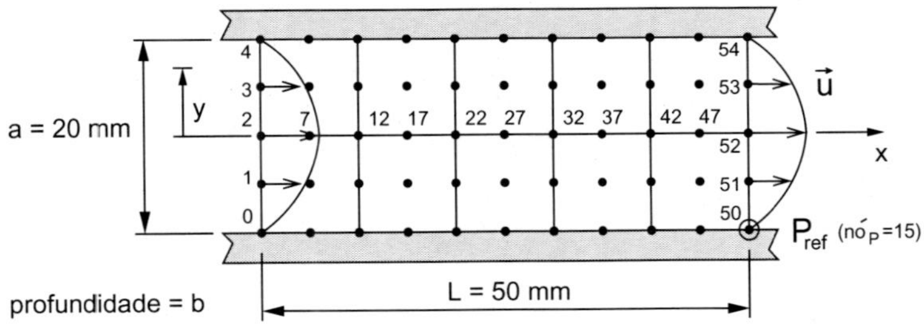

A solução analítica para o campo de velocidades deste escoamento é dada pela seguinte expressão [32]:

$$u = \frac{a^2}{2\mu}\left(\frac{\partial p}{\partial x}\right)\left[\left(\frac{y}{a}\right)^2 - \frac{1}{4}\right]$$

onde $\frac{\partial p}{\partial x} = -\frac{12\mu\dot{\forall}}{ba^3} = -\frac{12\mu\overline{u}}{a^2}$ e $\dot{\forall} = \overline{u}ab$ (vazão)

Logo

$$u = 6\overline{u}\left[\frac{1}{4} - \left(\frac{y}{a}\right)^2\right]$$

Note que a profundidade b é considerada apenas para fins do desenvolvimento da formulação do campo de velocidades, pois assumimos a hipótese de placas paralelas infinitas. Daí a formulação final ser independente de b (ver seção 4.1.1).

Assim, podemos calcular os valores das condições de contorno nos nós 1, 2, 3, 51, 52, 53. Note que por ser um escoamento desenvolvido, as distribuições do campo de velocidades, nas seções dos nós 2 e 52, são iguais.

$$u_1 = u_{51} = \tfrac{9}{8}\overline{u} = 2,25 \text{ m/s}$$

$$u_2 = u_{52} = \tfrac{3}{2}\overline{u} = 3,0 \text{ m/s}$$

$$u_3 = u_{53} = \tfrac{9}{8}\overline{u} = 2,25 \text{ m/s}$$

A estas condições de contorno, devemos adicionar a condição de velocidade nula nos pontos nodais junto às placas, ou seja, para os pontos nodais compreendidos nas linhas que unem os nós 0 a 50, e 4 a 54.

Com a malha gerada manualmente, as condições de contorno impostas e o nó da pressão de referência (P_{ref}) selecionado, como ilustrado na figura, utilizamos o programa **MECFLU** para obter a solução, adotando, para isto, um fator de relaxação de $\eta = 0,4$ e uma tolerância para o $erro^{(i)}$ de $1,0 \times 10^{-5}$. Assim, após 6 (seis) iterações, obtemos o seguinte valor para a perda de carga:

$$\Delta p = p_{52} - p_2 = -0,972 - 2.998 = -2.999 \text{ N/m}^2$$

Note que os valores $p_{52} = -0,972$ N/m^2 e $p_2 = -2.998$ N/m^2 foram obtidos pela média das pressões calculadas para os nós 50, 52 e 54, e 0, 2 e 4, respectivamente. Note ainda que o resultado esperado é que a pressão (estática) seja constante ao longo das seções perpendiculares ao escoamento, como pode ser observado numericamente nas demais seções.

A perda de carga calculada analiticamente é dada pela seguinte expressão [32]:

$$\Delta p = \tfrac{\partial p}{\partial x} L = -\tfrac{12\mu\overline{u}}{a^2} L$$

Substituindo os parâmetros do problema nesta expressão, obtemos o seguinte valor:

$$\Delta p = -\tfrac{12(1,0)(2,0)}{(0,02)^2}(0,05) = -3.000 \text{ N/m}^2$$

O valor obtido pela solução do modelo de elementos finitos é praticamente igual ao calculado analiticamente.

4.1.8 Cálculo das forças de superfície

A distribuição de pressão ao longo do escoamento tem aplicação imediata no cálculo da perda de carga em dutos e obstruções, como discutimos na seção 4.1.7 . No entanto, o simples conhecimento dos valores desta variável não nos permite determinar as forças de superfície atuantes nos contornos do domínio. O conhecimento dessas forças é de interesse prático, tanto nos problemas de dimensionamento das estruturas dos contornos (no caso de escoamentos internos) como nos problemas de hidrodinâmica e aerodinâmica, onde as forças de arraste (F_D) e de sustentação (F_L), atuantes em corpos submetidos a escoamentos externos, são os parâmetros de projeto que se deseja conhecer.

As forças de superfície podem ser calculadas a partir do vetor $\mathbf{U}$, obtido pela solução do sistema de equações (4.52), com o método iterativo descrito na seção 4.1.6 . Este campo é empregado na equação do sistema (4.48), para obtermos o vetor $\mathbf{F}$ das forças de superfície atuando nos pontos nodais da malha. É importante notar que o cálculo das forças de superfície também pode ser feito pelo somatório das forças atuantes em cada elemento, obtidas por meio do sistema (4.32), à semelhança do que foi apresentado na seção 3.1.8, para o cálculo das reações de apoio do problema de elasticidade. Em ambos os casos, a velocidade considerada para o cálculo das constantes da matriz $\mathbf{K}$ do sistema (ou $\mathbf{K}^e$), e para o vetor $\mathbf{U}$ (ou $\mathbf{U}^e$), deve ser consistente com o processo iterativo que levou à solução do campo de velocidades, ou seja

$$\mathbf{F} = \mathbf{K}(\mathbf{U}^{(k-1)})\mathbf{U}^{(k)} \tag{4.59}$$

onde k é o número de iterações necessárias para obtermos a convergência do processo iterativo ($erro^k <$ tolerância).

4.2 Funções de interpolação do elemento u/p

Como vimos nas seções 2.2 e 3.2, o aumento da ordem dos polinômios das *funções de interpolação*, utilizadas nas aproximações das variáveis, resulta numa melhor precisão da solução do modelo para uma mesma discretização do domínio, ou seja, para uma mesma malha de elementos finitos. Entretanto, no caso de elementos mistos u/p, esta regra é limitada por uma condicionante que estabelece a ordem dos polinômios das *funções de deslocamento*, utilizadas para interpolar a pressão, em relação à ordem adotada para os polinômios das *funções de deslocamento* do campo de velocidades. Tem sido mostrado que, para atender ao critério de convergência da solução da equação de Navier-Stokes, é necessário utilizar polinômios das *funções de deslocamento* para a pressão com, no mínimo, uma ordem inferior à utilizada para aproximar as componentes do campo de velocidades [6],[11].

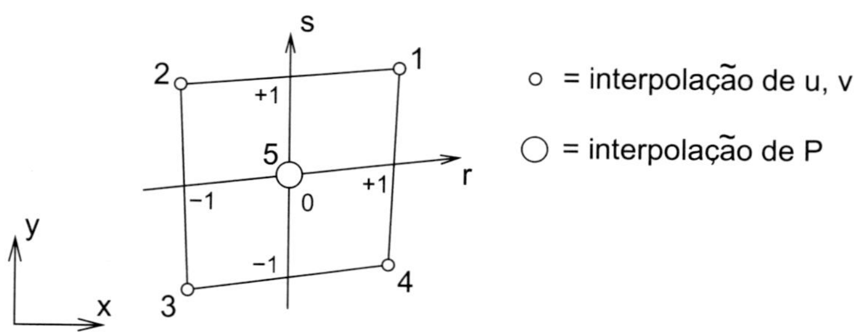

Figura 4.6: Elemento misto u/p = 4/1.

Assim, se adotarmos *funções de deslocamento* lineares para o campo de velocidades, como em (2.13) a (2.16), teremos que aproximar a pressão como constante no domínio de cada elemento, ou seja, pela convenção do elemento misto u/p = 4/1 da figura 4.6, a expressão (4.22) assume a forma

$$P \approx P^e(r,s) = P_5^e \tag{4.60}$$

Este elemento u/p = 4/1 apresenta um desempenho inferior ao do elemento u/p = 9/4 devido à ordem linear das *funções de deslocamento*, empregadas na aproximação do campo de velocidades, e à descontinuidade da pressão entre elementos, uma vez que esta variável é aproximada como constante. Note que este elemento, ilustrado na figura 4.6, utiliza apenas os nós de 1 a 4 para interpolar o campo de velocidades (u, v) e as coordenadas (x, y), e que o nó 5 é apenas usado como representação para a pressão, visto que esta é constante no intervalo $-1 \leq r, s \leq +1$ das coordenadas naturais, que definem o domínio do elemento.

Exemplo 4.9 Obtenha a expressão de K^e_α para o elemento u/p = 4/1, semelhante à desenvolvida para o elemento u/p = 9/4 em (4.35).

O desenvolvimento para obtermos a expressão de K^e_α do elemento u/p = 4/1 é idêntico ao apresentado na seção 4.1.1 . A diferença reside na forma da *função de interpolação* ϕ_i utilizada para aproximar a pressão na equação (4.22). No caso do elemento u/p = 4/1, esta função tem a forma $\phi_5(r,s) = 1$, uma vez que a pressão é constante ao longo do domínio do elemento, como indicado em (4.60). Deste modo, podemos escrever a expressão para K^e_α, substituindo Φ^T pela matriz identidade, de dimensão 1×1, ou seja

$$\mathrm{K}^e_\alpha = -\iint_{\Omega^e} \frac{\partial \Psi}{\partial \alpha}\, dxdy$$

Note que o vetor Ψ, neste caso, tem a forma $[\psi_1 \;\; \psi_2 \;\; \psi_3 \;\; \psi_4]$, e que o sistema de equações do elemento $\mathbf{K}^e\mathbf{U}^e = \mathbf{F}^e$ tem dimensão $(2 \times 4 + 1) \times (2 \times 4 + 1)$, ou seja 9×9.

4.3 Programa computacional em C++

Nesta seção apresentaremos o programa **MECFLU** que calcula o campo de velocidades de escoamentos laminares internos e externos, em regime permanente, de fluido incompressível, a partir de uma dada discretização (malha), submetida a condições de contorno de velocidades conhecidas e/ou de forças de superfície nulas.

O programa constante do Apêndice B emprega o método iterativo com relaxação para a obtenção da solução do modelo, efetuando, a cada iteração, a montagem do sistema, a imposição das condições de contorno e a resolução do sistema pela decomposição **L**U, como apresentado na seção 4.1.6 .

O vetor solução $\mathbf{U}^{(i)}$, obtido pelo esquema de relaxação, é utilizado na iteração seguinte, ou seja, no cálculo do vetor $\mathbf{U}^{(i+1)}$. Este processo iterativo termina quando o $erro^i$, definido por (4.57), for menor que uma tolerância preestabelecida na entrada dos dados do programa, juntamente com o fator de relaxação.

Programa **MECFLU**

À semelhança dos programas **TRANSCAL** e **RESMAT**, o programa computacional **MECFLU** possui uma estrutura orientada-objeto, tendo a classe `Mesh` como o objeto que executa a maioria das atividades de montagem do sistema e de obtenção da solução numérica. O código apresentado no Apêndice B contém os dados utilizados para a modelagem do escoamento no interior de uma ranhura, estudado no exemplo 4.10, com um fator de relaxação $\eta = 0,4$ e viscosidade $\mu = 0,5$ Ns/m^2.

Os dados necessários para a construção da malha são os mesmos dos programas apresentados nos capítulos 2 e 3, ou seja, as coordenadas dos pontos nodais e as funções de *conectividade* dos elementos, os quais são introduzidos diretamente na definição da função `manual_mesh()` da classe `Mesh`. É necessário ainda registrar (no arquivo `mecflu.c`) o número total de elementos, de pontos nodais e de nós usados para a interpolação da pressão.

As condições de contorno de velocidades conhecidas nos nós e de linhas de simetria são introduzidas na definição da função `bound()` da classe `Mesh`, onde é necessário especificar os valores das velocidades nos nós onde serão impostas tais condições. Observe que não é necessário indicar as condições de contorno das forças de superfície nulas, pois estas já estão presentes em todos os nós onde nenhuma condição foi imposta, por meio da execução da função `zero_vector()` da classe `Mesh`.

Além das condições de contorno das velocidades, é necessário estabelecer o nó para a imposição da pressão de referência. Isto é feito por meio da função `pressure_ref()` da classe `Mesh`, onde o número do nó da malha para a imposição da pressão de referência é indicado. Nesta função, apenas os nós utilizados para a interpolação da variável pressão podem ser utilizados, ou seja, os dos vértices dos elementos, como indicado na figura 4.3 . Note que o programa emprega a numeração *global* dos nós usados para o cálculo do campo de velocidades para indicar o nó da pressão de referência, e não a numeração dos nós de interpolação da pressão.

A função `solve()` da classe `Mesh`, executa a montagem do sistema de equações, impõe as condições de contorno e resolve o sistema pelo método iterativo com relaxação. A solução do sistema de equações é obtida, em cada iteração, por meio do método de decomposição $\mathbf{L}U$ aplicado à matriz **K** do sistema. É necessário ainda especificar o fator de relaxação e a tolerância para o $erro^{(i)}$, na mesma função `solve()`, e a densidade e viscosidade do fluido no arquivo `mecflu.c` . A solução é apresentada pela execução da função `velocity()`, a qual imprime os valores das velocidades e da pressão calculados nos pontos nodais.

Exemplo 4.10 O mancal da figura possui uma ranhura de dimensões 10×10 mm para melhor distribuição do óleo lubrificante ao longo da área de contato com o eixo. Modele esta ranhura como uma cavidade quadrada, desprezando a curvatura do eixo e o fluxo de óleo que passa pela folga entre o eixo e o mancal. Utilize a viscosidade de $0,5$ Ns/m^2 e densidade de 700 kg/m^3 para calcular o campo de velocidades.

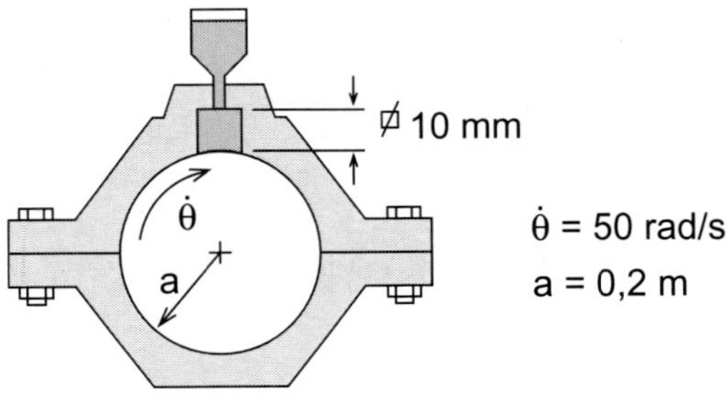

Com a velocidade tangencial ao eixo $V_T = \dot{\theta}a = 10$ m/s, modelamos a ranhura como uma cavidade adjacente à uma placa plana com velocidade $V_T = 10$ m/s, como ilustrado na figura abaixo. Assumiremos ainda para o modelo a hipótese de escoamento bi-dimensional.

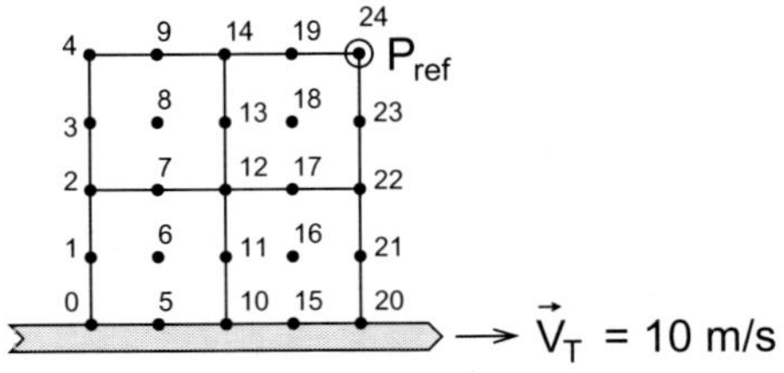

Nesta malha adotamos a numeração dos nós a partir de zero (0), conforme utilizado nos "arrays" da linguagem de programação C++.

Na modelagem deste problema, adotaremos as seguintes condições de contorno: $u_i = v_i = 0$, para i =1, 2, 3, 4, 9, 14, 19, 21, 22, 23 e 24; e $u_i = 10$ m/s ($v_i = 0$), para i = 0, 5, 10, 15 e 20.

A pressão de referência será aplicada no nó 24. Note que qualquer outro nó de interpolação da variável pressão poderia ter sido selecionado para a aplicação da referência desta variável.

É importante ressaltar a necessidade do leitor compilar o programa **MECFLU** e introduzir os dados da malha gerada manualmente, as condições de contorno e a pressão de referência, ou seja, exercitar os passos do processo de codificação de um programa computacional empregado na modelagem pelo método dos elementos finitos.

Para resolver o modelo pelo método iterativo com relaxação, vamos utilizar inicialmente um fator de relaxação $\eta = 0,4$ e uma tolerância para o $erro^{(i)}$ de $1,0 \times 10^{-5}$. Com esses dados, obtemos a convergência com 16 iterações [gráfico (a)]. Para fins de visualização do escoamento, representamos, na figura abaixo, o campo de velocidades (u, v) amplificado, de forma a podermos identificar os baixos valores de velocidade do escoamento em pontos da ranhura afastados do eixo.

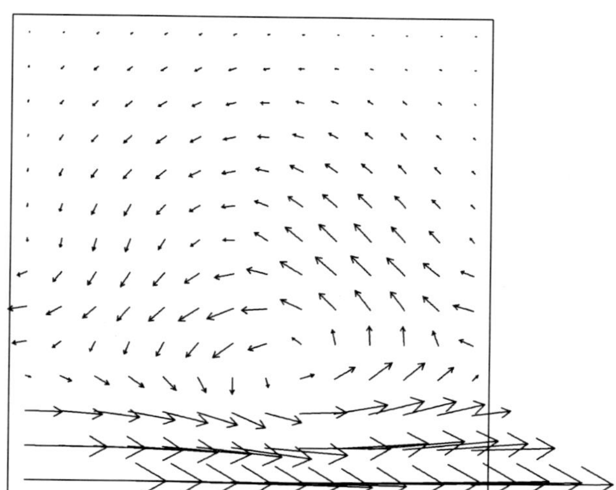

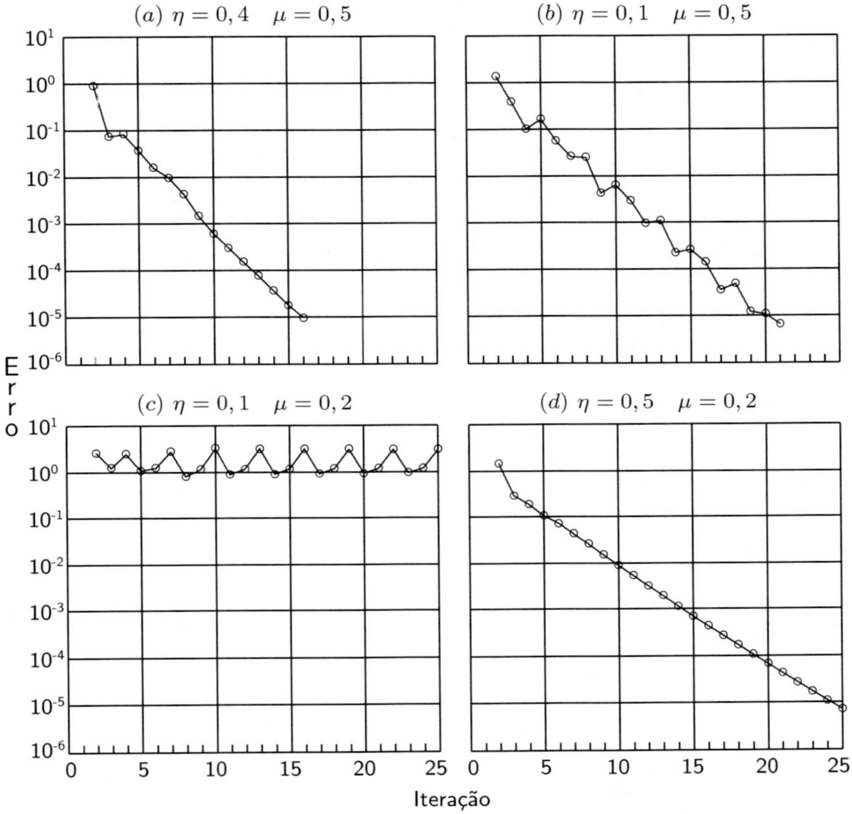

Se utilizarmos um fator de relaxação $\eta = 0,1$ esperando obter uma convergência mais rápida, o resultado é justamente o contrário, pois a convergência não é mais monotônica, ou seja, passamos a ter oscilações para os valores do $erro^{(i)}$. Neste caso, a convergência é atingida após 21 iterações [gráfico (*b*)]. Esta oscilação é acentuada na medida em que o número de Reynolds do escoamento aumenta, chegando a não mais convergir, ou seja, permanece oscilando em torno de um valor fixo. Isto pode ser verificado com a redução da viscosidade do óleo de 0,5 para 0,2 Ns/m^2 [gráfico (*c*)]. Nestas condições, a convergência monotônica só é restabelecida com um fator de relaxação de 0,5 ou maior, como ilustrado no gráfico (*d*) acima.

Pelo exemplo 4.10, fica evidente que o método iterativo com relaxação apresenta uma convergência lenta, porém com um grande raio de convergência (valor inicial do campo de velocidades distante da solução).

A seleção do fator de relaxação e da tolerância para o $erro^{(i)}$ demanda uma experimentação do modelo computacional, de modo a podermos determinar que valores possibilitam o cálculo de uma solução satisfatória. Os valores escolhidos devem permitir que a solução seja atingida por meio de uma sequência de erros convergentes, dentro da tolerância estabelecida.

Para uma dada tolerância de convergência do $erro^{(i)}$, o fator de relaxação, obtido por esta experimentação, é um valor mínimo, de modo que valores superiores também permitem que obtenhamos a convergência. Se adotarmos tolerâncias mais apertadas (valores menores), o valor mínimo necessário para o fator de relaxação aumentará.

Exemplo 4.11 Considere o escoamento externo de ar em torno de um pilar de seção quadrada como ilustrado na figura. Utilize a simetria do problema para reduzir o domínio Ω do escoamento pela metade e calcule o campo de velocidades em torno do pilar. Considere o ar com densidade de 1,25 kg/m^2 e viscosidade de $1,5 \times 10^{-5}$ Ns/m^2. Resolva o modelo com um fator de relaxação de 0,95 e considere a convergência como atingida para o $erro^{(i)} \leq 1,0 \times 10^{-2}$. Faça um gráfico da distribuição da componente u do campo de velocidades ao longo da linha da seção vertical média do pilar.

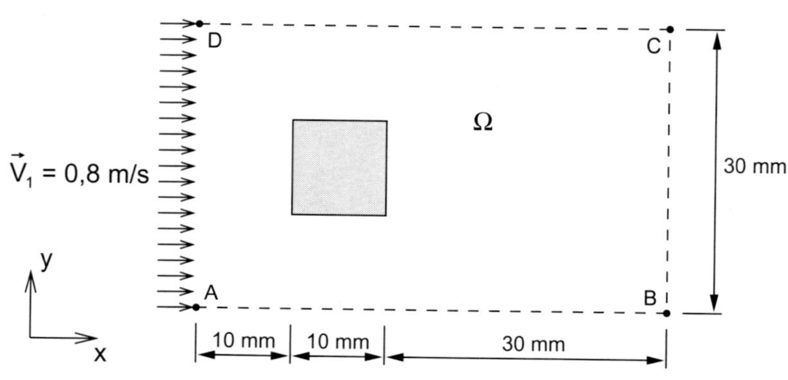

Dividindo o domínio Ω ao longo da linha de simetria horizontal da seção média do pilar obtemos a discretização mostrada na figura abaixo. Note que a linha da seção vertical média do pilar é definida pelos nós 40 a 44 da malha.

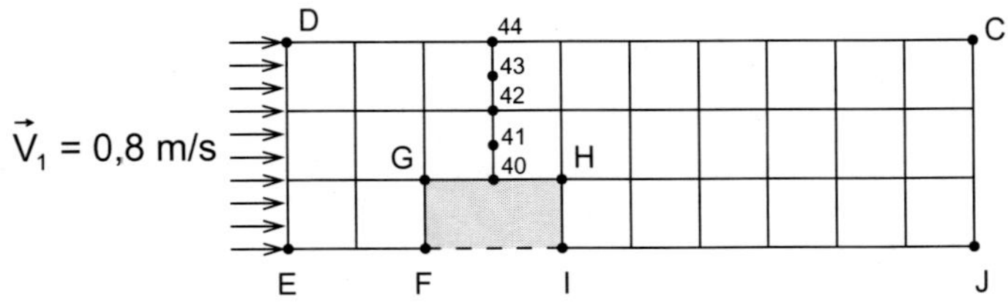

O modelo será criado com elementos mistos u/p = 9/4 e as seguintes condições de contorno:

Contorno [JCDE]: $(u, v) = (0{,}8\ , 0)$

Contorno [FGHI]: $(u, v) = (0, 0)$

Contorno (EF) e (IJ): $v = 0$ e $F_x = 0$ (condições que impõem a simetria).

Note que a notação [ ] indica que a condição imposta no contorno inclui os nós das extremidades, e que ( ) os exclui. Assim, o nó F, por exemplo, está submetido à $(u, v) = (0, 0)$, e não à condição de simetria ($v = 0$ e $F_x = 0$).

Utilizando o programa **MECFLU**, obtemos, após 27 iterações, o campo de velocidades em torno do pilar, representado graficamente na figura abaixo.

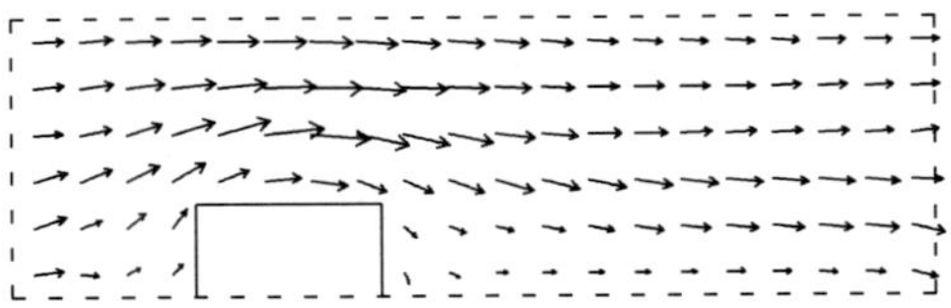

A distribuição da componente u do campo de velocidades, ao longo da linha da seção vertical média do pilar, pode ser obtida pela interpolação dos valores de u calculados para os pontos nodais 40 a 44, com o uso da expressão (4.20) aplicada aos elementos à direita desta linha, ou seja

$$u \approx u^e(-1, s) = \psi_2(-1, s)u_2^e + \psi_3(-1, s)u_3^e + \psi_6(-1, s)u_6^e$$

Note que poderíamos ter utilizado os elementos à esquerda da linha. Neste caso, utilizaríamos os nós *locais* 1, 4 e 8, e as *funções de interpolação* com $r = +1$.

Assim, substituindo os valores calculados para a variável u_i, nos nós *locais* correspondentes ($u_2^e = u_{42}$, $u_3^e = u_{40}$ e $u_6^e = u_{41}$, para o elemento inferior, e $u_2^e = u_{44}$, $u_3^e = u_{42}$ e $u_6^e = u_{43}$, para o elemento superior), obtemos a seguinte distribuição da componente u do campo de velocidades ao longo da seção vertical média do pilar:

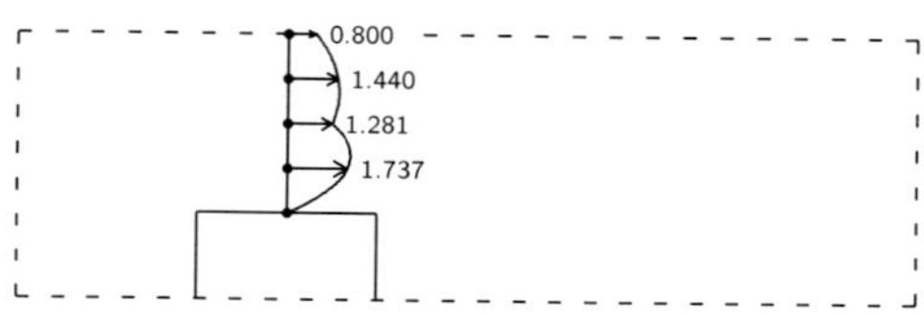

A distribuição do campo de velocidades, ao longo da linha que une os nós 40 e 44 do exemplo 4.11, não é suave, caracterizando que a convergência da solução é baixa, à semelhança do que foi observado com as *bandas de tensão* ilustradas na figura 3.6, para a solução do problema de elasticidade (capítulo 3). Note que o termo convergência, neste contexto, indica a proximidade entre a solução numérica (do modelo de elementos finitos) e a exata, e não apenas a obtenção do $erro^{(i)}$ mínimo estipulado como condição para o término do processo iterativo.

Para obtermos uma distribuição mais suave do campo de velocidades do exemplo 4.11, ou seja, para obtermos uma melhor convergência da solução numérica, temos que refinar a malha, como apresentado no exemplo 4.12 .

Exemplo 4.12 Utilizando uma malha com o dobro da densidade adotada no exemplo 4.11 e a mesma linha de simetria horizontal para reduzir o domínio Ω do escoamento pela metade, faça o gráfico da distribuição da componente u do campo de velocidades, ao longo da linha da seção vertical média do pilar, definida pelos nós 144 a 152 da figura. Compare este resultado com a distribuição obtida naquele exemplo.

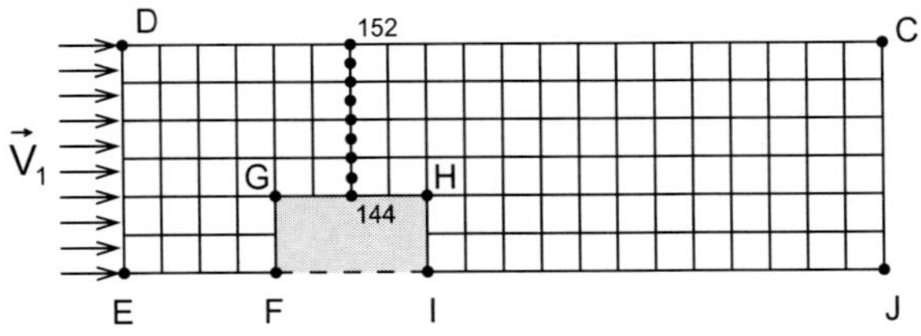

Seguindo o mesmo procedimento adotado no exemplo 4.11, obtemos, após 18 iterações, a seguinte distribuição para o campo de velocidades:

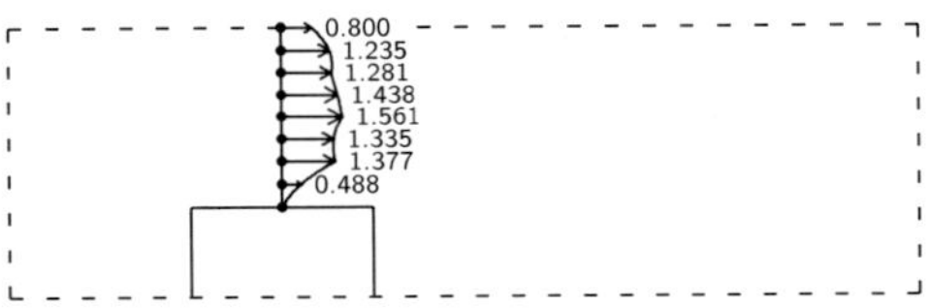

A distribuição obtida é mais suave que a do exemplo 4.11. No entanto, ainda nota-se a tendência da sua não suavidade nas proximidades dos pontos nodais. Isto indica a necessidade de refinarmos ainda mais a malha.

O procedimento de refinarmos a malha do exemplo 4.12, para obter uma melhor solução, é limitado pela capacidade computacional de que dispomos. Para tentar contornar esta limitação utilizamos o refinamento localizado da malha, aumentando o número de pontos nodais apenas em torno da região de interesse. Este refinamento localizado, no entanto, introduz uma nova dificuldade no processo de modelagem, pois demanda que utilizemos métodos de geração da malha que permitam a transição, entre as regiões de densidades diferentes, sem a distorção acentuada dos elementos na região de transição, como discutiremos no capítulo 7.

Problemas

4.1 Calcule analiticamente o valor da constante K^e_{83} da matriz de um elemento u/p $= 4/1$, com as mesmas dimensões e dados do elemento do exemplo 4.2, em função da densidade ρ e da viscosidade μ.

4.2 Para um elemento u/p $= 9/4$ com geometria de um quadrado regular de lado L, calcule analiticamente a constante $K^e_{18\ 22}$ da matriz do seu sistema de equações.

4.3 Obtenha, pelo método de decomposição **L**U, as componentes **L** e **U** das seguintes matrizes:

$$\text{a)} \begin{bmatrix} 1 & 1 & 1 \\ 1 & 2 & 2 \\ 1 & 2 & 3 \end{bmatrix}$$

$$\text{b)} \begin{bmatrix} 3 & 0 & 0 \\ 6 & 1 & -1 \\ 0 & 2 & -2 \end{bmatrix}$$

$$\text{c)} \begin{bmatrix} -1 & 0 & -1 & 0 \\ -1 & -1 & -1 & -1 \\ 0 & -1 & -1 & -1 \\ -1 & 0 & -2 & -1 \end{bmatrix}$$

4.4 Utilize a integração numérica de Gauss-Legendre para calcular o valor da constante $K^e_{18\ 22}$ da matriz do elemento do problema 4.2 .

4.5 Calcule a perda de carga (ΔP_{AB}) do escoamento interno entre os pontos A e B do canal definido na figura, onde escoa óleo de densidade 700 kg/m^3 e viscosidade 0,5 Ns/m^2. Utilize a solução de um modelo de elementos finitos, com uma malha de 6 × 2 elementos, e a equação de Bernoulli para calcular o valor de ΔP_{AB}. Resolva o modelo empregando um fator de relaxação $\eta = 0,9$ e $erro^{(i)} \leq 1,0 \times 10^{-2}$, como critério de convergência do processo iterativo. Calcule o número de Reynolds do escoamento, $Re = \frac{\rho \overline{V} L}{\mu}$, e classifique-o como laminar ($Re < 2.300$) ou turbulento.

Equação de Bernoulli:

$$\Delta P_{AB} = \left(\rho \frac{\overline{V}_B^2}{2} + P_B\right) - \left(\rho \frac{\overline{V}_A^2}{2} + P_A\right)$$

onde, pela conservação de massa, temos que $\overline{V}_A A_A = \overline{V}_B A_B$ (A_i é a área da seção do escoamento).

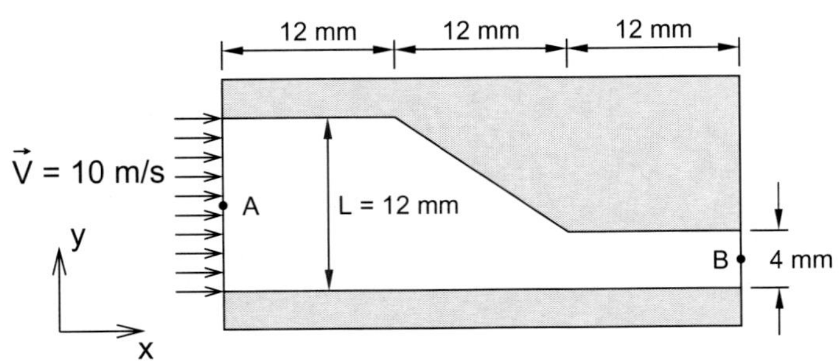

Prob. 4.5

4.6 Considere o muro ilustrado na figura, submetido ao vento de $U = 36$ Km/h (10 m/s). Calcule a força de arraste por unidade de comprimento (profundidade na direção z) resultante da ação do vento sobre o muro. Utilize o volume de controle (domínio) da figura e assuma $u = 0$ ao longo do piso. Despreze a espessura do muro (dimensão x) e empregue uma malha de 14×6 com os mesmos parâmetros do problema 4.11 para o ar. Especifique a tolerância do $erro^{(i)}$ e o fator de relaxação empregados.

Sugestão: modele o muro por um conjunto de pontos nodais alinhados com a condição de contorno $u_i = v_i = 0$.

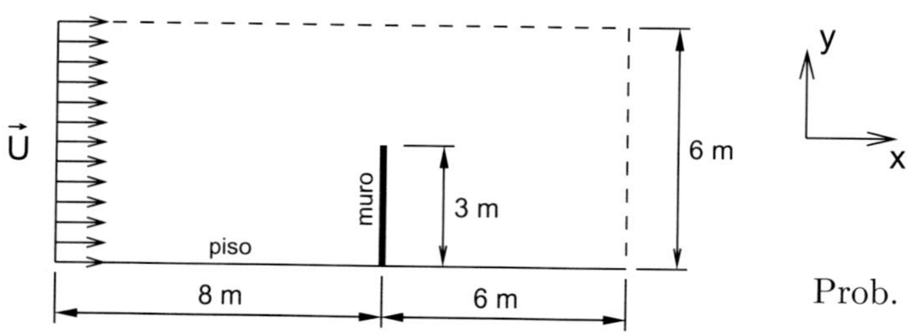

Prob. 4.6

4.7 Utilize o mesmo modelo do problema analisado no exemplo 4.10 para calcular o campo de velocidades de uma ranhura empregada na lubrificação de dois eixos paralelos, girando no mesmo sentido, como ilustrado na figura. Modele o problema como uma ranhura limitada por duas placas planas paralelas deslocando-se em sentidos opostos. Discretize o domínio com uma malha de 2×2 e obtenha a solução pelo método iterativo, com um fator de relaxação $\eta = 0,4$ e uma tolerância para o $erro^{(i)} = 1,0 \times 10^{-5}$. Utilize as mesmas propriedades do óleo empregado no exemplo 4.10 . Apresente o resultado sob a forma da distribuição da componente u do campo de velocidades, calculadas ao longo da linha de simetria vertical da ranhura.

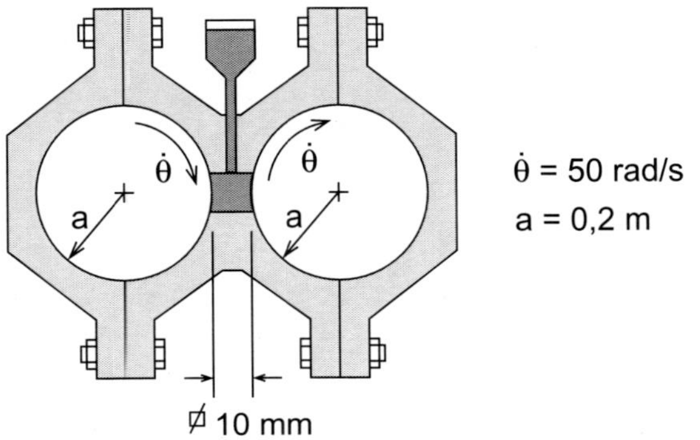

Prob. 4.7

4.8 O dispositivo da figura é empregado para medir o empuxo causado por uma descarga de gases. Utilizando o volume de controle (domínio Ω) definido na figura, calcule a força resultante sobre a placa gerada por uma descarga de ar-comprimido com velocidade média $\bar{V} = 2$ m/s. Adote para as propriedades do ar os valores $\rho = 1,2$ kg/m^3 e $\mu = 1,6 \times 10^{-5}$ Ns/m^2, e estime a tolerância do $erro^{(i)}$ e o fator de relaxação, utilizados no processo iterativo de obtenção da solução. Use uma malha de 8×10 elementos. Considere que a profundidade do dispositivo é muito maior que as dimensões no plano xy e despreze o recuo da mola.

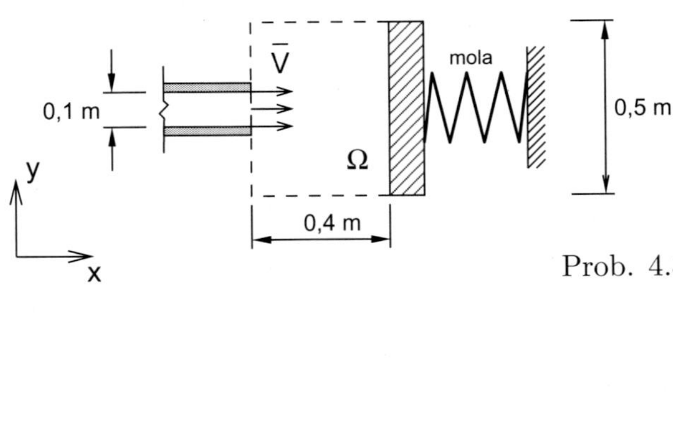

Prob. 4.8

4.9 Considere o elemento misto u/p = 4/1 da figura, submetido a um campo de velocidades $(u, v) = (1 + s, 0)$.

a) Determine a expressão para o cálculo da matriz K_u^e.

b) Calcule analiticamente o valor da constante $(K_u^e)_{11}$ do elemento.

Prob. 4.9

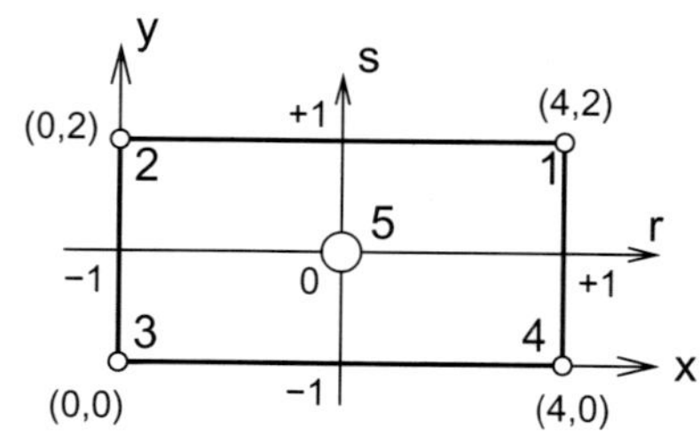

4.10 Calcule analiticamente o valor da constante K_{11}^e da matriz do sistema de equações do elemento do problema 4.9 . Determine a expressão para o cálculo desta constante, considerando que a viscosidade do fluido é função da intensidade da velocidade do escoamento, ou seja, $\mu = c_\mu \left[(u^e)^2 + (v^e)^2\right]^{\frac{1}{2}}$, onde c_μ é uma constante característica do escoamento (turbulento) e do fluido. Note que μ não é constante como na expressão (4.28).

4.11 Calcule a distribuição da componente u do campo de velocidades, ao longo da seção A-A, para o escoamento externo de ar ($\rho = 1,2$ kg/m^3 e $\mu = 1,6 \times 10^{-5}$ Ns/m^2) em torno do duto da figura. Divida o domínio Ω indicado na figura, com base na simetria do problema, e empregue uma malha de 8×3 elementos para a construção do modelo. Utilizando uma tolerância de $1,0 \times 10^{-2}$ para o $erro^{(i)}$, resolva o modelo para o valor inicial de $\eta = 0,9$, observando que não se obtém convergência. Aumente o valor do fator de relaxação η para 0,95 e anote o número de iterações necessárias para obter a convergência da solução. Calcule o número de Reynolds do escoamento, $Re = \frac{\rho \overline{V} D}{\mu}$, e classifique-o como laminar ($Re < 2.300$) ou turbulento. O que podemos fazer para tornar a distribuição de v, ao longo da seção A-A, mais suave?

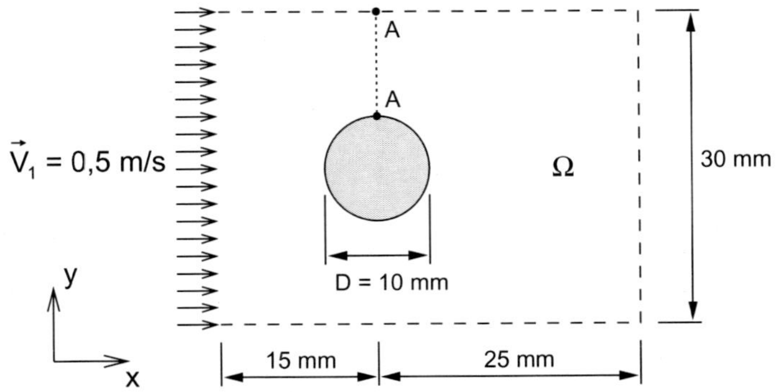

Prob. 4.11

4.12 Determine a distribuição do campo de velocidades ao longo da seção A-A do reservatório de água ($\rho = 1.000$ kg/m^3 e $\mu = 1 \times 10^{-3}$ Ns/m^2), gerada pela rotação do eixo concêntrico, conforme ilustra a figura. Estime o valor mínimo do $erro^{(i)}$ e o fator de relaxação utilizados no processo iterativo de obtenção da solução. Use uma malha de 10×5 elementos sobre o primeiro quadrante apenas (domínio do modelo).

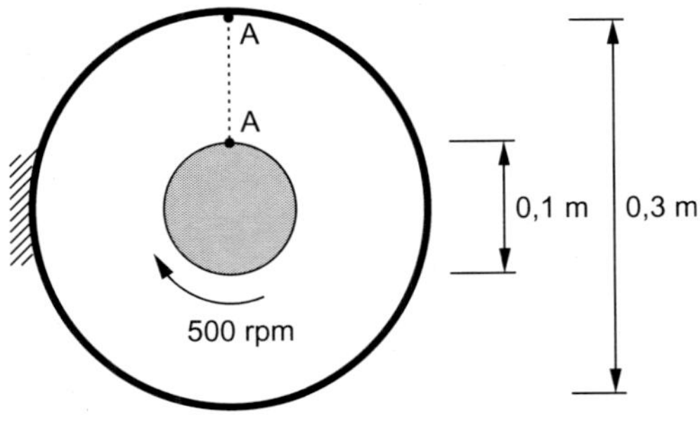

Prob. 4.12

4.13 Utilizando uma malha com o dobro da densidade (16×6), calcule a distribuição da componente u do campo de velocidades, ao longo da seção A-A, do duto do problema 4.11. Adote a mesma linha de simetria para dividir o domínio Ω, e empregue o mesmo valor do fator de relaxação ($\eta = 0,95$) e a mesma tolerância para $erro^{(i)}$ ($1,0 \times 10^{-2}$), como critério de convergência. Compare o resultado com o obtido para a malha de densidade 8×3 elementos (problema 4.11). Qual a distribuição da componente u mais suave?

4.14 Considere a entrada de água de uma piscina ilustrada na figura. Gere uma malha de 10×8 elementos, e obtenha a distribuição da componente u do campo de velocidades ao longo da linha AB do contorno. Utilize as mesmas propriedades da água do problema 4.12 e estime os parâmetros do processo iterativo. Considere a entrada de água como um canal de grande profundidade e o plano do modelo afastado da superfície e do fundo da piscina.

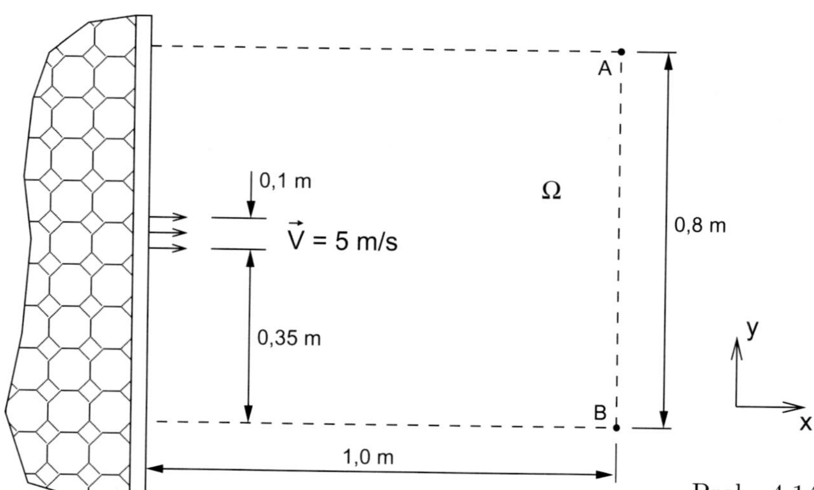

Prob. 4.14

4.15 Calcule a força de arraste por unidade de comprimento (dimensão z) atuando no duto do problema 4.11. Compare este valor com o seguinte valor da força de arraste, obtido experimentalmente:

$$F_D = C_D \frac{1}{2} \rho \overline{V}^2 D$$

onde $C_D = 1,6$ é o coeficiente de arraste para o número de Reynolds deste escoamento [32].

4.16 Considere que o tubo do problema 4.11 está girando no sentido horário com velocidade angular constante de 100 rpm. Calcule a força resultante na direção y, atuando sobre o tubo, por unidade de comprimento (dimensão z). Utilizando argumentos aerodinâmicos, explique se o resultado obtido era esperado.

Capítulo 5

Aplicação em comportamento dinâmico de estruturas

Nos problemas modelados nos capítulos 2, 3 e 4, não foi abordada a parte transiente do fenômeno físico no desenvolvimento do modelo matemático pelo método dos elementos finitos, de modo que nenhuma variação no tempo foi considerada, ou seja, limitamos a solução do problema ao seu regime permanente. Neste capítulo, estudaremos os passos necessários à construção do modelo que representa o comportamento dinâmico de estruturas compostas por elementos de viga. As variáveis de interesse, neste caso, passam a ser função não apenas das coordenadas geométricas do domínio, mas também da variável tempo.

O modelo que desenvolveremos possui aplicação direta na área de estruturas sob atuação de carregamentos dinâmicos, tais como mastros de navios, pontes treliçadas e estruturas prediais submetidas a carregamentos sísmicos. A modelagem dos domínios relacionados com estas estruturas envolve geralmente as três dimensões, o que aumenta a complexidade do modelo. No entanto, simplificações baseadas na geometria da estrutura ou nas características do carregamento nos permitem utilizar o modelo bidimensional (2D), apresentado neste capítulo, como ferramenta de análise de alguns destes problemas.

O processo utilizado para construir o modelo dinâmico de estruturas, compostas de elementos de viga, segue os mesmos passos adotados nos capítulos anteriores. Além disso, o fato de considerarmos apenas o regime elástico do material possibilita que o modelo dos deslocamentos longitudinais, dos elementos de viga, seja desenvolvido independentemente do modelo dos seus deslocamentos transversais e angulares, no sistema de coordenadas *locais*. Estes três deslocamentos são integrados ao sistema de equações do modelo, sendo inter-relacionados por meio da transformação entre os sistemas de coordenadas *locais*, dos diversos elementos, e o *global* do modelo.

A solução do modelo apresentado neste capítulo fornece as frequências naturais e os modos geométricos de vibração da estrutura, os quais são informações fundamentais para o projeto de estruturas, nas áreas de aplicação mencionadas acima.

5.1 Frequências naturais e modos de vibração

A modelagem desenvolvida neste capítulo considera que a estrutura é composta por apenas elementos de viga, com 2 (dois) pontos nodais, seção reta constante, material isotrópico e sujeitos à tração e flexão no plano xy, de modo que os nós do elemento possuem graus de liberdade nos sentidos longitudinal (u), transversal (v) e angular (θ). Além disso, é utilizado um modelo consistente de distribuição de massa das vigas, baseado nas mesmas *funções de interpolação* utilizadas para a aproximação dos 3 (três) deslocamentos considerados no modelo. Note que é possível ainda a modelagem de outras massas fixas à estrutura como ilustrado na figura 5.1 .

O carregamento sísmico $X(t)$, ilustrado na figura 5.1, foi indicado apenas para representar que a estrutura está submetida a um carregamento dinâmico. A resposta da estrutura a carregamentos externos não será tratada neste texto. Apenas o cálculo das frequências naturais (f_i) e dos modos de vibração associados ($\bar{\mathbf{U}}_i$) serão objeto de análise neste capítulo. Cabe ressaltar, no entanto, que o conhecimento de f_i e $\bar{\mathbf{U}}_i$ já possibilita o dimensionamento da estrutura, pois um dos critérios de projeto utilizados neste caso é o de especificar uma estrutura cujas primeiras frequências (normalmente a 1ª e a 2ª) sejam diferentes das frequências de excitação, ou seja, da frequência $f_s = \frac{w_s}{2\pi}$ do carregamento $X(t)$ (figura 5.1).

As equações do elemento são obtidas pelo equilíbrio de forças e pelo equilíbrio de momentos fletores, no plano xy, de um segmento infinitesimal de viga, como ilustrado na figura 5.2.

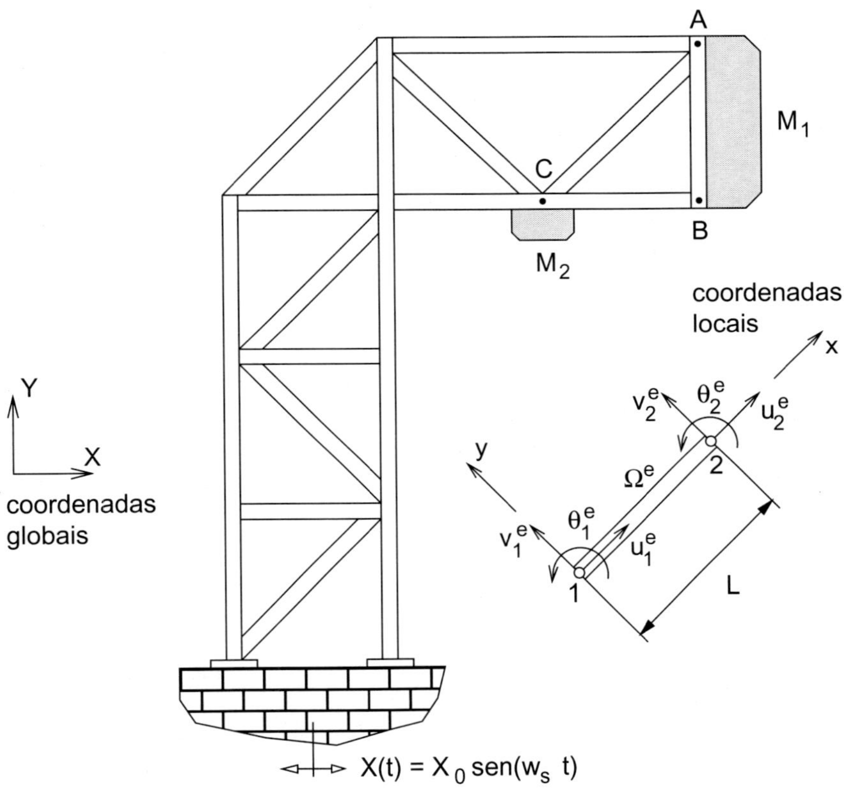

Figura 5.1: Estrutura composta de elementos de viga e massas concentradas, submetida ao carregamento sísmico $X(t)$.

A convenção de forças e momentos atuantes nos nós do elemento está definida na figura 5.3, onde N é a força normal, P é a força cortante e T é o momento fletor aplicado na direção do eixo coordenado z. Note que, inicialmente, desenvolveremos o modelo de elementos finitos para o sistema *local* de coordenadas, deixando para uma fase posterior a transformação para o sistema *global* de coordenadas.

Para o equilíbrio de forças, assumiremos que os deslocamentos são infinitesimais, de modo que a tração N não participa do equilíbrio de momentos no plano xy. Assumiremos ainda que a inércia rotacional do segmento dx é desprezível e que a força cortante não contribui para a deformação da

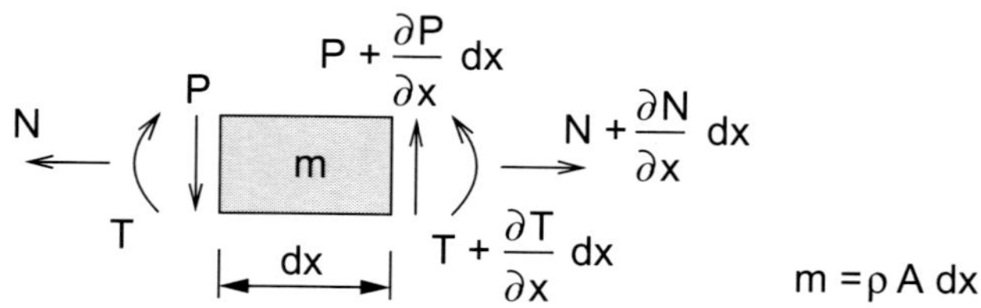

Figura 5.2: Forças atuantes num segmento infinitesimal da viga (comprimento dx).

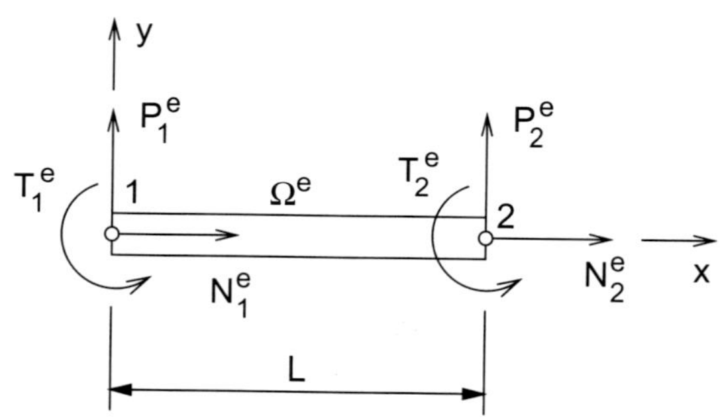

Figura 5.3: Convenção de forças (N_i^e e P_i^e) e momentos (T_i^e) positivos, atuantes nos nós do elemento de viga.

seção reta da viga. Assim, na direção x, obtemos a seguinte expressão para a condição de equilíbrio $\sum F_x = ma_x$:

$$\frac{\partial N}{\partial x} dx = m \frac{\partial^2 u}{\partial t^2} \tag{5.1}$$

Substituindo $m = \rho A dx$ e $N = EA\frac{\partial u}{\partial x}$ em (5.1), onde ρ é a densidade do material, A é a área da seção reta da viga, e E é o módulo de elasticidade do material, temos

$$\frac{\partial}{\partial x}\left(EA\frac{\partial u}{\partial x}\right) - \rho A\frac{\partial^2 u}{\partial t^2} = 0 \tag{5.2}$$

A equação (5.2) é a equação de governo na direção *local* x da viga.

Desprezando a inércia rotacional do segmento dx, o equilíbrio de momentos no plano xy, dado pela condição $\sum T_z = 0$, resulta em

$$\frac{\partial T}{\partial x}dx + \left(P + \frac{\partial P}{\partial x}dx\right)dx = 0 \tag{5.3}$$

No limite, quando $dx \to 0$, temos $\partial P \to 0$. Assim, obtemos

$$\frac{\partial T}{\partial x} = -P \tag{5.4}$$

Na direção y, o equilíbrio de forças $\sum F_y = ma_y$ resulta em

$$\frac{\partial P}{\partial x}dx = m\frac{\partial^2 v}{\partial t^2} \tag{5.5}$$

Substituindo (5.4) em (5.5), com $m = \rho A dx$, temos

$$\frac{\partial^2 T}{\partial x^2} + \rho A\frac{\partial^2 v}{\partial t^2} = 0 \tag{5.6}$$

Pela relação entre o momento e a curvatura de uma viga [19],[22],[21], temos que $T = EI_z\frac{\partial^2 v}{\partial x^2}$, onde I_z é o momento de inércia da seção da viga na direção do eixo z. Note que estamos adotando um sistema *local* de coordenadas coincidente com o centroide da seção reta da viga. Aplicando este resultado à (5.6), temos

$$\frac{\partial^2}{\partial x^2}\left(EI_z\frac{\partial^2 v}{\partial x^2}\right) + \rho A\frac{\partial^2 v}{\partial t^2} = 0 \tag{5.7}$$

As equações (5.2) e (5.7) compõem as equações de governo da dinâmica da viga.

Apesar de estarmos assumindo a hipótese de seção reta constante e de material isotrópico, as propriedades E, I_z, ρ e A serão mantidas como dependentes da coordenada *local* x, durante as primeiras passagens do desenvolvimento, para ilustrar a generalidade do modelo, e deixar ao leitor a indicação de como construir um modelo onde estas propriedades não sejam constantes.

5.1.1 Desenvolvimento do modelo de elementos finitos

Com base no mesmo roteiro de construção do modelo utilizado nos capítulos anteriores, dividiremos em 4 (quatro) passos o processo de obtenção do sistema de equações do modelo de um elemento de viga de 2 (dois) nós com 3 (três) graus de liberdade de deslocamento no plano (u, v e θ). Assim, estes passos podem ser enumerados da seguinte forma:

1. Obtenção da *forma fraca* das equações de governo por meio da integração de (5.2) e de (5.7), ponderada pelas funções $d(x)$ e $p(x)$, respectivamente, no domínio Ω^e do elemento;

2. Aproximação da geometria do elemento e dos deslocamentos u e v com o uso das *funções de interpolação* ϕ_i e ψ_i, respectivamente, onde v é composto pela soma ponderada, tanto dos deslocamentos nos pontos nodais v_i como das rotações θ_i nestes mesmos pontos ($i = 1$ e 2);

3. Construção do sistema de equações do modelo pela substituição das funções de ponderação $d(x)$ e $p(x)$ por ϕ_i e ψ_i, respectivamente; e

4. Transformação do sistema *local* para o *global* de coordenadas.

O último passo é necessário devido à relação entre os deslocamentos *locais* e a orientação do elemento de viga no sistema de coordenadas *globais*, como ilustrado na figura 5.1 .

Obtenção da *forma fraca* das equações de governo

Integrando a equação (5.2), ponderada pela função $d(x)$, no domínio Ω^e do elemento, obtemos

$$\int_{\Omega^e} d\frac{\partial}{\partial x}\left(EA\frac{\partial u^e}{\partial x}\right)dx - \int_{\Omega^e} d\rho A\frac{\partial^2 u^e}{\partial t^2}\,dx = 0 \qquad (5.8)$$

Aplicando o teorema da derivada do produto de duas funções, como em (2.4), à primeira integral de (5.8), temos

$$\int_{\Omega^e} \frac{\partial}{\partial x}\left[d\left(EA\frac{\partial u^e}{\partial x}\right)\right]dx - \int_{\Omega^e} \frac{\partial d}{\partial x}\left(EA\frac{\partial u^e}{\partial x}\right)dx - \int_{\Omega^e} d\rho A\frac{\partial^2 u^e}{\partial t^2}\,dx = 0 \qquad (5.9)$$

Calculando o valor da primeira integral definida de (5.9), temos

$$d\left(EA\frac{\partial u^e}{\partial x}\right)\bigg|_{\Omega^e} - \int_{\Omega^e} \frac{\partial d}{\partial x}\left(EA\frac{\partial u^e}{\partial x}\right)dx - \int_{\Omega^e} d\rho A\frac{\partial^2 u^e}{\partial t^2}\,dx = 0 \qquad (5.10)$$

O resultado obtido para a primeira integral definida de (5.9) corresponde ao produto da função de ponderação d pelo valor da força $N^e = EA\frac{\partial u^e}{\partial x}$ no nó x_i^e, ou seja, $d(x_2^e)N_2^e - d(x_1^e)N_1^e$. Esta parcela é a condição de contorno natural da equação (5.2). Assim, obtemos

$$\int_{\Omega^e} \frac{\partial d}{\partial x}\left(EA\frac{\partial u^e}{\partial x}\right)dx + \int_{\Omega^e} d\rho A\frac{\partial^2 u^e}{\partial t^2}\,dx = d(x_2^e)N_2^e - d(x_1^e)N_1^e \qquad (5.11)$$

A equação (5.11) é a *forma fraca* ou *forma variacional* da equação de governo (5.2).

Aplicando o mesmo processo à (5.7) com a função de ponderação $p(x)$, temos

$$\int_{\Omega^e} p\frac{\partial^2}{\partial x^2}\left(EI_z\frac{\partial^2 v^e}{\partial x^2}\right)dx + \int_{\Omega^e} p\rho A\frac{\partial^2 v^e}{\partial t^2}\,dx = 0 \qquad (5.12)$$

Aplicando (2.4) à primeira integral de (5.12), temos

$$\int_{\Omega^e} \frac{\partial}{\partial x}\left[p\frac{\partial}{\partial x}\left(EI_z\frac{\partial^2 v^e}{\partial x^2}\right)\right] dx - \int_{\Omega^e} \frac{\partial p}{\partial x}\left[\frac{\partial}{\partial x}\left(EI_z\frac{\partial^2 v^e}{\partial x^2}\right)\right] dx$$

$$+ \int_{\Omega^e} p\rho A\frac{\partial^2 v^e}{\partial t^2}\, dx = 0 \tag{5.13}$$

Resolvendo a primeira integral definida da expressão (5.13) e observando que $\frac{\partial}{\partial x}\left(EI_z\frac{\partial^2 v^e}{\partial x^2}\right) = \frac{\partial T}{\partial x} = -P$, como já foi apresentado na dedução de (5.7), obtemos a condição de contorno natural da força cortante. Assim, temos

$$-\int_{\Omega^e} \frac{\partial p}{\partial x}\left[\frac{\partial}{\partial x}\left(EI_z\frac{\partial^2 v^e}{\partial x^2}\right)\right] dx + \int_{\Omega^e} p\rho A\frac{\partial^2 v^e}{\partial t^2}\, dx = p(x_2^e)P_2^e - p(x_1^e)P_1^e \tag{5.14}$$

Novamente, aplicando (2.4) à primeira parcela de (5.14), temos

$$-\int_{\Omega^e} \frac{\partial}{\partial x}\left[\frac{\partial p}{\partial x}\left(EI_z\frac{\partial^2 v^e}{\partial x^2}\right)\right] dx + \int_{\Omega^e} \frac{\partial^2 p}{\partial x^2}EI_z\frac{\partial^2 v^e}{\partial x^2}\, dx + \int_{\Omega^e} p\rho A\frac{\partial^2 v^e}{\partial t^2}\, dx$$

$$= p(x_2^e)P_2^e - p(x_1^e)P_1^e \tag{5.15}$$

Pelo cálculo da primeira integral definida de (5.15), obtemos a condição de contorno natural do momento fletor, pois $EI_z\frac{\partial^2 v}{\partial x^2} = T$. Dessa forma, obtemos

$$\int_{\Omega^e} \frac{\partial^2 p}{\partial x^2}EI_z\frac{\partial^2 v^e}{\partial x^2}\, dx + \int_{\Omega^e} p\rho A\frac{\partial^2 v^e}{\partial t^2}\, dx = \left[\frac{\partial p(x_2^e)}{\partial x}T_2^e - \frac{\partial p(x_1^e)}{\partial x}T_1^e\right]$$

$$+ \left[p(x_2^e)P_2^e - p(x_1^e)P_1^e\right] \tag{5.16}$$

A equação (5.16) é a *forma fraca* ou *forma variacional* da equação de governo (5.7) que, juntamente com (5.11), forma a base para a construção do modelo de elementos finitos.

Aproximação da geometria e dos deslocamentos do elemento

Como vimos nos capítulos anteriores, as *funções de interpolação* são utilizadas para aproximar a variável geométrica x, que descreve a forma do elemento, e as variáveis de interesse do modelo, ou seja, u, v e θ. No modelo desenvolvido neste capítulo para o elemento de viga utilizaremos a mesma formulação dos capítulos anteriores, adotando, no entanto, *funções de interpolação* para aproximar o deslocamento v distintas das empregadas para a geometria x e para o deslocamento longitudinal u. O ângulo de rotação θ será utilizado apenas como contribuição para aproximar o deslocamento v, de modo que com as equações (5.11) e (5.16) possamos construir um sistema de equações de dimensão 6×6 para o elemento, onde os valores das variáveis de interesse nos pontos nodais (u_i^e, v_i^e e θ_i^e, $i = 1$ e 2) são as incógnitas.

Assim, seguindo a convenção da coordenada natural r, definida na figura 5.4, temos

$$x \approx x^e(r,t) = \sum_{i=1}^{2} \phi_i(r) x_i^e(t) \tag{5.17}$$

$$u \approx u^e(r,t) = \sum_{i=1}^{2} \phi_i(r) u_i^e(t) \tag{5.18}$$

$$v \approx v^e(r,t) = \sum_{i=1}^{2} \psi_i^v(r) v_i^e(t) + \sum_{i=1}^{2} \psi_i^\theta(r) \theta_i^e(t) \tag{5.19}$$

onde

$$\phi_1(r) = \frac{1}{2}(1-r) \tag{5.20}$$

$$\phi_2(r) = \frac{1}{2}(1+r) \tag{5.21}$$

e as funções ψ_i^v e ψ_i^θ são obtidas pela solução analítica do deslocamento v para valores unitários de v_i^e e θ_i^e, respectivamente, aplicados nos pontos nodais do elemento [40],[41],[42]. Assim, como ilustrado na figura 5.5, temos

$$v_1^e = 1: \quad v(x) = 1 - 3\left(\frac{x}{L}\right)^2 + 2\left(\frac{x}{L}\right)^3 = \psi_1^v(x) \tag{5.22}$$

$$v_2^e = 1: \quad v(x) = 3\left(\frac{x}{L}\right)^2 - 2\left(\frac{x}{L}\right)^3 = \psi_2^v(x) \tag{5.23}$$

$$\theta_1^e = 1: \quad v(x) = \frac{x}{L}\left(1 - \frac{x}{L}\right)^2 L = \psi_1^\theta(x) \tag{5.24}$$

$$\theta_2^e = 1: \quad v(x) = \left(\frac{x}{L} - 1\right)\left(\frac{x}{L}\right)^2 L = \psi_2^\theta(x) \tag{5.25}$$

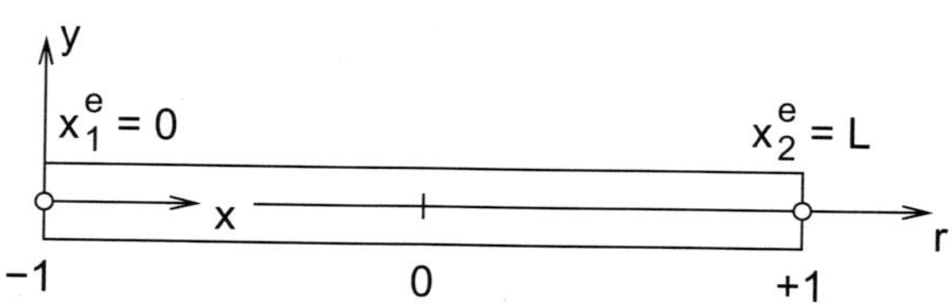

Figura 5.4: Convenção adotada para o eixo da coordenada natural r.

Para obter as expressões de ψ_i^v e ψ_i^θ, em função da coordenada natural r, utilizamos (5.17), com os valores de $x_1^e = 0$ e $x_2^e = L$ definidos como na figura 5.4, para estabelecer a relação entre x e r, ou seja

$$x = \frac{L}{2}(1 + r) \quad \Rightarrow \quad \frac{x}{L} = \frac{1 + r}{2} \tag{5.26}$$

Substituindo (5.26) em (5.22) a (5.25), temos

$$\psi_1^v(r) = 1 - 3\left(\frac{1 + r}{2}\right)^2 + 2\left(\frac{1 + r}{2}\right)^3 \tag{5.27}$$

$$\psi_2^v(r) = 3\left(\frac{1+r}{2}\right)^2 - 2\left(\frac{1+r}{2}\right)^3 \tag{5.28}$$

$$\psi_1^\theta(r) = \left(\frac{1+r}{2}\right)\left(\frac{1-r}{2}\right)^2 L \tag{5.29}$$

$$\psi_2^\theta(r) = \left(\frac{r-1}{2}\right)\left(\frac{1+r}{2}\right)^2 L \tag{5.30}$$

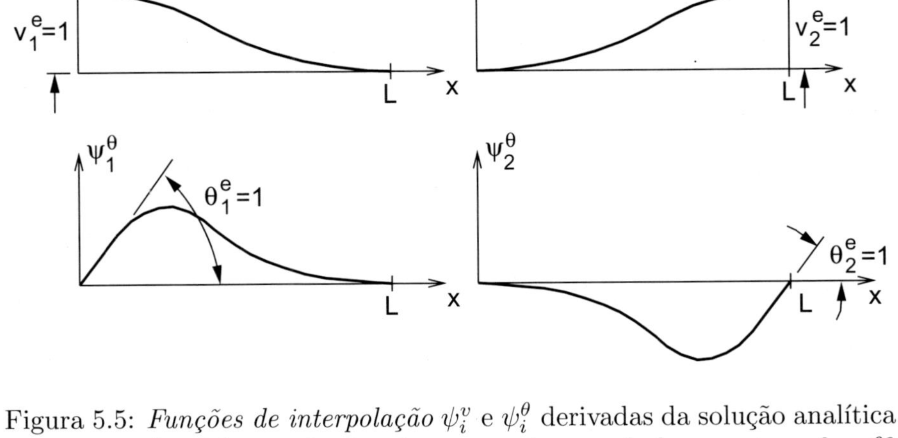

Figura 5.5: *Funções de interpolação* ψ_i^v e ψ_i^θ derivadas da solução analítica da deformação da viga, causada por deslocamentos v_i^e e θ_i^e unitários.

As equações (5.18) e (5.19), para fins de desenvolvimento do sistema de equações do elemento, podem ser escritas, na forma matricial, como

$$\mathbf{u}^e = \begin{bmatrix} u^e \\ v^e \end{bmatrix} = \begin{bmatrix} \phi_1 & 0 & 0 & \phi_2 & 0 & 0 \\ 0 & \psi_1^v & \psi_1^\theta & 0 & \psi_2^v & \psi_2^\theta \end{bmatrix} \begin{bmatrix} u_1^e \\ v_1^e \\ \theta_1^e \\ u_2^e \\ v_2^e \\ \theta_2^e \end{bmatrix} = \Psi \mathbf{U}^e \tag{5.31}$$

Do mesmo modo, podemos escrever as equações (5.11) e (5.16) também na forma matricial, ou seja

$$\int_{\Omega^e} \frac{\partial^2}{\partial \mathbf{X}^2} \begin{bmatrix} d & 0 \\ 0 & p \end{bmatrix} \begin{bmatrix} EA & 0 \\ 0 & EI_z \end{bmatrix} \frac{\partial^2}{\partial \mathbf{X}^2} \begin{bmatrix} u^e \\ v^e \end{bmatrix} dx + \int_{\Omega^e} \begin{bmatrix} d & 0 \\ 0 & p \end{bmatrix} \rho A \frac{\partial^2}{\partial t^2} \begin{bmatrix} u^e \\ v^e \end{bmatrix} dx = \mathbf{f}^e \tag{5.32}$$

onde

$$\mathbf{f}^e = \begin{bmatrix} -d(x_1^e) & 0 & 0 & d(x_2^e) & 0 & 0 \\ 0 & -p(x_1^e) & -\frac{\partial p}{\partial x}(x_1^e) & 0 & p(x_2^e) & \frac{\partial p}{\partial x}(x_2^e) \end{bmatrix} \begin{bmatrix} N_1^e \\ P_1^e \\ T_1^e \\ N_2^e \\ P_2^e \\ T_2^e \end{bmatrix} \tag{5.33}$$

$$\frac{\partial^2}{\partial \mathbf{X}^2} = \begin{bmatrix} \frac{\partial}{\partial x} & 0 \\ 0 & \frac{\partial^2}{\partial x^2} \end{bmatrix} \tag{5.34}$$

Substituindo (5.31) em (5.32), obtemos

$$\int_{\Omega^e} \frac{\partial^2}{\partial \mathbf{X}^2} \begin{bmatrix} d & 0 \\ 0 & p \end{bmatrix} \begin{bmatrix} EA & 0 \\ 0 & EI_z \end{bmatrix} \frac{\partial^2 \Psi}{\partial \mathbf{X}^2} \mathbf{U}^e \, dx + \int_{\Omega^e} \begin{bmatrix} d & 0 \\ 0 & p \end{bmatrix} \rho A \Psi \frac{\partial^2 \mathbf{U}^\mathbf{e}}{\partial t^2} dx = \mathbf{f}^e \tag{5.35}$$

Note que Ψ é função apenas da variável x, por meio de r.

Construção do sistema de equações do modelo

Seguindo o mesmo procedimento utilizado nos capítulos anteriores, devemos substituir as funções de ponderação d e p por outras convenientemente escolhidas, de modo a obter um sistema de equações para o elemento que permita o cálculo das frequências naturais e os modos de vibração da estrutura. Se substituirmos o par de funções de ponderação (d, p) por (ϕ_i, ψ_i^v) e $(0, \psi_i^\theta)$, para $i = 1$ e 2, em (5.35), e agruparmos os três pares de equações obtidos em um único sistema de equações, temos

$$\int_{\Omega^e} \left(\frac{\partial^2 \Psi}{\partial \mathbf{X}^2}\right)^T \mathbf{C}_b \left(\frac{\partial^2 \Psi}{\partial \mathbf{X}^2}\right) \mathbf{U}^e \, dx + \int_{\Omega^e} \rho A \Psi^T \Psi \frac{\partial^2 \mathbf{U}^e}{\partial t^2} \, dx = \mathbf{F}^e \tag{5.36}$$

onde

$$\mathbf{C}_b = \begin{bmatrix} EA & 0 \\ 0 & EI_z \end{bmatrix} \tag{5.37}$$

$$\mathbf{F}^e = \begin{bmatrix} -\phi_1(-1) & 0 & 0 & \phi_1(1) & 0 & 0 \\ 0 & -\psi_1^v(-1) & -\frac{\partial \psi_1^v}{\partial x}(-1) & 0 & \psi_1^v(1) & \frac{\partial \psi_1^v}{\partial x}(1) \\ 0 & -\psi_1^\theta(-1) & -\frac{\partial \psi_1^\theta}{\partial x}(-1) & 0 & \psi_1^\theta(1) & \frac{\partial \psi_1^\theta}{\partial x}(1) \\ -\phi_2(-1) & 0 & 0 & \phi_2(1) & 0 & 0 \\ 0 & -\psi_2^v(-1) & -\frac{\partial \psi_2^v}{\partial x}(-1) & 0 & \psi_2^v(1) & \frac{\partial \psi_2^v}{\partial x}(1) \\ 0 & -\psi_2^\theta(-1) & -\frac{\partial \psi_2^\theta}{\partial x}(-1) & 0 & \psi_2^\theta(1) & \frac{\partial \psi_2^\theta}{\partial x}(1) \end{bmatrix} \begin{bmatrix} N_1^e \\ P_1^e \\ T_1^e \\ N_2^e \\ P_2^e \\ T_2^e \end{bmatrix} \tag{5.38}$$

Note que obtivemos apenas três pares de equações com a substituição das funções de ponderação d e p em (5.35), devido às duas linhas nulas geradas pelos zeros dos pares $(0, \psi_1^\theta)$ e $(0, \psi_2^\theta)$.

Substituindo os valores de $\phi_i(r)$ obtidos por (5.20) e (5.21), e de $\psi_i^v(r)$ e $\psi_i^\theta(r)$ (e respectivas derivadas), como ilustrados na figura 5.5, em (5.38), temos

$$\mathbf{F}^e = \begin{bmatrix} -1 & 0 & 0 & 0 & 0 & 0 \\ 0 & -1 & 0 & 0 & 0 & 0 \\ 0 & 0 & -1 & 0 & 0 & 0 \\ 0 & 0 & 0 & 1 & 0 & 0 \\ 0 & 0 & 0 & 0 & 1 & 0 \\ 0 & 0 & 0 & 0 & 0 & 1 \end{bmatrix} \begin{bmatrix} N_1^e \\ P_1^e \\ T_1^e \\ N_2^e \\ P_2^e \\ T_2^e \end{bmatrix} = \begin{bmatrix} -N_1^e \\ -P_1^e \\ -T_1^e \\ N_2^e \\ P_2^e \\ T_2^e \end{bmatrix} \tag{5.39}$$

Na forma matricial $\mathbf{K}^e\mathbf{U}^e + \mathbf{M}^e\ddot{\mathbf{U}}^e = \mathbf{F}^e$, o sistema (5.36) pode ser escrito como

$$\begin{bmatrix} K^e_{u_1u_1} & 0 & 0 & K^e_{u_1u_2} & 0 & 0 \\ 0 & K^e_{v_1v_1} & K^e_{v_1\theta_1} & 0 & K^e_{v_1v_2} & K^e_{v_1\theta_2} \\ 0 & K^e_{\theta_1v_1} & K^e_{\theta_1\theta_1} & 0 & K^e_{\theta_1v_2} & K^e_{\theta_1\theta_2} \\ K^e_{u_2u_1} & 0 & 0 & K^e_{u_2u_2} & 0 & 0 \\ 0 & K^e_{v_2v_1} & K^e_{v_2\theta_1} & 0 & K^e_{v_2v_2} & K^e_{v_2\theta_2} \\ 0 & K^e_{\theta_2v_1} & K^e_{\theta_2\theta_1} & 0 & K^e_{\theta_2v_2} & K^e_{\theta_2\theta_2} \end{bmatrix} \begin{bmatrix} u_1^e \\ v_1^e \\ \theta_1^e \\ u_2^e \\ v_2^e \\ \theta_2^e \end{bmatrix} +$$

$$\begin{bmatrix} M^e_{u_1u_1} & 0 & 0 & M^e_{u_1u_2} & 0 & 0 \\ 0 & M^e_{v_1v_1} & M^e_{v_1\theta_1} & 0 & M^e_{v_1v_2} & M^e_{v_1\theta_2} \\ 0 & M^e_{\theta_1v_1} & M^e_{\theta_1\theta_1} & 0 & M^e_{\theta_1v_2} & M^e_{\theta_1\theta_2} \\ M^e_{u_2u_1} & 0 & 0 & M^e_{u_2u_2} & 0 & 0 \\ 0 & M^e_{v_2v_1} & M^e_{v_2\theta_1} & 0 & M^e_{v_2v_2} & M^e_{v_2\theta_2} \\ 0 & M^e_{\theta_2v_1} & M^e_{\theta_2\theta_1} & 0 & M^e_{\theta_2v_2} & M^e_{\theta_2\theta_2} \end{bmatrix} \begin{bmatrix} \ddot{u}_1^e \\ \ddot{v}_1^e \\ \ddot{\theta}_1^e \\ \ddot{u}_2^e \\ \ddot{v}_2^e \\ \ddot{\theta}_2^e \end{bmatrix} = \mathbf{F}^e \tag{5.40}$$

onde, para ρ, A, E e I_z constantes, temos

$$K^e_{u_iu_j} = EA\int_{\Omega^e} \frac{\partial\phi_i}{\partial x}\frac{\partial\phi_j}{\partial x}\,dx \tag{5.41}$$

$$K^e_{a_ib_j} = EI_z\int_{\Omega^e} \frac{\partial^2\psi_i^a}{\partial x^2}\frac{\partial^2\psi_j^b}{\partial x^2}\,dx \tag{5.42}$$

$$M^e_{u_iu_j} = \rho A\int_{\Omega^e} \phi_i\phi_j\,dx \tag{5.43}$$

$$M^e_{a_i b_j} = \rho A \int_{\Omega^e} \psi_i^a \psi_j^b \, dx \tag{5.44}$$

onde $a, b = v$ e θ, e $i, j = 1$ e 2.

Observe que as matrizes $\mathbf{K}^e$ e $\mathbf{M}^e$ do sistema de equações (5.40) são simétricas. Esta característica será utilizada para provar que as matrizes do elemento, no sistema *global* de coordenadas, também são simétricas, como veremos no final desta seção.

Transformação do sistema *local* para o *global* de coordenadas

O sistema de equações do elemento apresentado em (5.40) foi construído para as coordenadas *locais*, de modo que os deslocamentos u_i^e, v_i^e, θ_i^e são relativos à geometria *local* da viga. No entanto, a orientação do elemento no plano nem sempre permite que haja coincidência entre os deslocamentos *locais* e *globais*, como ilustra o elemento destacado na figura 5.1 . Assim, antes de passarmos à montagem do sistema de equações do modelo, é necessário transformar as matrizes de todos os elementos para o sistema *global* de coordenadas.

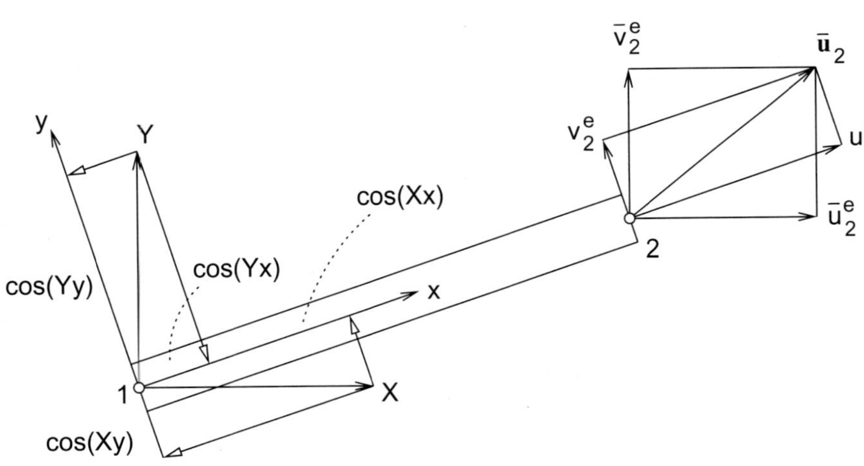

Figura 5.6: Transformação do sistema *local* para o *global* de coordenadas: projeções dos eixos *globais* (X, Y) nos eixos *locais* (x, y); e obtenção dos deslocamentos u_i^e e v_i^e (*locais*) a partir das componentes do deslocamento *global* $\bar{\mathbf{u}}_i^e = (\bar{u}_i^e, \bar{v}_i^e)$.

Como ilustrado na figura 5.6, os deslocamentos *locais* u_i^e e v_i^e são uma composição das projeções dos deslocamentos *globais* $\bar{u}_i^e$ e $\bar{v}_i^e$. Note que esta composição de projeções equivale à uma rotação de eixos coordenados, de (X, Y) para (x, y). Assim, temos

$$u_i^e = \bar{u}_i^e \cos(Xx) + \bar{v}_i^e \cos(Yx) \tag{5.45}$$

$$v_i^e = \bar{u}_i^e \cos(Xy) + \bar{v}_i^e \cos(Yy) \tag{5.46}$$

onde $\cos(Ab)$ representa o cosseno do ângulo entre o eixo coordenado *global* A e o eixo coordenado *local* b, os quais podem ser calculados pelo produto interno dos vetores unitários desses eixos. Note que, no caso geral representado na figura 5.6, o valor do $\cos(Xy)$ é negativo.

Assim, dado os vetores $\hat{\mathbf{X}} = (1, 0)$ e $\hat{\mathbf{Y}} = (0, 1)$ dos eixos coordenados *globais* X e Y, respectivamente, e os vetores $\hat{\mathbf{x}}^e = (\hat{x}_X^e, \hat{x}_Y^e)$ e $\hat{\mathbf{y}}^e = (\hat{y}_X^e, \hat{y}_Y^e)$ dos eixos coordenados *locais* x e y, respectivamente, temos

$$\cos(Xx) = \hat{\mathbf{X}} \cdot \hat{\mathbf{x}}^e = \hat{x}_X^e \tag{5.47}$$

$$\cos(Xy) = \hat{\mathbf{X}} \cdot \hat{\mathbf{y}}^e = \hat{y}_X^e \tag{5.48}$$

$$\cos(Yx) = \hat{\mathbf{Y}} \cdot \hat{\mathbf{x}}^e = \hat{x}_Y^e \tag{5.49}$$

$$\cos(Yy) = \hat{\mathbf{Y}} \cdot \hat{\mathbf{y}}^e = \hat{y}_Y^e \tag{5.50}$$

Note que estamos usando o sistema *global* de coordenadas para definir os vetores unitários, tanto os *globais* como os *locais*.

Para as rotações nodais θ_i^e não há necessidade de transformação, pois $\theta_i^e = \bar{\theta}_i^e$. Assim, a transformação entre os vetores $\mathbf{U}^e$ e $\bar{\mathbf{U}}^e$ pode ser escrita como

$$\mathbf{U}^e = \Gamma^e \bar{\mathbf{U}}^e \tag{5.51}$$

onde

$$\Gamma^e = \begin{bmatrix} \hat{x}_X^e & \hat{x}_Y^e & 0 & 0 & 0 & 0 \\ \hat{y}_X^e & \hat{y}_Y^e & 0 & 0 & 0 & 0 \\ 0 & 0 & 1 & 0 & 0 & 0 \\ 0 & 0 & 0 & \hat{x}_X^e & \hat{x}_Y^e & 0 \\ 0 & 0 & 0 & \hat{y}_X^e & \hat{y}_Y^e & 0 \\ 0 & 0 & 0 & 0 & 0 & 1 \end{bmatrix} \tag{5.52}$$

Substituindo (5.51) em (5.40), temos

$$\mathbf{K}^e \Gamma^e \bar{\mathbf{U}}^e + \mathbf{M}^e \Gamma^e \ddot{\bar{\mathbf{U}}}^e = \mathbf{F}^e \tag{5.53}$$

Analogamente ao resultado obtido para a transformação de $\bar{\mathbf{U}}^e$ em $\mathbf{U}^e$, por meio da composição vetorial ilustrada na figura 5.6, podemos deduzir a transformação de $\bar{\mathbf{F}}^e$ para $\mathbf{F}^e$, ou seja

$$\mathbf{F}^e = \Gamma^e \bar{\mathbf{F}}^e = \Gamma^e \begin{bmatrix} \bar{N}_1^e \\ \bar{P}_1^e \\ \bar{T}_1^e \\ \bar{N}_2^e \\ \bar{P}_2^e \\ \bar{T}_2^e \end{bmatrix} \tag{5.54}$$

Substituindo (5.54) em (5.53), temos

$$\mathbf{K}^e \Gamma^e \bar{\mathbf{U}}^e + \mathbf{M}^e \Gamma^e \ddot{\bar{\mathbf{U}}}^e = \Gamma^e \bar{\mathbf{F}}^e \tag{5.55}$$

Multiplicando ambos os lados da igualdade (5.55) por $(\Gamma^e)^T$, e utilizando o resultado demonstrado no exemplo 5.1 de que $(\Gamma^e)^T \Gamma^e = \mathbf{I}$, obtemos

$$\bar{\mathbf{K}}^e\bar{\mathbf{U}}^e + \bar{\mathbf{M}}^e\ddot{\bar{\mathbf{U}}}^e = \bar{\mathbf{F}}^e \tag{5.56}$$

onde

$$\bar{\mathbf{K}}^e = (\Gamma^e)^T \mathbf{K}^e \Gamma^e \tag{5.57}$$

$$\bar{\mathbf{M}}^e = (\Gamma^e)^T \mathbf{M}^e \Gamma^e \tag{5.58}$$

As constantes da matriz de elasticidade $\bar{\mathbf{K}}^e$ e da matriz de massa $\bar{\mathbf{M}}^e$ (ambas 6×6), definidas para o sistema *global* de coordenadas do modelo, podem ser calculadas com o auxílio de (5.41) a (5.44) e da própria matriz da transformação de coordenadas Γ^e, por meio das seguintes expressões:

$$\bar{K}^e_{ij} = \sum_{a=1}^{6}\sum_{b=1}^{6} (\Gamma^e)^T_{ia} K^e_{ab}\Gamma^e_{bj} \tag{5.59}$$

$$\bar{M}^e_{ij} = \sum_{a=1}^{6}\sum_{b=1}^{6} (\Gamma^e)^T_{ia} M^e_{ab}\Gamma^e_{bj} \tag{5.60}$$

Observe que as matrizes $\bar{\mathbf{K}}^e$ e $\bar{\mathbf{M}}^e$ são simétricas, pois à semelhança do que foi demonstrado no exemplo 3.1, $\left(\bar{\mathbf{K}}^e\right)^T = \bar{\mathbf{K}}^e$ e $\left(\bar{\mathbf{M}}^e\right)^T = \bar{\mathbf{M}}^e$, uma vez que $\mathbf{K}^e$ e $\mathbf{M}^e$ são simétricas. Como veremos na seção 5.1.6, esta simetria será utilizada como condição necessária para a aplicação do método iterativo de Jacobi, adotado para a solução do sistema de equações do modelo.

Exemplo 5.1 Mostre que o produto da matriz Γ^e, de transformação do sistema *local* para o *global* de coordenadas, pela sua transposta $(\Gamma^e)^T$ resulta na matriz identidade $\mathbf{I}$, como mencionado na dedução do sistema de equações (5.56).

Por (5.52) podemos calcular o produto da matriz da transformação de coordenadas pela sua transposta $(\Gamma^e)^T \Gamma^e$, ou seja

$$
(\Gamma^e)^T \Gamma^e = \begin{bmatrix} (\hat{x}_X^e)^2 + (\hat{y}_X^e)^2 & \hat{x}_X^e \hat{x}_Y^e + \hat{y}_X^e \hat{y}_Y^e & 0 & 0 & 0 & 0 \\ \hat{x}_Y^e \hat{x}_X^e + \hat{y}_Y^e \hat{y}_X^e & (\hat{x}_Y^e)^2 + (\hat{y}_Y^e)^2 & 0 & 0 & 0 & \\ 0 & 0 & 1 & 0 & 0 & 0 \\ 0 & 0 & 0 & & & \\ 0 & 0 & 0 & & \text{(idem)} & \\ 0 & 0 & 0 & & & \end{bmatrix}
$$

Pela figura 5.6 e pelas expressões (5.47) a (5.50), temos

$$
\hat{x}_X^e = \hat{y}_Y^e \quad \text{e} \quad \hat{x}_Y^e = -\hat{y}_X^e
$$

Assim, obtemos

$$
\hat{x}_Y^e \hat{x}_X^e + \hat{y}_Y^e \hat{y}_X^e = -\hat{y}_X^e \hat{y}_Y^e + \hat{y}_Y^e \hat{y}_X^e = 0
$$

Do mesmo modo, temos que $\hat{x}_X^e \hat{x}_Y^e + \hat{y}_X^e \hat{y}_Y^e = 0$.

E ainda, pela definição dos vetores unitários $\hat{\mathbf{x}}^e = (\hat{x}_X^e, \hat{x}_Y^e)$ e $\hat{\mathbf{y}}^e = (\hat{y}_X^e, \hat{y}_Y^e)$, temos que $\|\hat{\mathbf{x}}^e\| = \|\hat{\mathbf{y}}^e\| = 1$. Assim obtemos

$$
(\hat{x}_X^e)^2 + (\hat{y}_X^e)^2 = (\hat{y}_Y^e)^2 + (\hat{y}_X^e)^2 = 1
$$

$$
(\hat{x}_Y^e)^2 + (\hat{y}_Y^e)^2 = (\hat{x}_Y^e)^2 + (\hat{x}_X^e)^2 = 1
$$

Logo, $(\Gamma^e)^T \Gamma^e = \mathbf{I}$.

Do mesmo modo que ressaltamos para as forças de superfície no capítulo 3, a contribuição dos carregamentos nodais $\bar{\mathbf{F}}^e$, sobre os pontos nodais internos da estrutura, são anulados durante a montagem do sistema. Assim, para a finalidade da análise das frequências naturais e modos de vibração da estrutura, onde não é considerada a atuação de carregamentos externos, o vetor resultante dos carregamentos do sistema do modelo será nulo, ou seja, $\bar{\mathbf{F}} = 0$, como veremos na seção 5.1.2 .

5.1.2 Montagem do sistema de equações do modelo

A montagem do sistema de equações inicia com a geração de uma malha de elementos finitos que define a geometria do domínio por meio de um conjunto de domínios menores. Nos problemas estudados nos capítulos anteriores, o domínio era um meio físico contínuo que precisava ser discretizado. No caso de uma estrutura composta unicamente de elementos de viga, a malha é condicionada pelo arranjo das próprias vigas, como ilustrado na figura 5.7 .

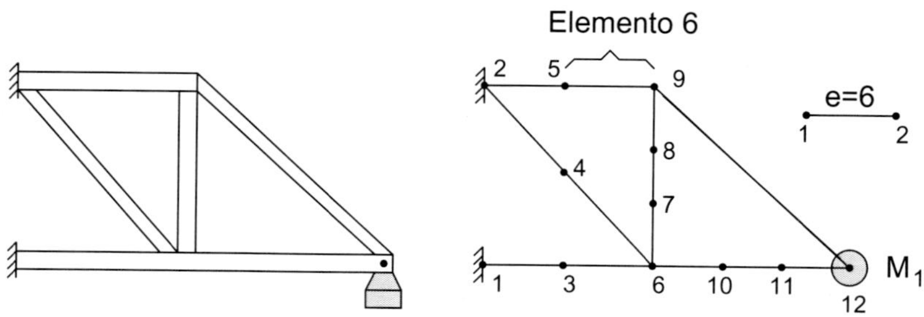

Figura 5.7: Malha de elementos finitos gerada manualmente, a partir da estrutura ilustrada no lado esquerdo da figura.

A partir da malha da estrutura é possível definir a função de *conectividade* dos elementos. Para exemplificar, vamos tomar o elemento 6 destacado na figura 5.7, cuja conectividade é dada por $g_1^6 = 5$ e $g_2^6 = 9$.

Adotando a mesma disposição das constantes do vetor $\bar{\mathbf{U}}^e$, ou seja, $\bar{\mathbf{U}}^T = [\bar{u}_1\ \bar{v}_1\ \bar{\theta}_1\ \ldots\ \bar{u}_n\ \bar{v}_n\ \bar{\theta}_n]^T$, e seguindo o mesmo procedimento utilizado nos capítulos anteriores, podemos esquematizar a montagem do sistema $\bar{\mathbf{K}}\bar{\mathbf{U}} + \bar{\mathbf{M}}\ddot{\bar{\mathbf{U}}} = \bar{\mathbf{F}}$ por meio do emprego das seguintes expressões:

$$\bar{K}_{hl} = \bar{K}_{hl} + \bar{K}^6_{ab} \tag{5.61}$$

$$\bar{K}_{(h+1)l} = \bar{K}_{(h+1)l} + \bar{K}^6_{(a+1)b} \tag{5.62}$$

$$\bar{K}_{(h+2)l} = \bar{K}_{(h+2)l} + \bar{K}^6_{(a+2)b} \tag{5.63}$$

$$\bar{K}_{h(l+1)} = \bar{K}_{h(l+1)} + \bar{K}^6_{a(b+1)} \tag{5.64}$$

$$\bar{K}_{h(l+2)} = \bar{K}_{h(l+2)} + \bar{K}^6_{a(b+2)} \tag{5.65}$$

$$\bar{K}_{(h+1)(l+1)} = \bar{K}_{(h+1)(l+1)} + \bar{K}^6_{(a+1)(b+1)} \tag{5.66}$$

$$\bar{K}_{(h+1)(l+2)} = \bar{K}_{(h+1)(l+2)} + \bar{K}^6_{(a+1)(b+2)} \tag{5.67}$$

$$\bar{K}_{(h+2)(l+1)} = \bar{K}_{(h+2)(l+1)} + \bar{K}^6_{(a+2)(b+1)} \tag{5.68}$$

$$\bar{K}_{(h+2)(l+2)} = \bar{K}_{(h+2)(l+2)} + \bar{K}^6_{(a+2)(b+2)} \tag{5.69}$$

onde $h = 3\left(g_i^e\right) - 2$, $l = 3\left(g_j^e\right) - 2$, $a = 3i - 2$ e $b = 3j - 2$, para $i, j = 1$ e 2 . As mesmas expressões se aplicam para a montagem da matriz de massa $\bar{\mathbf{M}}$.

Como apresentado na seção 5.1.1, a contribuição dos carregamentos nodais $\bar{\mathbf{F}}$ não é considerada na análise das frequências naturais e dos modos de vibração da estrutura. Com isso, trataremos neste capítulo apenas da forma homogênea do sistema de equações, ou seja, com $\bar{\mathbf{F}} = 0$.

Assim, para uma malha de n pontos nodais, obtemos um sistema de $3n$ equações com $3n$ incógnitas, que, na forma matricial, pode ser escrito como

$$\begin{bmatrix} \bar{K}_{11} & \cdot & \cdot & \cdot & \cdot & \cdot & \cdot & \cdot & \bar{K}_{1(3n)} \\ \cdot & \cdot & & & & & & & \cdot \\ \cdot & & \cdot & & & & & & \cdot \\ \cdot & & & \cdot & & & & & \cdot \\ \cdot & & & & \cdot & & & & \cdot \\ \cdot & & & & & \cdot & & & \cdot \\ \cdot & & & & & & \cdot & & \cdot \\ \cdot & & & & & & & \cdot & \cdot \\ \bar{K}_{(3n)1} & \cdot & \cdot & \cdot & \cdot & \cdot & \cdot & \cdot & \bar{K}_{(3n)(3n)} \end{bmatrix} \begin{bmatrix} \bar{u}_1 \\ \bar{v}_1 \\ \bar{\theta}_1 \\ \cdot \\ \cdot \\ \cdot \\ \bar{u}_n \\ \bar{v}_n \\ \bar{\theta}_n \end{bmatrix} +$$

$$\begin{bmatrix} \bar{M}_{11} & \cdot & \cdot & \cdot & \cdot & \cdot & \cdot & \cdot & \bar{M}_{1(3n)} \\ \cdot & \cdot & & & & & & & \cdot \\ \cdot & & \cdot & & & & & & \cdot \\ \cdot & & & \cdot & & & & & \cdot \\ \cdot & & & & \cdot & & & & \cdot \\ \cdot & & & & & \cdot & & & \cdot \\ \cdot & & & & & & \cdot & & \cdot \\ \cdot & & & & & & & \cdot & \cdot \\ \bar{M}_{(3n)1} & \cdot & \cdot & \cdot & \cdot & \cdot & \cdot & \cdot & \bar{M}_{(3n)(3n)} \end{bmatrix} \begin{bmatrix} \ddot{u}_1 \\ \ddot{v}_1 \\ \ddot{\theta}_1 \\ \cdot \\ \cdot \\ \cdot \\ \ddot{u}_n \\ \ddot{v}_n \\ \ddot{\theta}_n \end{bmatrix} = \mathbf{0} \tag{5.70}$$

Conforme mencionamos na seção 5.1.1, as matrizes $\bar{\mathbf{K}}$ e $\bar{\mathbf{M}}$ são simétricas, o que nos permite reduzir o esforço computacional de montagem, pois apenas metade das constantes acima ou abaixo da diagonal principal têm de ser calculadas, além das constantes da própria diagonal principal. Para a formulação de (5.61) a (5.69), basta calcularmos as constantes para $h \geq l$.

5.1.3 Cálculo analítico das constantes do sistema

Para obtermos as constantes do sistema de equações (5.70) é necessário calcularmos as constantes do sistema de equações de cada elemento, por meio da aplicação de (5.59) e (5.60). Para efetuarmos este cálculo analiticamente, temos que transformar a variável de integração, de x para a coordenada natural r, com o uso da diferenciação da variável x definida pela expressão (5.17), ou seja

$$dx = \frac{L}{2} dr \tag{5.71}$$

É necessário ainda aplicar a transformação de coordenadas de (1.21) para o cálculo das derivadas parciais de (5.41) a (5.44), ou seja

$$\frac{\partial \phi_i}{\partial x} = \frac{2}{L} \frac{\partial \phi_i}{\partial r} \tag{5.72}$$

$$\frac{\partial \psi_i^a}{\partial x} = \frac{2}{L} \frac{\partial \psi_i^a}{\partial r} \tag{5.73}$$

Como já mencionamos na seção (5.1.1), as constantes do vetor $\bar{\mathbf{F}}$ são anuladas durante a montagem do sistema para os nós internos da malha.

Além disso, para fins de cálculo das frequências naturais e dos modos de vibração da estrutura, os carregamentos externos não são considerados. Assim, as constantes do vetor $\bar{\mathbf{F}}$ são todas nulas, ou seja, $\bar{\mathbf{F}} = 0$.

Exemplo 5.2 Calcule as constantes $\bar{K}^e_{ij}$ e $\bar{M}^e_{ij}$ do elemento de viga de 2 (dois) nós para o sistema *global* de coordenadas (X, Y) indicado na figura. Apresente os resultados em função das constantes A, I_z, E e ρ da viga.

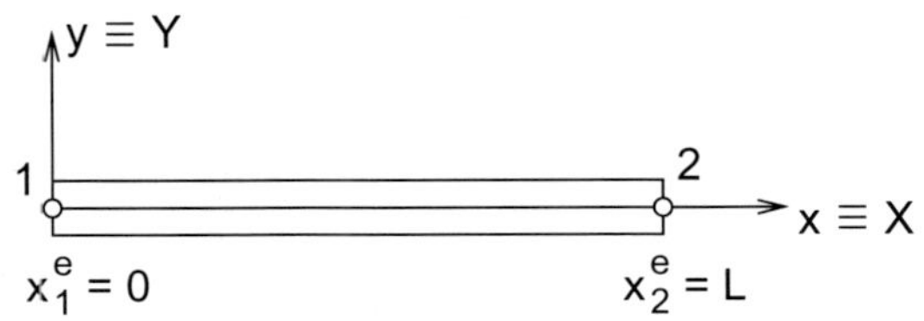

Como o sistema *local* de coordenadas é coincidente com o *global*, a matriz da transformada de (5.52) é igual à identidade, ou seja, $\Gamma^e = \mathbf{I}$. Assim, as expressões (5.59) e (5.60) reduzem-se às expressões (5.41) a (5.44), usadas para o cálculo das constantes do sistema nas coordenadas *locais*.

Para o cálculo das derivadas parciais, temos que aplicar (5.72) e (5.73), juntamente com a transformação da variável de integração de (5.71). Assim, obtemos

$$K^e_{u_i u_j} = 2\frac{EA}{L}\int_{-1}^{+1} \frac{\partial \phi_i}{\partial r}\frac{\partial \phi_j}{\partial r}\, dr$$

$$K^e_{a_i b_j} = 8\frac{EI_z}{L^3}\int_{-1}^{+1} \frac{\partial^2 \psi_i^a}{\partial r^2}\frac{\partial^2 \psi_j^b}{\partial r^2}\, dr$$

$$M^e_{u_i u_j} = \frac{\rho A L}{2}\int_{-1}^{+1} \phi_i \phi_j\, dr$$

$$M^e_{a_i b_j} = \frac{\rho A L}{2}\int_{-1}^{+1} \psi_i^a \psi_j^b\, dr$$

Utilizando as *funções de interpolação* (5.20) e (5.21), e (5.27) a (5.30), e com o auxílio de um programa de matemática simbólica, obtemos as seguintes constantes para as matrizes $\bar{\mathbf{K}}^e$ e $\bar{\mathbf{M}}^e$:

$$\bar{\mathbf{K}}^e = \begin{bmatrix} A & 0 & 0 & -A & 0 & 0 \\ 0 & 12\frac{I_z}{L^2} & 6\frac{I_z}{L} & 0 & -12\frac{I_z}{L^2} & 6\frac{I_z}{L} \\ 0 & 6\frac{I_z}{L} & 4I_z & 0 & -6\frac{I_z}{L} & 2I_z \\ -A & 0 & 0 & A & 0 & 0 \\ 0 & -12\frac{I_z}{L^2} & -6\frac{I_z}{L} & 0 & 12\frac{I_z}{L^2} & -6\frac{I_z}{L} \\ 0 & 6\frac{I_z}{L} & 2I_z & 0 & -6\frac{I_z}{L} & 4I_z \end{bmatrix} \frac{E}{L}$$

$$\bar{\mathbf{M}}^e = \begin{bmatrix} 140 & 0 & 0 & 70 & 0 & 0 \\ 0 & 156 & 22L & 0 & 54 & -13L \\ 0 & 22L & 4L^2 & 0 & 13L & -3L^2 \\ 70 & 0 & 0 & 140 & 0 & 0 \\ 0 & 54 & 13L & 0 & 156 & -22L \\ 0 & -13L & -3L^2 & 0 & -22L & 4L^2 \end{bmatrix} \frac{\rho AL}{420}$$

5.1.4 Integração numérica das constantes do sistema

Ao contrário do que vimos nos capítulos anteriores, o cálculo das constantes do sistema de equações do elemento, nas coordenadas *locais*, pode ser feito sem a obrigatoriedade do uso de algoritmos computacionais de integração numérica, como podemos constatar no exemplo 5.2 . No entanto, quando passamos à montagem do sistema de equações do modelo, nas coordenadas *globais*, torna-se necessário o uso de algoritmos, tais como o da formulação de Gauss-Legendre, descrita na seção 2.1.4 .

Exemplo 5.3 Calcule o valor das constantes $\bar{K}^e_{32}$ e $\bar{M}^e_{45}$ do elemento da figura, utilizando a formulação de Gauss-Legendre. Apresente o resultado em função de A, I_z, E e ρ, e compare com os valores calculados analiticamente.

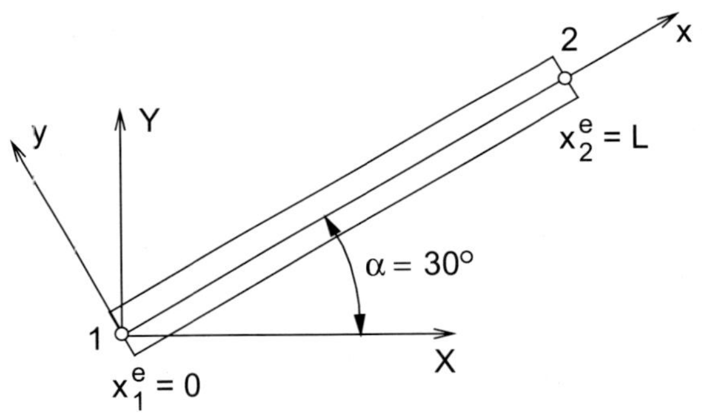

Por (5.59) e (5.60), temos

$$\bar{K}^e_{32} = \sum_{a=1}^{6} \sum_{b=1}^{6} (\Gamma^e)^T_{3a} K^e_{ab} \Gamma^e_{b2}$$

$$\bar{M}^e_{45} = \sum_{a=1}^{6} \sum_{b=1}^{6} (\Gamma^e)^T_{4a} M^e_{ab} \Gamma^e_{b5}$$

E ainda, por (5.52), temos

$$\Gamma^e = \begin{bmatrix} \cos\alpha & \operatorname{sen}\alpha & 0 & 0 & 0 & 0 \\ -\operatorname{sen}\alpha & \cos\alpha & 0 & 0 & 0 & 0 \\ 0 & 0 & 1 & 0 & 0 & 0 \\ 0 & 0 & 0 & \cos\alpha & \operatorname{sen}\alpha & 0 \\ 0 & 0 & 0 & -\operatorname{sen}\alpha & \cos\alpha & 0 \\ 0 & 0 & 0 & 0 & 0 & 1 \end{bmatrix}$$

Efetuando o produto acima, com a definição de $\mathbf{K}^e$ e $\mathbf{M}^e$ dada por (5.40), temos

$$\bar{K}^e_{32} = K^e_{\theta_1 v_1} \cos\alpha$$

$$\bar{M}^e_{45} = \left(M^e_{u_2 u_2} - M^e_{v_2 v_2}\right) \cos\alpha \,\operatorname{sen}\alpha$$

Por (5.42) a (5.44), obtemos as seguintes expressões com as transformações de variáveis de (5.71) e (5.73), e com as *funções de interpolação* (5.21), e (5.27) a (5.29):

$$\begin{aligned}
\bar{K}^e_{32} &= 8\tfrac{EI_z}{L^3} \cos\alpha \int_{-1}^{+1} \tfrac{\partial^2 \psi^\theta_1}{\partial r^2} \tfrac{\partial^2 \psi^v_1}{\partial r^2}\, dr \\
&= 8\tfrac{EI_z}{L^3} \cos\alpha \int_{-1}^{+1} \left[\tfrac{L}{4}(3r-1)\right]\left(\tfrac{3}{2}r\right) dr \\
&= 3\tfrac{EI_z}{L^2} \cos\alpha \int_{-1}^{+1} r(3r-1)\, dr
\end{aligned}$$

$$\begin{aligned}
\bar{M}^e_{45} &= \tfrac{\rho A L}{2} \cos\alpha \,\operatorname{sen}\alpha \int_{-1}^{+1} \left(\phi_2\phi_2 - \psi^v_2\psi^v_2\right) dr \\
&= \tfrac{\rho A L}{2} \cos\alpha \,\operatorname{sen}\alpha \int_{-1}^{+1} \left[\tfrac{1}{4}(1+r)^2 - \tfrac{1}{16}(1+r)^4(2-r)^2\right] dr \\
&= \tfrac{\rho A L}{8} \cos\alpha \,\operatorname{sen}\alpha \int_{-1}^{+1} \left[(1+r)^2 - \tfrac{1}{4}(1+r)^4(2-r)^2\right] dr
\end{aligned}$$

Pela formulação de Gauss-Legendre, apresentada na seção 1.1.4, são necessários 2 e 4 pontos de integração ($m = 2$ e $m = 4$) para integrar exatamente $\bar{K}^e_{32}$ e $\bar{M}^e_{45}$, respectivamente. Assim, aplicando (1.33), temos

$$\begin{aligned}
\bar{K}^e_{32} &= 3\tfrac{EI_z}{L^2} \cos\alpha \sum_{i=1}^{2} \omega_i \left[c_i(3c_i - 1)\right] \\
&= (3{,}0000000000)\sqrt{3}\tfrac{EI_z}{L^2}
\end{aligned}$$

$$\bar{M}^e_{45} = \tfrac{\rho AL}{8} \cos\alpha \,\operatorname{sen}\alpha \sum_{i=1}^{4} \omega_i \left[(1+c_i)^2 - \tfrac{1}{4}(1+c_i)^4(2-c_i)^2\right]$$

$$= (-0,9999999999)\tfrac{\sqrt{3}}{105}\rho AL$$

onde ω_i e c_i são dados pela tabela 1.1, para $m = 2$ e 4, respectivamente.

Para calcularmos os valores de $\bar{K}^e_{32}$ e $\bar{M}^e_{45}$ analiticamente, basta que utilizemos as constantes $K^e_{\theta_1 v_1}$, $M^e_{u_2 u_2}$ e $M^e_{v_2 v_2}$, obtidas no exemplo 5.2 . Assim, temos

$$\bar{K}^e_{32} = 6\tfrac{EI_z}{L^2} \cos\alpha = 3\sqrt{3}\tfrac{EI_z}{L^2}$$

$$\bar{M}^e_{45} = (140-156)\tfrac{\rho AL}{420} \cos\alpha \,\operatorname{sen}\alpha = -\tfrac{\sqrt{3}}{105}\rho AL$$

Logo, constatamos que, a menos da precisão numérica finita, os resultados obtidos analiticamente são idênticos aos calculados pela integração numérica de Gauss-Legendre.

No exemplo 5.3, utilizamos 4 (quatro) pontos para calcular o valor de $\bar{M}^e_{45}$ pela formulação de Gauss-Legendre. Se notarmos que as constantes da matriz $\bar{\mathbf{M}}^e$ são sempre obtidas por uma soma de constantes da matriz $\mathbf{M}^e$, ponderadas por funções trigonométricas cos() e sen(), concluímos que a maior ordem do polinômio de integração é 6 (seis). Do mesmo modo, são necessários apenas 2 (dois) pontos de integração para calcular exatamente as constantes da matriz $\bar{\mathbf{K}}^e$. Cabe ressaltar que as funções trigonométricas cos() e sen() são independentes da variável de integração r.

5.1.5 Condições de contorno

Para a finalidade de obtermos as frequências naturais e os modos de vibração da estrutura, a imposição das condições de contorno compreende apenas a definição das restrições de deslocamentos e a inclusão de massas concentradas nos pontos nodais.

Nos capítulos anteriores, a imposição de valores preestabelecidos às variáveis do sistema de equações foi feita com o artifício numérico de substituir o elemento da diagonal principal da matriz $\bar{\mathbf{K}}$ por um número $\beta \gg 1$, e a constante equivalente do vetor de entrada do sistema pelo produto entre o valor conhecido da variável e o mesmo número β. Neste capítulo, as condições de contorno relativas às restrições de deslocamento serão impostas pela remoção das linhas e colunas correspondentes nas matrizes $\bar{\mathbf{K}}$ e $\bar{\mathbf{M}}$.

Exemplo 5.4 Monte as matrizes $\bar{\mathbf{K}}$ e $\bar{\mathbf{M}}$ do sistema de equações do modelo de uma viga engastada, como ilustrado na figura, impondo as condições de contorno relativas ao nó 1 da viga. Apresente o resultado em função dos parâmetros A, I_z, E e ρ da viga.

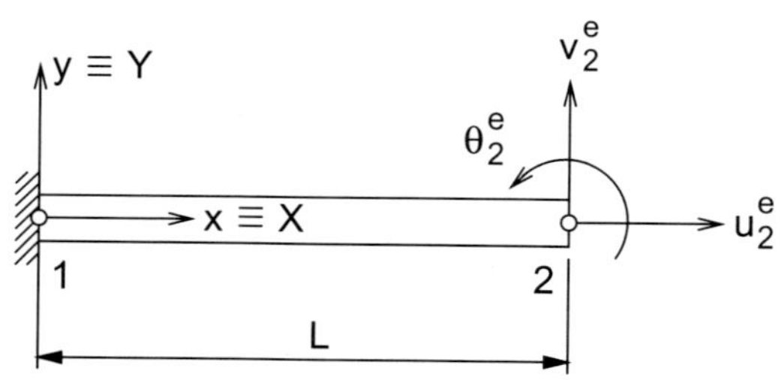

Utilizando o resultado do exemplo 5.2, para as matrizes $\bar{\mathbf{K}}$ e $\bar{\mathbf{M}}$, e removendo as linhas e colunas associadas às condições de contorno ($\bar{u}_1 = \bar{v}_1 = \bar{\theta}_1 = 0$), obtemos o seguinte sistema de equações:

$$\bar{\mathbf{K}} \begin{bmatrix} \bar{u}_2 \\ \bar{v}_2 \\ \bar{\theta}_2 \end{bmatrix} + \bar{\mathbf{M}} \begin{bmatrix} \ddot{\bar{u}}_2 \\ \ddot{\bar{v}}_2 \\ \ddot{\bar{\theta}}_2 \end{bmatrix} = \bar{\mathbf{F}}$$

onde

$$\bar{\mathbf{K}} = \begin{bmatrix} A & 0 & 0 \\ 0 & 12\frac{I_z}{L^2} & -6\frac{I_z}{L} \\ 0 & -6\frac{I_z}{L} & 4I_z \end{bmatrix} \frac{E}{L}$$

$$\bar{\mathbf{M}} = \begin{bmatrix} 140 & 0 & 0 \\ 0 & 156 & -22L \\ 0 & -22L & 4L^2 \end{bmatrix} \frac{\rho AL}{420}$$

Note que os deslocamentos *globais* são iguais aos *locais*, pois os eixos desses sistemas de coordenadas são coincidentes, como ilustrado na figura.

A inclusão de massas concentradas nos pontos nodais (massa M_1 e M_2 na figura 5.1) é feita pela adição do valor da massa à constante da diagonal principal da matriz $\bar{\mathbf{M}}$, correspondente ao nó. Tomando como exemplo a massa M_2 concentrada no nó C da figura 5.1, a qual supomos ter uma inércia rotacional I_{2z}^M, obtemos a seguinte matriz $\bar{\mathbf{M}}$:

$$\bar{\mathbf{M}} = \begin{bmatrix} \bar{M}_{11} & \cdot & \cdot & \cdot & \cdot & \cdot & \cdot & \bar{M}_{1(3n)} \\ \cdot & & \cdot & & & & & \cdot \\ \cdot & & & \cdot & & & & \cdot \\ \cdot & & & & \bar{M}_{u_C} & & & \cdot \\ \cdot & & & & & \bar{M}_{v_C} & & \cdot \\ \cdot & & & & & & \bar{M}_{\theta_C} & \cdot \\ \cdot & & & & & & \cdot & \cdot \\ \bar{M}_{(3n)1} & \cdot & \cdot & \cdot & \cdot & \cdot & \cdot & \bar{M}_{(3n)(3n)} \end{bmatrix} \tag{5.74}$$

onde $\bar{M}_{u_C} = \bar{M}_{hh} + M_2$, $\bar{M}_{v_C} = \bar{M}_{(h+1)(h+1)} + M_2$ e $\bar{M}_{\theta_C} = \bar{M}_{(h+2)(h+2)} + I_{2z}^M$. Note que h é o mesmo índice utilizado em (5.61) a (5.69), ou seja, $h = 3C - 2$.

Observe que a adição da massa concentrada só é feita nas constantes da matriz $\bar{\mathbf{M}}$ que contribuem para os deslocamentos u_C e v_C. À constante relativa ao deslocamento angular θ_C é adicinado o valor da inércia rotacional associada. Em alguns casos, onde esta inércia rotacional é considerada desprezível, a constante $\bar{M}_{\theta_C} = \bar{M}_{(h+2)(h+2)}$ permanece inalterada. Note que a inércia rotacional I_{2z}^M tem unidade de kg·m^2 (no sistema internacional de unidades de medida).

5.1.6 Solução do sistema de equações do modelo

A obtenção da solução de (5.70) tem como objetivo a determinação das frequências naturais (f_i) e dos modos de vibração da estrutura ($\bar{\mathbf{U}}_i$). Assim, consideremos o problema de vibração livre, expresso pela seguinte equação:

$$\bar{\mathbf{K}}\bar{\mathbf{U}} + \bar{\mathbf{M}}\ddot{\bar{\mathbf{U}}} = \mathbf{0} \tag{5.75}$$

Para resolver este sistema homogêneo, assumiremos a solução da seguinte forma:

$$\bar{\mathbf{U}}(t) = \bar{\mathbf{U}}_i \text{sen}(w_i t) \tag{5.76}$$

onde $w_i = 2\pi f_i$ é a velocidade angular ou frequência angular do modo de vibração $\bar{\mathbf{U}}_i$ correspondente. Substituindo (5.76) em (5.75), obtemos o seguinte sistema:

$$\bar{\mathbf{K}}\bar{\mathbf{U}}_i \text{sen}(w_i t) - w_i^2 \bar{\mathbf{M}}\bar{\mathbf{U}}_i \text{sen}(w_i t) = \mathbf{0} \tag{5.77}$$

Como a equação tem de ser válida para qualquer valor de t, temos que atender à seguinte condição:

$$\left(\bar{\mathbf{K}} - w_i^2 \bar{\mathbf{M}}\right) \bar{\mathbf{U}}_i = \mathbf{0} \tag{5.78}$$

A equação (5.78) representa a equação característica dos autovalores (w_i^2) e autovetores ($\bar{\mathbf{U}}_i$) do sistema de equações (5.75).

Para sistemas de baixa ordem, digamos $n \leq 4$, é viável obtermos a solução de (5.78) pela determinação das raízes da equação

$$\det\left(\bar{\mathbf{K}} - w_i^2 \bar{\mathbf{M}}\right) = \mathbf{0} \tag{5.79}$$

Após calcularmos as raízes de (5.79), substituímos os valores de w_i em (5.78) e calculamos os autovetores $\bar{\mathbf{U}}_i$ correspondentes ($i = 1, \ldots, n$).

Exemplo 5.5 Calcule as frequências naturais e os modos de vibração do sistema do exemplo 5.4, para os modos de vibração relacionados apenas com a flexão da viga. Compare as frequências naturais obtidas com os valores calculados analiticamente.

Para obtermos o sistema de equações da viga, sujeita apenas a deslocamentos causados pela sua flexão, temos que eliminar o deslocamento u_2 ($\equiv \bar{u}_2$) por meio da aplicação da condição de contorno $\bar{u}_2 = 0$ às matrizes do exemplo 5.4, salientando que, no modelo desenvolvido neste capítulo, as equações de equilíbrio dos deslocamentos *locais* u e v são desacopladas. Assim, obtemos o seguinte sistema de equações:

$$\bar{\mathbf{K}} \begin{bmatrix} \bar{v}_2 \\ \bar{\theta}_2 \end{bmatrix} + \bar{\mathbf{M}} \begin{bmatrix} \ddot{\bar{v}}_2 \\ \ddot{\bar{\theta}}_2 \end{bmatrix} = \mathbf{0}$$

onde

$$\bar{\mathbf{K}} = \begin{bmatrix} 12 & -6L \\ -6L & 4L^2 \end{bmatrix} \frac{EI_z}{L^3}$$

$$\bar{\mathbf{M}} = \begin{bmatrix} 156 & -22L \\ -22L & 4L^2 \end{bmatrix} \frac{\rho AL}{420}$$

Para obtermos os autovalores do sistema, temos que resolver as raízes da equação (5.79), ou seja

$$\det \left\{ \begin{bmatrix} 12 & -6L \\ -6L & 4L^2 \end{bmatrix} - a_i \begin{bmatrix} 156 & -22L \\ -22L & 4L^2 \end{bmatrix} \right\} = \mathbf{0}$$

onde $a_i = \frac{\rho AL^4}{420EI_z} w_i^2$

Desenvolvendo o determinante, obtemos a seguinte equação:

$$4L^2(12-156a_i)(1-a_i)-(-6L+22La_i)^2=0$$

$$35a_i^2-102a_i+3=0$$

A solução desta equação fornece as seguintes raízes:

$$a_1=0,029714743$$
$$a_2=2,884570971$$

Assim, pela definição de a_i e da frequência natural $f_i=\frac{w_i}{2\pi}$, obtemos

$$f_1=\frac{3,5327}{2\pi}\sqrt{\frac{EI_z}{\rho AL^4}}$$

$$f_2=\frac{34,8069}{2\pi}\sqrt{\frac{EI_z}{\rho AL^4}}$$

Substituindo os autovalores (w_i^2) na equação característica (5.78), podemos calcular os modos de vibração (autovetores) do sistema de equações. Assim, para w_1, temos

$$\begin{bmatrix} 7,364500092 & -5,346275654L \\ -5,346275654L & 3,881141028L^2 \end{bmatrix}\bar{\mathbf{U}}_1=\mathbf{0}$$

Logo

$$\bar{\mathbf{U}}_1=\begin{bmatrix} 1,0000L \\ 1,3775 \end{bmatrix}$$

Para w_2, temos

$$\begin{bmatrix} -437,9930715 & 57,46056136L \\ 57,46056136L & -7,538283884L^2 \end{bmatrix}\bar{\mathbf{U}}_2=\mathbf{0}$$

Logo

$$\bar{\mathbf{U}}_2=\begin{bmatrix} 0,1312L \\ 1,0000 \end{bmatrix}$$

Os valores das frequências naturais, calculados analiticamente, podem ser obtidos pelas raízes da seguinte expressão [21],[40],[42]:

$$\cosh\left(\frac{\rho A L^4}{E I_z} w_i^2\right)^{\frac{1}{4}} \cos\left(\frac{\rho A L^4}{E I_z} w_i^2\right)^{\frac{1}{4}} = -1$$

cuja solução das raízes fornece os seguintes valores para $f_i = \frac{w_i}{2\pi}$:

$$f_1 = \frac{3{,}5160}{2\pi}\sqrt{\frac{EI_z}{\rho A L^4}}$$

$$f_2 = \frac{22{,}0345}{2\pi}\sqrt{\frac{EI_z}{\rho A L^4}}$$

O valor calculado com o modelo de elementos finitos, para a primeira frequência natural (f_1), está muito próximo do valor analítico. A diferença observada para o valor da segunda frequência natural (f_2), entre a solução do modelo e a calculada analiticamente, pode ser explicada pelo baixo número de nós utilizados, ou seja, a malha possui apenas 1 (um) elemento.

Para sistemas de equações de ordem mais elevada é necessário utilizar métodos iterativos. Neste capítulo apresentaremos o método iterativo de Jacobi para resolver (5.78). Apesar de não ser um dos métodos mais eficientes do ponto de vista computacional, a sua robustez permite que este seja empregado para a solução de sistemas de equações de ordem não muito elevada. O estudo de outros métodos, tais como o HQRI (Householder-QR-Inverse) e a Interação no Subespaço [9],[13],[40], serão deixados ao leitor, pela consulta às referências indicadas.

Método iterativo de Jacobi

Este método se aplica à solução do problema de autovalores e autovetores de sistemas cujas matrizes $\bar{\mathbf{K}}$ e $\bar{\mathbf{M}}$ são simétricas. O método consiste em aplicar sucessivas transformações até que as matrizes sejam reduzidas à forma diagonal, ou seja, com valores nulos nas constantes não pertencentes à diagonal principal da matriz.

Em cada iteração, as matrizes $\bar{\mathbf{K}}$ e $\bar{\mathbf{M}}$ sofrem uma transformação cujo objetivo é tornar nulos os seus elementos $\bar{K}_{ij}$ e $\bar{M}_{ij}$ ($i \neq$j), e seus respectivos simétricos. Esta transformação, na iteração $k+1$, consiste em

$$\bar{\mathbf{K}}^{(k+1)} = \left(\mathbf{R}^{(k)}\right)^T \bar{\mathbf{K}}^{(k)}\mathbf{R}^{(k)} \tag{5.80}$$

$$\bar{\mathbf{M}}^{(k+1)} = \left(\mathbf{R}^{(k)}\right)^T \bar{\mathbf{M}}^{(k)}\mathbf{R}^{(k)} \tag{5.81}$$

onde

$$\mathbf{R}^{(k)} = \begin{bmatrix} 1 & & & & & & & & \\ & \cdot & & & & & & & \\ & & \cdot & & & & & & \\ & & & 1 & & R_{ij}^{(k)} & & & \\ & & & & \cdot & & & & \\ & & & & & \cdot & & & \\ & & & & & & \cdot & & \\ & & & R_{ji}^{(k)} & & 1 & & & \\ & & & & & & \cdot & & \\ & & & & & & & \cdot & \\ & & & & & & & & 1 \end{bmatrix} \tag{5.82}$$

A matriz $\mathbf{R}^{(k)}$, definida em (5.82), possui a diagonal principal composta de constantes unitárias e, com exceção de $R_{ji}^{(k)}$ e $R_{ij}^{(k)}$, todas as demais constantes, fora da diagonal principal, são nulas.

Quando a convergência é atingida ($k \to \infty$), os autovalores e os autovetores são obtidos por

$$w_i^2 = \frac{\bar{K}_{ii}^{(\infty)}}{\bar{M}_{ii}^{(\infty)}} \tag{5.83}$$

$$\bar{\mathbf{U}}_i = \text{coluna}_i \text{ de } \left[\mathbf{R}^{(1)}\ \mathbf{R}^{(2)} \ldots \mathbf{R}^{(\infty)}\right] \tag{5.84}$$

Os autovalores e autovetores dados por (5.83) e (5.84) não estão ordenados, de modo que $i = 1$, por exemplo, não é obrigatoriamente o primeiro autovalor e autovetor.

As constantes $R_{ji}^{(k)}$ e $R_{ij}^{(k)}$ de (5.82) são calculadas, para cada iteração, pela imposição da condição $\bar{K}_{ij}^{(k+1)} = \bar{M}_{ij}^{(k+1)} = \bar{K}_{ji}^{(k+1)} = \bar{M}_{ji}^{(k+1)} = 0$, sobre as matrizes obtidas por meio de (5.80) e (5.81), ou seja

$$R_{ij}^{(k)} \bar{K}_{ii}^{(k)} + \left[1 + R_{ij}^{(k)} R_{ji}^{(k)}\right] \bar{K}_{ij}^{(k)} + R_{ji}^{(k)} \bar{K}_{jj}^{(k)} = 0 \tag{5.85}$$

$$R_{ij}^{(k)} \bar{M}_{ii}^{(k)} + \left[1 + R_{ij}^{(k)} R_{ji}^{(k)}\right] \bar{M}_{ij}^{(k)} + R_{ji}^{(k)} \bar{M}_{jj}^{(k)} = 0 \tag{5.86}$$

Para resolver (5.85) e (5.86), utilizaremos a seguinte substituição de variáveis:

$$R_{ji}^{(k)} = -\frac{a}{\alpha} \tag{5.87}$$

$$R_{ij}^{(k)} = \frac{b}{\alpha} \tag{5.88}$$

onde $a = \bar{K}_{ii}^{(k)} \bar{M}_{ij}^{(k)} - \bar{K}_{ij}^{(k)} \bar{M}_{ii}^{(k)}$ e $b = \bar{K}_{jj}^{(k)} \bar{M}_{ij}^{(k)} - \bar{K}_{ij}^{(k)} \bar{M}_{jj}^{(k)}$.

Substituindo (5.87) e (5.88) em (5.85) e (5.86), obtemos uma única equação do segundo grau, ou seja

$$\alpha^2 - c\alpha - ab = 0 \tag{5.89}$$

onde $c = \bar{K}_{ii}^{(k)} \bar{M}_{jj}^{(k)} - \bar{K}_{jj}^{(k)} \bar{M}_{ii}^{(k)}$

A solução de (5.89) que sempre satisfaz a condição de $\alpha \neq 0$, imposta por (5.87) e (5.88), pode ser expressa por

$$\alpha = \frac{c + \text{sinal}(c)\sqrt{c^2 + 4ab}}{2} \tag{5.90}$$

onde

$$\text{sinal}(c) = \begin{cases} +1 & \text{para } c \geq 0, \\ -1 & \text{para } c < 0 \end{cases} \tag{5.91}$$

Na prática não é possível executar o processo iterativo até que $k \to \infty$. O procedimento que adotaremos é o de comparar o erro máximo dos autovalores calculados numa varredura, após a aplicação das transformações (5.80) e (5.81) sobre as constantes K_{ij} e M_{ij} não nulas, com o calculado numa varredura anterior, e verificar se o valor está abaixo de uma tolerância *tol*. Assim, após a aplicação da varredura ζ, podemos calcular o valor do $erro^{(\zeta)}$ por meio da seguinte expressão, que utiliza como referência os valores das frequências angulares $w_i^{(\zeta)}$, obtidos após a varredura ζ:

$$erro^{(\zeta)} = \max \left| \frac{(w_i^2)^{(\zeta)} - (w_i^2)^{(\zeta-1)}}{(w_i^2)^{(\zeta)}} \right| < tol \tag{5.92}$$

Note que cada varredura é composta de várias iterações, e que o número de iterações varia a cada varredura, pois apenas quando uma das constantes $\bar{K}_{ij}^{(k)}$ ou $\bar{M}_{ij}^{(k)}$ for significativamente grande é que as transformações (5.80) e (5.81) são aplicadas.

Exemplo 5.6 Utilize o método iterativo de Jacobi para calcular os autovalores e autovetores da viga do exemplo 5.5 . Para simplificar o trabalho de cálculo, utilize valores unitários para A, I_z, E, ρ e L, no sistema internacional de unidades. Compare o resultado com os valores dos autovalores (w_i^2) e autovetores (modos de vibração) calculados no exemplo 5.5 .

Pelo exemplo 5.5, temos as seguintes matrizes de elasticidade e de massa:

$$\bar{\mathbf{K}} = \begin{bmatrix} 12 & -6 \\ -6 & 4 \end{bmatrix}$$

$$\bar{\mathbf{M}} = \begin{bmatrix} 156 & -22 \\ -22 & 4 \end{bmatrix} \frac{1}{420}$$

Calculando os coeficientes de (5.87) e (5.88), temos

$$a = \bar{K}_{11}\bar{M}_{12} - \bar{K}_{12}\bar{M}_{11} = \tfrac{168}{105}$$

$$b = \bar{K}_{22}\bar{M}_{12} - \bar{K}_{12}\bar{M}_{22} = -\tfrac{16}{105}$$

$$c = \bar{K}_{11}\bar{M}_{22} - \bar{K}_{22}\bar{M}_{11} = -\tfrac{144}{105}$$

$$\alpha = \frac{-144-\sqrt{(144)^2+4(168)(-16)}}{2(105)} = -1,161523657$$

Logo

$$R_{21}^{(k)} = 1,377501001$$

$$R_{12}^{(k)} = 0,131190571$$

Assim, obtemos a matriz $\mathbf{R}^{(1)}$ para a primeira iteração

$$\mathbf{R}^{(1)} = \begin{bmatrix} 1 & 0,131190571 \\ 1,377501001 & 1 \end{bmatrix}$$

Efetuando as transformações (5.80) e (5.81), temos

$$\bar{\mathbf{K}}^{(2)} = \begin{bmatrix} 3,060024019 & -0,000000001 \\ -0,000000001 & 2,632244739 \end{bmatrix}$$

$$\bar{\mathbf{M}}^{(2)} = \begin{bmatrix} 0.245190457 & -0.000000000 \\ -0.000000000 & 0.002172680 \end{bmatrix}$$

A convergência foi atingida com apenas uma iteração, pois obtivemos valores nulos para todas as constantes das matrizes $\bar{\mathbf{K}}^{(2)}$ e $\bar{\mathbf{M}}^{(2)}$ não pertencentes à diagonal principal. Assim, por (5.83), obtemos os seguintes valores para a raiz quadrada de cada um dos autovalores:

$$w_1 = \sqrt{\frac{\bar{K}_{11}^{(2)}}{\bar{M}_{11}^{(2)}}} = 3,532731543 \text{ rad/s}$$

$$w_2 = \sqrt{\frac{\bar{K}_{22}^{(2)}}{\bar{M}_{22}^{(2)}}} = 34,806893108 \text{ rad/s}$$

Como a convergência foi obtida com apenas uma iteração, os autovetores são as colunas da própria matriz $\mathbf{R}^{(1)}$. Assim, temos

$$\bar{\mathbf{U}}_1 = \begin{bmatrix} 1 \\ 1,377501001 \end{bmatrix} \qquad \bar{\mathbf{U}}_2 = \begin{bmatrix} 0,131190571 \\ 1 \end{bmatrix}$$

Tanto os autovalores como os autovetores calculados são iguais aos obtidos no exemplo 5.5.

No exemplo 5.6, obtivemos a convergência com apenas uma iteração, pois trata-se de um sistema de dimensão 2×2, onde apenas uma constante, fora da diagonal principal das matrizes $\bar{\mathbf{K}}$ e $\bar{\mathbf{M}}$, precisa ser anulada. Para sistemas com dimensão $n \geq 3$, após a aplicação das transformações (5.80) e (5.81), algumas constantes que não foram objeto da anulação podem tornar-se não-nulas, mesmo que seus valores fossem nulos antes da transformação, obrigando, assim, a aplicação de várias varreduras antes de obtermos a convergência. Note que o termo varredura é empregado como sendo uma aplicação das transformações (5.80) e (5.81) sobre todas as constantes não-nulas, localizadas fora da diagonal principal das matrizes $\mathbf{K}$ e $\mathbf{M}$. Assim, uma varredura completa é composta de um máximo de $(n^2 - n)/2$ iterações.

5.1.7 Modos de vibração da estrutura

Os autovetores, obtidos com a solução do sistema de equações, representam os deslocamentos nodais relativos aos modos de vibração da estrutura. Para determinarmos a geometria deformada dos elementos, relativa a cada modo de vibração, basta que utilizemos as expressões (5.18) e (5.19), substituindo os deslocamentos nodais u_i^e, v_i^e e θ_i^e (*locais*) pelos valores calculados por (5.45) e (5.46), a partir dos respectivos deslocamentos *globais*.

Exemplo 5.7 Represente a forma deformada dos dois primeiros modos de vibração da viga do exemplo 5.4, cujos autovetores foram calculados no exemplo 5.6 .

Como o sistema *global* de coordenadas utilizado é coincidente com o sistema *local* de coordenadas, os valores de v_2^e e θ_2^e são obtidos diretamente das coordenadas dos autovetores. Assim, por (5.19), temos

$$(v^e)_i = \psi_2^v\,(v_2^e)_i + \psi_2^\theta\,(\theta_2^e)_i$$

Utilizando as *funções de interpolação* de (5.28) e (5.30), obtemos as seguintes curvas para $i = 1$ e 2 (modos 1 e 2 de vibração):

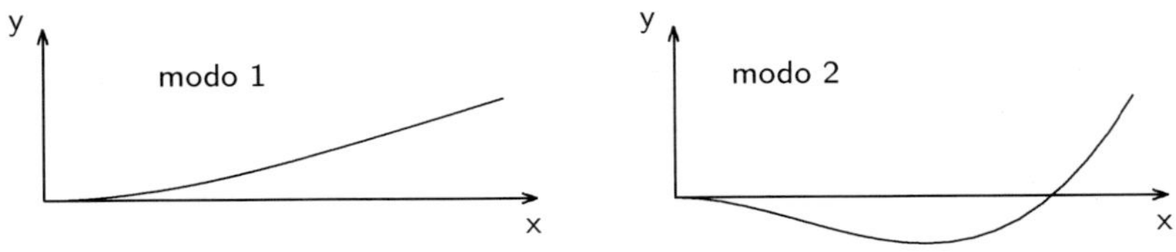

Note que a escala do eixo y foi amplificada, uma vez que os deslocamentos elásticos em flexão são pequenos se comparados com o comprimento da viga.

5.2 Funções de interpolação do elemento de viga

As funções (5.22) a (5.25), utilizadas para interpolar os deslocamentos v^e e θ^e, foram obtidas por meio da solução analítica para a forma deformada da viga, submetida a valores unitários destas variáveis nos pontos nodais. O mesmo ocorre para (5.20) e (5.21), usadas para interpolar o deslocamento u^e e a geometria do elemento (ordenada x^e), os quais possuem um comportamento linear ao longo do comprimento da viga. Estas funções fornecem um resultado satisfatório para o modelo desenvolvido neste capítulo e permitem obter uma solução precisa com um número relativamente pequeno de elementos e pontos nodais. Com isso, observa-se que a literatura sobre o elemento de viga tem sido concentrada no uso destas *funções de interpolação.*

É importante notar que estas funções devem satisfazer às condições 1.1 e 1.2, definidas na seção 1.2. A condição 1.3 também é atendida, pois podemos utilizar estas *funções de interpolação* em (5.41) a (5.44), para o cálculo das constantes do sistema de equações.

Exemplo 5.8 Mostre que as *funções de interpolação* definidas em (5.20) a (5.25) satisfazem às mesmas condições 1.1 e 1.2, apresentadas na seção 1.2 .

A condição 1.1 exige que as *funções de interpolação* satisfaçam à (1.40). Para ψ_i^v e ψ_i^θ, esta condição é satisfeita pela própria definição destas funções, como ilustrado na figura 5.5 . Para ϕ_i, obtemos o mesmo resultado pela substituição dos valores da coordenada natural r nos pontos nodais, ou seja

$$\phi_1(-1) = 1 \quad \text{e} \quad \phi_1(+1) = 0$$

$$\phi_2(-1) = 0 \quad \text{e} \quad \phi_2(+1) = 1$$

A condição 1.2 exige que as aproximações dos deslocamentos u^e e v^e representem o estado de deformação nula, ou seja, caso apliquemos um deslocamento qualquer em um ponto da viga, esta se movimentará sem deformar, desde que não hajam restrições impostas por apoios. Este estado equivale à translação do elemento de viga, que pode ser descrito por:

$$u^e(r) = u_1^e = u_2^e \quad \text{e} \quad v^e(r) = v_1^e = v_2^e$$

Note que no movimento de translação, sem deformação, os deslocamentos angulares são nulos ($\theta^e = 0$). Assim, por (5.18), temos que satisfazer à seguinte condição:

$$u^e(r) = u_1^e = (\phi_1 + \phi_2)u_1^e \quad \Rightarrow \quad \phi_1 + \phi_2 = 1$$

Por (5.20) e (5.21), obtemos

$$\phi_1 + \phi_2 = \tfrac{1}{2}(1 - r) + \tfrac{1}{2}(1 + r) = 1$$

Por (5.19), temos que satisfazer à seguinte condição:

$$v^e(r) = v_1^e = (\psi_1^v + \psi_2^v)v_1^e + (\psi_1^\theta + \psi_2^\theta)(0) \quad \Rightarrow \quad \psi_1^v + \psi_2^v = 1$$

Por (5.22) e (5.23), obtemos

$$\psi_1^v + \psi_2^v = 1 - 3\left(\tfrac{x}{L}\right)^2 + 2\left(\tfrac{x}{L}\right)^3 + 3\left(\tfrac{x}{L}\right)^2 - 2\left(\tfrac{x}{L}\right)^3 = 1$$

5.3 Programa computacional em C++

O programa computacional apresentado nesta seção calcula os autovalores e autovetores de uma estrutura composta de elementos de viga com seções retas iguais. À semelhança do que foi feito nos capítulos 2, 3 e 4, o objetivo deste programa é demonstrar, de forma prática, as etapas de construção e de solução do modelo de elementos finitos estudadas neste capítulo.

O código foi elaborado em linguagem orientada-objeto C++, seguindo a mesma estrutura adotada nos programas apresentados nos capítulos anteriores, onde as tarefas de construção da malha de elementos, montagem do sistema de equações, imposição das condições de contorno e solução do sistema são executadas sequencialmente, permitindo, assim, que o leitor acompanhe e execute os procedimentos estudados.

Programa DINAMICA

Seguindo o código contido no Apêndice B, vemos que a malha é construída pela execução da função `Mesh::manual_mesh()`, na qual tanto os pontos nodais como a função de *conectividade* são introduzidos manualmente. Note que, à semelhança dos programas dos capítulos anteriores, a maioria do código pertence à classe `Mesh`.

Na função `solve()` é feita a montagem das matrizes $\bar{\mathbf{K}}$ e $\bar{\mathbf{M}}$ do sistema de equações (5.70), por meio da execução da função `Beam::assembly()`, para cada elemento da malha armazenado no "array" `g[]`. Ainda na função `solve()` são impostas as condições de contorno por meio da execução da função `boundary_condition()`. Note que as condições de contorno são introduzidas na função `Mesh::bound()`, que registra todas as restrições e/ou eliminações de deslocamentos e as massas concentradas nos respectivos nós da malha, armazenados no "array" `n[]`. Cabe ressaltar que a eliminação de deslocamento é usada para retirar do modelo o modo de vibração associado a um dado grau de liberdade, como u_2 no exemplo 5.5 .

A solução é obtida pela execução da função `jacobi()` dentro da função `solve()`, onde é implementado o método iterativo de Jacobi descrito na seção 5.1.6 . O programa calcula todas as frequências naturais e modos de vibração da estrutura modelada por meio dos dados de entrada.

A função `Mesh::mode()` imprime as frequências naturais e modos de vibração, após terem sido ordenados pela função `order_eigenpair()`, em ordem crescente dos valores das frequências. Os vetores dos modos de vibração são normalizados pela função `Mesh::normalize_U()` antes da impressão. Note que o programa imprime os modos de vibração completos, ou seja, incluindo também os deslocamentos nulos resultantes da imposição das condições de contorno e da eliminação de deslocamentos.

Os dados de entrada contidos no código do programa computacional apresentado no Apêndice B são os mesmos utilizados na modelagem da viga engastada estudada no exemplo 5.9 .

Exemplo 5.9 Calcule as 3 (três) primeiras frequências naturais associadas aos deslocamentos em flexão da viga do exemplo 5.4, utilizando o programa **DINAMICA** com valores unitários para os parâmetros A, I_z, E, ρ e L da viga (estrutura), no sistema internacional de unidades. Compare os valores com os calculados analiticamente, apresentados nas referências [21],[40],[42].

Como mencionamos no exemplo 5.5, as equações dos deslocamentos u e v são desacopladas, de modo que podemos eliminar o deslocamento u do sistema de equações e calcular apenas as frequências associadas aos deslocamentos v e θ. Assim, utilizaremos um modelo com dois elementos de viga (3 nós) que, em conjunto com as condições de contorno impostas, permite que calculemos as 4 (quatro) primeiras frequências naturais da estrutura. Este modelo da viga engastada pode ser representado como na figura abaixo, onde $\bar{u}_1 = \bar{v}_1 = \bar{\theta}_1 = 0$ (condições de contorno) e $\bar{u}_2 = \bar{u}_3 = 0$ (eliminação de deslocamentos).

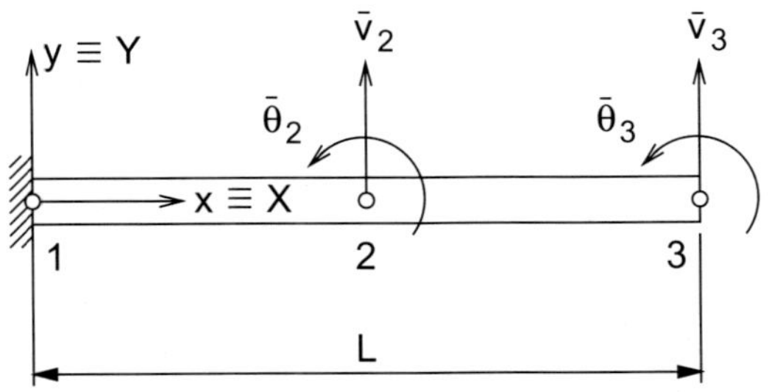

Assim, utilizando o programa **DINAMICA** contido no Apêndice B, com os dados apresentados acima, podemos calcular as três primeiras frequências naturais em flexão da viga.

Neste ponto, ressaltamos a importância de não apenas seguir os passos descritos neste exemplo, mas efetivamente editar e compilar o programa, para que se apreenda as dificuldades envolvidas na análise pelo método dos elementos finitos. Além disso, o programa **DINAMICA** será ainda utilizado na solução de outros exemplos e problemas propostos neste capítulo.

Outro ponto importante que deve ser ressaltado é a diferença entre a numeração utilizada neste texto e a empregada para indexar os "arrays" na linguagem C++. A numeração dos nós e elementos no texto são iniciadas com o algarismo 1 (um), enquanto que os "arrays" no programa **DINAMICA** iniciam a sua numeração a partir de 0 (zero). Deste modo, durante a introdução dos dados no programa, o leitor deve efetuar esta conversão.

Assim, após a execução de 5 varreduras do método iterativo de Jacobi, adotando-se um valor de $1,0 \times 10^{-15}$ para a tolerância do $erro^{(\zeta)}$, dado por (5.92), obtemos

$$f_1 = 0,5599 \text{ Hz}$$

$$f_2 = 3,537 \text{ Hz}$$

$$f_3 = 11,96 \text{ Hz}$$

Das referências indicadas (ver exemplo 5.5) obtemos os seguintes valores, calculados analiticamente, para as três primeiras frequências naturais da viga:

$$f_1 = \frac{3{,}516015}{2\pi} = 0,559591 \text{ Hz}$$

$$f_2 = \frac{22{,}034492}{2\pi} = 3,506898 \text{ Hz}$$

$$f_3 = \frac{61{,}697214}{2\pi} = 9,819417 \text{ Hz}$$

A diferença entre os valores calculados pelo programa **DINAMICA** e a solução analítica é pequena para a primeira e segunda frequências naturais. No entanto, o erro obtido para f_3 foi de 21,8%.

Para melhorar a precisão do resultado obtido para a terceira frequência é necessário aumentar o número de pontos nodais da discretização. Assim, utilizando 4 (quatro) nós, com 3 elementos de comprimento $\frac{L}{3}$ e a mesma eliminação do deslocamento axial aplicada ao nós ($\bar{u}_i = 0$), obtemos os seguintes valores:

$$f_1 = 0,5596 \text{ Hz}$$

$$f_2 = 3,518 \text{ Hz}$$

$$f_3 = 9,942 \text{ Hz}$$

Note que além da melhor precisão para o valor da terceira frequência (erro = 1,2%), houve também uma melhoria para os valores calculados para a primeira e segunda frequências naturais.

Exemplo 5.10 Adicione uma massa concentrada ($M_1 = 2$ kg) ao nó da extremidade da viga em balanço do exemplo 5.9, como ilustrado na figura, e calcule as frequências naturais para a estrutura resultante, utilizando o programa **DINAMICA**. Compare com os valores calculados no exemplo 5.9 .

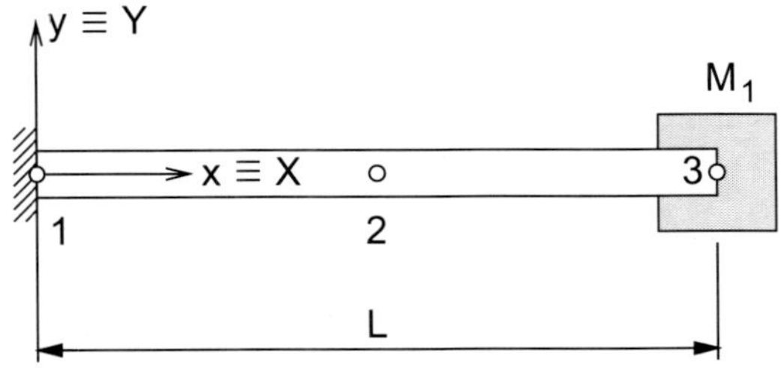

As entradas que descrevem as condições de contorno na função `bound()` são as mesmas do exemplo 5.9, com a adição da massa concentrada no nó 3. Assim, obtemos as seguintes frequências naturais:

$$f_1 = 0,1843 \text{ Hz}$$

$$f_2 = 2,547 \text{ Hz}$$

$$f_3 = 9,400 \text{ Hz}$$

Os valores são menores do que os calculados no exemplo 5.9. Este resultado já era esperado, pois o aumento de inércia (massa) em uma estrutura reduz as suas frequências naturais, ou seja, a estrutura oscila mais lentamente.

Exemplo 5.11 Calcule a frequência fundamental (primeira) da estrutura em aço carbono da figura, utilizada para fixar um painel elétrico com 20 kg de massa. O equipamento pode ser modelado como duas massas de mesmo valor, concentradas nos seus pontos de fixação, ou seja, $M_1 = M_2 = 10$ kg, como ilustrado na figura. Utilize o programa **DINAMICA** com os parâmetros $E = 2,1 \times 10^{11}$ N/m^2 e $\rho = 7.850$ kg/m^3 para o aço empregado na estrutura. As dimensões da seção reta das vigas são: $a = 5$ mm e $b = 40$ mm.

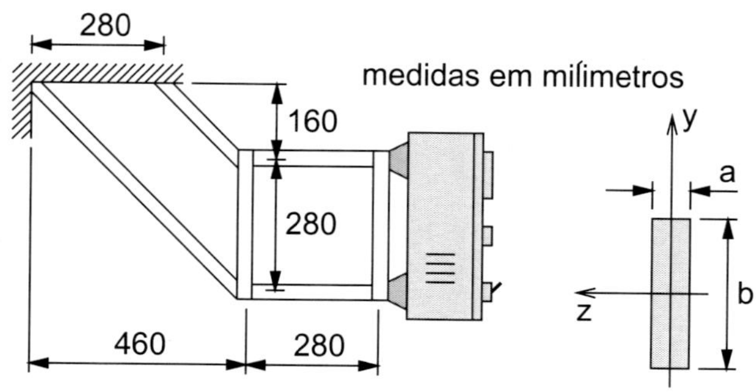

Para modelarmos este problema tri-dimensional como uma estrutura plana é necessário aproximar a seção das vigas com o dobro da espessura a ilustrada na figura. Assim, temos os seguintes valores para a área e o momento de inércia das vigas equivalentes:

$$A = (2a)b = 2(0,005)(0,04) = 4,0 \times 10^{-4} \text{ m}^2$$

$$I_z = \frac{(2a)b^3}{12} = \frac{2(0,005)(0,04)^3}{12} = 5,3333 \times 10^{-8} \text{ m}^4$$

Seguindo a numeração dos pontos nodais da malha ilustrada na figura abaixo, temos as seguintes condições de contorno para o modelo:

$$\bar{u}_1 = \bar{v}_1 = \bar{\theta}_1 = \bar{u}_6 = \bar{v}_6 = \bar{\theta}_6 = 0$$

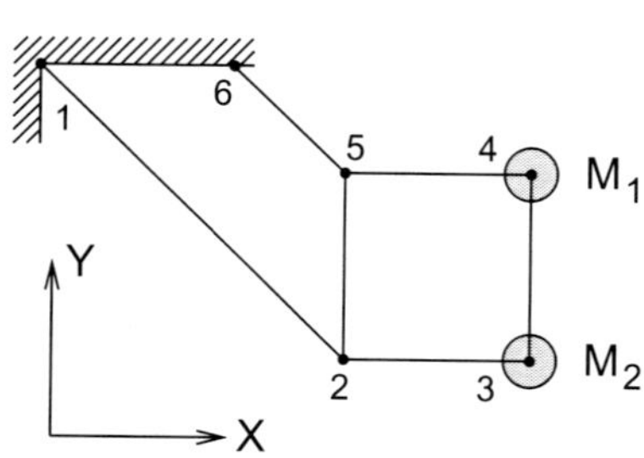

Com uma tolerância de $1,0 \times 10^{-15}$ para o $erro^{(\zeta)}$, dado por (5.92), obtemos, após a execução de 7 varreduras do método iterativo de Jacobi, o seguinte valor para a frequência fundamental da estrutura:

$$f_1 = 52,86 \text{ Hz}$$

A figura abaixo ilustra a forma deformada da estrutura, relativa ao primeiro modo de vibração (fundamental). Note que devido à existência de transmissão de momento através dos nós da malha, a forma retilínea das vigas não é mantida.

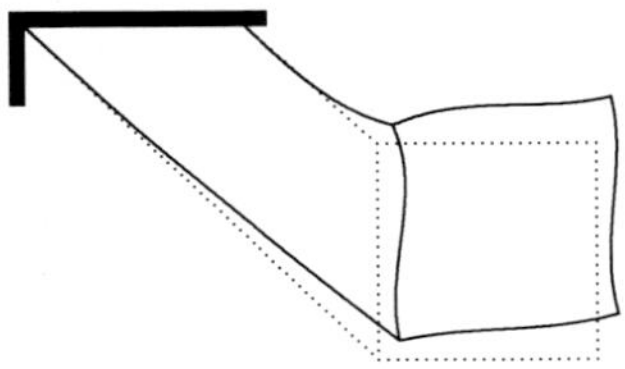

Problemas

5.1 Calcule a constante $\bar{\mathbf{K}}^e_{33}$ de um elemento de viga com orientação genérica no plano, em função das constantes K^e_{ij} do sistema de equações nas coordenadas *locais*, e dos cossenos e senos do ângulo α de inclinação do eixo *local* x em relação ao eixo *global* X.

5.2 Utilize as *funções de interpolação* abaixo para a aproximação do deslocamento v e calcule as constantes $K^e_{a_i b_j}$ (para $i, j = 1$ e 2) da matriz de elasticidade (5.40) de um elemento de viga, por meio do emprego da expressão (5.42). Para as funções ψ^θ_1 e ψ^θ_2, utilize as expressões (5.29) e (5.30).

$$\psi^v_1 = \left(1 - \tfrac{x}{L}\right)$$

$$\psi^v_2 = \left(\tfrac{x}{L}\right)$$

5.3 Determine a expressão da constante M^e_{11} de um elemento de viga com área da seção reta linearmente variável, ou seja, $A(r) = \phi_1(r)A_1 + \phi_2(r)A_2$, conforme ilustrado na figura. Note que $\phi_1(r)$ e $\phi_2(r)$ são as *funções de interpolação* de (5.20) e (5.21).

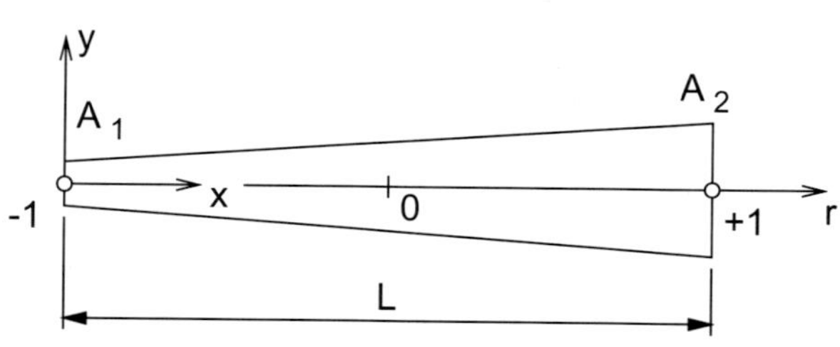

Prob. 5.3

5.4 Calcule a constante M_{25}^e ($M_{v_1 v_2}^e$) da matriz de massa (5.40) de um elemento de viga, utilizando as mesmas *funções de interpolação* ψ_1^v e ψ_2^v do problema 5.2. Compare o resultado com o valor calculado no exemplo 5.2 .

5.5 O modelo desenvolvido neste capítulo pode ser utilizado também para a análise estática de deformações e tensões da estrutura pelo emprego da matriz de elasticidade e das forças concentradas nos nós da malha, ou seja, $\bar{\mathbf{K}}\bar{\mathbf{U}} = \bar{\mathbf{F}}$. Usando apenas um elemento de viga, calcule o deslocamento transversal $\bar{v}_2$ (δ_y) da viga engastada do exemplo 3.10, em função dos parâmetros E, I_z e L e da força P. Compare com a solução analítica. Note que a solução analítica a ser considerada é a de uma viga engastada, onde a deformação causada pela força cortante é desprezada no cálculo do deslocamento transversal da viga, pelas hipóteses da equação (5.1).

5.6 Com base na argumentação apresentada no problema 5.5, calcule o deslocamento u_2^e do elemento do exemplo 5.4, causado pela força longitudinal $\bar{\mathbf{F}}^T = [P, 0]$. Compare com o deslocamento longitudinal, calculado analiticamente, de uma barra submetida à tração P: $\delta = \frac{L}{AE}P$.

5.7 Calcule os autovalores e autovetores do sistema composto pelas matrizes $\bar{\mathbf{K}}$ e $\bar{\mathbf{M}}$ abaixo. Utilize o método iterativo de Jacobi.

$$\bar{\mathbf{K}} = \begin{bmatrix} 2 & 1 \\ 1 & 1 \end{bmatrix} \quad \bar{\mathbf{M}} = \begin{bmatrix} 1 & 0 \\ 0 & 0 \end{bmatrix}$$

5.8 Utilize o método iterativo de Jacobi para obter os autovalores e autovetores do sistema de equações abaixo, onde $\beta \gg 1$.

$$\begin{bmatrix} 2 & 1 \\ 1 & 2 \end{bmatrix} \bar{\mathbf{U}} + \begin{bmatrix} 1 & 0 \\ 0 & \beta \end{bmatrix} \ddot{\bar{\mathbf{U}}} = \begin{bmatrix} 0 \\ 0 \end{bmatrix}$$

5.9 Construa o sistema de equações para um elemento de viga (massa total $= 2M_c$), cujo modelo considera a sua massa concentrada nos dois pontos nodais, como ilustrado na figura. Assuma que a matriz $\mathbf{M}^e$ não possue inércia rotacional.

Sugestão: considere as massas M_c como condições de contorno impostas sobre a matriz $\mathbf{M}^e$ de um elemento sem massa.

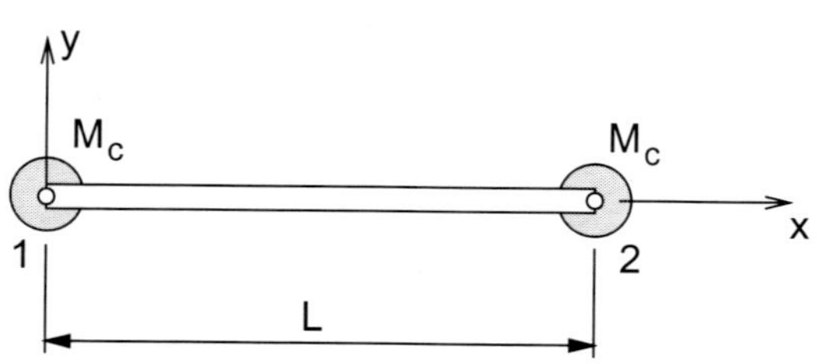

Prob. 5.9

5.10 Considere uma estrutura composta de dois elementos de viga engastados nas duas extremidades. Assumindo a hipótese de que toda a massa dos elementos (M) está concentrada no ponto nodal 2, construa o sistema de equações da estrutura em função das constantes A, I_z e E, e imponha as condições de contorno.

Prob. 5.10

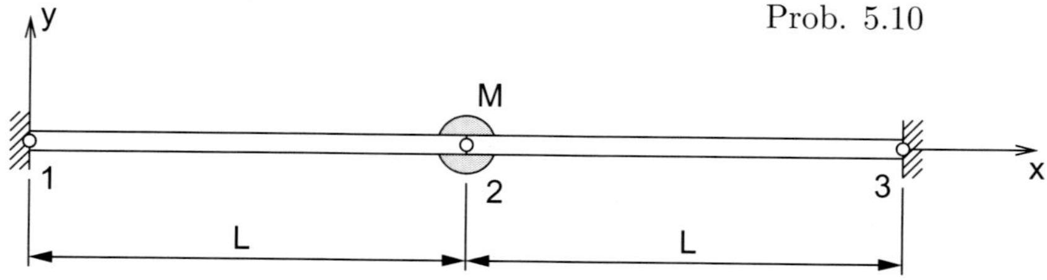

5.11 Empregue a matriz de massa do problema 5.9 e calcule os autovalores da viga do exemplo 5.5, considerando as mesmas condições de contorno e utilizando valores unitários para os parâmetros A, I_z, E, ρ e L, no sistema internacional de unidades. Use $M_c = \frac{AL\rho}{2} = \frac{1}{2}$ kg e compare o resultado com os valores de w_i calculados no exemplo 5.5 .

5.12 Considere a viga apoiada pelas duas extremidades, ilustrada na figura do problema 5.13 . Utilizando apenas um elemento de viga para discretizar a estrutura, calcule as duas primeiras frequências e modos de vibração relacionados com a flexão da viga e compare o resultado com a solução analítica para este problema, apresentada no problema 5.13 . Obtenha o resultado em função dos parâmetros A, I_z, E, ρ e L. Note que, neste caso, apenas as variáveis θ_1 e θ_2 estão presentes no sistema de equações após a imposição das condições de contorno.

5.13 Utilize o programa **DINAMICA** para calcular os três primeiros autovalores e autovetores relacionados com a flexão da viga ilustrada na figura. Considere que a viga é de alumínio ($\rho = 2.700$ kg/m^3 e $E = 7,0 \times 10^{10}$ N/m^2), com comprimento $L = 1$ m, e que sua seção reta é quadrada de lado $a = 20$ mm, o que fornece $A = a^2$ e $I_z = \frac{a^4}{12}$. Represente os modos de vibração graficamente, e compare os autovalores e autovetores com as frequências angulares w_i e os modos de vibração $v_i(x)$ calculados analiticamente [21],[40],[42].

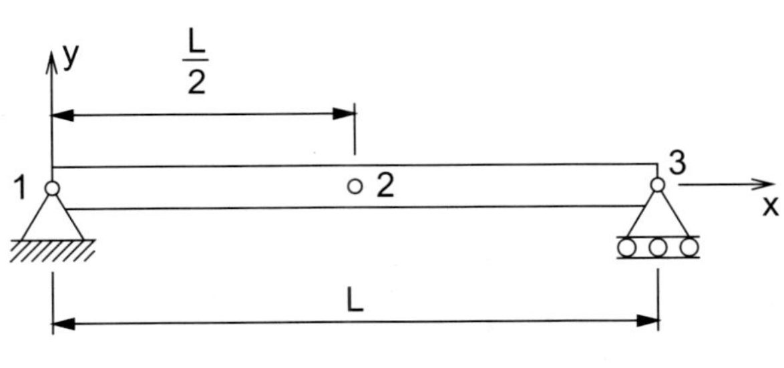

Prob. 5.13

Frequências angulares calculadas analiticamente:

$$w_i = \frac{(\pi i)^2}{L^2}\sqrt{\frac{EI_x}{\rho A}}$$

Modos de vibração calculados analiticamente:

$$v_i(x) = V_o \text{sen}\left(\frac{\pi i}{L}x\right)$$

onde V_o é um fator de escala de amplitude.

5.14 Para a mesma estrutura apresentada no problema 5.13, calcule os dois primeiros autovalores e autovetores dos modos de vibração longitudinais da viga (u_i). Utilize o programa **DINAMICA** e compare o resultado obtido com os valores calculados analiticamente [21],[40],[42].

Frequências longitudinais calculadas analiticamente:

$$w_i = \frac{(2i-1)\pi}{2L}\sqrt{\frac{E}{\rho}}$$

Modos de vibração calculados analiticamente:

$$u_i(x) = U_o \text{sen}\left[\frac{(2i-1)\pi}{2L}x\right]$$

onde U_o é um fator de escala de amplitude.

5.15 Um dos critérios adotados no projeto de mastros de navios é o de manter as frequências naturais, calculadas para a estrutura do mastro, afastadas do valor da frequência de excitação proveniente da rotação do hélice. Suponha que tenhamos que projetar um mastro composto por apenas um tubo de parede fina, com as dimensões dadas na figura, para instalar um radar de navegação no seu topo. Calcule a primeira frequência do mastro utilizando uma malha com dois elementos de viga (3 nós) e os seguintes parâmetros: $E = 2,1 \times 10^{11}$ N/m^2, $\rho = 7.850$ kg/m^3, $D = 40$ mm, $b = 8$ mm e $L = 1.000$ mm. Modele o mastro como uma viga engastada no convés, e o radar de navegação como uma massa concentrada de 12 kg, fixa na extremidade do mastro. Sabendo que a frequência de excitação do hélice é de 18 Hz, utilize os dois processos sugeridos abaixo para tentar elevar a frequência fundamental (primeira) do mastro. Para o cálculo da área e do momento de inércia da seção reta do mastro, use $A = \pi D b$ e $I_z = \frac{\pi}{8} D^3 b$.

1. Dobre o valor da área A da seção reta do mastro, mantendo I_z fixo.
2. Dobre o valor do momento de inércia I_z da seção reta do mastro, mantendo A fixa.

Qual dos dois processos sugeridos é o mais eficaz?

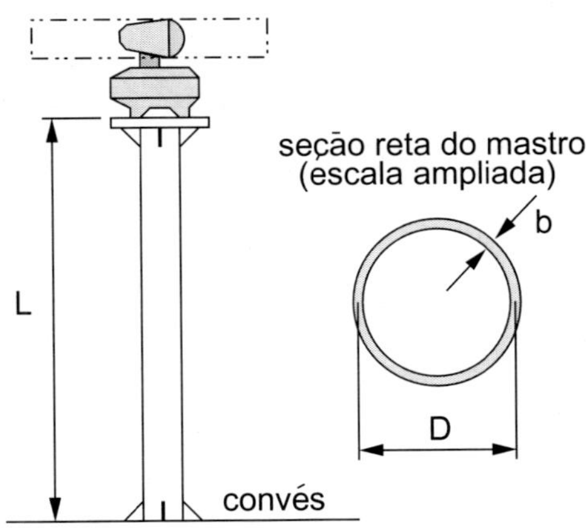

Prob. 5.15

5.16 Calcule as duas primeiras frequências naturais dos modos de vibração transversais do vão central da ponte ilustrada na figura, utilizando o programa **DINAMICA**. Modele o vão central como uma viga apoiada pelas duas extremidades, semelhante a estrutura ilustrada no problema 5.13, discretizada com quatro elementos. Considere a seção da viga composta por dois perfis retangulares em aço ($E_a = 2,1 \times 10^{11}$ N/m^2, $\rho_a = 7.850$ kg/m^3) e uma placa de concreto ($E_c = 1,4 \times 10^{10}$ N/m^2, $\rho_c = 2.400$ kg/m^3). Para o cálculo das constantes das matrizes $\mathbf{K}$ e $\mathbf{M}$, por meio das expressões (5.42) e (5.44), utilize os produtos EI_z e ρA como a soma das contribuições individuais de cada viga, ou seja, $EI_z = E_a(I_z)_a + E_c(I_z)_c$ e $\rho A = \rho_a A_a + \rho_c A_c$.

$$A_a = 4(a+b)t$$

$$A_c = de$$

$$(I_z)_a = 2\left[\tfrac{ba^3-(b-2t)(a-2t)^3}{12}\right]$$

$$(I_z)_c = \tfrac{de^3}{12}$$

Sugestão: no programa **DINAMICA**, utilize $I_z = E_a(I_z)_a + E_c(I_z)_c$, $A = \rho_a A_a + \rho_c A_c$ e $E = \rho = 1$.

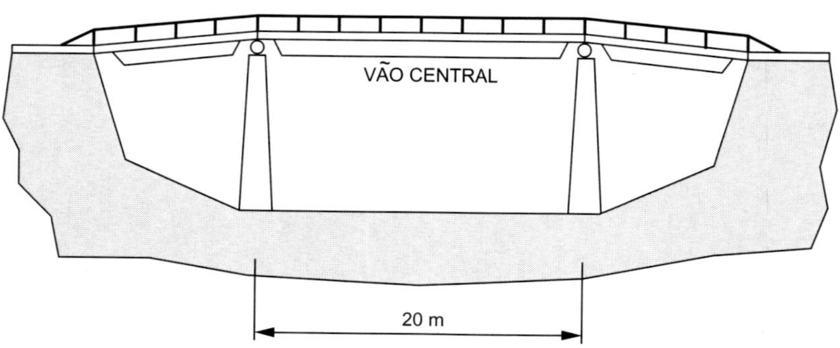

Prob. 5.16

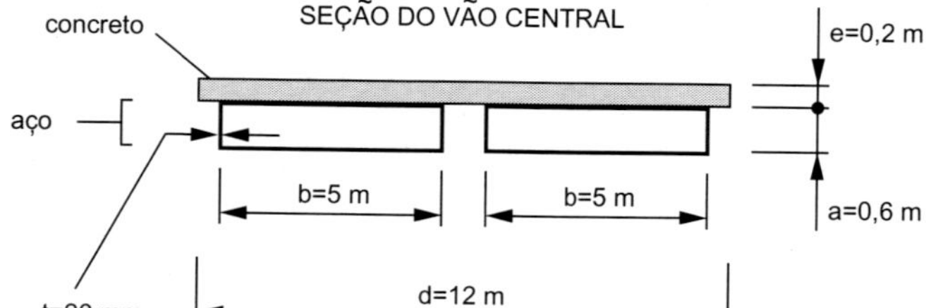

Capítulo 6

Estruturas modeladas com elementos finitos diversos

Os modelos de elementos finitos desenvolvidos nos capítulos anteriores utilizam malhas contendo apenas um único tipo de elemento, de modo que o procedimento de montagem do sistema de equações emprega uma mesma rotina para adicionar as constantes da matriz de cada elemento à matriz do modelo. Além disso, o domínio do problema em análise tem de ser discretizado com um único tipo de elemento, o que, em alguns casos, se mostra ineficiente para obtermos uma solução com precisão satisfatória, em presença da limitada capacidade computacional disponível. Podemos ilustrar este fato com o exemplo 3.10, onde utilizamos uma malha de até 80×16 elementos quadriláteros isoparamétricos de 4 nós para calcular o mesmo deslocamento obtido com apenas um elemento de viga no problema 5.5 . Por outro lado, existem certas regiões do domínio, delimitadas por geometrias complexas, que seriam melhor discretizadas caso mais de um tipo de elemento fosse empregado. Assim, notamos que é preciso combinar elementos de tipos diferentes para obter um modelo adequado, tanto do aspecto da precisão da solução como da capacidade computacional disponível.

Neste capítulo trataremos da combinação de elementos diferentes para modelar estruturas planas submetidas a carregamentos estáticos. Tomando como base o desenvolvimento apresentado no capítulo 3, estudaremos os processsos de montagem do sistema de equações para elementos diferentes do quadrilátero. Assim, serão também discutidas as formulações de elementos de treliça e triangulares, dentre outros, usados para exemplificar o algoritmo de montagem do sistema.

A utilização de elementos triangulares, em conjunto com elementos quadriláteros, numa mesma discretização, possibilita certas simplificações durante o processo de geração da malha para discretizar o domínio. Como veremos no capítulo 7, a utilização de apenas elementos quadriláteros, para discretizar um domínio sem aspecto quadrilátero, requer o uso de técnicas de decomposição geométrica que possibilitem o emprego do método de *interpolação transfinita* para a geração automática da malha.

6.1 Formulação dos elementos

Nesta seção apresentaremos os modelos dos elementos utilizados para o estudo das estruturas formadas por diferentes tipos de elementos. Basicamente, o desenvolvimento da formulação do modelo do elemento consiste na determinação das *funções de interpolação* e da matriz de elasticidade do seu sistema de equações. Para os elementos cujos modelos são construídos no sistema *local* de coordenadas, como no caso dos elementos de viga e de treliça, é necessário ainda obter a matriz de transformação do sistema *local* para o *global* de coordenadas, à semelhança do que foi apresentado no capítulo 5.

6.1.1 Elemento de viga

O elemento de viga utilizado será igual ao estudado no capítulo 5, com a mesma simplificação apresentada no problema 5.5, onde foi desprezada a contribuição da matriz de massa do sistema. Assim, o sistema de equações obtido para o elemento, no sistema *global* de coordenadas, pode ser representado pela seguinte expressão:

$$\bar{\mathbf{K}}^e \bar{\mathbf{U}}^e = \bar{\mathbf{F}}^e \tag{6.1}$$

onde

$$\bar{\mathbf{K}}^e = (\Gamma^e)^T \mathbf{K}^e \Gamma^e \tag{6.2}$$

sendo $\bar{\mathbf{F}}^e$ o vetor de entrada das forças de superfície concentradas nos nós do elemento (carregamentos estáticos), e $\mathbf{K}^e$ e Γ^e as mesmas matrizes das expressões (5.40) e (5.52). Deste modo, as constantes $\bar{K}^e_{ij}$ são obtidas por meio da equação (5.59).

Forças de superfície concentradas nos pontos nodais

Do mesmo modo que é necessário concentrar nos nós os esforços atuantes sobre os lados dos elementos quadriláteros (seção 3.1.6), é preciso substituir as forças de superfície (concentradas ou distribuídas), aplicadas no corpo de um elemento de viga, por forças concentradas nos seus pontos nodais, conforme representado na figura 6.1 .

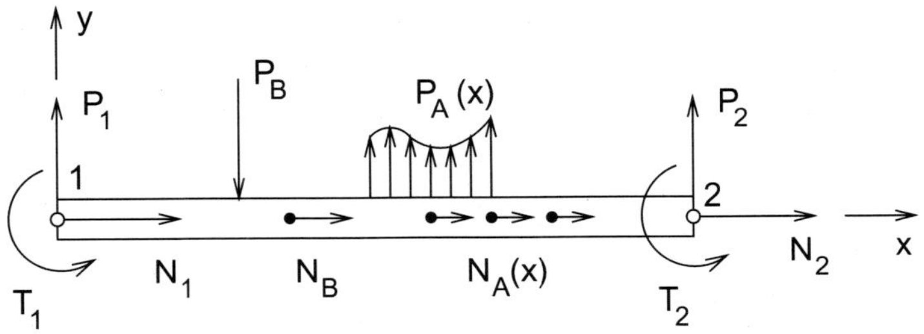

Figura 6.1: Forças e momentos concentrados nos nós, correspondentes aos carregamentos $P_A(x)$, P_B, $N_A(x)$ e N_B.

As forças e momentos concentrados nos pontos nodais podem ser calculados considerando-se os carregamentos ilustrados na figura 6.1, aplicados ao segmento diferencial utilizado para deduzir as equações de governo (5.2) e (5.7) do elemento de viga (figura 5.2). Assim, satisfazendo as condições de equilíbrio estático, obtemos

$$\frac{\partial}{\partial x}\left(EA\frac{\partial u}{\partial x}\right) + N_A(x) = 0 \tag{6.3}$$

$$\frac{\partial^2}{\partial x^2}\left(EI_z\frac{\partial^2 v}{\partial x^2}\right) + P_A(x) = 0 \tag{6.4}$$

Note que estamos utilizando a mesma convenção de forças e momentos positivos definida na figura 5.3 . Para P_B e N_B, ver exemplo 6.1 .

Aplicando o mesmo processo de desenvolvimento da seção 5.1.1 a (6.3) e (6.4), obtemos o seguinte sistema de equações:

$$\bar{\mathbf{K}}^e\bar{\mathbf{U}}^e = \bar{\mathbf{F}}^e + \mathbf{F}_A \tag{6.5}$$

onde

$$\mathbf{F}_A = \begin{bmatrix} N_1 \\ P_1 \\ T_1 \\ N_2 \\ P_2 \\ T_2 \end{bmatrix} = \int_{\Omega_e} \begin{bmatrix} N_A\phi_1 \\ P_A\psi_1^v \\ P_A\psi_1^\theta \\ N_A\phi_2 \\ P_A\psi_2^v \\ P_A\psi_2^\theta \end{bmatrix} dx \tag{6.6}$$

Note que as constantes do vetor de carregamento $\mathbf{F}_A$ são preservadas no sistema de equações do modelo após a sua montagem, ao contrário do que ocorre com as constantes do vetor $\bar{\mathbf{F}}^e$, as quais são anuladas, conforme discutimos no capítulo 5.

Exemplo 6.1 Obtenha as forças de superfície concentradas no ponto nodal 2 equivalentes à força aplicada no ponto $x = a$. Calcule a deflexão do ponto nodal 2 utilizando os carregamentos concentrados P_2 e T_2, e compare com o valor obtido analiticamente para uma viga engastada com carregamento aplicado no ponto $x = a$.

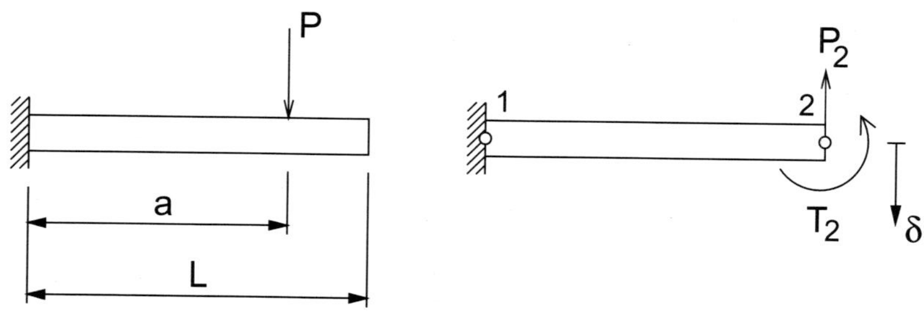

Pela expressão (6.6), os carregamentos no nó 2 do elemento podem ser obtidos por

$$P_2 = \int_0^L (-P)\psi_2^v \, dx$$

$$T_2 = \int_0^L (-P)\psi_2^\theta \, dx$$

Note que utilizamos o valor negativo de P, pois esta força está sendo aplicada no sentido negativo do eixo y.

Aplicando o mesmo resultado obtido para as forças concentradas em (3.51), temos

$$P_2 = -P\psi_2^v(a)$$

$$T_2 = -P\psi_2^\theta(a)$$

Por (5.23) e (5.25), obtemos

$$P_2 = -\left[3\left(\tfrac{a}{L}\right)^2 - 2\left(\tfrac{a}{L}\right)^3\right] P$$

$$T_2 = -\left[\left(\tfrac{a}{L} - 1\right)\left(\tfrac{a}{L}\right)^2 L\right] P$$

Para calcularmos a deflexão δ do ponto nodal 2, utilizaremos a expressão (6.1), removendo os deslocamentos equivalentes aos graus de liberdade restringidos (u_1, v_1 e θ_1) e o deslocamento u_2, que não contribui para o cálculo de δ. Assim, pelo resultado apresentado no exemplo 5.2, temos

$$\bar{\mathbf{K}} \begin{bmatrix} v_2 \\ \theta_2 \end{bmatrix} = \begin{bmatrix} P_2 \\ T_2 \end{bmatrix}$$

onde $v_2 = \delta$ e

$$\bar{\mathbf{K}} = \begin{bmatrix} 12\frac{I_z}{L^2} & -6\frac{I_z}{L} \\ -6\frac{I_z}{L} & 4I_z \end{bmatrix} \frac{E}{L}$$

A solução pode ser obtida pela aplicação direta da inversa da matriz $\bar{\mathbf{K}}$ calculada por (2.33), ou seja

$$\begin{bmatrix} \delta \\ \theta_2 \end{bmatrix} = \frac{1}{\det \bar{\mathbf{K}}} \begin{bmatrix} 4I_z & 6\frac{I_z}{L} \\ 6\frac{I_z}{L} & 12\frac{I_z}{L} \end{bmatrix} \frac{E}{L} \begin{bmatrix} P_2 \\ T_2 \end{bmatrix}$$

onde $\det \bar{\mathbf{K}} = 12\left(\frac{EI_z}{L^2}\right)^2$

Logo

$$\delta = \frac{1}{12}\left(\frac{L^2}{EI_z}\right)^2 \{4P_2 + \frac{6}{L}T_2\} \frac{EI_z}{L} = \frac{L^2}{6EI_z}\{2LP_2 + 3T_2\}$$

$$= -\frac{L^3}{6EI_z}\left\{2\left[3\left(\frac{a}{L}\right)^2 - 2\left(\frac{a}{L}\right)^3\right] + 3\left[\left(\frac{a}{L} - 1\right)\left(\frac{a}{L}\right)^2\right]\right\} P$$

$$= -\frac{PL^3}{6EI_z}\left\{3\left(\frac{a}{L}\right)^2 - \left(\frac{a}{L}\right)^3\right\} = -\frac{Pa^2}{6EI_z}(3L - a)$$

A solução analítica apresentada nas referências [22],[23],[24] é idêntica à calculada pelo modelo, com os carregamentos concentrados no ponto nodal 2, ou seja

$$\delta(x = L) = \delta_{max} = -\frac{Pa^2}{6EI_z}(3L - a)$$

Note que δ é negativo, pois é um deslocamento contrário ao sentido positivo do eixo y.

Cabe ressaltar que o procedimento adotado para impor as condições de contorno foi o mesmo utilizado na seção 5.1.5 . No entanto, poderíamos ter utilizado o procedimento empregado nas seções 2.1.5 e 4.1.5 para as temperaturas e velocidades conhecidas, respectivamente.

Por estarmos utilizando *funções de interpolação* derivadas da solução analítica da flexão de uma viga, o deslocamento do ponto nodal 2 do elemento do exemplo 6.1, causado pelas forças concentradas, é igual ao obtido pela solução analítica indicada no exemplo. Neste caso, como a deformação é linear, a deflexão pode também ser calculada pela soma dos valores obtidos para a força cortante (P) e para o momento fletor (T), independentemente, como descrito no exemplo 6.2 .

Exemplo 6.2 Utilizando a solução analítica para uma viga engastada, calcule a deflexão δ do nó 2 do elemento de viga do exemplo 6.1, utilizando os carregamentos concentrados P_2 e T_2.

Como o regime de deformação da viga é elástico, ou seja, as deformações são lineares com relação aos carregamentos, podemos calcular a deflexão δ como sendo a soma da deflexões causadas pela força P_2 (δ_P) e pelo momento T_2 (δ_T), obtidos separadamente. Assim, aplicando as soluções analíticas para esses dois tipos de carregamento [22],[23],[24], temos

$$\delta_P = \frac{L^3}{3EI_z} P_2$$

$$\delta_T = \frac{L^2}{2EI_z} T_2$$

Substituindo os valores de P_2 e T_2, obtidos no exemplo 6.1, temos

$$\begin{aligned} \delta_P &= -\frac{L^3}{3EI_z}\left[3\left(\frac{a}{L}\right)^2 - 2\left(\frac{a}{L}\right)^3\right] P \\ &= -\frac{Pa^2}{3EI_z}(3L - 2a) \end{aligned}$$

$$\begin{aligned} \delta_T &= -\frac{L^2}{2EI_z}\left[\left(\frac{a}{L} - 1\right)\left(\frac{a}{L}\right)^2\right] LP \\ &= \frac{Pa^2}{2EI_z}(L - a) \end{aligned}$$

A solução é dada por $\delta = \delta_P + \delta_T$, ou seja

$$\delta = -\frac{Pa^2}{EI_z}\left[\frac{1}{3}(3L - 2a) - \frac{1}{2}(L - a)\right] = -\frac{Pa^2}{6EI_z}(3L - a)$$

O valor obtido é igual ao calculado analiticamente no exemplo 6.1 para a força P.

6.1.2 Elemento de treliça

Este elemento é uma simplificação do elemento de viga, de modo que apenas os deslocamentos longitudinais (u) são considerados, ou seja, é um elemento submetido à tração ou compressão pura. O sistema de equações do elemento de treliça tem a mesma forma do sistema apresentado em (6.1), com a matriz de elasticidade $\bar{\mathbf{K}}^e$ obtida por uma transformação de coordenadas similar à (6.2).

Seguindo o mesmo processo de desenvolvimento descrito em 5.1.1, obtemos a seguinte matriz de elasticidade para o elemento de treliça, no sistema *local* de coordenadas:

$$\mathbf{K}^e = \begin{bmatrix} K^e_{u_1u_1} & K^e_{u_1u_2} \\ K^e_{u_2u_1} & K^e_{u_2u_2} \end{bmatrix} \tag{6.7}$$

onde as constantes são calculadas pela expressão (5.41).

Os vetores $\mathbf{U}^e$ e $\mathbf{F}^e$ têm a seguinte forma:

$$\mathbf{U}^e = \begin{bmatrix} u^e_1 \\ u^e_2 \end{bmatrix} \tag{6.8}$$

$$\mathbf{F}^e = \begin{bmatrix} -N^e_1 \\ N^e_2 \end{bmatrix} \tag{6.9}$$

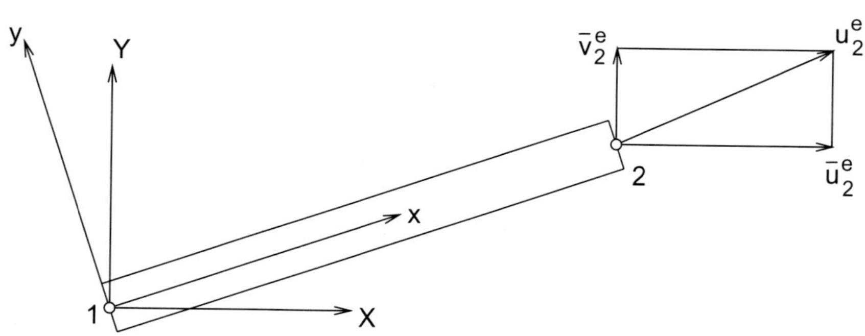

Figura 6.2: Transformação do sistema *local* para o *global* de coordenadas, para um elemento de treliça.

Apesar do modelo do elemento de treliça só possuir o grau de liberdade relativo ao deslocamento longitudinal no sistema *local* de coordenadas, os problemas onde este elemento é empregado apresentam graus de liberdade nas duas direções coordenadas $(\bar{u}, \bar{v})$. Assim, seguindo a convenção ilustrada na Figura 6.2, podemos deduzir a seguinte equação de transformação dos deslocamentos:

$$u_i^e = \bar{u}_i^e \cos(Xx) + \bar{v}_i^e \cos(Yx) \tag{6.10}$$

onde $\cos(Ab)$ representa o mesmo cosseno do ângulo adotado em (5.45). Assim, a transformação entre o vetor dos deslocamentos *locais* e *globais* é a mesma de (5.51), usada para o elemento de viga, onde

$$\bar{\mathbf{U}}^e = \begin{bmatrix} \bar{u}_1^e \\ \bar{v}_1^e \\ \bar{u}_2^e \\ \bar{v}_2^e \end{bmatrix} \tag{6.11}$$

$$\Gamma^e = \begin{bmatrix} \hat{x}_X^e & \hat{x}_Y^e & 0 & 0 \\ 0 & 0 & \hat{x}_X^e & \hat{x}_Y^e \end{bmatrix} \tag{6.12}$$

onde $\hat{x}_X^e$ e $\hat{x}_Y^e$ são os cossenos dos ângulos formados entre o eixo x (*local*) e os eixos coordenados *globais* (X, Y), respectivamente, como definido em (5.47) e (5.49).

Exemplo 6.3 Calcule o deslocamento $\bar{u}_2$ e $\bar{v}_2$ do ponto nodal 2 da estrutura composta de elementos de treliça. Compare o resultado com o valor obtido analiticamente por equilíbrio estático. Apresente os resultados em função das constantes A, I_z e E do elemento.

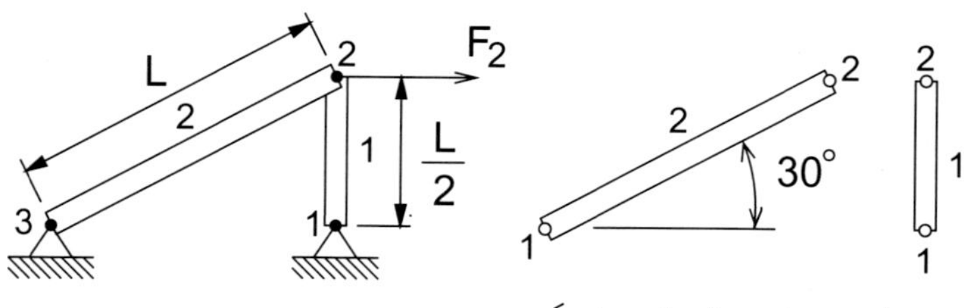

As matrizes dos elementos de treliça 1 e 2 podem ser obtidas diretamente do resultado do exemplo 5.2, aplicando-se as matrizes de transformação de coordenadas correspondentes, conforme descrito no exemplo 5.3 . Assim, temos

$$\mathbf{K}^1 = 2\mathbf{K}^2 = \begin{bmatrix} 1 & -1 \\ -1 & 1 \end{bmatrix} \frac{2AE}{L}$$

$$\Gamma^1 = \begin{bmatrix} \cos\frac{\pi}{2} & \operatorname{sen}\frac{\pi}{2} & 0 & 0 \\ 0 & 0 & \cos\frac{\pi}{2} & \operatorname{sen}\frac{\pi}{2} \end{bmatrix} = \begin{bmatrix} 0 & 1 & 0 & 0 \\ 0 & 0 & 0 & 1 \end{bmatrix}$$

$$\Gamma^2 = \frac{1}{2} \begin{bmatrix} \sqrt{3} & 1 & 0 & 0 \\ 0 & 0 & \sqrt{3} & 1 \end{bmatrix}$$

Por (6.2), temos

$$\bar{\mathbf{K}}^1 = (\Gamma^1)^T \mathbf{K}^1 \Gamma^1 = \begin{bmatrix} 0 & 0 & 0 & 0 \\ 0 & 1 & 0 & -1 \\ 0 & 0 & 0 & 0 \\ 0 & -1 & 0 & 1 \end{bmatrix} \frac{2AE}{L}$$

$$\bar{\mathbf{K}}^2 = (\Gamma^2)^T \mathbf{K}^2 \Gamma^2 = \begin{bmatrix} 3 & \sqrt{3} & -3 & -\sqrt{3} \\ \sqrt{3} & 1 & -\sqrt{3} & -1 \\ -3 & -\sqrt{3} & 3 & \sqrt{3} \\ -\sqrt{3} & -1 & \sqrt{3} & 1 \end{bmatrix} \frac{AE}{4L}$$

Aplicando as condições de contorno $\bar{u}_1 = \bar{v}_1 = \bar{u}_3 = \bar{v}_3 = 0$ a cada uma das matrizes dos elementos, nas coordenadas *globais* ($\bar{\mathbf{K}}^i$), podemos executar a montagem do sistema de equações da estrutura, conforme descrito no capítulo 5, ou seja

$$\text{elemento 1: } \frac{AE}{L} \begin{bmatrix} 0 & 0 \\ 0 & 2 \end{bmatrix} \begin{bmatrix} \bar{u}_2 \\ \bar{v}_2 \end{bmatrix} = \bar{\mathbf{F}}^1$$

$$\text{elemento 2: } \frac{AE}{4L} \begin{bmatrix} 3 & \sqrt{3} \\ \sqrt{3} & 1 \end{bmatrix} \begin{bmatrix} \bar{u}_2 \\ \bar{v}_2 \end{bmatrix} = \bar{\mathbf{F}}^2$$

O sistema de equações da estrutura é obtido diretamente pela soma das matrizes dos elementos, visto que os vetores dos deslocamentos nas coordenadas *globais* são idênticos. Assim, temos

$$\frac{AE}{4L} \begin{bmatrix} 3 & \sqrt{3} \\ \sqrt{3} & 9 \end{bmatrix} \begin{bmatrix} \bar{u}_2 \\ \bar{v}_2 \end{bmatrix} = \begin{bmatrix} 0 \\ 0 \end{bmatrix}$$

Observe que as componentes dos vetores $\bar{\mathbf{F}}^i$ são anuladas durante a montagem, como discutimos no capítulo 5. A força $\vec{F}_2 = (F_2, 0)$ concentrada no ponto nodal 2 é imposta pela simples substituição das suas componentes no vetor $\bar{\mathbf{F}}$ do sistema (seção 3.1.5), ou seja

$$\frac{AE}{4L}\begin{bmatrix} 3 & \sqrt{3} \\ \sqrt{3} & 9 \end{bmatrix}\begin{bmatrix} \bar{u}_2 \\ \bar{v}_2 \end{bmatrix} = \begin{bmatrix} F_2 \\ 0 \end{bmatrix}$$

A solução do sistema pode ser obtida pela inversão de sua matriz. Assim, aplicando (2.33), temos

$$\bar{\mathbf{K}}^{-1} = \begin{bmatrix} 9 & -\sqrt{3} \\ -\sqrt{3} & 3 \end{bmatrix}\frac{L}{6AE}$$

Logo

$$\bar{\mathbf{U}} = \begin{bmatrix} \bar{u}_2 \\ \bar{v}_2 \end{bmatrix} = \bar{\mathbf{K}}^{-1}\bar{\mathbf{F}} = \begin{bmatrix} 9 \\ -\sqrt{3} \end{bmatrix}\frac{L}{6AE}F_2$$

A solução analítica para os deslocamentos $\bar{u}_2$ e $\bar{v}_2$ da estrutura é obtida pela composição geométrica dos deslocamentos individuais de cada elemento. Assim, pelo equilíbrio de forças, obtemos os seguintes esforços longitudinais nos elementos:

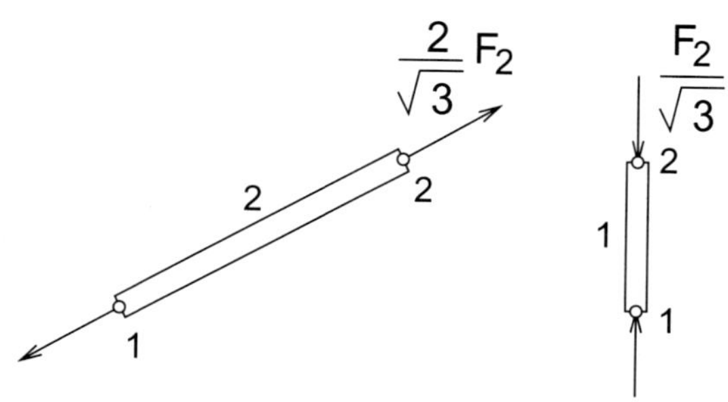

Aplicando a expressão para a solução analítica do deslocamento longitudinal de uma barra submetida à tração ou compressão, temos os seguintes deslocamentos para o ponto de aplicação da força $\bar{\mathbf{F}}_2$.

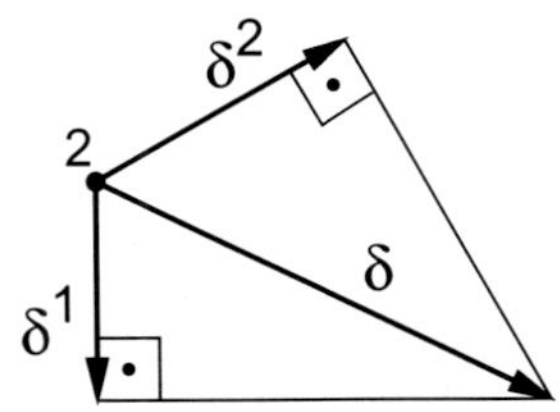

onde

$$\delta^1 = \frac{L}{2AE}\frac{1}{\sqrt{3}}F_2$$

$$\delta^2 = \frac{L}{AE}\frac{2}{\sqrt{3}}F_2$$

Assim, obtemos as seguintes componentes para o deslocamento $\delta = (\bar{u}_2, \bar{v}_2)$ do ponto nodal 2.

$$\bar{u}_2 = \frac{3}{2}\frac{L}{AE}F_2$$

$$\bar{v}_2 = -\delta^1 = -\frac{\sqrt{3}}{6}\frac{L}{AE}F_2$$

Os valores obtidos analiticamente para as componentes do deslocamento do ponto nodal 2 são iguais aos calculados pelo modelo de elementos finitos.

6.1.3 Elemento quadrilátero plano

O modelo do elemento quadrilátero plano adotado neste capítulo para a combinação com outros elementos, em uma mesma estrutura, é o mesmo apresentado no capítulo 3, tanto para o estado plano de tensão como para o estado plano de deformação.

Com a possibilidade do uso de elementos quadriláteros de 4, 8 e 9 nós, é necessário que, ao combinarmos elementos diferentes em um mesmo modelo, seja mantida a continuidade dos deslocamentos u e v e da geometria ao longo de todo o domínio, preservando assim a continuidade do meio físico.

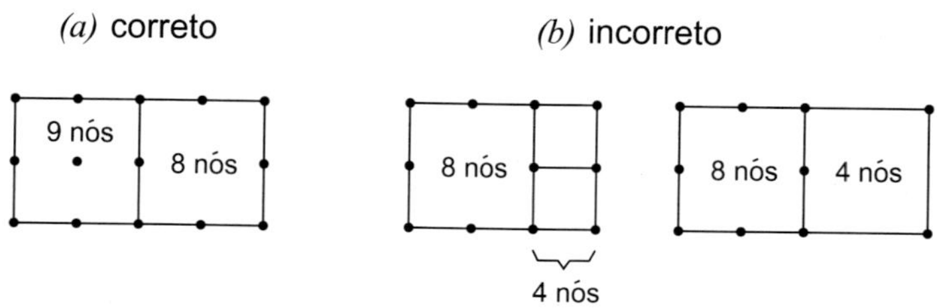

Figura 6.3: Combinação de elementos diferentes: (a) combinação correta de um elemento de 9 nós com outro de 8 nós; (b) combinação incorreta de elementos de 8 e 4 nós.

A figura 6.3a ilustra a única possibilidade correta de combinação de elementos quadriláteros (com 4, 8 e 9 nós). Devido à composição de nós em cada lado do elemento (3 nós), apenas os elementos quadriláteros de 8 e 9 nós podem ser combinados. A combinação do elemento, tanto de 8 como de 9 nós, com o elemento de 4 nós é incorreta, pois estes aproximam a geometria e os deslocamentos por polinômios de ordem diferentes. Os elementos de 8 e 9 nós usam *funções de interpolação* quadráticas, enquanto que os de 4 nós empregam funções lineares.

Exemplo 6.4 Mostre que a combinação dos dois elementos de 9 e 8 nós, ilustrada na figura 6.3a, preserva a continuidade da geometria e dos deslocamentos ao longo do lado comum aos dois elementos.

Utilizando a convenção da numeração dos nós *locais* apresentada na figura 2.6, podemos representar tanto a geometria (expressa por meio das coordenadas x e y) como os deslocamentos u e v, pela interpolação dos seus respectivos valores em cada um dos nós pertencentes ao lado comum (constantes a, b e c), uma vez que as aproximações dessas variáveis são feitas de forma idêntica nos dois elementos, como indicado pelas expressões (3.27) a (3.30) aplicadas aos elementos de 8 e 9 nós. Assim, para o elemento de 9 nós, temos

$$
\begin{aligned}
u,v,x,y\Big|_{9nós} &= \psi_1(1,s)a + \psi_4(1,s)b + \psi_8(1,s)c \\
&= \tfrac{1}{2}\left[(1+s)-(1-s^2)\right]a + \tfrac{1}{2}\left[(1-s)-(1-s^2)\right]b \\
&\quad +(1-s^2)c
\end{aligned}
$$

Para o elemento de 8 nós, temos

$$
\begin{aligned}
u,v,x,y\Big|_{8nós} &= \psi_2(-1,s)a + \psi_3(-1,s)b + \psi_6(-1,s)c \\
&= \tfrac{1}{2}\left[(1+s)-(1-s^2)\right]a + \tfrac{1}{2}\left[(1-s)-(1-s^2)\right]b \\
&\quad +(1-s^2)c
\end{aligned}
$$

As expressões para o cálculo tanto da geometria como dos deslocamentos são iguais, como queríamos demonstrar.

6.1.4 Elemento triangular plano

Este tipo de elemento é semelhante ao elemento quadrilátero da seção 6.1.3, de modo que o desenvolvimento do seu modelo será apresentado seguindo os mesmos passos utilizados no capítulo 3 para a construção do sistema de equações do elemento quadrilátero isoparamétrico de 4 nós.

As equações que representam o equilíbrio estático de um volume de controle infinitesimal no plano são as mesmas de (3.1) e (3.2). O mesmo se aplica ao desenvolvimento da *forma fraca* ou *forma variacional* da equação de governo do modelo, ou seja, da equação (3.17).

Obtenção da *forma fraca* da equação de governo

Observando que os passos iniciais seguidos no desenvolvimento do modelo de elementos finitos são processados na dimensão diferencial, sem considerar qualquer particularidade da geometria do elemento, podemos concluir que a *forma fraca* da equação de governo é a mesma da expressão (3.25).

Aproximação da geometria e dos deslocamentos no elemento

O modelo será desenvolvido para o elemento triangular isoparamétrico de 3 nós, ilustrado na figura 6.4*a*. No entanto, o mesmo procedimento é aplicável ao elemento triangular isoparamétrico de 6 nós (figura 6.4*b*), o qual resulta em um sistema de equações para o elemento com dimensão 12×12, à semelhança do que foi apresentado para os elementos quadriláteros isoparamétricos de 4, 8 e 9 nós, na seção 3.2 .

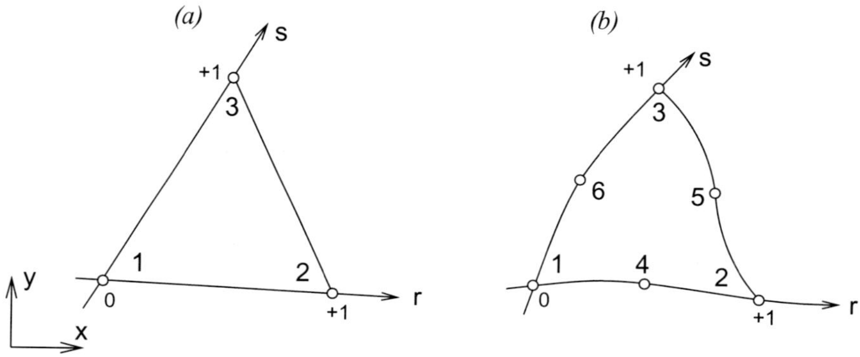

Figura 6.4: Elementos triangulares isoparamétricos: (*a*) elemento de 3 nós; (*b*) elemento de 6 nós.

Ao final desta etapa de desenvolvimento, obtemos a mesma equação de (3.32) para o vetor $(\mathbf{U}^e)^T = [u_1^e \;\; v_1^e \;\; \dots \;\; u_k^e \;\; v_k^e]^T$, onde $k = 3$ ou 6 corresponde ao número de nós do elemento em questão. As *funções de interpolação* para o elemento isoparamétrico de 3 nós podem ser escritas, no sistema de coordenadas naturais $0 \leq r, s \leq 1$, da seguinte forma:

$$\psi_1 = 1 - r - s \tag{6.13}$$

$$\psi_2 = r \tag{6.14}$$

$$\psi_3 = s \tag{6.15}$$

Para o elemento triangular isoparamétrico de 6 nós, temos

$$\psi_1 = 1 - r - s - \frac{1}{2}(\psi_4 + \psi_6) \tag{6.16}$$

$$\psi_2 = r - \frac{1}{2}(\psi_4 + \psi_5) \tag{6.17}$$

$$\psi_3 = s - \frac{1}{2}(\psi_5 + \psi_6) \tag{6.18}$$

$$\psi_4 = 4r(1 - r - s) \tag{6.19}$$

$$\psi_5 = 4rs \tag{6.20}$$

$$\psi_6 = 4s(1 - r - s) \tag{6.21}$$

Observe que no modelo para elementos triangulares são empregadas as mesmas matrizes $\frac{\partial}{\partial \mathbf{x}}$ e $\mathbf{C}$ de (3.9) e (3.10), sendo esta última apenas para o estado plano de tensão. Para o estado plano de deformação utiliza-se a matriz $\mathbf{C}$ do problema 3.1 .

Construção do sistema de equações do modelo

Utilizando o mesmo procedimento para a construção do sistema de equações apresentado no capítulo 3, obtemos, para o elemento triangular de 3 nós, o seguinte sistema de equações, semelhante ao da expressão (3.37):

$$\begin{bmatrix} K^e_{11} & \cdot & \cdot & \cdot & \cdot & K^e_{16} \\ \cdot & \cdot & & & & \cdot \\ \cdot & & \cdot & & & \cdot \\ \cdot & & & \cdot & & \cdot \\ \cdot & & & & \cdot & \cdot \\ K^e_{61} & \cdot & \cdot & \cdot & \cdot & K^e_{66} \end{bmatrix} \begin{bmatrix} u^e_1 \\ v^e_1 \\ u^e_2 \\ v^e_2 \\ u^e_3 \\ v^e_3 \end{bmatrix} = \begin{bmatrix} F^e_{x1} \\ F^e_{y1} \\ F^e_{x2} \\ F^e_{y2} \\ F^e_{x3} \\ F^e_{y3} \end{bmatrix} \tag{6.22}$$

onde as constantes da matriz de elasticidade $\mathbf{K}^e$ são calculadas pela mesma expressão definida em (3.38). É importante notar que para o cálculo das constantes da matriz $\mathbf{K}^e$, no domínio das coordenadas naturais, os limites de integração não são os de um domínio retangular, de modo que os valores obtidos durante o cálculo das integrais em r e em s são interdependentes (ver exemplo 6.5).

Exemplo 6.5 Calcule analiticamente o valor da constante K_{23}^e do elemento definido na figura. Considere que o elemento está submetido a um estado plano de tensão.

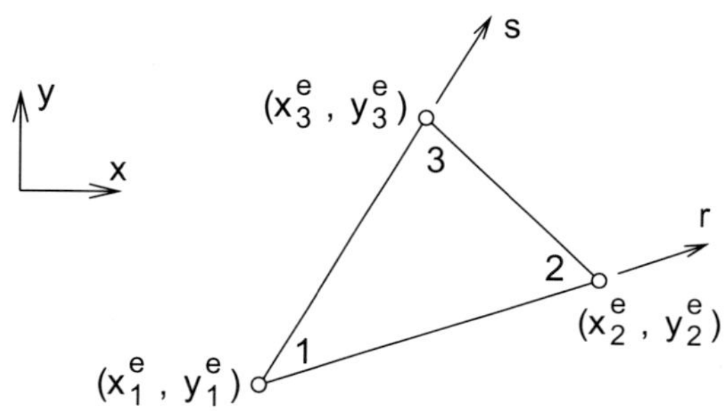

No domínio natural, utilizaremos a equação (3.46) para o cálculo analítico da constante K_{23}^e do elemento triangular, ou seja

$$K_{23}^e = \int_0^1 \left\{ \int_0^{1-s} \sum_{a=1}^{3} \sum_{b=1}^{3} \left(\frac{\partial \Psi}{\partial \mathbf{x}}\right)_{2a}^T C_{ab} \left(\frac{\partial \Psi}{\partial \mathbf{x}}\right)_{b3} w(\det J)\, dr \right\} ds$$

Observe que o limite superior da integral definida em r é uma função da coordenada natural s, derivada da equação da reta que une os pontos nodais 2 e 3, ou seja, $r = 1 - s$.

Partindo da matriz $\frac{\partial \Psi}{\partial \mathbf{x}}$, definida como no exemplo 3.3, com ψ_i limitado à $i = 1, 2$ e 3, e $\mathbf{C}$ para o estado plano de tensão como em (3.10), obtemos a seguinte expressão para o cálculo de K_{23}^e:

$$K_{23}^e = \int_0^1 \left\{ \int_0^{1-s} \begin{bmatrix} 0 \\ \frac{\partial\psi_1}{\partial y} \\ \frac{\partial\psi_1}{\partial x} \end{bmatrix}^T \frac{E}{1-\nu^2} \begin{bmatrix} 1 & \nu & 0 \\ \nu & 1 & 0 \\ 0 & 0 & \frac{1-\nu}{2} \end{bmatrix} \begin{bmatrix} \frac{\partial\psi_2}{\partial x} \\ 0 \\ \frac{\partial\psi_2}{\partial y} \end{bmatrix} w(\det J)\, dr \right\} ds$$

$$= \int_0^1 \left\{ \int_0^{1-s} \begin{bmatrix} 0 & \frac{\partial\psi_1}{\partial y} & \frac{\partial\psi_1}{\partial x} \end{bmatrix} \frac{E}{1-\nu^2} \begin{bmatrix} \frac{\partial\psi_2}{\partial x} \\ \nu\frac{\partial\psi_2}{\partial x} \\ \frac{(1-\nu)}{2}\frac{\partial\psi_2}{\partial y} \end{bmatrix} w(\det J)\, dr \right\} ds$$

$$= \int_0^1 \left\{ \int_0^{1-s} \frac{E}{1-\nu^2} \left[\nu\frac{\partial\psi_1}{\partial y}\frac{\partial\psi_2}{\partial x} + \frac{(1-\nu)}{2}\frac{\partial\psi_1}{\partial x}\frac{\partial\psi_2}{\partial y} \right] w(\det J)\, dr \right\} ds$$

As derivadas parciais das *funções de interpolação* ψ_i podem ser calculadas pela expressão (2.32). Para isso, é necessário antes obtermos a matriz Jacobiana J pela aplicação das derivadas parciais (em r e s) sobre as aproximações de x e y expressas por (3.29) e (3.30), com as *funções de interpolação* ψ_i de (6.13) a (6.15). Assim, utilizando a notação $\mathbf{x} = (x, y)$, já adotada anteriormente para a geometria, temos

$$\frac{\partial \mathbf{x}^e}{\partial r} = \sum_{i=1}^{3} \frac{\partial\psi_i}{\partial r}\mathbf{x}_i^e = \mathbf{x}_2^e - \mathbf{x}_1^e$$

$$\frac{\partial \mathbf{x}^e}{\partial s} = \mathbf{x}_3^e - \mathbf{x}_1^e$$

Assim, para a matriz J e seu determinante, obtemos

$$J = \begin{bmatrix} x_2^e - x_1^e & y_2^e - y_1^e \\ x_3^e - x_1^e & y_3^e - y_1^e \end{bmatrix}$$

$$\det J = (x_2^e - x_1^e)(y_3^e - y_1^e) - (x_3^e - x_1^e)(y_2^e - y_1^e)$$

Note que o $\det J$ corresponde ao produto vetorial dos vetores definidos pelos nós 1-2 e 1-3, respectivamente, o qual é igual ao dobro da área A do elemento triangular isoparamétrico de 3 nós. Logo, $\det J = 2A$.

Por (2.33) a inversa da matriz J tem a seguinte forma:

$$J^{-1} = \frac{1}{2A} \begin{bmatrix} y_3^e - y_1^e & -(y_2^e - y_1^e) \\ -(x_3^e - x_1^e) & x_2^e - x_1^e \end{bmatrix}$$

Por (2.32), temos

$$\begin{bmatrix} \frac{\partial \psi_1}{\partial x} \\ \frac{\partial \psi_1}{\partial y} \end{bmatrix} = J^{-1} \begin{bmatrix} \frac{\partial \psi_1}{\partial r} \\ \frac{\partial \psi_1}{\partial s} \end{bmatrix} = J^{-1} \begin{bmatrix} -1 \\ -1 \end{bmatrix} = \frac{1}{2A} \begin{bmatrix} -(y_3^e - y_2^e) \\ x_3^e - x_2^e \end{bmatrix}$$

$$\begin{bmatrix} \frac{\partial \psi_2}{\partial x} \\ \frac{\partial \psi_2}{\partial y} \end{bmatrix} = J^{-1} \begin{bmatrix} \frac{\partial \psi_2}{\partial r} \\ \frac{\partial \psi_2}{\partial s} \end{bmatrix} = J^{-1} \begin{bmatrix} 1 \\ 0 \end{bmatrix} = \frac{1}{2A} \begin{bmatrix} y_3^e - y_1^e \\ -(x_3^e - x_1^e) \end{bmatrix}$$

Substituindo essas derivadas parciais na expressão de K_{23}^e e observando que o integrando é independente de r e s, obtemos

$$K_{23}^e = \frac{Ew}{4A(1-\nu^2)} \left[\nu (x_3^e - x_2^e)(y_3^e - y_1^e) + \frac{(1-\nu)}{2} (y_3^e - y_2^e)(x_3^e - x_1^e) \right]$$

Como podemos observar pelos resultados obtidos no exemplo 6.5, as derivadas parciais das *funções de interpolação* são constantes ao longo do domínio do elemento triangular isoparamétrico de 3 nós. Assim, pela definição das deformações no plano de (3.12) a (3.14), com u e v aproximados por (3.27) e (3.28), concluí-se que o modelo para o elemento triangular isoparamétrico de 3 nós fornece deformações constantes dentro do seu domínio. Consequentemente, as tensões também são constantes. Isto limita a aplicação deste elemento, pois se desejarmos obter resultados satisfatórios para as distribuições de tensões e deformações é necessário o emprego de uma malha muito fina, de modo a captar os gradientes dessas distribuições.

6.1.5 Elementos especiais

Além dos elementos quadriláteros e triangulares definidos com uma composição regular de nós, já estudados neste capítulo, existe a possibilidade de empregarmos elementos cuja composição dos pontos nodais varia para diferentes lados do mesmo elemento. Estes elementos nos permitem migrar, numa mesma malha, de regiões discretizadas com elementos quadriláteros de 8 e 9 nós para outras contendo apenas elementos quadriláteros de 4 nós ou triangulares de 3 nós.

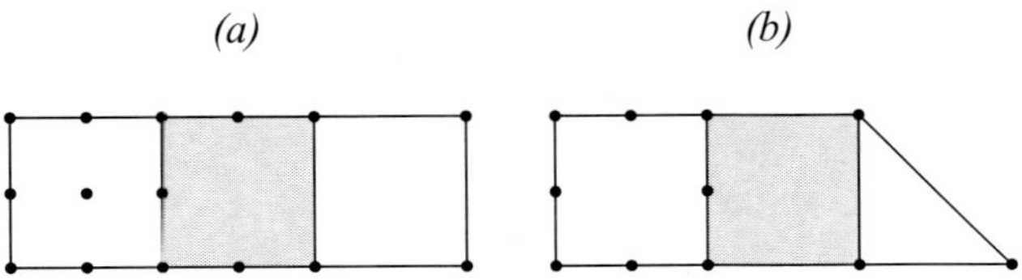

Figura 6.5: Elementos especiais para conectar elementos: (a) quadriláteros de 9 e 4 nós; (b) quadriláteros de 8 nós e triangulares de 3 nós; e (c) quadriláteros de 9 nós e triangulares de 3 nós.

A figura 6.5 ilustra dois tipos de elementos quadriláteros especiais com 7 e 5 nós e um elemento triangular com 4 nós, todos utilizados para a transição entre elementos com *funções de interpolação* de ordem quadrática para outros com estas funções de ordem linear.

Para esses elementos especiais podemos utilizar o mesmo processo de obtenção do sistema de equações descrito para os elementos triangulares de 3 e 6 nós na seção 6.1.4, adaptado para o número de nós em questão.

Exemplo 6.6 Determine as *funções de interpolação* para o elemento especial definido na figura. Mostre que estas funções satisfazem à condição 1.2 .

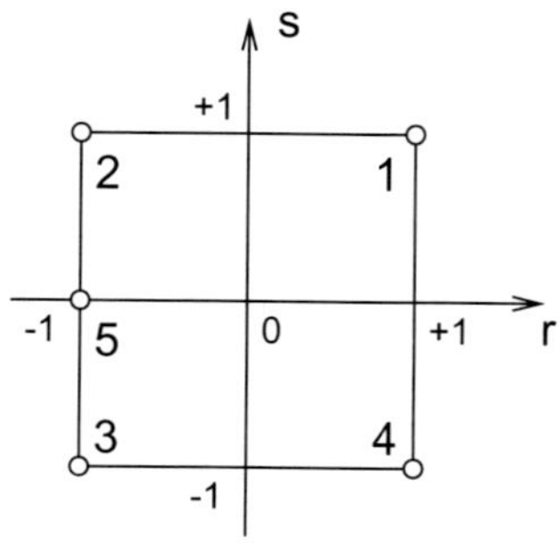

As *funções de interpolação* ψ_1 e ψ_4 são as mesmas usadas no elemento quadrilátero isoparamétrico de 4 nós, conforme expresso em (2.13) e (2.16). As demais são semelhantes às *funções de interpolação* empregadas no elemento quadrilátero isoparamétrico de 8 nós, com as adaptações necessárias para atender à configuração de nós do elemento, ou seja

$$\psi_2 = \tfrac{1}{4}(1-r)(1+s) - \tfrac{1}{2}\psi_5$$

$$\psi_3 = \tfrac{1}{4}(1-r)(1-s) - \tfrac{1}{2}\psi_5$$

$$\psi_5 = \tfrac{1}{2}(1-r)(1-s^2)$$

A condição 1.2 pode ser verificada pelo emprego de (1.42), para as *funções de interpolação* ψ_i $(i = 1, \ldots, 5)$, ou seja

$$\begin{aligned}\sum_{i=1}^{5} \psi_i(r,s) = {} & \tfrac{1}{4}(1+r)(1+s) \\ & \tfrac{1}{4}(1-r)(1+s) - \tfrac{1}{2}\psi_5 \\ & \tfrac{1}{4}(1-r)(1-s) - \tfrac{1}{2}\psi_5 \\ & \tfrac{1}{4}(1+r)(1-s) + \psi_5 = 1\end{aligned}$$

Assim, as *funções de interpolação* ψ_i $(i = 1, \ldots, 5)$, do elemento especial, satisfazem à condição 1.2 .

Do mesmo modo que é necessário preservar a continuidade dos deslocamentos e da geometria entre elementos quadriláteros, como discutido no exemplo 6.4, é preciso que a combinação com elementos especiais também preserve a continuidade dessas variáveis ao longo do lado comum a dois elementos diferentes.

Exemplo 6.7 Mostre que a continuidade dos deslocamentos e da geometria são preservadas para o elemento triangular especial da figura 6.5c, ao longo do lado comum ao elemento quadrilátero de 9 nós.

Adotando a mesma solução utilizada no exemplo 6.4, temos a seguinte expressão para a geometria e os deslocamentos do elemento de 9 nós:

$$\begin{aligned} u,v,x,y\Big|_{9nós} &= \psi_1(1,s)a + \psi_4(1,s)b + \psi_8(1,s)c \\ &= \tfrac{1}{2}\left[(1+s)-(1-s^2)\right]a + \tfrac{1}{2}\left[(1-s)-(1-s^2)\right]b \\ &\quad +(1-s^2)c \\ &= \tfrac{1}{2}s(1+s)a + \tfrac{1}{2}s(s-1)b + (1-s^2)c \end{aligned}$$

Por (6.16), (6.18) e (6.21), e seguindo a mesma convenção dos nós da figura 6.4b, obtemos a seguinte expressão para o elemento triangular especial:

$$\begin{aligned} u,v,x,y\Big|_{especial} &= \psi_3(0,s)a + \psi_1(0,s)b + \psi_6(0,s)c \\ &= (2s^2-s)a + \left[(1-s)(1-2s)\right]b + 4s(1-s)c \end{aligned}$$

É importante notar que a expressão para o elemento especial foi obtida para $0 \leq s \leq 1$. Assim, é necessário uma mudança de variável da forma

$$s_{[0,1]} = \tfrac{1}{2}(1 + s_{[-1,1]})$$

Substituindo na expressão da geometria e dos deslocamentos do elemento triangular especial, obtemos

$$u, v, x, y\Big|_{especial} = \tfrac{1}{2}s(1+s)a + \tfrac{1}{2}s(s-1)b + (1-s^2)c$$

Logo, tanto os deslocamentos como a geometria dos elementos são iguais ao longo do lado comum aos dois, demonstrando que a continuidade de cada uma dessas variáveis é preservada.

6.2 Montagem do sistema de equações

Para obtermos o sistema do modelo composto por elementos finitos diversos é necessário, inicialmente, discretizar o domínio com os elementos adequados à cada uma das diferentes regiões deste domínio.

Como já podemos antever, os métodos de geração automática de malhas descritos no capítulo 7, de uma maneira geral, só podem ser aplicados sobre subdivisões do domínio, pois são capazes de gerar apenas malhas compostas por um tipo de elemento, podendo no máximo combinar elementos quadriláteros com triangulares.

Como exemplo para a apresentação do procedimento de montagem, analisaremos uma seção típica da estrutura da asa de um avião composta por uma parte treliçada, onde é fixado o chapeamento, e outra em forma de placa plana que atua como raiz da asa, ou seja, que fixa a asa à fuselagem do avião (figura 6.6). Essa estrutura possui ainda um tirante que atua no sentido de reduzir a flexão da asa, causada pela carga de sustentação da aeronave.

A discretização da asa pode ser feita com o uso de três tipos de elementos: elementos de viga para a parte treliçada; elementos quadriláteros e triangulares para a raiz da asa; e elementos de treliça para o tirante.

O procedimento de montagem do sistema de equações é idêntico ao estudado nos capítulos anteriores, com as adaptações necessárias para compatibilizar as diferentes composições de deslocamentos de cada elemento empregado na discretização do domínio.

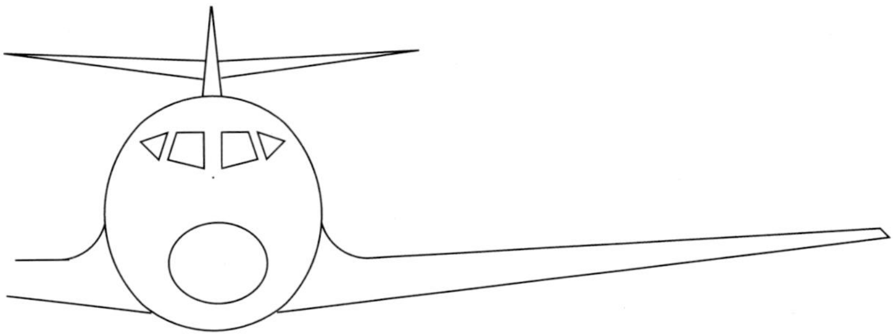

Figura 6.6: Exemplo da asa de um avião e parte da sua fuselagem.

A figura 6.7 ilustra a malha de elementos finitos utilizada para discretizar a estrutura da seção da asa de um avião adotada como exemplo. A região definida pelos pontos nodais A, B, C e D foi discretizada com elementos quadriláteros de 4 nós e triangulares de 3 nós. A região compreendida entre os pontos nodais B, C, E e F foi discretizada com elementos de viga. O tirante definido pelos pontos nodais B e G emprega um único elemento de treliça.

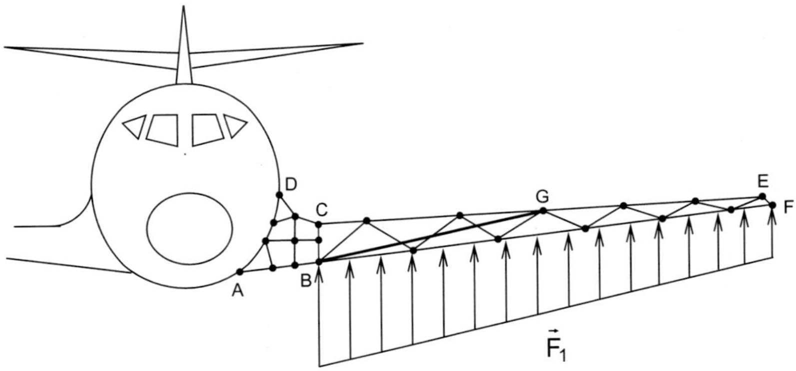

Figura 6.7: Malha de elementos finitos gerada manualmente para discretizar a estrutura da seção da asa de um avião, ilustrada na figura 6.6.

Antes da montagem do sistema de equações é necessário definir o número de graus de liberdade que será adotado no modelo. No caso do exemplo da seção da asa de um avião, adotaremos os mesmos graus de liberdade do elemento de viga para construir o sistema de equações, de modo que, para cada nó i da malha, tenhamos os deslocamentos u_i, v_i e θ_i. Para os pontos nodais não pertencentes a elementos de viga, as linhas e as colunas (correspondentes às transpostas das linhas) da matriz de elasticidade do sistema, relativas aos deslocamentos angulares θ_i, serão compostas de constantes nulas, devendo ser removidas, como descrito na seção 5.1.5 .

Exemplo 6.8 Execute a montagem do sistema de equações do modelo da estrutura definida na figura. Utilize os graus de liberdade u, v e θ para o vetor $\mathbf{U}$.

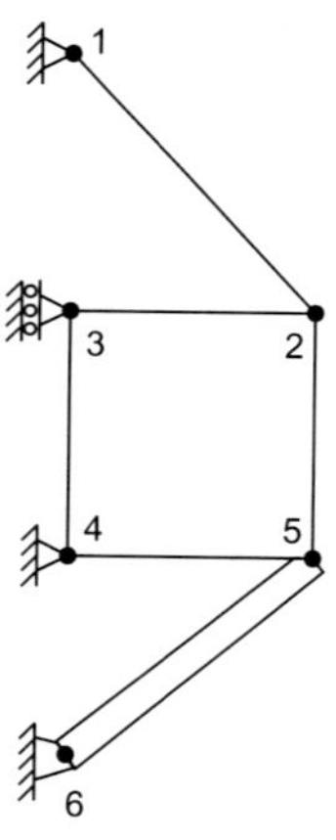

Para o elemento de treliça definido pelos nós *globais* 1 e 2, temos a seguinte matriz de elasticidade, no sistema *global* de coordenadas:

$$\bar{\mathbf{K}}^t = \begin{bmatrix} \bar{K}^t_{11} & \bar{K}^t_{12} & \bar{K}^t_{13} & \bar{K}^t_{14} \\ \bar{K}^t_{21} & \bar{K}^t_{22} & \bar{K}^t_{23} & \bar{K}^t_{24} \\ \bar{K}^t_{31} & \bar{K}^t_{32} & \bar{K}^t_{33} & \bar{K}^t_{34} \\ \bar{K}^t_{41} & \bar{K}^t_{42} & \bar{K}^t_{43} & \bar{K}^t_{44} \end{bmatrix}$$

Para o elemento quadrilátero de 4 nós, temos a matriz $\mathbf{K}^q$, como expressa em (3.37).

Para o elemento de viga definido pelos nós *globais* 5 e 6, a matriz $\bar{\mathbf{K}}^v$ pode ser expressa na seguinte forma:

$$\bar{\mathbf{K}}^v = \begin{bmatrix} \bar{K}^v_{11} & \cdot\ \cdot\ \cdot & \bar{K}^v_{16} \\ \cdot & \cdot & \cdot \\ \cdot & \cdot & \cdot \\ \cdot & \cdot & \cdot \\ \bar{K}^v_{61} & \cdot\ \cdot\ \cdot & \bar{K}^v_{66} \end{bmatrix}$$

Utilizaremos as seguintes funções de *conectividade* para os elementos de treliça (g^t_i), quadrilátero de 4 nós (g^q_i) e de viga (g^v_i):

$$g^t_1 = 1$$

$$g^t_2 = 2$$

$$g^q_1 = 2$$

$$g^q_2 = 3$$

$$g^q_3 = 4$$

$$g^q_4 = 5$$

$$g^v_1 = 5$$

$$g^v_2 = 6$$

Estas funções de *conectividade* foram definidas para possibilitar a representação gráfica da montagem da matriz do sistema. Assim, podemos obter a matriz de elasticidade $\bar{\mathbf{K}}$ do sistema pela adição das matrizes $\bar{\mathbf{K}}^t$, $\mathbf{K}^q$ e $\bar{\mathbf{K}}^v$, ou seja

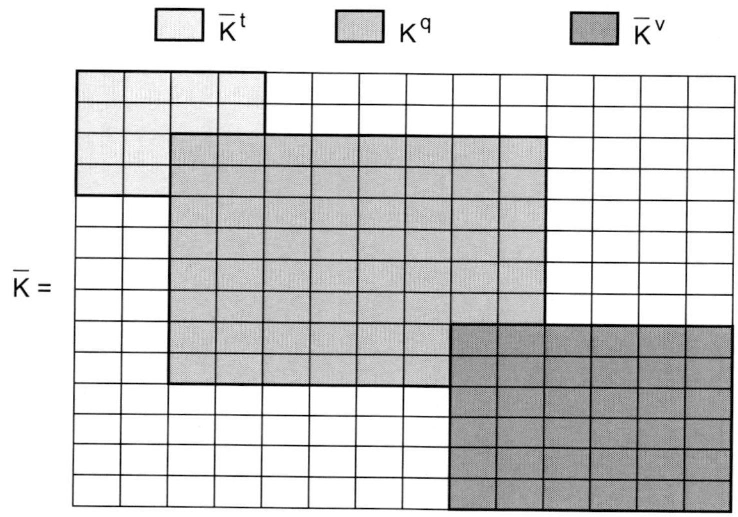

É importante observar que as matrizes de elasticidade $\bar{\mathbf{K}}^t$ e $\mathbf{K}^q$ não possuem constantes correspondentes ao deslocamento θ. Sendo assim, não é necessário efetuar a remoção das linhas e das colunas (correspondentes às transpostas das linhas), compostas apenas de constantes nulas, relativas ao deslocamento θ.

Note ainda que, por simplificação, representamos apenas os contornos das matrizes $\bar{\mathbf{K}}^t$, $\mathbf{K}^q$ e $\bar{\mathbf{K}}^v$ sobre a matriz $\bar{\mathbf{K}}$ do modelo, cuja diagonal principal é composta pelas seguintes constantes:

$$\bar{K}_{11} = \bar{K}^t_{11}$$

$$\bar{K}_{22} = \bar{K}^t_{22}$$

$$\bar{K}_{33} = \bar{K}^t_{33} + K^q_{11}$$

$$\bar{K}_{44} = \bar{K}^t_{44} + K^q_{22}$$

$$\bar{K}_{ii} = K^q_{(i-2)(i-2)} \quad , \text{para } i = 5, \ldots, 8$$

$$\bar{K}_{99} = K^q_{77} + \bar{K}^v_{11}$$

$$\bar{K}_{10\ 10} = K^q_{88} + \bar{K}^v_{22}$$

$$\bar{K}_{jj} = \bar{K}^v_{(j-8)(j-8)} \quad \text{, para } j = 11, \ldots, 14$$

É importante notar que este sistema foi montado para o seguinte vetor de deslocamento:

$$\bar{\mathbf{U}} = \begin{bmatrix} \bar{u}_1 \\ \bar{v}_1 \\ \bar{u}_2 \\ \bar{v}_2 \\ \bar{u}_3 \\ \bar{v}_3 \\ \bar{u}_4 \\ \bar{v}_4 \\ \bar{u}_5 \\ \bar{v}_5 \\ \bar{\theta}_5 \\ \bar{u}_6 \\ \bar{v}_6 \\ \bar{\theta}_6 \end{bmatrix}$$

6.2.1 Condições de contorno

No exemplo 6.8 não foram impostas as condições de contorno $u_1 = v_1 = u_3 = u_4 = v_4 = u_6 = v_6 = \theta_6 = 0$. Estas condições podem ser implementadas na matriz $\bar{\mathbf{K}}$ por meio do mesmo método apresentado na seção 3.1.5, ou seja, pela substituição das constantes da diagonal principal por $\beta \gg 1$ e das constantes do vetor $\bar{\mathbf{F}}$ por zero, nas posições relativas às condições de contorno.

Problemas

6.1 Calcule as forças de superfície P_2 e T_2, concentradas no ponto nodal 2 do elemento de viga, equivalentes ao carregamento da figura. Utilize a convenção para as forças e momentos definidos na figura 5.3 .

a)

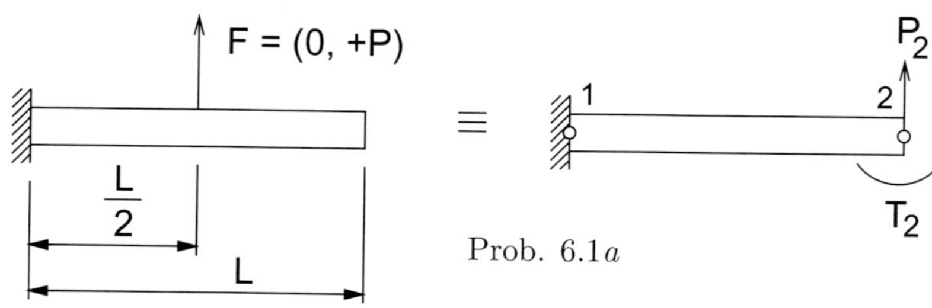

Prob. 6.1a

b)

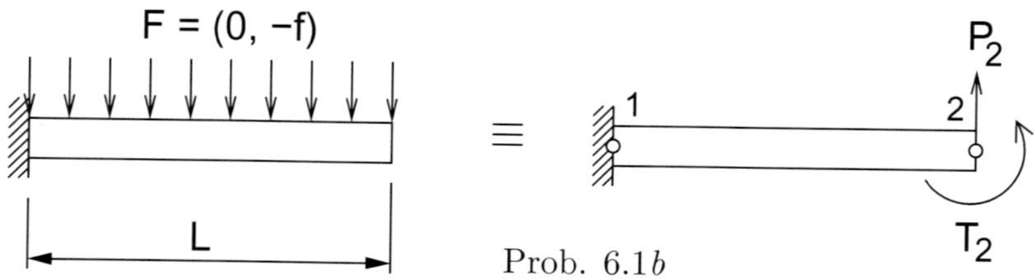

Prob. 6.1b

6.2 Para os elementos de viga e respectivos carregamentos do problema 6.1, calcule a deflexão do nó 2, utilizando os carregamentos equivalentes concentrados neste ponto nodal.

6.3 Mostre que a combinação de um elemento de 8 nós com outro de 4 nós, conforme ilustrado na figura 6.3*b*, resulta em diferentes aproximações para a geometria e os deslocamentos, ao longo do lado comum aos dois elementos.

6.4 Determine as *funções de interpolação* do elemento quadrilátero especial da figura.

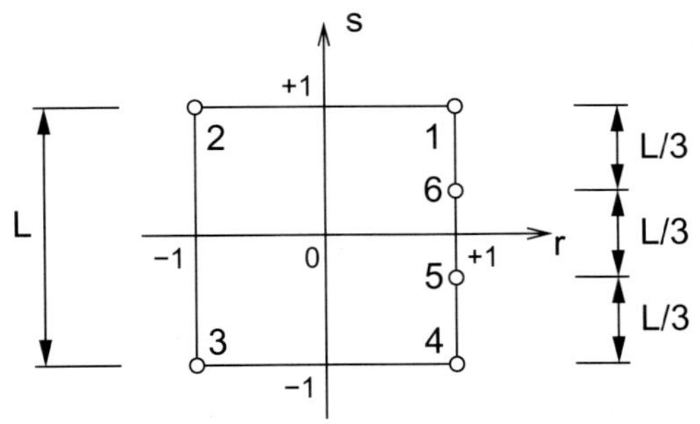

Prob. 6.4

6.5 Com base no modelo de elementos finitos desenvolvido neste capítulo, mostre que o elemento triangular isoparamétrico de 3 nós modela as deformações como constantes e que isto acarreta tensões também constantes dentro do seu domínio.

6.6 Mostre que as deformações no interior de um elemento triangular isoparamétrico de 6 nós, como o ilustrado na figura 6.4*b*, não são modeladas como constantes, ao contrário do que ocorre para o elemento triangular isoparamétrico de 3 nós (problema 6.5).

6.7 Calcule a tensão σ_x nos pontos A e B cujas coordenadas naturais são $(0,25; 0,5)$ e $(0,5; 0,25)$, respectivamente. Considere que os pontos nodais 1 e 3 estão fixos e que o ponto nodal 2 foi deslocado apenas na direção x $(u_2 = a)$, conforme ilustrado na figura, ou seja, $u_1 = u_3 = v_1 = v_2 = v_3 = 0$. Considere ainda que o elemento está submetido a um estado plano de tensão.

Prob. 6.7

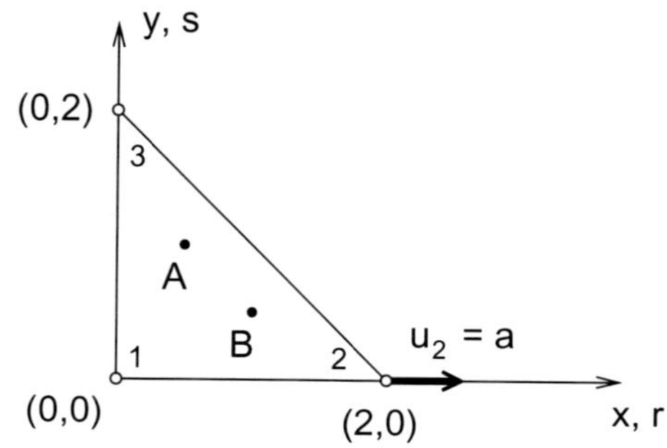

6.8 Considere o mesmo elemento triangular isoparamétrico de 3 nós do problema 6.7, submetido a uma condição de contorno onde o nó 3 está livre para deslocar-se na direção x, ou seja, $u_1 = v_1 = v_2 = v_3 = 0$. Calcule as tensões nos pontos A e B para o mesmo deslocamento aplicado no nó 2 $(u_2 = a)$.

6.9 Determine as *funções de interpolação* para os elementos especiais das figuras. Mostre que estas funções atendem à condição 1.2 .

a)

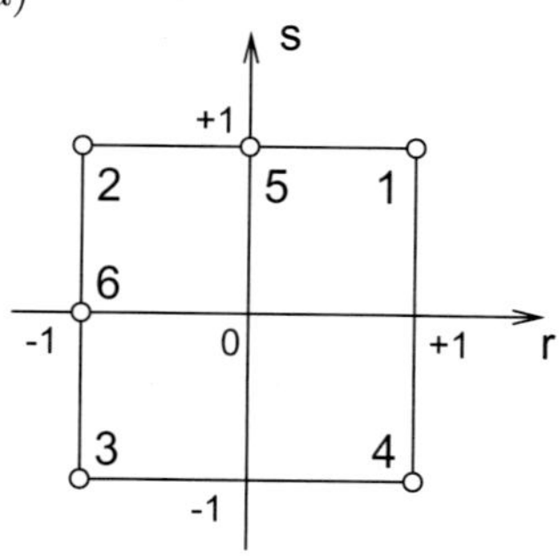

Prob. 6.9a

b)

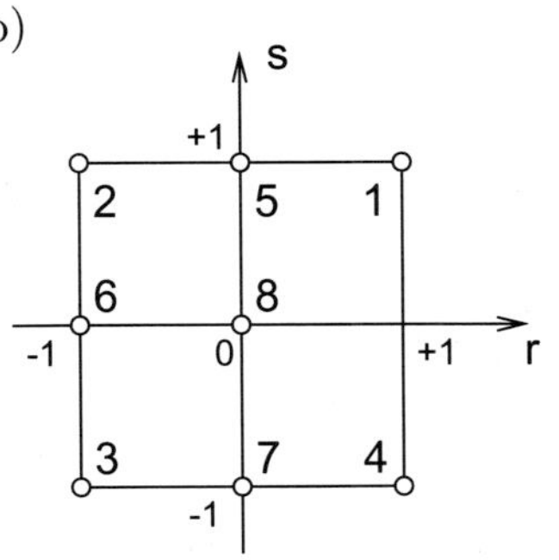

Prob. 6.9*b*

6.10 Calcule a deflexão da extremidade de uma viga engastada modelada por um único elemento quadrilátero isoparamétrico de 4 nós, conforme ilustrado na figura. Compare o resultado com o valor da deflexão calculado analiticamente, ou seja, $\delta = -\left(\frac{PL^3}{3EI_z} + \frac{PLh^2}{8GI_z}\right)$, onde $I_z = \frac{wh^3}{12}$ e $G = \frac{E}{2(1+\nu)}$ (ver exemplo 3.10). No caso do elemento da figura, defina $\delta = \frac{v_1+v_4}{2}$.

Prob. 6.10

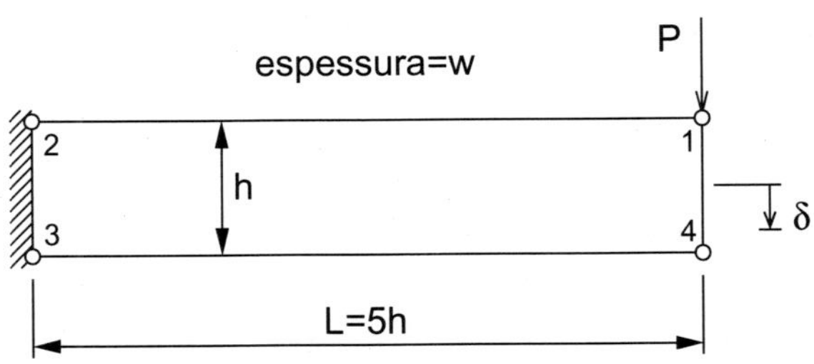

6.11 Monte o sistema de equações do modelo de elementos finitos da figura e aplique as condições de contorno conforme apresentado no capítulo 5, ou seja, pela remoção das linhas e das colunas (correspondentes às transpostas das linhas). Forneça o resultado em função das constantes das matrizes de cada elemento: $\bar{K}^t_{ij}$ (elemento de treliça: nós 1 e 2), K^a_{ij} (elemento triangular: nós 2, 3 e 4) e $\bar{K}^v_{ij}$ (elemento de viga: nós 2 e 5).

Prob. 6.11

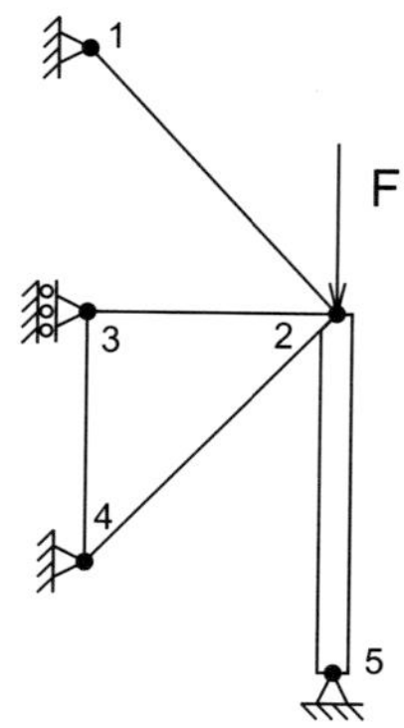

6.12 Calcule a mesma deflexão da extremidade da viga do problema 6.10, utilizando dois elementos triangulares isoparamétricos de 3 nós. Compare a deflexão obtida com o valor calculado no problema 6.10 e com a solução analítica apresentada naquele problema.

Sugestão: aplique as condições de contorno pela remoção das linhas e das colunas (correspondentes às transpostas das linhas), conforme apresentado no capítulo 5.

Prob. 6.12

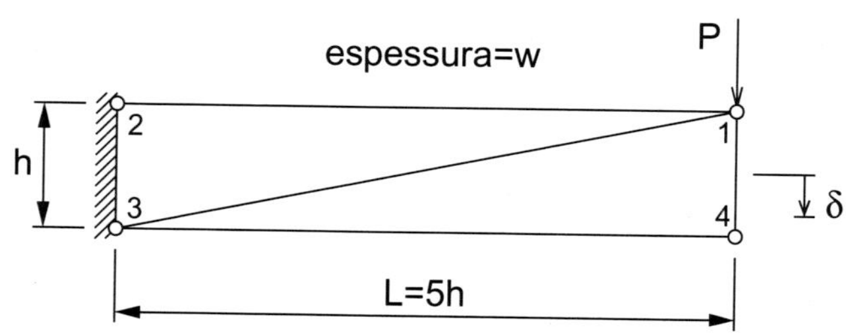

Capítulo 7

Métodos de geração automática de malhas

As malhas de elementos finitos utilizadas para discretizar os domínios nos problemas estudados nos capítulos anteriores foram geradas manualmente, pois a simplicidade da forma geométrica daqueles domínios permitia que adotássemos tal procedimento. No caso de domínios definidos por uma geometria complexa, o uso de métodos automáticos para a geração da malha é indispensável, requerendo, no entanto, uma análise preliminar para a seleção do método mais adequado.

A geração automática de malhas pode ser dividida em dois grandes grupos: os que geram malhas estruturadas e os que geram malhas não-estruturadas. O primeiro é caracterizado pela existência de uma lei de formação que exige a definição do contorno do domínio sob a forma de curvas paramétricas interconectadas, formando uma geometria de aspecto quadrilátero. O segundo emprega procedimentos que geram a malha sem a necessidade de termos geometrias específicas para o contorno do domínio a ser discretizado.

Neste capítulo daremos maior ênfase aos métodos de geração automática de malhas estruturadas no plano, limitando a apresentação dos métodos de geração de malhas não-estruturadas à uma descrição qualitativa.

Os métodos de geração automática de malhas empregam algoritmos que procuram construir a malha com o mínimo possível de distorção dos seus elementos. Este conceito nos permite avaliar a qualidade da malha e, consequentemente, a adequabiblidade do método escolhido para discretizar o domínio. Assim, iniciaremos este capítulo apresentando as propriedades das malhas de elementos finitos que nos auxiliarão nesta tarefa, incluindo métodos quantitativos para medir a distorção de elementos quadriláteros.

A distorção dos elementos da malha influencia diretamente a precisão da solução do modelo e afeta a velocidade de convergência dos problemas onde métodos iterativos são empregados na obtenção da solução, como, por exemplo, o método para a solução do modelo de elementos finitos da equação de Navier-Stokes, apresentado no capítulo 4.

7.1 Propriedades das malhas de elementos finitos

Estas propriedades nos permitem avaliar a qualidade da malha que, no caso das malhas de elementos quadriláteros, é tão maior quanto maior for a proximidade entre a forma dos elementos gerados e a geometria de um quadrado. O afastamento desta geometria quadrada será quantificada por meio da propriedade denominada *distorção do elemento.*

7.1.1 Ortogonalidade das linhas da malha

A qualidade dos elementos gerados ao longo dos contornos é um fator crítico para o desempenho da malha, visto que, na maioria dos problemas, este é o local onde se aplicam os valores de entrada (condições de contorno) das variáveis de interesse do modelo de elementos finitos.

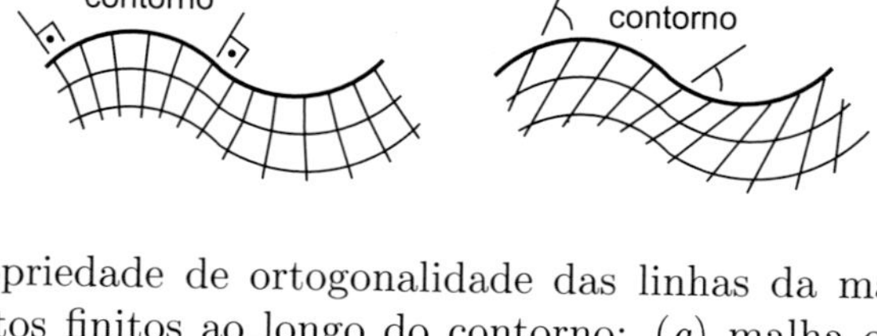

Figura 7.1: Propriedade de ortogonalidade das linhas da malha de elementos finitos ao longo do contorno: (a) malha ortogonal ao contorno; e (b) malha não-ortogonal ao contorno.

A figura 7.1b ilustra a não-ortogonalidade da malha no contorno. Observe que a malha gerada apresenta elementos distorcidos ao longo desta curva.

Além de aumentar a qualidade dos elementos nos contornos, a propriedade de ortogonalidade das linhas da malha também gera elementos pouco distorcidos no interior do domínio, pois tende a aproximá-los de quadriláteros regulares.

7.1.2 Controle local de densidade

Como vimos nos capítulos anteriores, para obtermos soluções mais precisas utilizamos o procedimento de refinar a malha de elementos finitos gerada para discretizar o domínio. Em problemas onde a extensão do domínio é relativamente grande, este refinamento só é executado nas regiões em que se deseja melhorar a precisão da solução. Por exemplo, se desejarmos analisar o campo de velocidades de um escoamento externo, em torno da asa de um avião (capítulo 4), empregaremos o refinamento da malha do modelo apenas nas proximidades do contorno do seu perfil aerodinâmico. O mesmo se aplica para o cálculo da distribuição de temperatura em uma região do domínio onde é esperado um gradiente elevado, como ilustrado na malha da figura 7.2 . Assim, é necessário que este efeito de refinamento local da malha seja obtido preservando-se a densidade original nas outras regiões do domínio.

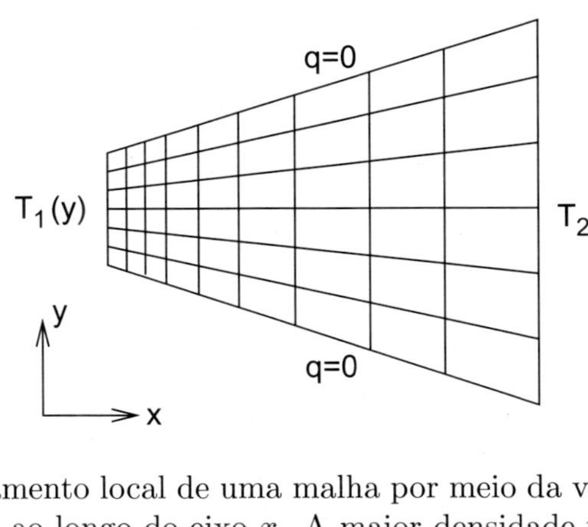

Figura 7.2: Refinamento local de uma malha por meio da variação de densidade ao longo do eixo x. A maior densidade foi estabelecida para capturar o gradiente próximo do contorno, submetido à distribuição $T_1(y)$ de temperatura.

7.1.3 Suavidade na transição entre diferentes densidades

Para obtermos um controle local de densidade adequado, é necessário que, na região de transição entre as diferentes densidades da malha, sejam produzidos elementos pouco distorcidos. A dificuldade de se manter a qualidade dos elementos nestas regiões de transição é tão maior quanto maior for a complexidade da geometria do domínio, o número de densidades diferentes especificadas para gerar a malha e o gradiente entre as diversas densidades envolvidas.

Tem sido observado que os métodos de geração automática de malhas não-estruturadas têm a capacidade de produzir regiões de transição com melhor qualidade de elementos, devido, em parte, à menor influência da geometria dos contornos na orientação dos elementos gerados internamente ao domínio (figura 7.3).

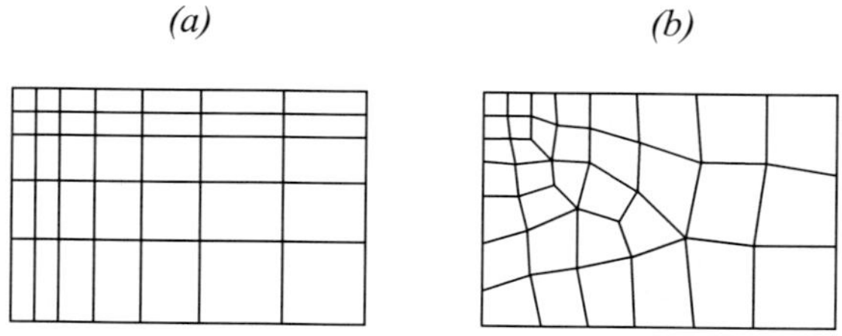

Figura 7.3: Regiões de transição entre densidades diferentes: (a) método de geração de malhas estruturadas; e (b) método de geração de malhas não-estruturadas.

7.1.4 Distorção do elemento

Minimizar a distorção dos elementos é o objetivo buscado pelos métodos de geração de malhas estruturadas e não-estruturadas. Assim, é necessário estabelecer meios para quantificar a distorção dos elementos, gerados por ambos os métodos.

Alguns métodos para medir a distorção de elementos têm sido apresentados na literatura. Basicamente, estes métodos medem a razão de aspecto do elemento com relação a um quadrado perfeito (razão de aspecto = 1:1), e limitam os ângulos internos do elemento à faixa de valores compreendidos entre 45 e 135 graus [5],[46].

Na maioria dos problemas de elementos finitos, o aumento da distorção dos elementos tende a reduzir a velocidade de convergência e a aumentar o erro da solução. Por exemplo, nos problemas de elasticidade, estudados no capítulo 3, uma razão de aspecto menor que 1:3 (figura 7.4) fornece resultados satisfatórios nas análises de tensões. O mesmo ocorre nas análises de deformações para valores menores que 1:7.

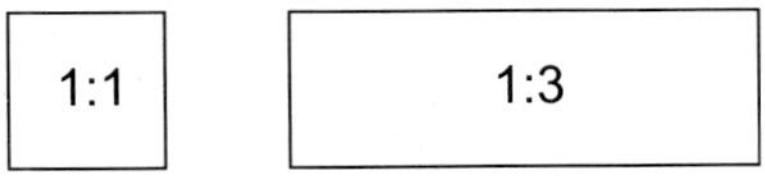

Figura 7.4: Razão de aspecto de um elemento quadrado perfeito (1:1, sem distorção) e de um elemento retangular (com distorção de 1:3).

Este critério permite uma avaliação preliminar do estado de distorção dos elementos de uma malha. No entanto, quando ocorre a combinação do efeito de alongamento (razão de aspecto) e de cisalhamento (ângulo interno) em um só elemento, a distorção não pode ser mensurada adequadamente por tal critério. Neste caso, adotamos a formulação publicada na referência [55], que utiliza um métrico D para quantificar o alongamento e o cisalhamento do elemento em um único escalar, definido pela seguinte expressão:

$$D = \sum_{i=1}^{2} \sum_{j=1}^{2} (C_{ij})^2 - \frac{1}{2} \left(\sum_{i=1}^{2} C_{ii} \right)^2 \tag{7.1}$$

onde C_{ii} é calculado com o uso da matriz Jacobiana, normalizada para eliminar o efeito do tamanho do elemento, ou seja

$$\mathbf{C} = (J')^T J' \tag{7.2}$$

onde

$$J' = \frac{1}{(\det J)^{\frac{1}{2}}} J \tag{7.3}$$

sendo a matriz Jacobiana J definida como em (2.27).

Exemplo 7.1 Calcule a distorção dos elementos ilustrados na figura, utilizando a formulação do métrico D definida em (7.1). Compare os valores obtidos com a medida de distorção feita pelo método da razão de aspecto e do ângulo interno.

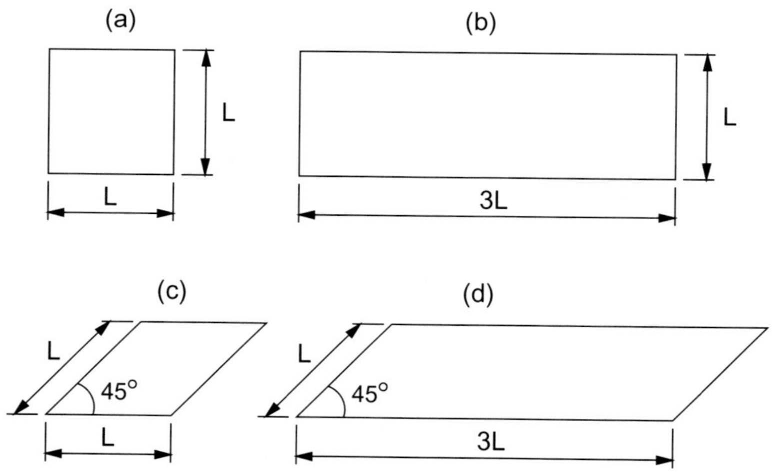

Para o elemento da figura (a), temos $J = \mathbf{I}\frac{L}{2}$, $J' = \mathbf{I}$, $\mathbf{C} = \mathbf{I}$ e, consequentemente, $D_{(a)} = 2 - 2 = 0$.

Para o elemento da figura (b), temos

$$J = \frac{L}{2}\begin{bmatrix} 3 & 0 \\ 0 & 1 \end{bmatrix} \quad , \quad J' = \frac{1}{\sqrt{3}}\begin{bmatrix} 3 & 0 \\ 0 & 1 \end{bmatrix} \quad \text{e} \quad \mathbf{C} = \begin{bmatrix} 3 & 0 \\ 0 & \frac{1}{3} \end{bmatrix}$$

Assim, obtemos

$$D_{(b)} = 9 + \frac{1}{9} - \frac{1}{2}\left(3 + \frac{1}{3}\right)^2 = \frac{32}{9} = 3,556$$

Para o elemento da figura (c), temos

$$J = \frac{L}{2}\begin{bmatrix} 1 & 0 \\ \frac{\sqrt{2}}{2} & \frac{\sqrt{2}}{2} \end{bmatrix}, \quad J' = \frac{1}{(2)^{\frac{1}{4}}}\begin{bmatrix} \sqrt{2} & 0 \\ 1 & 1 \end{bmatrix} \quad \text{e} \quad \mathbf{C} = \frac{1}{\sqrt{2}}\begin{bmatrix} 3 & 1 \\ 1 & 1 \end{bmatrix}$$

Assim, temos

$$D_{(c)} = \frac{1}{2}(9+1+1+1) - \frac{1}{2}\left[\frac{1}{\sqrt{2}}(3+1)\right]^2 = 2$$

Para o elemento da figura (d), temos

$$J = \frac{L}{2}\begin{bmatrix} 3 & 0 \\ \frac{\sqrt{2}}{2} & \frac{\sqrt{2}}{2} \end{bmatrix}, \quad J' = \frac{1}{(18)^{\frac{1}{4}}}\begin{bmatrix} 3\sqrt{2} & 0 \\ 1 & 1 \end{bmatrix} \quad \text{e} \quad \mathbf{C} = \frac{1}{3\sqrt{2}}\begin{bmatrix} 19 & 1 \\ 1 & 1 \end{bmatrix}$$

Logo

$$D_{(d)} = \frac{1}{18}\left[(19)^2 + 1 + 1 + 1\right] - \frac{1}{2}\left[\frac{1}{3\sqrt{2}}(19+1)\right]^2 = \frac{82}{9} = 9,111$$

Pelo critério da razão de aspecto e do ângulo interno, se fôssemos selecionar quais os elementos aceitáveis para um método de geração automática, com valores entre 1:1 e 1:3 e ângulos entre 45 e 135 graus, concluiríamos que todos os quatro elementos da figura seriam selecionados. No entanto, pelo critério do métrico D, para $D \leq 5$ por exemplo, apenas os elementos (a), (b) e (c) seriam considerados aceitáveis. Assim, podemos concluir que o método do métrico D é capaz de combinar, em um único valor escalar as distorções lineares (alongamento) e angulares (cisalhamento).

Os valores do métrico D calculados no exemplo 7.1 são constantes ao longo do domínio dos elementos. No entanto, isto nem sempre ocorre, resultando em uma função das coordenadas naturais (r, s), ou seja, $D(r, s)$. Nestes casos é necessário estabelecer um critério para a análise de distorção dos elementos de uma dada discretização. Um critério conveniente consiste em utilizar o valor máximo de $D(r, s)$ calculado nos pontos de integração numérica da formulação de Gauss-Legendre (seção 2.1.4).

Uma vez identificado que um elemento possui um grau de distorção acima do aceitável para uma dada discretização, podemos aplicar métodos de suavização que aumentam a qualidade dos elementos da malha. Estes métodos serão estudados na seção 7.2.3 .

7.2 Métodos para a geração automática de malhas estruturadas

Estes métodos têm sido um dos mais empregados na análise de problemas com elementos finitos, devido à simplicidade de implementação por meio de algoritmos computacionais. Apesar de serem limitados à discretização de domínios com geometrias não muito complexas, o seu uso em conjunto com métodos de decomposição do domínio, sobre regiões menores e de aspecto quadrilátero, tem possibilitado a discretização de uma gama maior de geometrias.

Nesta seção estudaremos o método de mapeamento denominado *interpolação transfinita.* Em adição, apresentaremos o método de *decomposição geométrica* (subdivisão do domínio) que é empregado, em conjunto com a *interpolação transfinita*, para gerar malhas em domínios complexos. Serão ainda apresentados os esquemas de suavização elíptica e de Laplace, cuja principal aplicação é reduzir a distorção dos elementos produzidos pelos métodos de geração de malhas estruturadas e não-estruturadas, respectivamente.

7.2.1 Interpolação transfinita

Como já mencionamos, este tem sido um dos métodos mais usados para a geração de malhas de elementos finitos. Em 1972, Buell e Bush [45] publicaram um levantamento onde notamos a predominância do uso desse tipo de mapeamento para a geração automática de malhas, identificado pelo título de *transformação I-J.*

O método de *interpolação transfinita* inicia pela parametrização das quatro curvas que definem o contorno, como ilustrado na figura 7.5 . Cabe ressaltar que, para este procedimento ser aplicado, é necessário que a geometria do contorno seja de aspecto quadrilátero, pois o método é baseado na mesma transformação apresentada na seção 2.1.3, para o cálculo das constantes do sistema de equações no domínio das coordenadas naturais (r, s).

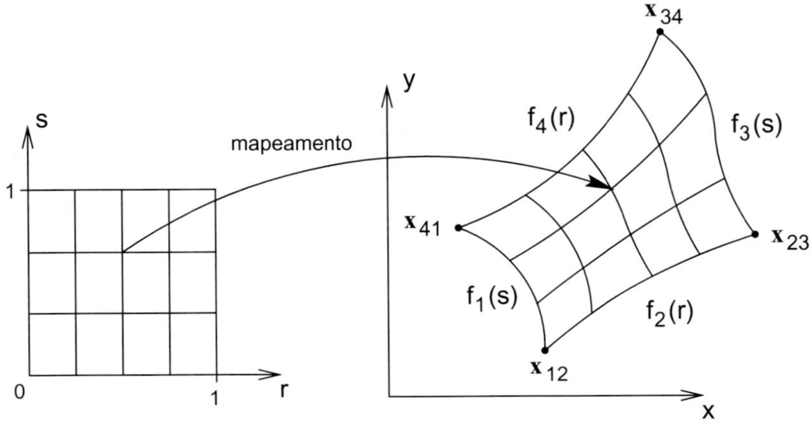

Figura 7.5: *Interpolação transfinita* entre o domínio natural (r, s) e o domínio físico das coordenadas (x, y), definido pelas curvas paramétricas $f_1(s)$, $f_2(r)$, $f_3(s)$ e $f_4(r)$.

As curvas paramétricas f_i são definidas como $f_i(t) = [x(t), y(t)]$, com $0 \leq t = r, s \leq 1$, e delimitadas pelos pontos $\mathbf{x}_{ij}$ dos vértices do domínio, relativos à interseção das curvas paramétricas f_i e f_j. O mapeamento do domínio é obtido pela interpolação dessas curvas paramétricas e dos pontos que definem os vértices. Assim, podemos calcular as coordenadas dos pontos nodais $\mathbf{x} = [x(r, s), y(r, s)]$, por meio da seguinte expressão:

$$\begin{aligned} \mathbf{x} = &\ (1-r)f_1(s) + (1-s)f_2(r) + rf_3(s) + sf_4(r) \\ &-(1-r)(1-s)\mathbf{x}_{12} - r(1-s)\mathbf{x}_{23} - rs\mathbf{x}_{34} - (1-r)s\mathbf{x}_{41} \end{aligned} \tag{7.4}$$

Os pontos $\mathbf{x}_{ij}$ têm de ser subtraídos do valor da interpolação devido à repetição das suas ocorrências em ambas as curvas paramétricas f_i e f_j, que os definem na interseção.

Note que as coordenadas naturais são utilizadas no intervalo $0 \leq r, s \leq 1$. Estas coordenadas definem as funções lineares $(1 - r)$, $(1 - s)$, r e s, usadas para interpolar os pontos internos da malha. Tais funções podem ser substituídas para obtermos certo grau de controle local de densidade da malha (ver problema 7.9).

Exemplo 7.2 Construa uma malha de dimensões 2×2 no domínio quadrado da figura, utilizando o método de *interpolação transfinita*. Forneça o resultado na forma das coordenadas dos pontos nodais $\mathbf{x}_i$.

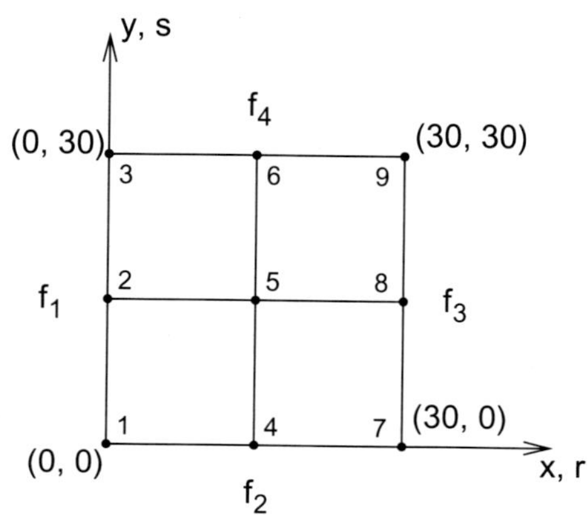

Para aplicarmos (7.4), temos que observar que os pontos nodais 2, 4, 5, 6 e 8 são definidos, no domínio natural, pelos seguintes valores coordenados:

$$(r_2, s_2) = (0, \tfrac{1}{2})$$

$$(r_4, s_4) = (\tfrac{1}{2}, 0)$$

$$(r_5, s_5) = (\tfrac{1}{2}, \tfrac{1}{2})$$

$$(r_6, s_6) = (\tfrac{1}{2}, 1)$$

$$(r_8, s_8) = (1, \tfrac{1}{2})$$

e que os pontos $\mathbf{x}_{12}$, $\mathbf{x}_{23}$, $\mathbf{x}_{34}$ e $\mathbf{x}_{41}$ de (7.4) correspondem aos pontos nodais 1, 7, 9 e 3, respectivamente. Temos ainda que os valores das curvas paramétricas f_i, relativos aos pontos 2, 4, 5, 6 e 8, fornecem os seguintes valores de coordenadas (x, y):

$$f_1(s_2) = f_1(s_5) = (0, 15)$$

$$f_2(r_4) = f_2(r_5) = (15, 0)$$

$$f_3(s_8) = f_3(s_5) = (30, 15)$$

$$f_4(r_6) = f_4(r_5) = (15, 30)$$

Assim, por (7.4), obtemos

$$\begin{aligned} \mathbf{x}_2 &= f_1(s_2) + \tfrac{1}{2} f_2(r_2) + \tfrac{1}{2} f_4(r_2) - \tfrac{1}{2}\mathbf{x}_{12} - \tfrac{1}{2}\mathbf{x}_{41} \\ &= (0, 15) + \tfrac{1}{2}\mathbf{x}_{12} + \tfrac{1}{2}\mathbf{x}_{41} - \tfrac{1}{2}\mathbf{x}_{12} - \tfrac{1}{2}\mathbf{x}_{41} = (0, 15) \end{aligned}$$

$$\begin{aligned} \mathbf{x}_4 &= \tfrac{1}{2} f_1(s_4) + f_2(r_4) + \tfrac{1}{2} f_3(s_4) - \tfrac{1}{2}\mathbf{x}_{12} - \tfrac{1}{2}\mathbf{x}_{23} \\ &= \tfrac{1}{2}\mathbf{x}_{12} + (15, 0) + \tfrac{1}{2}\mathbf{x}_{23} - \tfrac{1}{2}\mathbf{x}_{12} - \tfrac{1}{2}\mathbf{x}_{23} = (15, 0) \end{aligned}$$

$$\begin{aligned} \mathbf{x}_5 =& \tfrac{1}{2}\left[f_1(s_5) + f_2(r_5) + f_3(s_5) + f_4(r_5)\right] \\ & -\tfrac{1}{4}\left(\mathbf{x}_{12} + \mathbf{x}_{23} + \mathbf{x}_{34} + \mathbf{x}_{41}\right) \\ =& \tfrac{1}{2}\left[(0, 15) + (15, 0) + (30, 15) + (15, 30)\right] \\ & -\tfrac{1}{4}\left[(0, 0) + (30, 0) + (30, 30) + (0, 30)\right] \\ =& (30, 30) - (15, 15) = (15, 15) \end{aligned}$$

$$\mathbf{x}_6 = \tfrac{1}{2}f_1(s_6) + \tfrac{1}{2}f_3(s_6) + f_4(r_6) - \tfrac{1}{2}\mathbf{x}_{34} - \tfrac{1}{2}\mathbf{x}_{41}$$
$$= \tfrac{1}{2}\mathbf{x}_{41} + \tfrac{1}{2}\mathbf{x}_{34} + (15,30) - \tfrac{1}{2}\mathbf{x}_{34} - \tfrac{1}{2}\mathbf{x}_{41} = (15,30)$$

$$\mathbf{x}_8 = \tfrac{1}{2}f_2(r_8) + f_3(s_8) + \tfrac{1}{2}f_4(r_8) - \tfrac{1}{2}\mathbf{x}_{23} - \tfrac{1}{2}\mathbf{x}_{34}$$
$$= \tfrac{1}{2}\mathbf{x}_{23} + (30,15) + \tfrac{1}{2}\mathbf{x}_{34} - \tfrac{1}{2}\mathbf{x}_{23} - \tfrac{1}{2}\mathbf{x}_{34} = (30,15)$$

Note que os valores coordenados dos pontos nodais correspondem às posições geométricas ilustradas na figura.

Cabe ainda ressaltar que a expressão (7.4) se aplica também ao cálculo das coordenadas dos pontos nodais dos vértices. Por exemplo, para o nó 9, obtemos

$$\mathbf{x}_9 = f_3(s_9) + f_4(r_9) - \mathbf{x}_{34} = \mathbf{x}_{34} + \mathbf{x}_{34} - \mathbf{x}_{34} = \mathbf{x}_{34} = (30,30)$$

7.2.2 Decomposição geométrica

Como vimos na seção 7.2.1, o método de *interpolação transfinita* é capaz de gerar automaticamente uma malha num domínio que possua um contorno definido por 4 (quatro) curvas paramétricas. No entanto, muitas vezes, mesmo que o contorno do domínio seja relativamente simples, a sua divisão em quatro curvas paramétricas pode gerar uma malha com elementos muito distorcidos, como ilustra a figura 7.6*a*, para o caso de um domínio circular.

Na figura 7.6*b*, o domínio circular foi dividido nas regiões delimitadas pelas linhas grossas. Observe que os elementos obtidos são mais regulares, enquanto que na malha gerada sobre o domínio sem decomposição (figura 7.6*a*) há ocorrência de elementos muito distorcidos, principalmente nas proximidades dos pontos $\mathbf{x}_{ij}$.

Além de possibilitar a melhoria de qualidade dos elementos gerados em domínios cujos contornos não possuem um aspecto quadrilátero, o método de *decomposição geométrica* permite que discretizemos domínios complexos,

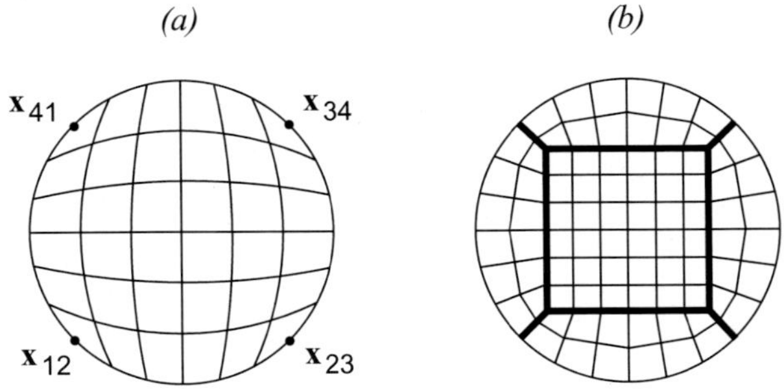

Figura 7.6: Geração da malha por *interpolação transfinita*: (a) sem a aplicação do método de *decomposição geométrica*; e (b) com a aplicação da *decomposição geométrica* do domínio.

com ou sem contornos internos. A figura 7.7 ilustra o uso deste método, com as subdivisões do domínio representadas por linhas grossas.

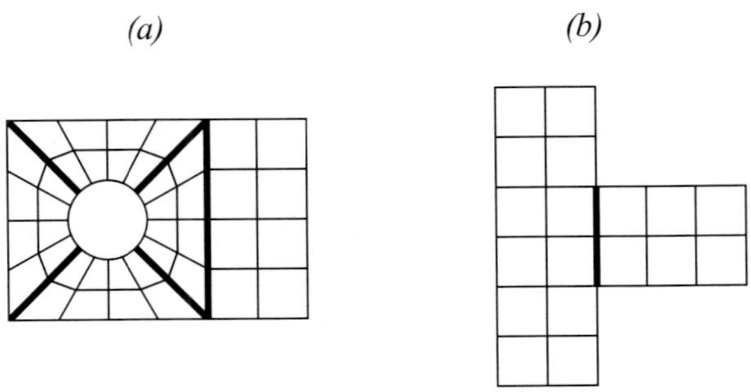

Figura 7.7: *Decomposição geométrica*: (a) domínio com contorno interno; e (b) domínio sem contorno interno.

A *decomposição geométrica* apresentada nesta seção é feita manualmente, buscando subdividir o domínio em regiões com aspecto quadrilátero. Métodos automáticos de decomposição estão além do objetivo deste texto e serão deixados ao leitor para consulta nas referências [48],[49],[50],[54].

Observe que, após a *decomposição geométrica* do domínio, é necessário selecionar densidades para as malhas geradas nas subdivisões adjacentes, de modo que haja coincidência entre os nós dos elementos. Na figura 7.8a, ilustramos uma forma errada de gerar a malha, onde não há coincidência

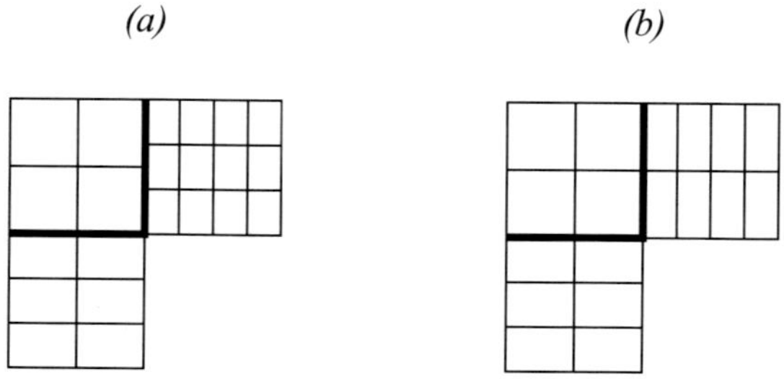

Figura 7.8: Seleção de densidades para as subdivisões resultantes da *decomposição geométrica*: (a) densidades incompatíveis; e (b) densidades compatíveis.

entre os nós dos elementos na linha divisória de duas subdivisões adjacentes. Sem esta coincidência entre os nós dos elementos, a linha divisória entre subdivisões adjacentes estaria sendo modelada como uma descontinuidade do domínio, ou seja, o meio físico não seria contínuo.

Exemplo 7.3 Aplique a *decomposição geométrica* para subdividir os domínios das figuras, visando a geração automática das malhas nas subdivisões pelo método de *interpolação transfinita*.

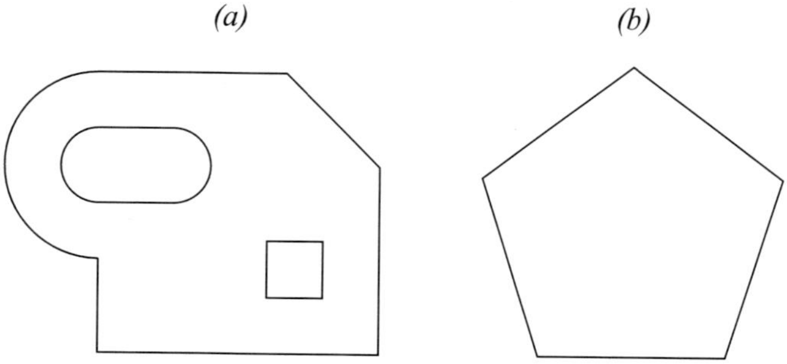

Para a figura (a) iniciaremos a decomposição pelas regiões onde a simetria local indica, intuitivamente, algumas das subdivisões a serem criadas, ou seja

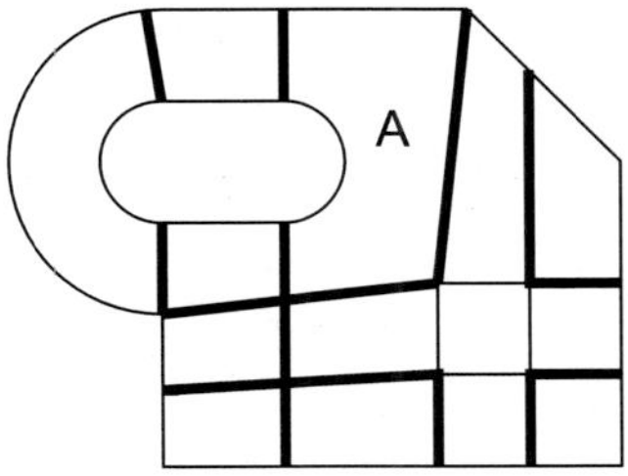

A decomposição da região identificada pela letra A será feita por meio da subdivisão do contorno circular, de modo a eliminar os vértices presentes no lado direito da região. Assim, obtemos

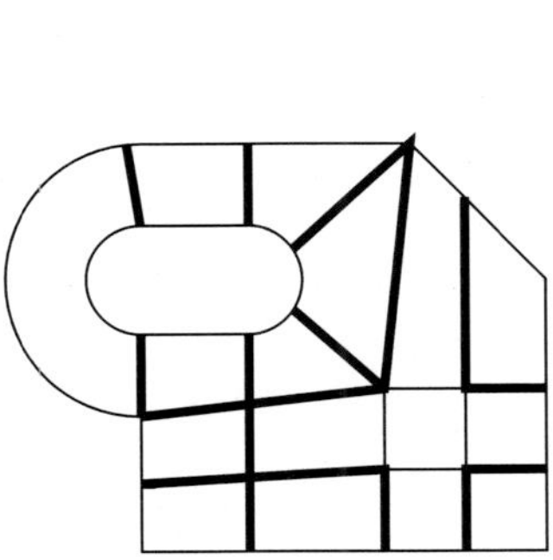

Note que a região A pode ser considerada como de aspecto quadrilátero. No entanto, a presença de vértices adicionais em um dos seus lados dificulta a aplicação automática do método de *interpolação transfinita* nesta subdivisão (ver problema 7.7).

Para a figura (b), notamos que a discretização do pentágono não pode ser feita utilizando-se apenas regiões de quadriláteros. Neste caso, propomos a inserção de um círculo no centro do domínio e a construção de uma malha interna ao círculo, conforme ilustrado na figura 7.6b, ou seja

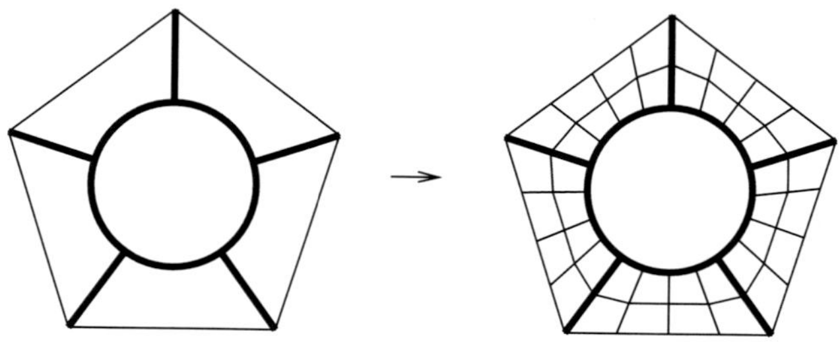

Note que neste caso foi gerada a malha nas regiões externas ao círculo inserido, visando ilustrar a condição necessária à construção da malha interna ao círculo, a qual exige que o número de pontos nodais no contorno do círculo seja par, para que possamos aplicar o esquema apresentado na figura 7.6*b*. Por esta razão, selecionamos uma densidade de 4×2 para discretizar as 5 (cinco) sub-regiões formadas entre os lados do pentágono e o círculo. Assim, obtemos

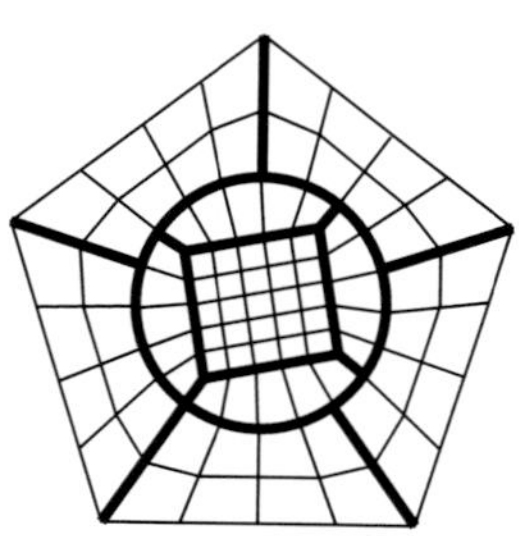

Observe que os pontos de interseção entre as linhas que conectam os vértices do quadrado ao círculo não são, obrigatoriamente, coincidentes com os pontos de interseção entre as linhas que conectam os vértices do pentágono ao círculo. No entanto, é necessário que haja coincidência entre os pontos nodais da malha gerada internamente ao círculo e os das malhas geradas nas subregiões entre o círculo e o pentágono.

7.2.3 Método de suavização elíptica

As malhas geradas automaticamente pelo método de *interpolação transfinita* tendem a reproduzir, nas linhas internas, os contornos dos domínios de aspecto quadrilátero, definidos por meio de curvas paramétricas f_i. Isto garante uma densidade uniforme ao longo de todo o domínio discretizado. No entanto, esta característica causa o aumento da distorção dos elementos em domínios onde não existe paralelismo entre lados opostos do contorno, como vemos no exemplo da figura 7.6a.

O método de suavização elíptica, também conhecido como Winslow ou gerador homogêneo de Thompson-Thames-Mastin, busca reduzir a distorção dos elementos por meio do aumento da ortogonalidade das linhas da malha (seção 7.1.1). Basicamente, o método gera a malha por meio da solução de uma equação diferencial elíptica que descreve a transformação entre o domínio natural e o do modelo físico. Este processo tem início com a definição da equação de Laplace nas coordenadas do domínio físico (x, y), ou seja

$$\frac{\partial^2 r}{\partial x^2} + \frac{\partial^2 r}{\partial y^2} = 0 \tag{7.5}$$

$$\frac{\partial^2 s}{\partial x^2} + \frac{\partial^2 s}{\partial y^2} = 0 \tag{7.6}$$

Para utilizarmos as equações (7.5) e (7.6) é necessário transformá-las para o sistema natural de coordenadas, à semelhança do que é feito para o cálculo das derivadas parciais em (2.32), ou seja

$$g_{22}\frac{\partial^2 x}{\partial r^2} - 2g_{12}\frac{\partial^2 x}{\partial r \partial s} + g_{11}\frac{\partial^2 x}{\partial s^2} = 0 \tag{7.7}$$

$$g_{22}\frac{\partial^2 y}{\partial r^2} - 2g_{12}\frac{\partial^2 y}{\partial r \partial s} + g_{11}\frac{\partial^2 y}{\partial s^2} = 0 \tag{7.8}$$

onde

$$g_{11} = \left(\frac{\partial x}{\partial r}\right)^2 + \left(\frac{\partial y}{\partial r}\right)^2 \tag{7.9}$$

$$g_{12} = g_{21} = \frac{\partial x}{\partial r}\frac{\partial x}{\partial s} + \frac{\partial y}{\partial r}\frac{\partial y}{\partial s} \tag{7.10}$$

$$g_{22} = \left(\frac{\partial x}{\partial s}\right)^2 + \left(\frac{\partial y}{\partial s}\right)^2 \tag{7.11}$$

Note que estes coeficientes são as constantes da matriz resultante do produto da matriz Jacobiana da transformação pela sua transposta (JJ^T). Essa matriz é conhecida como métrico da transformação, ou seja

$$G = JJ^T = \begin{bmatrix} g_{11} & g_{12} \\ g_{21} & g_{22} \end{bmatrix} \tag{7.12}$$

Exemplo 7.4 Mostre que a transformação das equações (7.5) e (7.6), para o domínio das coordenadas naturais, pode ser feita pela aplicação da transformação definida em (2.32).

Visando simplificar a notação algébrica necessária para desenvolver a transformação a partir de (7.5) e (7.6), vamos utilizar índices subscritos para indicar derivadas.

Assim, tomando como exemplo as derivadas de x em relação às variáveis r e s, temos

$\frac{\partial x}{\partial r} \equiv x_r$

$$\frac{\partial^2 x}{\partial r \partial s} \equiv x_{rs}$$

$$\frac{\partial^2 x}{\partial r^2} \equiv x_{rr}$$

Inicialmente, temos que calcular as derivadas r_{xx} e r_{yy} usadas na equação (7.5), por meio do emprego de (2.32), ou seja

$$\begin{bmatrix} r_x \\ r_y \end{bmatrix} = J^{-1} \begin{bmatrix} r_r \\ r_s \end{bmatrix} = J^{-1} \begin{bmatrix} 1 \\ 0 \end{bmatrix} = \frac{1}{\det J} \begin{bmatrix} y_s \\ -x_s \end{bmatrix}$$

Note que $r_r = 1$ e $r_s = 0$, e que utilizamos a inversa da matriz Jacobiana dada por (2.33). Isso fornece a seguinte expressão para a derivada r_x:

$$r_x = \frac{y_s}{\det J}$$

Aplicando (2.32) à r_x, temos

$$\begin{bmatrix} (r_x)_x \\ (r_x)_y \end{bmatrix} = J^{-1} \begin{bmatrix} (r_x)_r \\ (r_x)_s \end{bmatrix} = \frac{1}{\det J} \begin{bmatrix} y_s & -y_r \\ -x_s & x_r \end{bmatrix} \begin{bmatrix} (r_x)_r \\ (r_x)_s \end{bmatrix}$$

De onde conclui-se que

$$r_{xx} = (r_x)_x = \frac{1}{\det J} \left[y_s (r_x)_r - y_r (r_x)_s \right]$$

$$= \frac{1}{\det J} \left[y_s \left(\frac{y_s}{\det J} \right)_r - y_r \left(\frac{y_s}{\det J} \right)_s \right]$$

$$= \frac{1}{(\det J)^3} \Big\{ y_s \left[y_{rs} (\det J) - y_s (\det J)_r \right]$$

$$- y_r \left[y_{ss} (\det J) - y_s (\det J)_s \right] \Big\}$$

Substituindo $\det J = x_r y_s - x_s y_r$ e as respectivas derivadas $(\det J)_r$ e $(\det J)_s$, e efetuando as simplificações decorrentes, obtemos a seguinte expressão para r_{xx}:

$$r_{xx} = \frac{1}{(\det J)^3}[y_s^2(x_s y_{rr} - x_{rr} y_s) - 2y_r y_s(x_s y_{rs} - x_{rs} y_s)$$
$$+y_r^2(x_s y_{ss} - x_{ss} y_s)]$$

Analogamente, aplicando o mesmo processo às derivadas em y, obtemos a seguinte expressão para r_{yy}:

$$r_{yy} = \frac{1}{(\det J)^3}[x_s^2(x_s y_{rr} - x_{rr} y_s) - 2x_r x_s(x_s y_{rs} - x_{rs} y_s)$$
$$+x_r^2(x_s y_{ss} - x_{ss} y_s)]$$

Assim, temos a seguinte expressão para (7.5), utilizando as definições de (7.9) a (7.11):

$$(a) \quad g_{22}(x_s y_{rr} - x_{rr} y_s) - 2g_{12}(x_s y_{rs} - x_{rs} y_s) + g_{11}(x_s y_{ss} - x_{ss} y_s) = 0$$

Deixaremos ao leitor o exercício de desenvolver a mesma expressão para a equação (7.6), cujo resultado obtido pode ser escrito da mesma forma que foi para (7.5), ou seja

$$(b) \quad g_{22}(x_{rr} y_r - x_r y_{rr}) - 2g_{12}(x_{rs} y_r - x_r y_{rs}) + g_{11}(x_{ss} y_r - x_r y_{ss}) = 0$$

Dividindo a expressão (a) por x_s e (b) por x_r, e somando os resultados, temos

$$g_{22} x_{rr}\left(\frac{y_r}{x_r} - \frac{y_s}{x_s}\right) - 2g_{12} x_{rs}\left(\frac{y_r}{x_r} - \frac{y_s}{x_s}\right) + g_{11} x_{ss}\left(\frac{y_r}{x_r} - \frac{y_s}{x_s}\right) = 0$$

Logo, dividindo por $\left(\frac{y_r}{x_r} - \frac{y_s}{x_s}\right)$, obtemos a equação (7.7), ou seja

$$(c) \quad g_{22} x_{rr} - 2g_{12} x_{rs} + g_{11} x_{ss} = 0$$

Substituindo (c) em (a), e dividindo por x_s, obtemos a equação (7.8), ou seja

$$g_{22}y_{rr} - 2g_{12}y_{rs} + g_{11}y_{ss} = 0$$

A suavização da malha pelo método de suavização elíptica é empregada em algoritmos computacionais por meio de um processo iterativo, o qual aplica as equações (7.7) e (7.8) sobre as coordenadas de todos os pontos nodais internos da malha até que não haja mais variação da posição desses nós, dentro de uma tolerância preestabelecida. Alternativamente, utiliza-se aplicar um número fixo de iterações sem o cuidado de medir a variação das posições dos pontos nodais após cada iteração.

Para a aplicação iterativa das equações de suavização em uma malha estruturada, vamos aproximar as derivadas primeira e segunda por meio do método das diferenças finitas centrado de segunda ordem. Assim, seguindo a convenção dos índices apresentada na figura 7.9, temos, no ponto nodal $\mathbf{x}_{ij} = (x_{ij}, y_{ij})$, as seguintes expressões para as derivadas:

$$\frac{\partial \mathbf{x}}{\partial r} = \frac{\mathbf{x}_{(i+1)j} - \mathbf{x}_{(i-1)j}}{2\Delta r} \tag{7.13}$$

$$\frac{\partial \mathbf{x}}{\partial s} = \frac{\mathbf{x}_{i(j+1)} - \mathbf{x}_{i(j-1)}}{2\Delta s} \tag{7.14}$$

$$\frac{\partial^2 \mathbf{x}}{\partial r^2} = \frac{\mathbf{x}_{(i+1)j} - 2\mathbf{x}_{ij} + \mathbf{x}_{(i-1)j}}{(\Delta r)^2} \tag{7.15}$$

$$\frac{\partial^2 \mathbf{x}}{\partial s^2} = \frac{\mathbf{x}_{i(j+1)} - 2\mathbf{x}_{ij} + \mathbf{x}_{i(j-1)}}{(\Delta s)^2} \tag{7.16}$$

$$\frac{\partial^2 \mathbf{x}}{\partial r \partial s} = \frac{\left[\mathbf{x}_{(i+1)(j+1)} - \mathbf{x}_{(i-1)(j+1)}\right] - \left[\mathbf{x}_{(i+1)(j-1)} - \mathbf{x}_{(i-1)(j-1)}\right]}{4\Delta r \Delta s} \tag{7.17}$$

Substituindo (7.13) a (7.17) em (7.7) e (7.8), obtemos, na iteração $k+1$, a seguinte função de recorrência para o cálculo da nova posição do ponto nodal $\mathbf{x}_{ij}^{(k+1)} = (x_{ij}^{(k+1)}, y_{ij}^{(k+1)})$:

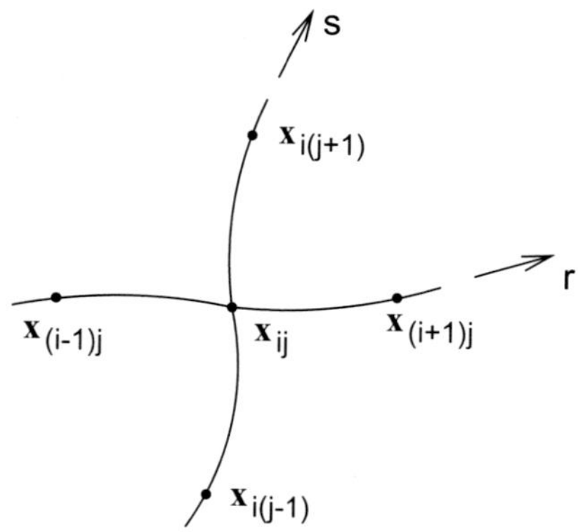

Figura 7.9: Pontos nodais usados para o cálculo numérico das derivadas primeira e segunda no ponto $\mathbf{x}_{ij}$.

$$\begin{aligned} \mathbf{x}_{ij}^{(k+1)} = C \Bigg\{ & \frac{g_{22}^{(k)}}{(\Delta r)^2} \left[\mathbf{x}_{(i+1)j}^{(k)} + \mathbf{x}_{(i-1)j}^{(k)} \right] \\ & - \frac{g_{12}^{(k)}}{2\Delta r \Delta s} \left[\mathbf{x}_{(i+1)(j+1)}^{(k)} - \mathbf{x}_{(i-1)(j+1)}^{(k)} - \mathbf{x}_{(i+1)(j-1)}^{(k)} + \mathbf{x}_{(i-1)(j-1)}^{(k)} \right] \\ & + \frac{g_{11}^{(k)}}{(\Delta s)^2} \left[\mathbf{x}_{i(j+1)}^{(k)} + \mathbf{x}_{i(j-1)}^{(k)} \right] \Bigg\} \end{aligned} \tag{7.18}$$

onde

$$C = \frac{1}{2\left[\frac{g_{22}^{(k)}}{(\Delta r)^2} + \frac{g_{11}^{(k)}}{(\Delta s)^2} \right]} \tag{7.19}$$

Note que os valores de $g_{11}^{(k)}$, $g_{12}^{(k)}$ e $g_{22}^{(k)}$ também são calculados com o uso das expressões (7.13) e (7.14). Note ainda que estas expressões são aplicadas individualmente à cada componente x e y do ponto nodal $\mathbf{x}$.

A função de recorrência (7.18) só pode ser aplicada a discretizações criadas por métodos de geração de malhas estruturadas, tal como a *interpolação transfinita*, pois requer que os pontos adjacentes à $\mathbf{x}_{ij}$ tenham sido gerados nas direções r e s das linhas da malha, como ilustra a figura 7.9 .

Exemplo 7.5 Mostre que para qualquer malha de densidade constante, gerada sobre um domínio quadrilátero regular, a função de recorrência (7.18) gera novos pontos nodais com as mesmas coordenadas da iteração anterior, ou seja, $\mathbf{x}_{ij}^{(k+1)} = \mathbf{x}_{ij}^{(k)}$.

Neste caso, as linhas da malha geradas nas direções das coordenadas x e y são perpendiculares, e o espaçamento entre os pontos nodais são constantes em ambas as direções, como ilustra a figura.

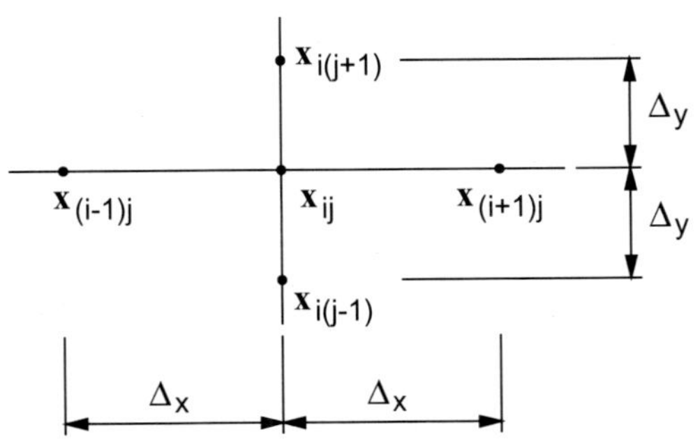

Por (7.13) e (7.14), temos

$$\frac{\partial x}{\partial r} = \frac{2\Delta x}{2\Delta r} = \frac{\Delta x}{\Delta r}$$

$$\frac{\partial y}{\partial r} = \frac{y_{(i+1)j} - y_{(i-1)j}}{2\Delta r} = 0$$

$$\frac{\partial x}{\partial s} = \frac{x_{i(j+1)} - x_{i(j-1)}}{2\Delta s} = 0$$

$$\frac{\partial y}{\partial s} = \frac{2\Delta y}{2\Delta s} = \frac{\Delta y}{\Delta s}$$

Substituindo este resultado em (7.9) a (7.11) e em (7.19), temos

$$g_{11} = \left(\frac{\Delta x}{\Delta r}\right)^2$$

$$g_{12} = 0$$

$$g_{22} = \left(\frac{\Delta y}{\Delta s}\right)^2$$

$$C = \frac{(\Delta r \Delta s)^2}{2[(\Delta x)^2+(\Delta y)^2]}$$

Assim, substituindo em (7.18), obtemos

$$\mathbf{x}_{ij}^{(k+1)} = \frac{1}{(\Delta x)^2+(\Delta y)^2}\left\{(\Delta y)^2\left[\frac{\mathbf{x}_{(i+1)j}^{(k)}+\mathbf{x}_{(i-1)j}^{(k)}}{2}\right] + (\Delta x)^2\left[\frac{\mathbf{x}_{i(j+1)}^{(k)}+\mathbf{x}_{i(j-1)}^{(k)}}{2}\right]\right\}$$

$$= \frac{1}{(\Delta x)^2+(\Delta y)^2}\left[(\Delta y)^2\mathbf{x}_{ij}^{(k)} + (\Delta x)^2\mathbf{x}_{ij}^{(k)}\right] = \mathbf{x}_{ij}^{(k)}$$

Note que utilizamos o fato, imposto pela uniformidade da malha, de que o ponto médio entre o pares $\mathbf{x}_{(i+1)j}^{(k)}$ / $\mathbf{x}_{(i-1)j}^{(k)}$ e $\mathbf{x}_{i(j+1)}^{(k)}$ / $\mathbf{x}_{i(j-1)}^{(k)}$ é o ponto nodal $\mathbf{x}_{ij}^{(k)}$.

7.2.4 Método de suavização de Laplace

A suavização de Laplace é um dos métodos frequentemente usados para reduzir a distorção dos elementos gerados por métodos de construção de malhas estruturadas e não-estruturadas, pois proporciona resultados satisfatórios com o emprego de algoritmos computacionais relativamente simples. Além disso, o método permite a suavização de malhas com pontos nodais ligados a mais de 4 (quatro) outros nós, o que possibilita o seu emprego sobre qualquer tipo de malha, inclusive na suavização de malhas mistas, compostas por elementos quadriláteros e triangulares. Devido à esta característica, o método pode ainda ser utilizado para suavizar pontos nodais pertencentes às linhas da *decomposição geométrica* do domínio (ver seção 7.2.2), executando, assim, a suavização da malha como um todo, e não apenas das subdivisões individualmente.

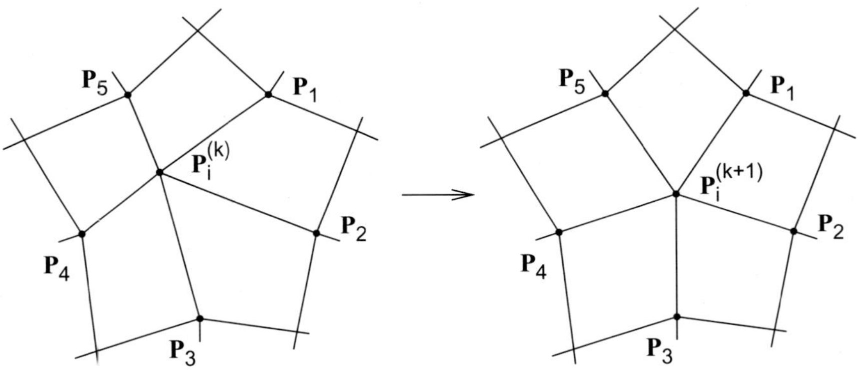

Figura 7.10: Pontos adjacentes ao ponto $P_i^{(k)}$, utilizados para a obtenção da sua nova posição $P_i^{(k+1)}$, por meio da aplicação do método de suavização de Laplace, na iteração $k+1$.

Seguindo a notação da figura 7.10, o método de suavização de Laplace pode ser expresso pela seguinte equação:

$$P_i^{(k+1)} = \frac{1}{n} \sum_{j=1}^{n} P_j \tag{7.20}$$

onde para o caso ilustrado na figura 7.10, $n = 5$.

Cabe ressaltar que a função de recorrência (7.20) é aplicada sobre a malha de forma iterativa, do mesmo modo que fazemos para o método de suavização elíptica discutido na seção 7.2.3 .

7.3 Programa computacional em C++

O objetivo de estudarmos um programa de geração automática de malhas estruturadas é apresentar uma ferramenta computacional típica utilizada na tarefa de discretizar domínios contínuos, para a aplicação do método dos elementos finitos. Assim, nesta seção é descrito um programa que gera malhas pelo método de *interpolação transfinita* sobre um domínio contínuo, definido por quatro curvas paramétricas. O programa contém ainda, como opção, uma rotina que aplica a suavização elíptica.

O programa **AUTOMESH** apresentado no Apêndice B foi escrito em linguagem orientada-objeto C++, buscando uma similaridade com a estrutura dos programas utilizados nos capítulos anteriores. Basicamente, as funções que geram a malha são executadas dentro da classe `Mesh`. Assim, o programa executa, inicialmente, a função `Mesh::contour()` para gerar os pontos nodais ao longo do contorno parametrizado pelas quatro curvas $f_1(s)$, $f_2(r)$, $f_3(s)$ e $f_4(r)$ (figura 7.5), as quais são definidas por meio das funções `f1s()`, `f2r()`, `f3s()` e `f4r()`, respectivamente, pertencentes à classe `Mesh`.

A função `Mesh::transfinite()` gera os pontos interiores ao domínio pelo método de *interpolação transfinita*. Após a conclusão da malha é aplicada a rotina de suavização elíptica, caso o usuário tenha selecionado esta opção pela atribuição do valor unitário à variável `smooth` no arquivo `automesh.c` .

Ao final da execução do programa, a função `nodes()` imprime as coordenadas dos pontos nodais da malha gerada. Cabe ressaltar que os dados utilizados no exemplo 7.6 estão contidos no código apresentado no Apêndice B, para o caso da malha gerada sem aplicação da opção de suavização elíptica (`smooth=0`).

Exemplo 7.6 Utilizando uma densidade de 10×8 elementos, gere uma malha estruturada pelo método de *interpolação transfinita* sobre o domínio da figura, onde a curva paramétrica não-linear $f_4(r)$ é dada pela seguinte expressão:

$$f_4(r) = \left\{20r\ ,\ 16\left[1 + \left(r - \tfrac{1}{2}\right)^2\right]\right\}$$

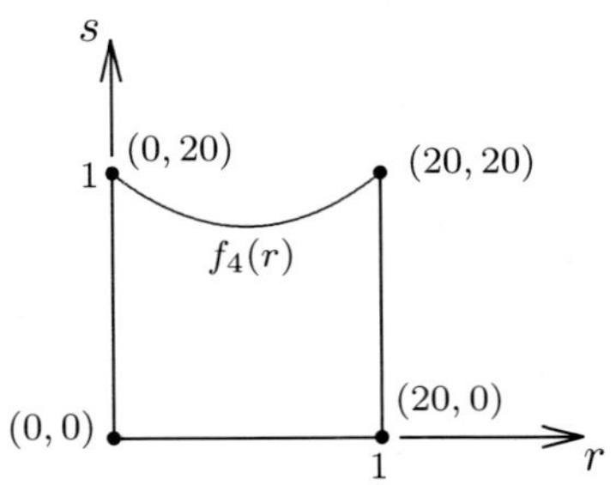

Utilizando o programa **AUTOMESH**, podemos gerar esta malha que possui 10 elementos na direção do eixo natural r e 8 elementos na direção do eixo s. Para disso, é necessário definir as curvas paramétricas e os pontos dos vértices que definem o domínio, ou seja

$$f_1(s) = (0, 20s)$$

$$f_2(r) = (20r, 0)$$

$$f_3(s) = (20, 20s)$$

Para os pontos dos vértices, temos

$$\mathbf{x}_{12} = (0, 0)$$

$$\mathbf{x}_{23} = (20, 0)$$

$$\mathbf{x}_{34} = (20, 20)$$

$$\mathbf{x}_{41} = (0, 20)$$

Note que a curva paramétrica $f_4(r)$ é definida como na figura.

Com estes dados podemos empregar o programa **AUTOMESH** e obter a malha especificada, inicialmente sem a aplicação da suavização, ou seja

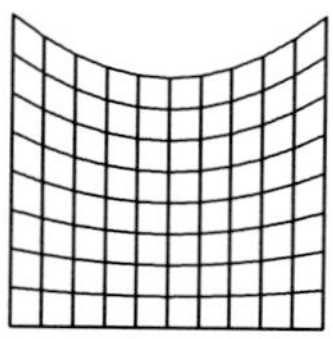

A mesma malha, após a aplicação da suavização elíptica, assume a seguinte forma:

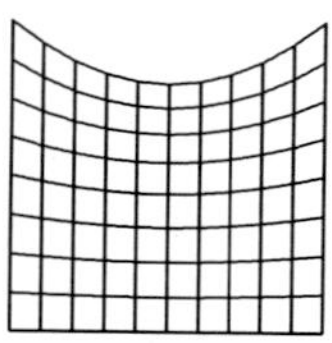

A malha sobre a qual foi aplicada a suavização elíptica tende a concentrar as linhas, na direção de eixo natural r, próximas da curva paramétrica $f_4(r)$. Isto é causado pela maior ortogonalidade das linhas da malha suavizada que, no caso específico da geometria deste domínio, faz com que as linhas na direção do eixo r fiquem menos curvadas, causando este efeito de aproximação da curva $f_4(r)$.

Conforme vimos no exemplo 7.6, o método de suavização elíptica tende a aproximar as linhas da malha dos contornos convexos, como consequência do aumento de ortogonalidade obtido. No entanto, em certos casos, a suavização torna-se indispensável para compensar as distorções induzidas pela geometria curva do contorno, como veremos no exemplo 7.7 .

Exemplo 7.7 Utilize o programa **AUTOMESH** para gerar uma malha de densidade 12 × 8 sobre o domínio definido na figura. Compare a distorção dos elementos obtidos sem e com a aplicação da suavização elíptica.

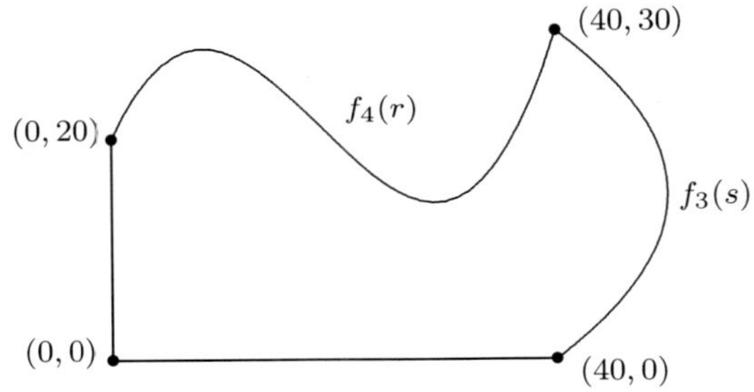

$$f_3(s) = \left\{50 - 40\left(s - \tfrac{1}{2}\right)^2 \ , \ 30s\right\}$$

$$f_4(r) = \left\{40r \ , \ 20\left[10r\left(r - \tfrac{1}{2}\right)\left(r - \tfrac{9}{10}\right) + 1\right]\right\}$$

Os dados de entrada para o programa podem ser obtidos diretamente da figura, reconhecendo que as funções das curvas paramétricas $f_1(s)$ e $f_2(r)$ têm a seguinte forma:

$$f_1(s) = (0, 20s)$$

$$f_2(r) = (40r, 0)$$

Assim, pela geração automática sem suavização elíptica (variável `smooth=0`), obtemos a seguinte malha:

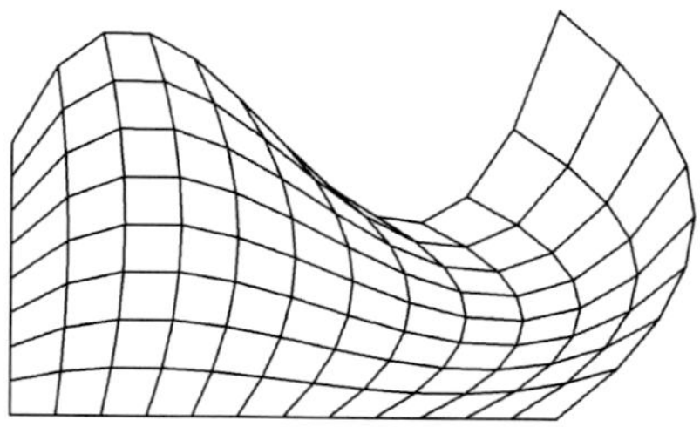

A mesma malha, gerada com a aplicação da suavização elíptica (variável `smooth=1`), tem a seguinte forma:

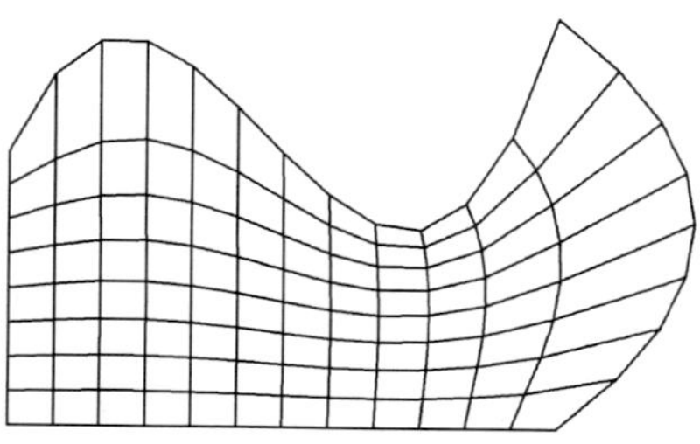

Nas proximidades da curva paramétrica $f_4(r)$, as linhas da malha sem suavização se aproximam muito, chegando a gerar elementos completamente distorcidos. A aplicação da suavização corrige este defeito da malha, mas reduz a qualidade dos elementos próximos dos trechos côncavos, ou seja, ocorre um aumento da razão de aspecto destes elementos (alongamento). Esta distorção é introduzida em consequência da mesma tendência de aumentar a ortogonalidade das linhas, observada após a suavização da malha do exemplo 7.6.

Dos exemplos 7.6 e 7.7, concluímos que o método de suavização elíptica tende a aproximar as linhas (da malha) dos contornos convexos e a afastá-las dos contornos côncavos. No entanto, devido a sua tendência de tornar as linhas da malha ortogonais, é possível corrigir distorções inaceitáveis para uma malha de elementos finitos.

7.4 Métodos para a geração automática de malhas não-estruturadas

A motivação básica para o desenvolvimento dos métodos de geração de malhas não-estruturadas é a necessidade de se dispor de uma ferramenta capaz de gerar, automaticamente, malhas sobre domínios complexos, com a capacidade de controlar a densidade local da discretização e de manter a suavidade na transição entre regiões de densidades diferentes. Os métodos de geração de malhas estruturadas são limitados neste aspecto, perdendo grande parte do seu automatismo pelo uso da *decomposição geométrica*, necessária à tarefa de discretizar domínios complexos, como apresentado na seção 7.2.2 .

No caso de malhas não-estruturadas compostas por apenas elementos quadriláteros, notamos que a geração automática é acrescida de um grau de complexidade maior do que o necessário para gerarmos malhas deste grupo com apenas elementos triangulares, ou malhas mistas, onde ambos os tipos de elementos estão presentes. A diferença fundamental entre esses esquemas de geração de malhas reside no fato de podermos subdividir qualquer polígono em triângulos menores. Por exemplo, o pentágono da figura (*b*) do exemplo 7.3 pode ser dividido em 3 (três) triângulos, unindo-se um dos vértices a dois outros vértices opostos. Estes triângulos podem ainda ser subdivididos em outros menores pela conexão de um vértice com o ponto médio do lado oposto, ou subdividindo-os em um triângulo e um quadrilátero que, posteriormente, é subdividido em dois outros triângulos.

A geração de uma malha não-estruturada, utilizando-se apenas elementos quadriláteros, requer a imposição de condicionantes que visam garantir a execução da malha sobre todo o domínio. Alternativamente, é possível obter uma malha composta predominantemente de elementos quadriláteros pela subdivisão ou combinação dos elementos triangulares de uma malha existente. Neste caso nenhuma condicionante é necessária, pois a malha inicial é integralmente gerada com elementos triangulares.

Nesta seção apresentaremos um tipo de método de geração automática de malhas não-estruturadas denominado *frente de avanço*. Este método produz elementos quadriláteros que incorporam as propriedades apresentadas na seção 7.1 em graus diversos, permitindo ao leitor um entendimento da relação entre o algoritmo empregado pelo método e a qualidade da malha gerada.

7.4.1 Frente de avanço

A geração automática de malhas não-estruturadas com métodos do tipo *frente de avanço* consiste na construção de sucessivas camadas de elementos, a partir de um ponto interno do domínio. Este processo é repetido até que todo o domínio tenha sido completamente preenchido com elementos.

Nesta seção apresentaremos o método denominado *pavimentação* com quadriláteros [47],[56],[57],[58],[59], o qual permite a demonstração dos conceitos envolvidos na geração de malhas por *frente de avanço*, sobre domínios delimitados por contornos de geometria genérica.

Figura 7.11: Fileiras iniciais criadas pelo método de *pavimentação* com quadriláteros: (*a*) contornos do domínio; e (*b*) avanço da primeira fileira.

Método de *pavimentação* com quadriláteros

O método de *pavimentação* gera fileiras de elementos alinhadas com os contornos, criando novas frentes, a partir dos próprios contornos internos e externos, que avançam para dentro do domínio (figura 7.11). Após o avanço de cada frente, o algoritmo que implementa o método verifica se a criação de uma nova fileira de elementos intercepta a própria fileira recém criada, ou outra já existente, como ilustrado na figura 7.12. Note que é necessário especificar as densidades dos elementos inicialmente formados junto aos contornos, por meio da definição dos pontos nodais pertencentes a esses mesmos contornos.

Durante o avanço da frente, gerada a partir de contornos côncavos e

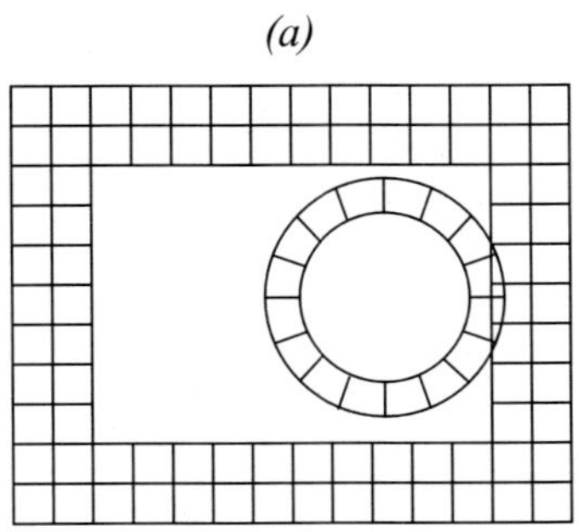

Figura 7.12: Interseção entre os elementos de uma nova fileira gerada pelo método de *pavimentação*: (a) deteção da interseção; (b) união dos elementos da *frente de avanço.*

convexos, é necessário que a dimensão dos novos elementos criados seja controlada para que se mantenha a densidade local da malha, inicialmente estabelecida. Assim, para frentes côncavas, o algoritmo busca evitar a diminuição das dimensões dos elementos por meio da eliminação de nós (figura 7.13).

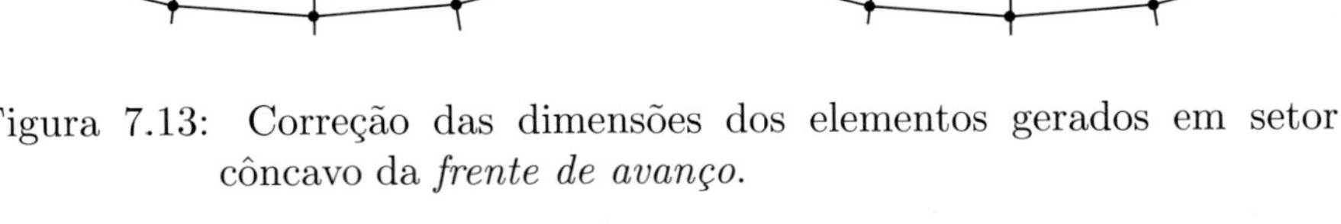

Figura 7.13: Correção das dimensões dos elementos gerados em setor côncavo da *frente de avanço.*

Por outro lado, no caso de frentes convexas, o método adiciona novos pontos nodais à *frente de avanço* de modo a corrigir a tendência de aumentar as dimensões dos elementos, conforme ilustrado na figura 7.14.

O processo de construção das fileiras de elementos ainda tem que prever

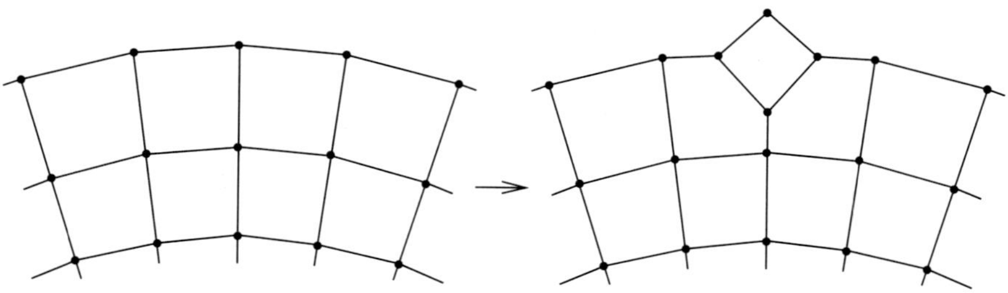

Figura 7.14: Correção das dimensões dos elementos gerados em setor convexo da *frente de avanço*.

os casos de geração de elementos em torno de vértices agudos do contorno. Para estas geometrias do contorno, o algoritmo tem que controlar a criação dos elementos de modo a minimizar as distorções resultantes, como ilustra a figura 7.15 .

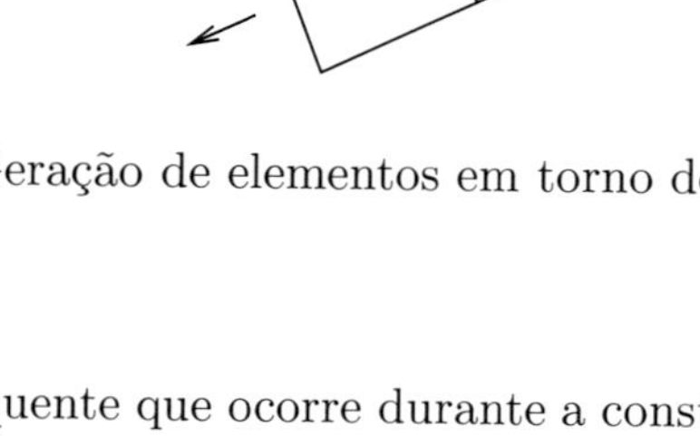

Figura 7.15: Geração de elementos em torno de um vértice agudo.

Outro caso frequente que ocorre durante a construção de uma fileira de elementos, e pode gerar distorções na malha, é o fechamento de cantos com ângulos menores que 90 (noventa) graus. Basicamente, esta situação pode ser resolvida de duas maneiras: por fusão de nós ou pela criação de novos elementos. A fusão de nós consiste na substituição dos dois pontos nodais, adjacentes ao vértice, por um outro situado no ponto médio (figura 7.16).

A criação de novos elementos para resolver os cantos tem de ser limi-

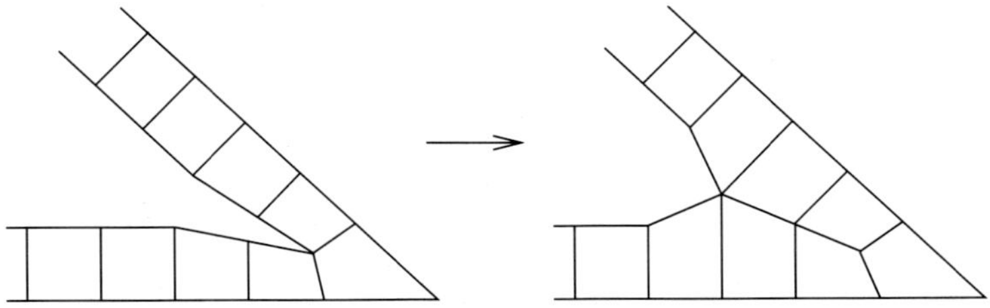

Figura 7.16: Fusão de nós para o fechamento de ângulos menores que 90 graus.

tada pela distância entre os pontos nodais de fechamento dos elementos. Como ilustrado na figura 7.17, o último elemento a ser criado possui o lado, pertencente à *frente de avanço*, maior que dos outros elementos integrantes da frente anteriormente criada. Isto gera uma distorção não só no novo elemento, mas também na densidade da nova *frente de avanço*.

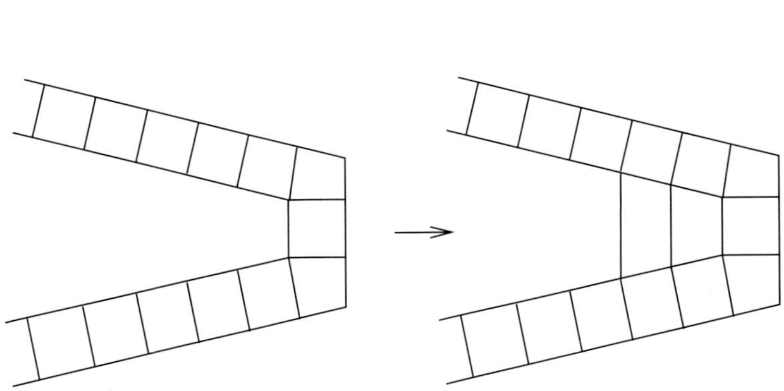

Figura 7.17: Criação de novos elementos para o fechamento de ângulos menores que 90 graus.

A introdução de diferentes densidades, como a que ocorre no esquema de fechamento de um canto com a criação de novos elementos, pode ser minimizada pela suavização dos nós da *frente de avanço*. Este esquema de suavização consiste no deslocamento de cada ponto nodal ao longo da linha de maior dimensão que o une a outro nó (figura 7.18). Este procedimento é aplicado iterativamente sobre todos os elementos da *frente de avanço*.

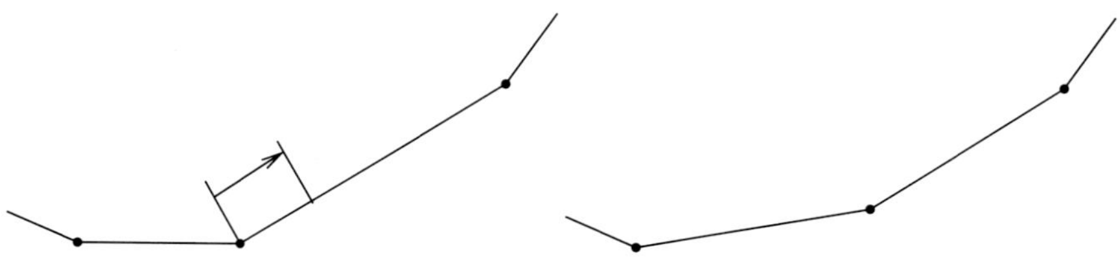

Figura 7.18: Suavização dos nós da *frente de avanço.*

O algoritmo que implementa o método de *pavimentação* tem que controlar o número de nós componentes da *frente de avanço*, de modo a garantir a discretização do domínio com apenas elementos quadriláteros. Isto requer que cada operação, executada durante a construção, preserve a condição estabelecida pelo algoritmo para a conclusão da malha. Esta é uma tarefa que consome grande parte do tempo de processamento para gerar a malha, fazendo com que o algoritmo frequentemente analise a geometria da frente e busque, entre várias rotinas, aquela que melhor se adequa para executar o próximo avanço da frente.

Após a conclusão, a malha deve ser submetida à uma suavização para corrigir as distorções introduzidas nos elementos quadriláteros gerados ao longo de todo o domínio. Para isso, podemos utilizar o método de suavização de Laplace descrito na seção 7.2.4 . Mesmo com a aplicação da suavização sobre a malha final, é ainda necessário eliminar os elementos com aspecto de triângulo remanescentes, por meio da aplicação do procedimento ilustrado na figura 7.19 .

Como podemos observar na figura 7.20, a malha obtida pelo método de *pavimentação* com quadriláteros possui um elevado grau de ortogonalidade das linhas da malha junto aos contornos. Além disso, apesar de não termos utilizado densidades diferentes na malha da figura 7.20, podemos notar que o método permite um bom controle da densidade estabelecida nos contornos, pois esta densidade uniforme é mantida ao longo de toda a malha.

Ainda com relação ao exemplo apresentado na figura 7.20, podemos concluir que os elementos criados pelo método de *pavimentação* apresentam baixa distorção, com exceção de alguns elementos gerados nas proximidades das regiões de fechamento das *frentes de avanço*, ou seja, na área em que

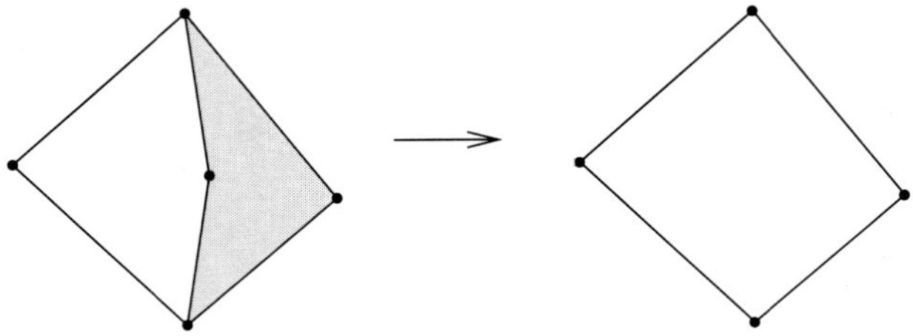

Figura 7.19: Eliminação de elementos com aspecto de triângulo. Rotina executada após a conclusão da malha gerada pelo método de *pavimentação* com quadriláteros.

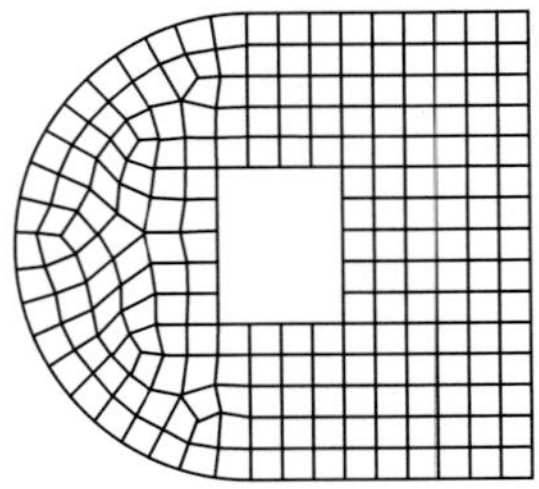

Figura 7.20: Exemplo de malha gerada pelo método de *pavimentação* com quadriláteros.

cada frente conclui parte da malha por ela gerada.

Pela descrição do algoritmo de *pavimentação*, utilizado para ilustrar o método da *frente de avanço*, podemos concluir que um programa computacional para a sua implementação envolve um grau de complexidade além do objetivo didático deste texto. Sendo assim, será deixado ao leitor o aprofundamento deste estudo nas referências indicadas.

Problemas

7.1 Para os elementos representados nas figuras, calcule o valor do métrico D no ponto $(r,s) = (0,0)$.

a)

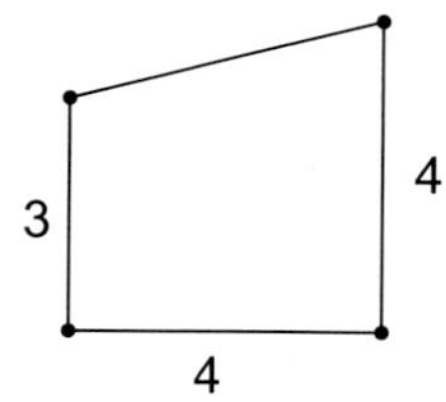

Prob. 7.1*a*

b)

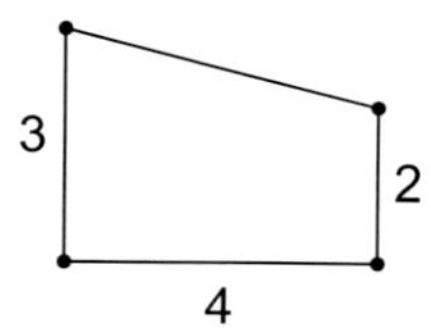

Prob. 7.1*b*

c)

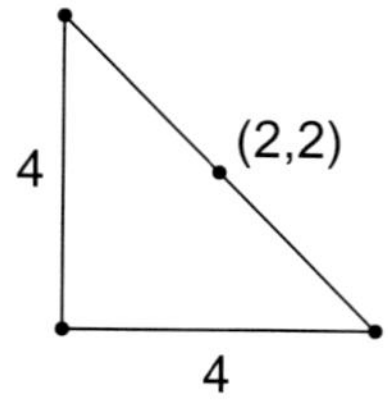

Prob. 7.1*c*

d)

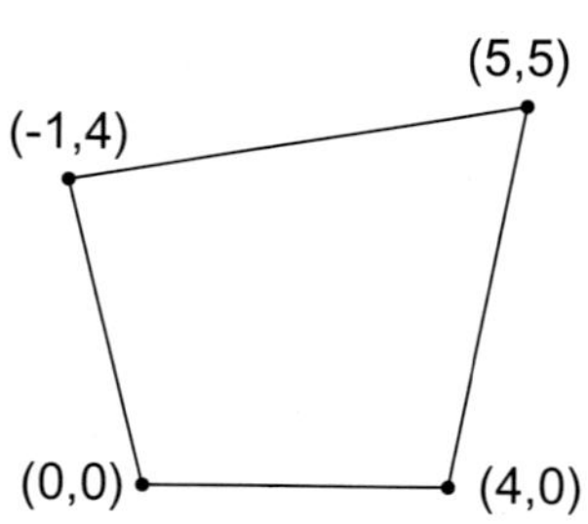

Prob. 7.1*d*

7.2 Calcule o valor do métrico D para o elemento retangular ilustrado na figura, em função das dimensões L e h. Obtenha o valor de D para uma dimensão h muito pequena, ou seja, para $h \to 0$.

Prob. 7.2

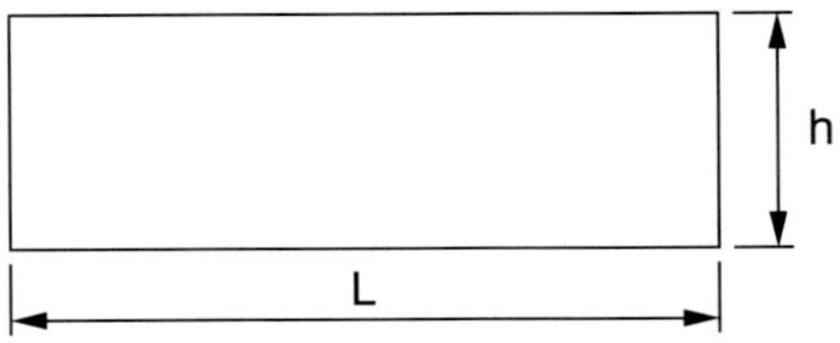

7.3 Calcule as coordenadas do ponto interno da malha de densidade 2×2 gerada, pelo método de *interpolação transfinita*, sobre o domínio ilustrado na figura.

Prob. 7.3

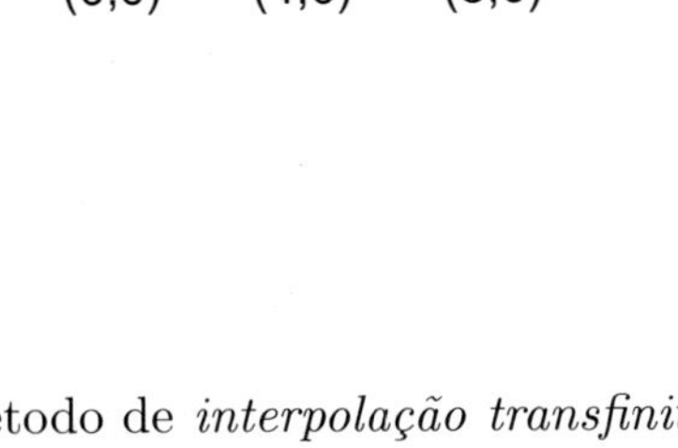

7.4 Demonstre que o método de *interpolação transfinita* calcula as coordenadas y do ponto $\mathbf{x}_5$ do elemento ilustrado na figura independentemente do valor da dimensão L.

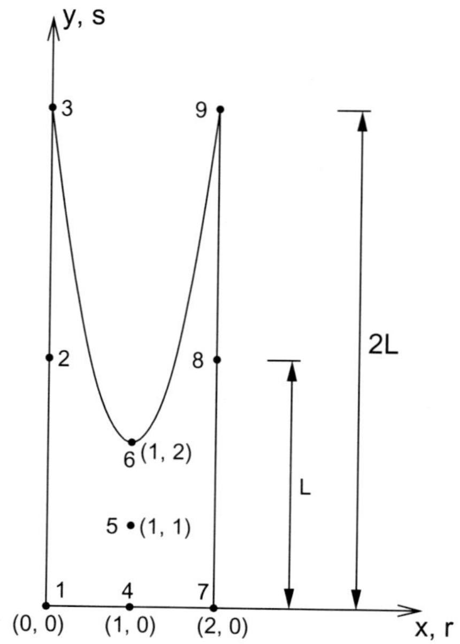

Prob. 7.4

7.5 Decomponha os domínios representados nas figuras de forma a possibilitar a aplicação da *interpolação transfinita* nas subdivisões obtidas.

a)

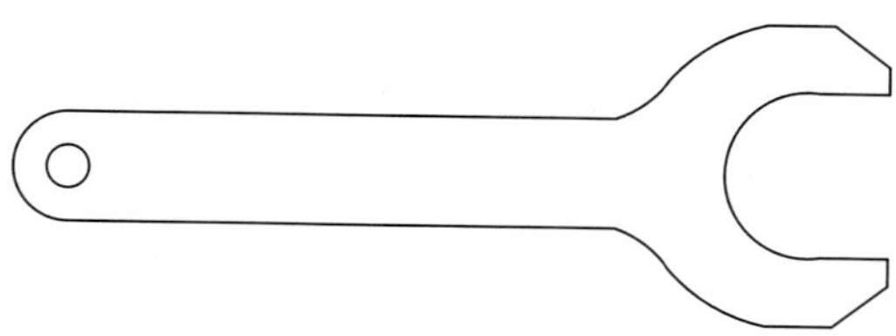

Prob. 7.5*a*

b)

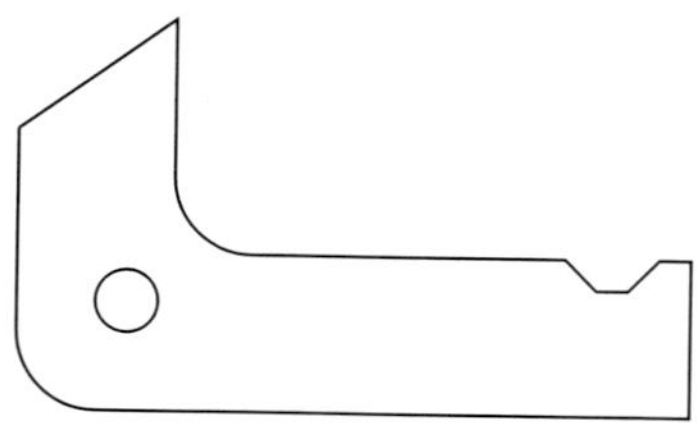

Prob. 7.5*b*

7.6 Aplique o método de suavização elíptica e calcule a coordenada y_5 do elemento do problema 7.4, após uma (1) iteração.

7.7 Construa uma malha de densidade 24 × 6 sobre o domínio representado na figura pelo método de *interpolação transfinita*. Utilize o programa **AUTOMESH**, sem aplicação da suavização elíptica. Gere a mesma malha com aplicação da suavização elíptica.

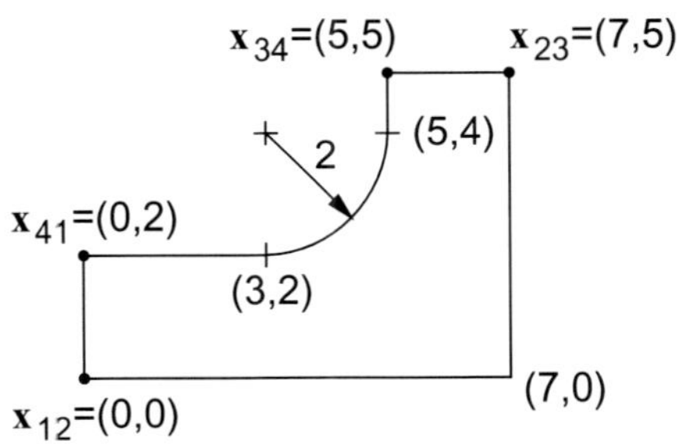

Prob. 7.7

7.8 Modifique a rotina `smooth` do programa **AUTOMESH** para implementar o método de suavização de Laplace. Utilize o programa para gerar a mesma malha do problema 7.7 com a aplicação deste método de suavização (`smooth=1`).

7.9 Com o objetivo de produzir diferentes densidades no interior de uma malha gerada pelo método de *interpolação transfinita*, podemos substituir as funções $(1-r)$, $(1-s)$, r e s, usadas para interpolar os pontos internos da malha, por outras que produzam a distribuição de densidade desejada.

Utilizando as funções $(1-r)$, $(1-s)$, r^3 e s^3, respectivamente, gere uma malha de 12×12 elementos sobre um domínio quadrado de lado unitário. Observe a deformação da malha obtida. Em seguida, utilize a suavização elíptica e note que a deformação da malha é corrigida. Como podemos explicar essa correção da deformação da malha?

7.10 Aplique a técnica apresentada no problema 7.9 para produzir concentração de pontos nodais ao longo da reta $r = \frac{1}{2}$, sobre o mesmo domínio e discretização empregados naquele problema. Comprove o resultado com a representação gráfica da malha obtida.

7.11 Para certos casos, a tendência de aproximar as linhas da malha na direção dos contornos convexos, causada pela suavização elíptica, pode introduzir distorções inaceitáveis em alguns elementos. Utilize o programa **AUTOMESH** para construir uma malha de 10×10 elementos sobre o domínio da figura, pelo método de *interpolação transfinita*, sem e com o emprego da suavização elíptica. Observe a distorção dos elementos nos dois casos.

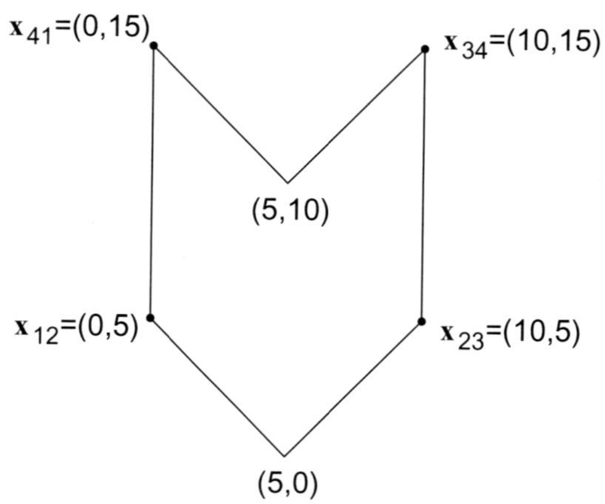

Prob. 7.11

7.12 O método de *interpolação transfinita* também pode ser utilizado para gerar malhas sobre superfícies no sistema tri-dimensional de coordenadas (x, y, z), onde as curvas paramétricas f_i da expressão (7.4) são definidas como $f_i(t) = [x(t), y(t), z(t)]$ e os vértices do domínio são pontos $\mathbf{x}_{ij} = (x_{ij}, y_{ij}, z_{ij})$. Modifique o programa **AUTOMESH** de modo a possibilitar a geração de malhas sobre superfícies e construa uma malha de 10×10 elementos sobre o domínio da figura. Forneça o resultado por meio da representação gráfica da malha.

$$f_1(s) = \left\{0, 5s, \sqrt{25 - (5s)^2}\right\}$$

$$f_2(r) = \{5r, 0, 5\}$$

$$f_3(s) = \left\{5, 5s, \sqrt{25 - (5s)^2}\right\}$$

$$f_4(r) = \left\{5r, \left[(2r-1)^2 + 4\right], 0\right\}$$

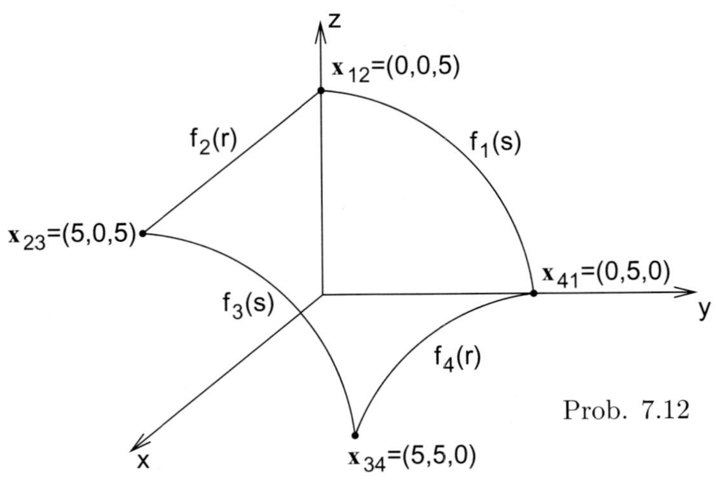

Prob. 7.12

Apêndice A

Respostas dos problemas de número ímpar

331

CAPÍTULO 1

1.1 $y_1 = 0$

$y_2 = 1,25$

$y_3 = 5$

$y_3 = 11,25$

1.3 $\psi_1 = \frac{1}{2}(1-r) - \frac{1}{2}\psi_2$

$\psi_2 = (1-r^2)$

$\psi_3 = \frac{1}{2}(1+r) - \frac{1}{2}\psi_2$

d) A condição 1.3 é satisfeita.

1.7 $\mathbf{K^e} = \frac{1}{3\Delta t}\begin{bmatrix} 7 & -8 & 1 \\ -8 & 16 & -8 \\ 1 & -8 & 7 \end{bmatrix} \qquad \mathbf{b^e} = \frac{g}{6}\Delta t \begin{bmatrix} -1 \\ -4 \\ -1 \end{bmatrix} + \begin{bmatrix} -v_1^e \\ 0 \\ v_3^e \end{bmatrix}$

1.11 a) -2,000 0000 0000 0001

b) 1,000 0000 0003 9565 , com cinco pontos de integração (m=5).

c) 0,000 0000 0395 6457

1.13 a) Não são válidas como *funções de deslocamento*, pois não satisfazem à condição 1.2 . No entanto são *funções de forma* válidas.

b) Não são válidas, pois não satisfazem à condição 1.3 .

c) São válidas, pois satisfazem às condições 1.1, 1.2 e 1.3 .

CAPÍTULO 2

2.1 $dV = \det J = r^2 \text{ sen}\varphi \; dr d\varphi d\theta = (r d\varphi)(r \text{ sen}\varphi d\theta)(dr)$

2.3 $\mathbf{J} = \begin{bmatrix} 1 & 0 \\ \frac{1}{2} & 1 \end{bmatrix}$

2.7 $K_{57}^e = K_{75}^e = \frac{32k}{45L} = (0,7111\ldots)\frac{k}{L}$

$K_{57}^e = K_{75}^e = (0,7111\ldots)\frac{k}{L}$ (Gauss-Legendre, com L=1)

2.9 $q_1 = \frac{L}{3}\left(b + \frac{a}{2}\right)$

$q_4 = \frac{L}{3}\left(\frac{b}{2} + a\right)$

2.11
$$\begin{bmatrix} K_{11} & \cdot & \cdot & \cdot & \cdot & \cdot & \cdot & \cdot & K_{19} \\ \cdot & K_{22} & & & & & & & \cdot \\ \cdot & & K_{33} & & & & & & \cdot \\ \cdot & & & K_{44} & & & & & \cdot \\ \cdot & & & & K_{55} & & & & \cdot \\ \cdot & & & & & \beta & & & \cdot \\ \cdot & & & & & & K_{77} & & \cdot \\ \cdot & & & & & & & \beta & \cdot \\ K_{91} & \cdot & \cdot & \cdot & \cdot & \cdot & \cdot & \cdot & K_{99} \end{bmatrix} \mathbf{T} = \begin{bmatrix} q\frac{L}{6} \\ q\frac{L}{6} \\ 0 \\ 0 \\ 4q\frac{L}{6} \\ \beta T_6 \\ 0 \\ \beta T_8 \\ 0 \end{bmatrix}$$

2.13 a) $\mathbf{L} = \begin{bmatrix} 3 & 0 & 0 \\ 1 & 3 & 0 \\ 1 & 1 & 3 \end{bmatrix}$

b) Matriz não positivamente definida.

c) $\mathbf{L} = \begin{bmatrix} 2 & 0 & 0 & 0 \\ 1 & 2 & 0 & 0 \\ 0 & 1 & 2 & 0 \\ 0 & 0 & 1 & 2 \end{bmatrix}$

2.17 $T_1 = T_2 = T_3 = 7,0\ °\text{C}$

$T_4 = T_6 = 17,4\ °\text{C} \quad T_5 = 21,6\ °\text{C}$

$T_7 = T_8 = T_9 = 25,0\ °\text{C}$

2.19 $T_4 = 40,0\ °\text{C} \quad T_7 = 55,0\ °\text{C} \quad T_{10} = 70,0\ °\text{C} \quad T_{13} = 85,0\ °\text{C}$

Solução de $k\frac{\partial^2 T}{\partial x^2} = 0$: $T(x) = (0,75)x + 25$ (x em mm)

CAPÍTULO 3

3.1 $\mathbf{C} = \frac{E(1-\nu)}{(1-2\nu)(1+\nu)} \begin{bmatrix} 1 & \frac{\nu}{1-\nu} & 0 \\ \frac{\nu}{1-\nu} & 1 & 0 \\ 0 & 0 & \frac{1-2\nu}{2(1-\nu)} \end{bmatrix}$

3.3 $\psi_1 = \frac{1}{8}(1+r)(1+s)(1+t)$

$\psi_2 = \frac{1}{8}(1-r)(1+s)(1+t)$

$\psi_3 = \frac{1}{8}(1-r)(1-s)(1+t)$

$\psi_4 = \frac{1}{8}(1+r)(1-s)(1+t)$

$\psi_5 = \frac{1}{8}(1+r)(1+s)(1-t)$

$\psi_6 = \frac{1}{8}(1-r)(1+s)(1-t)$

$\psi_7 = \frac{1}{8}(1-r)(1-s)(1-t)$

$\psi_8 = \frac{1}{8}(1+r)(1-s)(1-t)$

3.5 $F_{1x} = \frac{aL}{4}$

$F_{4x} = \frac{5aL}{12}$

$F_{Total} = \frac{2aL}{3} = F_{1x} + F_{4x}$

3.7 $F_{1y} = -\frac{3}{8}P$

$F_{2y} = +\frac{1}{8}P$

$F_{5y} = -\frac{6}{8}P$

$F_{1y} + F_{2y} + F_{5y} = -P$

3.9 **RESMAT**: $\sigma_x^{39}(c_2, c_2) = 0,4849$ kgf/mm^2

Analítica: $\sigma_x(L-b, a) = \frac{Pb}{I_z} a = 0,4794$ kgf/mm^2

onde $a = 12,5(3 + c_2)$ mm e $b = 12,5(21 - c_2)$ mm

3.11 **RESMAT**: $v_{52} = -0,017464$ mm

Analítica: $v_{52} = \frac{PL^3}{48EI_z} + \frac{PLh^2}{32GI_z} = 0,017969$ mm

onde $G = \frac{E}{2(1+\nu)}$

Obs: solução analítica obtida pela substituição de $L = \frac{L}{2}$ e $P = \frac{P}{2}$ na expressão de δ_y (analítico) do exemplo 3.10 .

3.13

$$\mathbf{C} = \frac{E(1-\nu)}{(1-2\nu)(1+\nu)} \begin{bmatrix} 1 & \frac{\nu}{1-\nu} & \frac{\nu}{1-\nu} & 0 & 0 & 0 \\ \frac{\nu}{1-\nu} & 1 & \frac{\nu}{1-\nu} & 0 & 0 & 0 \\ \frac{\nu}{1-\nu} & \frac{\nu}{1-\nu} & 1 & 0 & 0 & 0 \\ 0 & 0 & 0 & \frac{1-2\nu}{2(1-\nu)} & 0 & 0 \\ 0 & 0 & 0 & 0 & \frac{1-2\nu}{2(1-\nu)} & 0 \\ 0 & 0 & 0 & 0 & 0 & \frac{1-2\nu}{2(1-\nu)} \end{bmatrix}$$

3.15

$$\mathbf{K}^e = \iiint_{\Omega^e} \left(\frac{\partial \Psi}{\partial \mathbf{x}}\right)^T \mathbf{C} \left(\frac{\partial \Psi}{\partial \mathbf{x}}\right) dxdydz$$

$$\mathbf{F}^e = \oint_{\underline{\Omega}^e} \Psi^T \begin{bmatrix} (\sigma_x, \tau_{xy}, \tau_{zx}) \cdot \widehat{n} \\ (\tau_{xy}, \sigma_y, \tau_{yz}) \cdot \widehat{n} \\ (\tau_{zx}, \tau_{yz}, \sigma_z) \cdot \widehat{n} \end{bmatrix} dA$$

onde

$$\left(\frac{\partial}{\partial \mathbf{x}}\right)^T = \begin{bmatrix} \frac{\partial}{\partial x} & 0 & 0 & \frac{\partial}{\partial y} & 0 & \frac{\partial}{\partial z} \\ 0 & \frac{\partial}{\partial y} & 0 & \frac{\partial}{\partial x} & \frac{\partial}{\partial z} & 0 \\ 0 & 0 & \frac{\partial}{\partial z} & 0 & \frac{\partial}{\partial y} & \frac{\partial}{\partial x} \end{bmatrix}$$

$$\Psi = \begin{bmatrix} \psi_1 & 0 & 0 & \ldots & \psi_8 & 0 & 0 \\ 0 & \psi_1 & 0 & \ldots & 0 & \psi_8 & 0 \\ 0 & 0 & \psi_1 & \ldots & 0 & 0 & \psi_8 \end{bmatrix}$$

Note que utilizamos os seguintes vetores **S** e **E**:

$$\mathbf{S} = [\sigma_x \;\; \sigma_y \;\; \sigma_z \;\; \tau_{xy} \;\; \tau_{yz} \;\; \tau_{zx}]^T$$

$$\mathbf{E} = [\epsilon_x \;\; \epsilon_y \;\; \epsilon_z \;\; \gamma_{xy} \;\; \gamma_{yz} \;\; \gamma_{zx}]^T$$

3.17 $K_{11}^e = \frac{\pi E(6\nu - 11)}{6(1+\nu)(1-2\nu)}$

3.19 $u_9 = 8,9511 \times 10^{-4}$ mm

$v_9 = 9,0164 \times 10^{-4}$ mm

$(\delta_r)_9 = \sqrt{(u_9)^2 + (v_9)^2} = 1,2705 \times 10^{-3}$ mm

Forças concentradas nos nós *locais* $\mathbf{x}_2^e$ e $\mathbf{x}_3^e$ de cada elemento:

$$\mathbf{F}_2^e = \frac{\pi P L}{3}(2x_2^e + x_3^e)\widehat{n}$$

$$\mathbf{F}_3^e = \frac{\pi P L}{3}(x_2^e + 2x_3^e)\widehat{n}$$

onde $\widehat{n} = \frac{1}{L}[-(y_3^e - y_2^e), (x_3^e - x_2^e)]$

e $L = \sqrt{(x_3^e - x_2^e)^2 + (y_3^e - y_2^e)^2}$

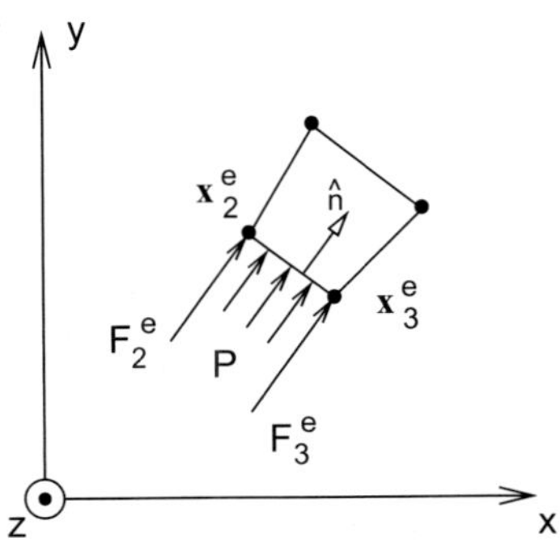

CAPÍTULO 4

4.1 $K^e_{83} = \left(K^e_{xy}\right)_{43} = -\frac{\mu}{4}$

4.3 a) $\mathbf{L} = \begin{bmatrix} 1 & 0 & 0 \\ 1 & 1 & 0 \\ 1 & 1 & 1 \end{bmatrix} \qquad \mathbf{U} = \begin{bmatrix} 1 & 1 & 1 \\ 0 & 1 & 1 \\ 0 & 0 & 1 \end{bmatrix}$

b) $\mathbf{L} = \begin{bmatrix} 1 & 0 & 0 \\ 2 & 1 & 0 \\ 0 & 2 & 1 \end{bmatrix} \qquad \mathbf{U} = \begin{bmatrix} 3 & 0 & 0 \\ 0 & 1 & -1 \\ 0 & 0 & 0 \end{bmatrix}$

c) $\mathbf{L} = \begin{bmatrix} 1 & 0 & 0 & 0 \\ 1 & 1 & 0 & 0 \\ 0 & 1 & 1 & 0 \\ 1 & 0 & 1 & 1 \end{bmatrix} \quad \mathbf{U} = \begin{bmatrix} -1 & 0 & -1 & 0 \\ 0 & -1 & 0 & -1 \\ 0 & 0 & -1 & 0 \\ 0 & 0 & 0 & -1 \end{bmatrix}$

4.5 $P_A = 5,716 \times 10^5$ N/m^2 $\quad P_B = 9,583 \times 10^4$ N/m^2 (valores médios)

$\Delta P_{AB} = (P_B - P_A) + \frac{\rho}{2}\overline{V}_A^2 \left[\left(\frac{A_A}{A_B}\right)^2 - 1\right] = -1,958 \times 10^5$ N/m^2

$Re = 168$ (laminar)

4.7

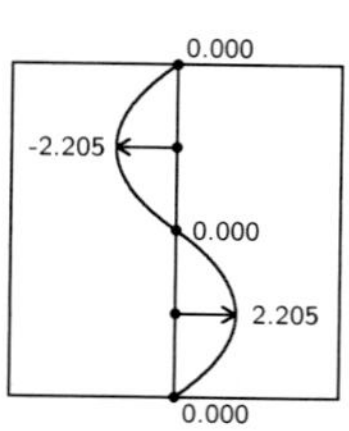

4.9 a) A mesma expressão (4.34) do elemento u/p = 9/4 pode ser usada, com ψ_i de (2.13) a (2.16).

b) $(K_u^e)_{11} = \frac{\rho}{2}$

4.11

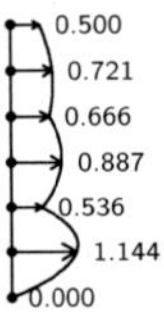

$Re = 375$ (laminar)

Utilizar uma malha mais fina (ver problema 4.13).

4.13

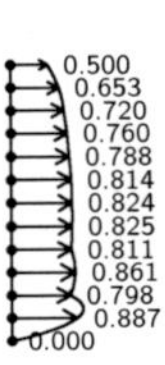

A obtida com a malha 16 × 6 é mais suave do que a do problema 4.11 .

4.15 Modelo de elementos finitos: $F_D = 2,15 \times 10^{-3}$ N/m

Experimental: $F_D = 2,40 \times 10^{-3}$ N/m

CAPÍTULO 5

5.1 $\bar{K}^e_{33} = K^e_{33} = K^e_{\theta_1\theta_1}$

5.3 $M^e_{11} = \frac{\rho L}{4}\left(A_1 + \frac{A_2}{3}\right)$

5.5 $$\frac{EI_z}{L^3}\begin{bmatrix} 12 & -6L \\ -6L & 4L^2 \end{bmatrix}\begin{bmatrix} \bar{v}_2 \\ \bar{\theta}_2 \end{bmatrix} = \begin{bmatrix} -P \\ 0 \end{bmatrix}$$

$\bar{v}_2 = -\frac{L^3}{3EI_z}P$

Solução analítica: $\delta_y = \bar{v}_2 = -\frac{L^3}{3EI_z}P$

5.7 Pelo método iterativo de Jacobi, após uma varredura, obtemos

$$w_1^2 = \frac{\bar{K}^{(2)}_{11}}{\bar{M}^{(2)}_{11}} = 1$$

$$w_2^2 = \frac{\bar{K}^{(2)}_{22}}{\bar{M}^{(2)}_{22}} = \infty \quad \text{(Modo de vibração com massa nula)}$$

$$\bar{\mathbf{U}}_1 = \begin{bmatrix} 1 \\ -1 \end{bmatrix} \qquad \bar{\mathbf{U}}_2 = \begin{bmatrix} 0 \\ 1 \end{bmatrix}$$

5.9 $$\begin{bmatrix} M_c & 0 & 0 & 0 & 0 & 0 \\ 0 & M_c & 0 & 0 & 0 & 0 \\ 0 & 0 & 0 & 0 & 0 & 0 \\ 0 & 0 & 0 & M_c & 0 & 0 \\ 0 & 0 & 0 & 0 & M_c & 0 \\ 0 & 0 & 0 & 0 & 0 & 0 \end{bmatrix}$$

5.11 $w_1^2 = 6$

5.13

Modelo:

$w_1^2 = 8,4847 \times 10^{+4}$ rad/s

$w_2^2 = 1,6593 \times 10^{+6}$ rad/s

$w_3^2 = 1,0483 \times 10^{+7}$ rad/s

Analítica:

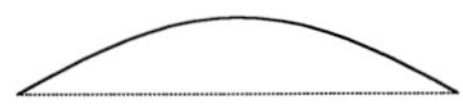

$w_1^2 = 8,4181 \times 10^{+4}$ rad/s

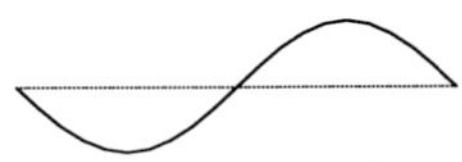

$w_2^2 = 1,3469 \times 10^{+6}$ rad/s

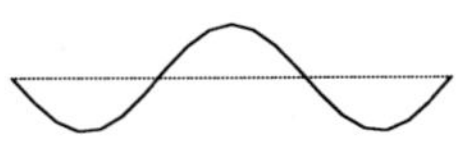

$w_3^2 = 6,8186 \times 10^{+6}$ rad/s

5.15 $f_1 = 15,2$ Hz

Para $A' = 2A$: $f_1' = 14,3$ Hz

Para $I_z' = 2I_z$: $f_1' = 21,5$ Hz $>$ 18 Hz (excitação) $\Rightarrow$ mais eficaz.

CAPÍTULO 6

6.1 a) $P_2 = \frac{1}{2}P$

$T_2 = -\frac{1}{8}LP$

b) $P_2 = -\frac{1}{2}Lf$

$T_2 = \frac{1}{12}L^2 f$

6.3 $u, v, x, y\Big|_{8nós} = \frac{1}{2}\left(s + s^2\right)a + \frac{1}{2}\left(s^2 - s\right)b + \left(1 - s^2\right)c$

$u, v, x, y\Big|_{4nós} = \frac{1}{2}\left(1 + s\right)a + \frac{1}{2}\left(1 - s\right)b$

Logo, $u, v, x, y\Big|_{8nós} \neq u, v, x, y\Big|_{4nós}$

6.5 Pelo resultado do exemplo 6.5, temos que $\mathbf{E}$, como definido em (3.11), é constante.

Logo, $\mathbf{S} = [\sigma_x \ \ \sigma_y \ \ \tau_{xy}]^T = \mathbf{CE}$ também é constante.

6.7 $\sigma_x\big|_A = \sigma_x\big|_B = \frac{Ea}{2(1-\nu^2)}$

6.9 a) $\psi_1 = \frac{1}{4}(1+r)(1+s) - \frac{1}{2}\psi_5$

$\psi_2 = \frac{1}{4}(1-r)(1+s) - \frac{1}{2}(\psi_5 + \psi_6)$

$\psi_3 = \frac{1}{4}(1-r)(1-s) - \frac{1}{2}\psi_6$

$\psi_4 = \frac{1}{4}(1+r)(1-s)$

$\psi_5 = \frac{1}{2}(1-r^2)(1+s)$

$\psi_6 = \frac{1}{2}(1-r)(1-s^2)$

$\sum_{i=1}^{6} \psi_i = 1$

b) $\psi_1 = \frac{1}{4}(1+r)(1+s) - \frac{1}{2}\psi_5 - \frac{1}{4}\psi_8$

$\psi_2 = \frac{1}{4}(1-r)(1+s) - \frac{1}{2}(\psi_5 + \psi_6) - \frac{1}{4}\psi_8$

$\psi_3 = \frac{1}{4}(1-r)(1-s) - \frac{1}{2}(\psi_6 + \psi_7) - \frac{1}{4}\psi_8$

$\psi_4 = \frac{1}{4}(1+r)(1-s) - \frac{1}{2}\psi_7 - \frac{1}{4}\psi_8$

$\psi_5 = \frac{1}{2}(1-r^2)(1+s) - \frac{1}{2}\psi_8$

$\psi_6 = \frac{1}{2}(1-r)(1-s^2) - \frac{1}{2}\psi_8$

$\psi_7 = \frac{1}{2}(1-r^2)(1-s) - \frac{1}{2}\psi_8$

$\psi_8 = (1-r^2)(1-s^2)$

$\sum_{i=1}^{8} \psi_i = 1$

6.11 $\bar{\mathbf{K}}\bar{\mathbf{U}} = \bar{\mathbf{F}}$, onde

$$\bar{\mathbf{K}} = \begin{bmatrix} (\bar{K}^t_{33} + K^a_{11} + \bar{K}^v_{11}) & (\bar{K}^t_{34} + K^a_{12} + \bar{K}^v_{12}) & \bar{K}^v_{13} & K^a_{14} & \bar{K}^v_{16} \\ (\bar{K}^t_{43} + K^a_{21} + \bar{K}^v_{21}) & (\bar{K}^t_{44} + K^a_{22} + \bar{K}^v_{22}) & \bar{K}^v_{23} & K^a_{24} & \bar{K}^v_{26} \\ \bar{K}^v_{31} & \bar{K}^v_{32} & \bar{K}^v_{33} & 0 & \bar{K}^v_{36} \\ K^a_{41} & K^a_{42} & 0 & K^a_{44} & 0 \\ \bar{K}^v_{61} & \bar{K}^v_{62} & \bar{K}^v_{63} & 0 & \bar{K}^v_{66} \end{bmatrix}$$

$$\bar{\mathbf{U}} = \begin{bmatrix} \bar{u}_2 \\ \bar{v}_2 \\ \bar{\theta}_2 \\ \bar{v}_3 \\ \bar{\theta}_5 \end{bmatrix} \qquad \bar{\mathbf{F}} \begin{bmatrix} 0 \\ -F \\ 0 \\ 0 \\ 0 \end{bmatrix}$$

CAPÍTULO 7

7.1 $D_{(a)} = \frac{113}{1568} = 0,072$

$D_{(b)} = \frac{17}{32} = 0,531$

$D_{(c)} = \frac{9}{8} = 1,125$

$D_{(d)} = \frac{181}{4050} = 0,045$

7.3 $\left(\frac{9}{2}, \frac{7}{2}\right)$

7.5 a)

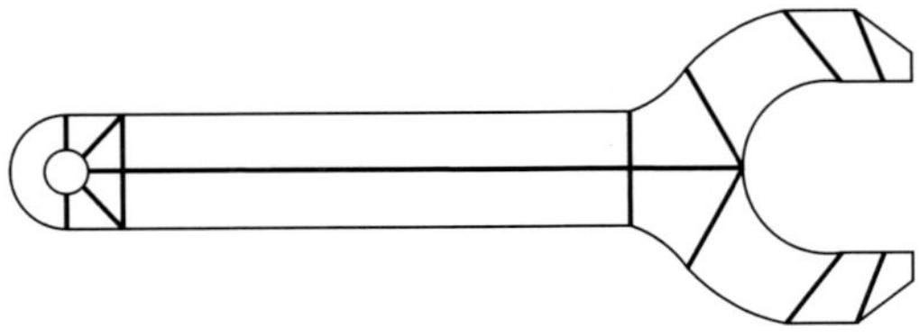

b)

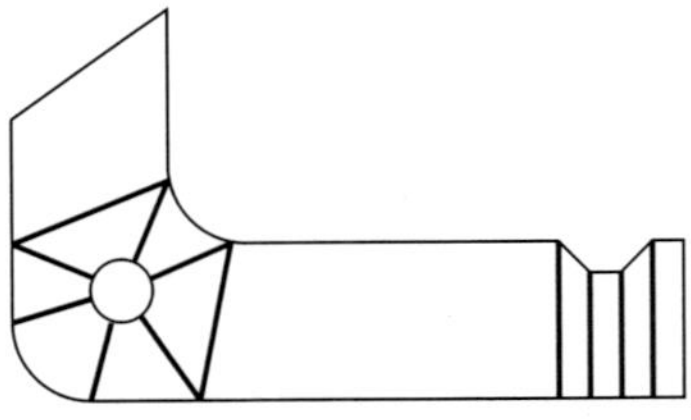

7.7

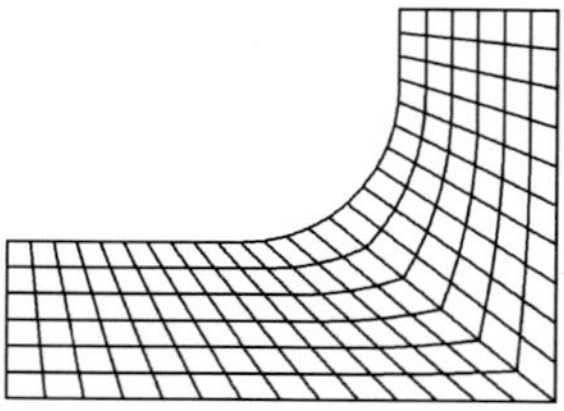

Após a suavização elíptica:

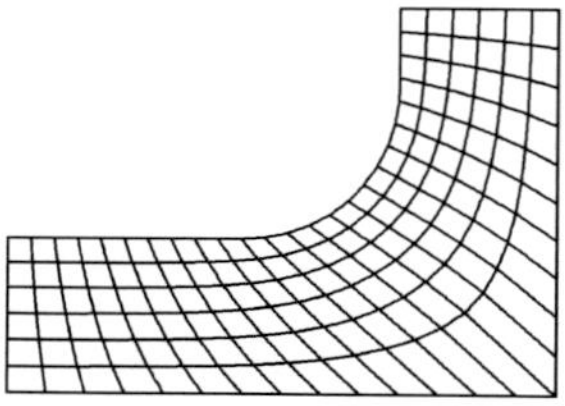

7.9

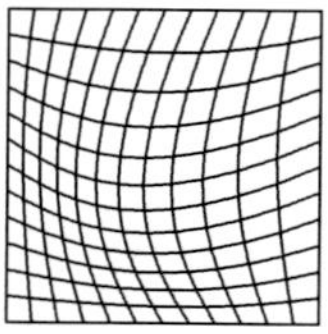

Após a suavização elíptica:

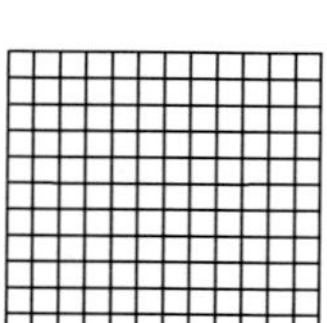

A suavização elíptica torna as linhas da malha ortogonais.

7.11 Sem suavização elíptica:

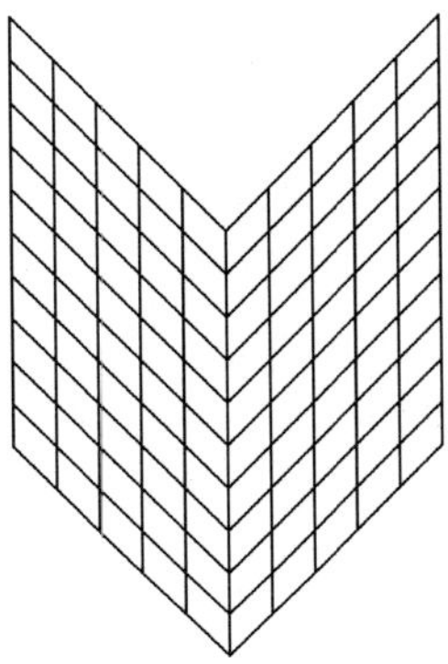

Com suavização elíptica:

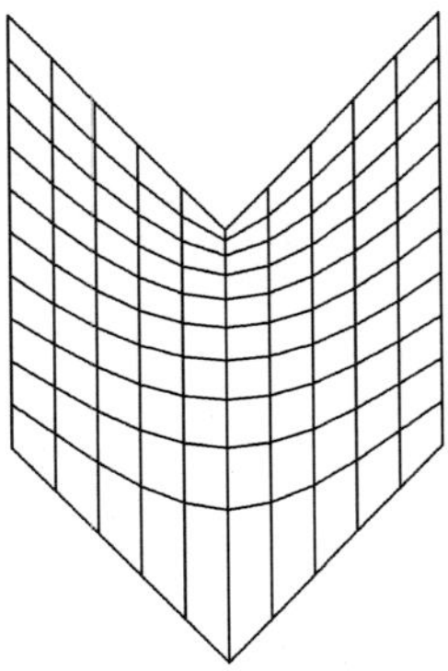

Apêndice B

Programas computacionais em C++

349

TRANSCAL (Capítulo 2)

```
//************************ transcal.c ***********************
#include <stdlib.h>
#include <stdio.h>
#include <math.h>
#define ni 9           // numero de no's da malha.
#define ei 4           // numero de elementos da malha.
double kc = 17.0;      // coeficiente de conducao (W/m oC).
double h1 = 50.0;      // coeficiente conveccao (lado 1 da placa, W/m2 oC).
double h2 = 50.0;      // coeficiente conveccao (lado 2 da placa, W/m2 oC).
double T1 = 25.0;      // temperatura ambiente (lado 1 da placa, oC).
double T2 = 25.0;      // temperatura ambiente (lado 2 da placa, oC).
double thick = 0.001; // espessura da placa (metros).
double K[ni][ni];      // matriz do sistema de equacoes.
double T[ni], R[ni], D[ni]; // vetores do sistema de equacoes.
#include "node.h"
#include "quad4.h"
#include "mesh.h"
#include "quad4.c"
#include "mesh.c"
main(){
  Mesh *PLACA;
  PLACA = new(Mesh);
  PLACA->manual_mesh();  // constroi a malha de elementos finitos.
  PLACA->bound();        // cria as condicoes de contorno.
  PLACA->solve();        // monta e solucao do sistema de equacoes.
  PLACA->temperature();  // imprime as temperaturas calculas nos no's.
  delete PLACA;
}

//************************* node.h *************************
class Node{
 private:
  int no, a;     // numero do no'; indica se ha cond. contorno no no'.
```

```
  double c[2];    // coordenada do no'.
  double b, T;    // condicao de contorno, temperatura calculada.
 public:
  Node(int num, double x, double y){no = num; c[0] = x; c[1] = y;}
  ~Node(){}
  friend class Mesh;
  friend class Quad4;
};

//************************ quad4.h ************************
class Quad4{
 private:
  Node *nod[4];              // no's que definem o elemento.
  double ***h;               // funcoes de interpolacao.
  double ***hr, ***hs;       // derivadas das funcoes de interpolacao.
 public:
  Quad4(Node *n0, Node *n1, Node *n2, Node *n3)
    {nod[0] = n0;  nod[1] = n1;  nod[2] = n2;  nod[3] = n3;}
  ~Quad4(){}
  double Km(int, int), Hm(int, int), Rm(int);
  double det_J(int, int);
  double dhdx(int, int, int), dhdy(int, int, int);
  void assembly();
};

//************************* mesh.h *************************
class Mesh{
 private:
  Node *n[ni];          // "array" dos pontos nodais.
  Quad4 *g[ei];         // funcao conectividade dos elementos.
 public:
  Mesh(){}
  ~Mesh(){}
  void manual_mesh(), bound(), solve(), temperature();
};

//************************ quad4.c ************************
void Quad4::assembly(){
  int i, j, a, b;
  double  r, s, c[2];
  c[0] = -0.577350269189626;
  c[1] = +0.577350269189626;
  hr = new double ** [4];
  hs = new double ** [4];
  h = new double ** [4];
  for(i=0 ; i < 4 ; i++){
    hr[i] = new double * [2];
    hs[i] = new double * [2];
    h[i] = new double * [2];
    for(j=0 ; j < 2 ; j++){
      hr[i][j] = new double [2];
      hs[i][j] = new double [2];
      h[i][j] = new double [2];
```

```
    }
  }
  for(i=0 ; i < 2 ; i++){ // para integracao 2x2 Gauss-Legendre.
    r = c[i];
    for(j=0 ; j < 2 ; j++){
      s = c[j];
      h[0][i][j] = (1 + r) * (1 + s) / 4.0;
      h[1][i][j] = (1 - r) * (1 + s) / 4.0;
      h[2][i][j] = (1 - r) * (1 - s) / 4.0;
      h[3][i][j] = (1 + r) * (1 - s) / 4.0;
      hr[0][i][j] =  (1 + s) / 4.0;
      hs[0][i][j] =  (1 + r) / 4.0;
      hr[1][i][j] = -(1 + s) / 4.0;
      hs[1][i][j] =  (1 - r) / 4.0;
      hr[2][i][j] = -(1 - s) / 4.0;
      hs[2][i][j] = -(1 - r) / 4.0;
      hr[3][i][j] =  (1 - s) / 4.0;
      hs[3][i][j] = -(1 + r) / 4.0;
    }
  }
  for(i=0 ; i < 4 ; i++){
    a = nod[i]->no;
    R[a] += Rm(i);
    for(j=0 ; j < 4 ; j++){
      b = nod[j]->no;
      K[a][b] += (Km(i,j) + Hm(i, j));
    }
  }
  for(i=0 ; i < 4 ; i++){
    for(j=0 ; j < 2 ; j++) delete [] hr[i][j], hs[i][j], h[i][j];
    delete [] hr[i], hs[i], h[i];
  }
  delete [] hr, hs, h;
}
double Quad4::Km(int a, int b){
  int i, j;
  double Kq=0.0;
  for(i=0 ; i < 2 ; i++){ // integracao 2x2 Gauss-Legendre.
    for(j=0 ; j < 2 ; j++){
      Kq += (dhdx(a,i,j) * dhdx(b,i,j) + dhdy(a,i,j) * dhdy(b,i,j))
            * det_J(i,j);
    }
  }
  return (Kq * (kc * thick));
}
double Quad4::Hm(int a, int b){
  int i, j;
  double Hq=0.0;
  for(i=0 ; i < 2 ; i++){ // integracao 2x2 Gauss-Legendre.
    for(j=0 ; j < 2 ; j++){
      Hq += h[a][i][j] * h[b][i][j] * det_J(i, j);
    }
  }
```

```
    return (Hq * (h1 + h2));
  }
  double Quad4::Rm(int a){
    int i, j;
    double Rq=0.0;
    for(i=0 ; i < 2 ; i++){ // integracao 2x2 Gauss-Legendre.
      for(j=0 ; j < 2 ; j++){
        Rq += h[a][i][j] * det_J(i, j);
      }
    }
    return (Rq * (T1 * h1 + T2 * h2));
  }
  double Quad4::det_J(int i, int j){
    int k;
    double dxdr=0.0, dxds=0.0, dydr=0.0, dyds=0.0;
    for(k=0 ; k < 4 ; k++){
      dxdr += hr[k][i][j] * nod[k]->c[0];
      dxds += hs[k][i][j] * nod[k]->c[0];
      dydr += hr[k][i][j] * nod[k]->c[1];
      dyds += hs[k][i][j] * nod[k]->c[1];
    }
    return dxdr * dyds - dxds * dydr;
  }
  double Quad4::dhdx(int w, int i, int j){
    int k;
    double dxdr=0.0, dxds=0.0, dydr=0.0, dyds=0.0, J;
    for(k=0 ; k < 4 ; k++){
      dxdr += hr[k][i][j] * nod[k]->c[0];
      dxds += hs[k][i][j] * nod[k]->c[0];
      dydr += hr[k][i][j] * nod[k]->c[1];
      dyds += hs[k][i][j] * nod[k]->c[1];
    }
    J = dxdr * dyds - dxds * dydr;
    return (dyds * hr[w][i][j] - dydr * hs[w][i][j]) / J;
  }
  double Quad4::dhdy(int w, int i, int j){
    int k;
    double dxdr=0.0, dxds=0.0, dydr=0.0, dyds=0.0, J;
    for(k=0 ; k < 4 ; k++){
      dxdr += hr[k][i][j] * nod[k]->c[0];
      dxds += hs[k][i][j] * nod[k]->c[0];
      dydr += hr[k][i][j] * nod[k]->c[1];
      dyds += hs[k][i][j] * nod[k]->c[1];
    }
    J = dxdr * dyds - dxds * dydr;
    return (-dxds * hr[w][i][j] + dxdr * hs[w][i][j]) / J;
  }

//************************** mesh.c **************************
void Mesh::manual_mesh(){
  // Coordenadas dos no's (em metros).
  n[0] = new Node(0, 0.0,   0.0);
  n[1] = new Node(1, 0.0,   0.005);
```

```
  n[2] = new Node(2, 0.0,   0.01);
  n[3] = new Node(3, 0.005, 0.0);
  n[4] = new Node(4, 0.005, 0.005);
  n[5] = new Node(5, 0.005, 0.01);
  n[6] = new Node(6, 0.01,  0.0);
  n[7] = new Node(7, 0.01,  0.005);
  n[8] = new Node(8, 0.01,  0.01);
  // Funcao de conectividade dos elementos.
  g[0] = new Quad4(n[4], n[1], n[0], n[3]);
  g[1] = new Quad4(n[5], n[2], n[1], n[4]);
  g[2] = new Quad4(n[7], n[4], n[3], n[6]);
  g[3] = new Quad4(n[8], n[5], n[4], n[7]);
}
void Mesh::bound(){
  // Condicoes de contorno: a=1 (ha cond. contorno) ou a=0 (nao ha).
  n[0]->b = 100.0;     n[1]->b = 100.0;     n[2]->b = 100.0;
  n[0]->a = 1;         n[1]->a = 1;         n[2]->a = 1;
  n[3]->a = 0;         n[4]->a = 0;         n[5]->a = 0;
  n[6]->a = 0;         n[7]->a = 0;         n[8]->a = 0;
}
void Mesh::solve(){
  int i, j, k=0;
  double sum, big=1.0E+7;
  for(i=0 ; i < ni ; i++){
    T[i] = R[i] = D[i] = 0.0;
    for(j=0 ; j < ni ; j++) K[i][j] = 0.0;
  }
  for(i=0 ; i < ei ; i++) g[i]->assembly(); //Montagem sistema equacoes.
  for(i=0 ; i < ni ; i++){                  //Impoe condicoes contorno.
    if(n[i]->a){
      K[i][i] = big;
      R[i] = n[i]->b * big;
    }
  }
  for(i=0 ; i < ni ; i++){ // Decomposicao de Cholesky.
    for(j=i ; j < ni ; j++){
      for(sum=K[i][j], k=i-1 ; k >= 0 ; k--) sum -= (K[i][k] * K[j][k]);
      if(i == j){
        if(sum <= 0.0){
          printf("\nMatriz nao e positivamente definida\n"); exit(0);
        } D[i] = sqrt(sum);
      } else K[j][i] = sum / D[i];
    }
  }
  for(i=0 ; i < ni ; i++){ // Substituicao direta.
    for(sum=R[i], k=i-1 ; k >= 0 ; k--) sum -= (K[i][k] * T[k]);
    T[i] = sum / D[i];
  }
  for(i=ni-1 ; i >= 0 ; i--){ // Retrosubstituicao.
    for(sum=T[i], k=i+1 ; k < ni ; k++) sum -= (K[k][i] * T[k]);
    T[i] = sum / D[i];
  }
  for(i=0 ; i < ni ; i++) n[i]->T = T[i];
```

```
}
void Mesh::temperature(){
  int i;
  for(i=0 ; i < ni ; i++) printf("\nTemp. no' %d = %2.2e", i, n[i]->T);
  printf("\n");
  for(i=0 ; i < ni ; i++) delete n[i];
  for(i=0 ; i < ei ; i++) delete g[i];
}
```

RESMAT (Capítulo 3)

```
//************************ resmat.c ************************
#include <stdlib.h>
#include <stdio.h>
#include <math.h>
#define ni 12            // numero de no's da malha.
#define ei 5             // numero de elementos da malha.
double E = 7000.0;       // modulo de elasticidade (Aluminio, Kgf/mm2)
double w = 20.0 ;        // espessura da placa (mm).
double nu = 0.25 ;       // coeficiente de Poisson.
double K[2*ni][2*ni];    // matriz de elasticidade do sistema de equacoes.
double U[2*ni], F[2*ni], D[2*ni]; // vetores do sistema de equacoes.
#include "node.h"
#include "quad4.h"
#include "mesh.h"
#include "quad4.c"
#include "mesh.c"
main(){
  Mesh *PLACA;
  PLACA = new(Mesh);
  PLACA->manual_mesh();  // constroi a malha de elementos finitos.
  PLACA->bound();        // cria cond. contorno (carregamentos e apoios).
  PLACA->solve();        // monta e resolve o sistema de equacoes.
  PLACA->deform();       // imprime os deslocamentos calculos nos no's.
  PLACA->stress();       // calcula tensoes nos pontos de Gauss.
  delete PLACA;
}

//************************* node.h ************************
class Node{
 private:
  int no;              // numero do no'.
  int a[2];            // apoio no no'.
  double c[2];         // coordenada do no'.
  double P[2], u, v; // forca no no' (Kgf), deslocamentos calculados.
 public:
  Node(int num, double x, double y){
    no = num; c[0] = x; c[1] = y;
    a[0] = 0; a[1] = 0; P[0] = 0.0; P[1] = 0.0;
  }
  ~Node(){}
  friend class Mesh;
  friend class Quad4;
};

//************************ quad4.h *************************
class Quad4{
 private:
  Node *nod[4];          // no's que definem o elemento.
  double ***h;           // funcoes de interpolacao.
```

```
    double ***hr, ***hs;  // derivadas das funcoes de interpolacao.
  public:
    Quad4(Node *n0, Node *n1, Node *n2, Node *n3)
      {nod[0] = n0;  nod[1] = n1;  nod[2] = n2;  nod[3] = n3;}
    ~Quad4(){}
    double Km(int, int), Hm(int, int), Rm(int);
    double Bm(int, int, int, int), C(int, int), det_J(int, int);
    double dhdx(int, int, int), dhdy(int, int, int);
    void assembly(), stress_in_Gauss(int);
};

//************************* mesh.h *************************
class Mesh{
 private:
  Node *n[ni];       // "array" dos pontos nodais.
  Quad4 *g[ei];      // funcao conectividade dos elementos.
 public:
  Mesh(){}
  ~Mesh(){}
  void manual_mesh(), bound(), solve(), deform(), stress();
};

//************************* quad4.c *************************
void Quad4::assembly(){
  int i, j, a, b;
  double  r, s, c[2];
  c[0] = -0.577350269189626;
  c[1] = +0.577350269189626;
  hr = new double ** [4];
  hs = new double ** [4];
  h = new double ** [4];
  for(i=0 ; i < 4 ; i++){
    hr[i] = new double * [2];
    hs[i] = new double * [2];
    h[i] = new double * [2];
    for(j=0 ; j < 2 ; j++){
      hr[i][j] = new double [2];
      hs[i][j] = new double [2];
      h[i][j] = new double [2];
    }
  }
  for(i=0 ; i < 2 ; i++){ // para integracao 2x2 Gauss-Legendre.
    r = c[i];
    for(j=0 ; j < 2 ; j++){
      s = c[j];
      h[0][i][j] = (1 + r) * (1 + s) / 4.0;
      h[1][i][j] = (1 - r) * (1 + s) / 4.0;
      h[2][i][j] = (1 - r) * (1 - s) / 4.0;
      h[3][i][j] = (1 + r) * (1 - s) / 4.0;
      hr[0][i][j] =  (1 + s) / 4.0;
      hs[0][i][j] =  (1 + r) / 4.0;
      hr[1][i][j] = -(1 + s) / 4.0;
      hs[1][i][j] =  (1 - r) / 4.0;
```

```
      hr[2][i][j] = -(1 - s) / 4.0;
      hs[2][i][j] = -(1 - r) / 4.0;
      hr[3][i][j] =  (1 - s) / 4.0;
      hs[3][i][j] = -(1 + r) / 4.0;
    }
  }
  for(i=0 ; i < 4 ; i++){
    a = 2 * nod[i]->no;
    for(j=0 ; j < 4 ; j++){
      b = 2 * nod[j]->no;
      K[a][b] += Km(2*i, 2*j);
      K[a][b+1] += Km(2*i, 2*j+1);
      K[a+1][b] += Km(2*i+1, 2*j);
      K[a+1][b+1] += Km(2*i+1, 2*j+1);
    }
  }
}
double Quad4::Km(int a, int b){
  int i, ii, j, jj;
  double Kq=0.0;
  for(i=0 ; i < 2 ; i++){ // integracao 2x2 Gauss-Legendre.
    for(j=0 ; j < 2 ; j++){
      for(ii=0 ; ii < 3 ; ii++){
        for(jj=0 ; jj < 3 ; jj++){
          Kq += w * Bm(ii, a, i, j) * C(ii, jj) * Bm(jj, b, i, j) *
                det_J(i, j);
        }
      }
    }
  }
  return Kq;
}
double Quad4::Bm(int a, int b, int i, int j){
  double q;
  switch(a){
  case 0:
    if(b & 1) q = 0.0;
    else q = dhdx(b/2, i, j); break;
  case 1:
    if(b & 1) q = dhdy((b-1)/2, i, j);
    else q = 0.0; break;
  case 2:
    if(b & 1) q = dhdx((b-1)/2, i, j);
    else q = dhdy(b/2, i, j); break;
  }
  return q;
}
double Quad4::C(int i, int j){ // plain stress.
  int c;
  double q;
  c = (i + 1) * (j + 1);
  switch(c){
  case 1: q = (E / (1 - pow(nu, 2))); break;
```

```
    case 4: q = (E / (1 - pow(nu, 2))); break;
    case 2: q = (E * nu / (1 - pow(nu, 2))); break;
    case 3: q = (0.0); break;
    case 6: q = (0.0); break;
    case 9: q = (E / (2 * (1 + nu))); break;
    }
    return q;
}
double Quad4::det_J(int i, int j){
  int k;
  double dxdr=0.0, dxds=0.0, dydr=0.0, dyds=0.0;
  for(k=0 ; k < 4 ; k++){
    dxdr += hr[k][i][j] * nod[k]->c[0];
    dxds += hs[k][i][j] * nod[k]->c[0];
    dydr += hr[k][i][j] * nod[k]->c[1];
    dyds += hs[k][i][j] * nod[k]->c[1];
  }
  return (dxdr * dyds - dxds * dydr);
}
double Quad4::dhdx(int a, int i, int j){
  int k;
  double dxdr=0.0, dxds=0.0, dydr=0.0, dyds=0.0, J;
  for(k=0 ; k < 4 ; k++){
    dxdr += hr[k][i][j] * nod[k]->c[0];
    dxds += hs[k][i][j] * nod[k]->c[0];
    dydr += hr[k][i][j] * nod[k]->c[1];
    dyds += hs[k][i][j] * nod[k]->c[1];
  }
  J = dxdr * dyds - dxds * dydr;
  return ((dyds * hr[a][i][j] - dydr * hs[a][i][j]) / J);
}
double Quad4::dhdy(int a, int i, int j){
  int k;
  double dxdr=0.0, dxds=0.0, dydr=0.0, dyds=0.0, J;
  for(k=0 ; k < 4 ; k++){
    dxdr += hr[k][i][j] * nod[k]->c[0];
    dxds += hs[k][i][j] * nod[k]->c[0];
    dydr += hr[k][i][j] * nod[k]->c[1];
    dyds += hs[k][i][j] * nod[k]->c[1];
  }
  J = dxdr * dyds - dxds * dydr;
  return ((-dxds * hr[a][i][j] + dxdr * hs[a][i][j]) / J);
}
void Quad4::stress_in_Gauss(int e){
  int i, j, ii, jj;
  double S[3];
  printf("\nElemento No. %d", e);
  for(i=0 ; i < 2 ; i++){
    for(j=0 ; j < 2 ; j++){
      for(ii=0 ; ii < 3 ; ii++) S[ii] = 0.0;
      for(ii=0 ; ii < 3 ; ii++){
        for(jj=0 ; jj < 4 ; jj++){
          S[0] += C(0, ii) * Bm(ii, 2*jj  , i, j) * nod[jj]->u;
```

```
        S[0] += C(0, ii) * Bm(ii, 2*jj+1, i, j) * nod[jj]->v;
        S[1] += C(1, ii) * Bm(ii, 2*jj  , i, j) * nod[jj]->u;
        S[1] += C(1, ii) * Bm(ii, 2*jj+1, i, j) * nod[jj]->v;
        S[2] += C(2, ii) * Bm(ii, 2*jj  , i, j) * nod[jj]->u;
        S[2] += C(2, ii) * Bm(ii, 2*jj+1, i, j) * nod[jj]->v;
      }
    }
    printf("\n  Tensoes no ponto (r, s) = (c%d, c%d)", (i+1), (j+1));
    printf("\n    Sx  = %2.2e", S[0]);
    printf("\t    Sy  = %2.2e", S[1]);
    printf("\t    Sxy = %2.2e", S[2]);
  }
} printf("\n");
// libera memoria alocada na funcao 'assembly()'.
for(i=0 ; i < 4 ; i++){
  for(j=0 ; j < 2 ; j++) delete [] hr[i][j], hs[i][j], h[i][j];
  delete [] hr[i], hs[i], h[i];
} delete [] hr, hs, h;
}

//************************* mesh.c *************************
void Mesh::manual_mesh(){
  // Coordenadas dos no's (em milimetros).
  n[0]  = new Node(0,  0.0,   0.0);
  n[1]  = new Node(1,  0.0,   100.0);
  n[2]  = new Node(2,  100.0, 0.0);
  n[3]  = new Node(3,  100.0, 100.0);
  n[4]  = new Node(4,  200.0, 0.0);
  n[5]  = new Node(5,  200.0, 100.0);
  n[6]  = new Node(6,  300.0, 0.0);
  n[7]  = new Node(7,  300.0, 100.0);
  n[8]  = new Node(8,  400.0, 0.0);
  n[9]  = new Node(9,  400.0, 100.0);
  n[10] = new Node(10, 500.0, 0.0);
  n[11] = new Node(11, 500.0, 100.0);
  // Funcao de conectividade dos elementos.
  g[0] = new Quad4(n[3],  n[1], n[0], n[2]);
  g[1] = new Quad4(n[5],  n[3], n[2], n[4]);
  g[2] = new Quad4(n[7],  n[5], n[4], n[6]);
  g[3] = new Quad4(n[9],  n[7], n[6], n[8]);
  g[4] = new Quad4(n[11], n[9], n[8], n[10]);
}
void Mesh::bound(){
  // Apoio: a[0]=1 (fixo em 'x'), a[1]=1 (fixo em 'y').
  // Forca: P[0] (forca em 'x'), P[1] (forca em 'y').
  n[0]->a[0] = 1;  n[0]->a[1] = 1;  n[1]->a[0] = 1;  n[1]->a[1] = 1;
  n[11]->P[1] = -70.0;
}
void Mesh::solve(){
  int i, j, k=0;
  double sum, big=1.0E+20;
  for(i=0 ; i < 2*ni ; i++){
    U[i] = F[i] = D[i] = 0.0;
```

```
      for(j=0 ; j < 2*ni ; j++) K[i][j] = 0.0;
    }
    for(i=0 ; i < ei ; i++) g[i]->assembly(); //Montagem sistema equacoes.
    for(i=0 ; i < ni ; i++){ // Impoe condicoes contorno.
      if(n[i]->a[0]) K[2*i][2*i] = big;
      if(n[i]->a[1]) K[2*i+1][2*i+1] = big;
      if(n[i]->P[0] != 0.0) F[2*i] = n[i]->P[0];
      if(n[i]->P[1] != 0.0) F[2*i+1] = n[i]->P[1];
    }
    for(i=0 ; i < 2*ni ; i++){ // Decomposicao de Cholesky.
      for(j=i ; j < 2*ni ; j++){
        for(sum=K[i][j], k=i-1 ; k >= 0 ; k--) sum -= (K[i][k] * K[j][k]);
        if(i == j){
          if(sum <= 0.0){
            printf("\nMatriz nao e positivamente definida\n"); exit(0);
          } D[i] = sqrt(sum);
        } else K[j][i] = sum / D[i];
      }
    }
    for(i=0 ; i < 2*ni ; i++){ // Substituicao direta.
      for(sum=F[i], k=i-1 ; k >= 0 ; k--) sum -= (K[i][k] * U[k]);
      U[i] = sum / D[i];
    }
    for(i=2*ni-1 ; i >= 0 ; i--){ // Retrosubstituicao.
      for(sum=U[i], k=i+1 ; k < 2*ni ; k++) sum -= (K[k][i] * U[k]);
      U[i] = sum / D[i];
    }
    for(i=0 ; i < ni ; i++){n[i]->u = U[2*i]; n[i]->v = U[2*i+1];}
}
void Mesh::deform(){
  int i;
  for(i=0 ; i < ni ; i++){
    printf("\nu[%d] = %2.4e \tv[%d] = %2.4e", i, n[i]->u, i, n[i]->v);
  }
  printf("\n");
}
void Mesh::stress(){
  int i;
  for(i=0 ; i < ei ; i++) g[i]->stress_in_Gauss(i);
  for(i=0 ; i < ni ; i++) delete n[i];
  for(i=0 ; i < ei ; i++) delete g[i];
}
```

AXIS (Capítulo 3)

Substitua os arquivos `resmat.c`, `quad4.h`, `quad4.c` e `mesh.c` do programa **RESMAT**, pelos arquivos `axis.c`, `quad4.h`, `quad4.c` e `mesh.c` abaixo, para resolver problemas axissimétricos (seção 3.5).

```
//************************* axis.c **************************
#include <stdlib.h>
#include <stdio.h>
#include <math.h>
#define ni 10             // numero de no's da malha.
#define ei 4              // numero de elementos da malha.
double E = 7000.0;        // modulo de elasticidade (Aluminio, Kgf/mm2)
double nu = 0.25 ;        // coeficiente de Poisson.
double PI = acos(-1);
double K[2*ni][2*ni];  // matriz de elasticidade do sistema de equacoes.
double U[2*ni], F[2*ni], D[2*ni]; // vetores do sistema de equacoes.
#include "../Resmat/node.h"
#include "quad4.h"
#include "../Resmat/mesh.h"
#include "quad4.c"
#include "mesh.c"
main(){
  Mesh *PLACA;
  PLACA = new(Mesh);
  PLACA->manual_mesh();  // constroi a malha de elementos finitos.
  PLACA->bound();        // cria cond. contorno (carregamentos e apoios).
  PLACA->solve();        // monta e resolve o sistema de equacoes.
  PLACA->deform();       // imprime os deslocamentos calculos nos no's.
  PLACA->stress();       // calcula tensoes nos pontos de Gauss.
  delete PLACA;
}

//************************* quad4.h *************************
class Quad4{
 private:
  Node *nod[4];          // no's que definem o elemento.
  double ***h;           // funcoes de interpolacao.
  double ***hr, ***hs;  // derivadas das funcoes de interpolacao.
  double **x;            // variavel 'x'.
 public:
  Quad4(Node *n0, Node *n1, Node *n2, Node *n3)
    {nod[0] = n0;  nod[1] = n1;  nod[2] = n2;  nod[3] = n3;}
  ~Quad4(){}
  double Km(int, int), Hm(int, int), Rm(int);
  double Bm(int, int, int, int), C(int, int), det_J(int, int);
  double dhdx(int, int, int), dhdy(int, int, int);
  void assembly(), stress_in_Gauss(int);
};
```

```
//************************* quad4.c *************************
void Quad4::assembly(){
  int i, j, a, b;
  double  r, s, c[2];
  c[0] = -0.577350269189626;
  c[1] = +0.577350269189626;
  hr = new double ** [4];
  hs = new double ** [4];
  h = new double ** [4];
  x = new double * [2];
  for(i=0 ; i < 2 ; i++) x[i] = new double [2];
  for(i=0 ; i < 4 ; i++){
    hr[i] = new double * [2];
    hs[i] = new double * [2];
    h[i] = new double * [2];
    for(j=0 ; j < 2 ; j++){
      hr[i][j] = new double [2];
      hs[i][j] = new double [2];
      h[i][j] = new double [2];
    }
  }
  for(i=0 ; i < 2 ; i++){ // para integracao 2x2 Gauss-Legendre
    r = c[i];
    for(j=0 ; j < 2 ; j++){
      s = c[j];
      h[0][i][j] = (1 + r) * (1 + s) / 4.0;
      h[1][i][j] = (1 - r) * (1 + s) / 4.0;
      h[2][i][j] = (1 - r) * (1 - s) / 4.0;
      h[3][i][j] = (1 + r) * (1 - s) / 4.0;
      hr[0][i][j] =  (1 + s) / 4.0;
      hs[0][i][j] =  (1 + r) / 4.0;
      hr[1][i][j] = -(1 + s) / 4.0;
      hs[1][i][j] =  (1 - r) / 4.0;
      hr[2][i][j] = -(1 - s) / 4.0;
      hs[2][i][j] = -(1 - r) / 4.0;
      hr[3][i][j] =  (1 - s) / 4.0;
      hs[3][i][j] = -(1 + r) / 4.0;
      x[i][j] = h[0][i][j] * nod[0]->c[0] + h[1][i][j] * nod[1]->c[0]
              + h[2][i][j] * nod[2]->c[0] + h[3][i][j] * nod[3]->c[0];
    }
  }
  for(i=0 ; i < 4 ; i++){
    a = 2 * nod[i]->no;
    for(j=0 ; j < 4 ; j++){
      b = 2 * nod[j]->no;
      K[a][b] += Km(2*i, 2*j);
      K[a][b+1] += Km(2*i, 2*j+1);
      K[a+1][b] += Km(2*i+1, 2*j);
      K[a+1][b+1] += Km(2*i+1, 2*j+1);
    }
  }
}
double Quad4::Km(int a, int b){
```

```
  int i, ii, j, jj;
  double Kq=0.0;
  for(i=0 ; i < 2 ; i++){ // integracao 2x2 Gauss-Legendre
    for(j=0 ; j < 2 ; j++){
      for(ii=0 ; ii < 4 ; ii++){
        for(jj=0 ; jj < 4 ; jj++){
          Kq += 2 * PI * Bm(ii, a, i, j) * C(ii, jj) * Bm(jj, b, i, j) *
                x[i][j] * det_J(i, j);
        }
      }
    }
  }
  return Kq;
}
double Quad4::Bm(int a, int b, int i, int j){
  double q;
  switch(a){
  case 0:
    if(b & 1) q = 0.0;
    else q = dhdx(b/2, i, j); break;
  case 1:
    if(b & 1) q = dhdy((b-1)/2, i, j);
    else q = 0.0; break;
  case 2:
    if(b & 1) q = 0;
    else q = h[b/2][i][j] / x[i][j]; break;
  case 3:
    if(b & 1) q = dhdx((b-1)/2, i, j);
    else q = dhdy(b/2, i, j); break;
  }
  return q;
}
double Quad4::C(int i, int j){ // axisymmetric
  int c;
  double q;
  c = (i + 2) * (j + 2);
  if((c == 4) || ( c == 9) || (c == 16)) q = (1 - nu);
  if((c == 6) || ( c == 8) || (c == 12)) q = (nu);
  if((c == 10) || ( c == 15) || (c == 20)) q = (0.0);
  if(c == 25) q = ((1 - 2 * nu) / 2.0);
  q *= E / ((1 + nu)*(1 - 2 * nu));
  return q;
}
double Quad4::det_J(int i, int j){
  int k;
  double dxdr=0.0, dxds=0.0, dydr=0.0, dyds=0.0;
  for(k=0 ; k < 4 ; k++){
    dxdr += hr[k][i][j] * nod[k]->c[0];
    dxds += hs[k][i][j] * nod[k]->c[0];
    dydr += hr[k][i][j] * nod[k]->c[1];
    dyds += hs[k][i][j] * nod[k]->c[1];
  }
  return (dxdr * dyds - dxds * dydr);
```

```
}
double Quad4::dhdx(int a, int i, int j){
  int k;
  double dxdr=0.0, dxds=0.0, dydr=0.0, dyds=0.0, J;
  for(k=0 ; k < 4 ; k++){
    dxdr += hr[k][i][j] * nod[k]->c[0];
    dxds += hs[k][i][j] * nod[k]->c[0];
    dydr += hr[k][i][j] * nod[k]->c[1];
    dyds += hs[k][i][j] * nod[k]->c[1];
  }
  J = dxdr * dyds - dxds * dydr;
  return ((dyds * hr[a][i][j] - dydr * hs[a][i][j]) / J);
}
double Quad4::dhdy(int a, int i, int j){
  int k;
  double dxdr=0.0, dxds=0.0, dydr=0.0, dyds=0.0, J;
  for(k=0 ; k < 4 ; k++){
    dxdr += hr[k][i][j] * nod[k]->c[0];
    dxds += hs[k][i][j] * nod[k]->c[0];
    dydr += hr[k][i][j] * nod[k]->c[1];
    dyds += hs[k][i][j] * nod[k]->c[1];
  }
  J = dxdr * dyds - dxds * dydr;
  return ((-dxds * hr[a][i][j] + dxdr * hs[a][i][j]) / J);
}
void Quad4::stress_in_Gauss(int e){
  int i, j, ii, jj;
  double S[4];
  printf("\nElemento No. %d", e);
  for(i=0 ; i < 2 ; i++){
    for(j=0 ; j < 2 ; j++){
      for(ii=0 ; ii < 4 ; ii++) S[ii] = 0.0;
      for(ii=0 ; ii < 4 ; ii++){
        for(jj=0 ; jj < 4 ; jj++){
          S[0] += C(0, ii) * Bm(ii, 2*jj  , i, j) * nod[jj]->u;
          S[0] += C(0, ii) * Bm(ii, 2*jj+1, i, j) * nod[jj]->v;
          S[1] += C(1, ii) * Bm(ii, 2*jj  , i, j) * nod[jj]->u;
          S[1] += C(1, ii) * Bm(ii, 2*jj+1, i, j) * nod[jj]->v;
          S[2] += C(2, ii) * Bm(ii, 2*jj  , i, j) * nod[jj]->u;
          S[2] += C(2, ii) * Bm(ii, 2*jj+1, i, j) * nod[jj]->v;
          S[3] += C(3, ii) * Bm(ii, 2*jj  , i, j) * nod[jj]->u;
          S[3] += C(3, ii) * Bm(ii, 2*jj+1, i, j) * nod[jj]->v;
        }
      }
      printf("\n  Tensoes no ponto (r, s) = (c%d, c%d)", (i+1), (j+1));
      printf("\n    Sx  = %2.2e", S[0]);
      printf("\t    Sy  = %2.2e", S[1]);
      printf("\t    Sz  = %2.2e", S[2]);
      printf("\t    Sxy = %2.2e", S[3]);
    }
  } printf("\n");
  // libera memoria alocada na funcao 'assembly()'
  for(i=0 ; i < 4 ; i++){
```

```
    for(j=0 ; j < 2 ; j++) delete [] hr[i][j], hs[i][j], h[i][j];
    delete [] hr[i], hs[i], h[i];
  } delete [] hr, hs, h;
  for(i=0 ; i < 2 ; i++) delete [] x[i];
    delete [] x;
}

//************************* mesh.c *************************
void Mesh::manual_mesh(){
  // Coordenadas dos no's (em milimetros)
  n[0]  = new Node(0,  15.0,   0.0);
  n[1]  = new Node(1,  25.0,   0.0);
  n[2]  = new Node(2,  15.0,   10.0);
  n[3]  = new Node(3,  25.0,   10.0);
  n[4]  = new Node(4,  15.0,   20.0);
  n[5]  = new Node(5,  25.0,   20.0);
  n[6]  = new Node(6,  15.0,   30.0);
  n[7]  = new Node(7,  25.0,   30.0);
  n[8]  = new Node(8,  15.0,   40.0);
  n[9]  = new Node(9,  25.0,   40.0);
  // Funcao de conectividade dos elementos
  g[0] = new Quad4(n[3],  n[2], n[0], n[1]);
  g[1] = new Quad4(n[5],  n[4], n[2], n[3]);
  g[2] = new Quad4(n[7],  n[6], n[4], n[5]);
  g[3] = new Quad4(n[9],  n[8], n[6], n[7]);
}
void Mesh::bound(){
  // Apoio: a[0]=1 (fixo em 'x'), a[1]=1 (fixo em 'y').
  // Forca: P[0] (forca em 'x'), P[1] (forca em 'y').
  n[0]->a[1] = 1;
  n[0]->P[0] = 10.0 * 15.0 * PI * 5.0E-6;
  n[2]->P[0] = 2 * n[0]->P[0];
  n[4]->P[0] = 2 * n[0]->P[0];
  n[6]->P[0] = 2 * n[0]->P[0];
  n[8]->P[0] = n[0]->P[0];
}
void Mesh::solve(){
  int i, j, k=0;
  double sum, big=1.0E+20;
  for(i=0 ; i < 2*ni ; i++){
    U[i] = F[i] = D[i] = 0.0;
    for(j=0 ; j < 2*ni ; j++) K[i][j] = 0.0;
  }
  for(i=0 ; i < ei ; i++) g[i]->assembly(); //Montagem do sistema de equacoes
  for(i=0 ; i < ni ; i++){ //Impoe condicoes de contorno
    if(n[i]->a[0]) K[2*i][2*i] = big;
    if(n[i]->a[1]) K[2*i+1][2*i+1] = big;
    if(n[i]->P[0] != 0.0) F[2*i] = n[i]->P[0];
    if(n[i]->P[1] != 0.0) F[2*i+1] = n[i]->P[1];
  }
  for(i=0 ; i < 2*ni ; i++){ //Decomposicao de Cholesky
    for(j=i ; j < 2*ni ; j++){
      for(sum=K[i][j], k=i-1 ; k >= 0 ; k--) sum -= (K[i][k] * K[j][k]);
```

```
      if(i == j){
        if(sum <= 0.0){
          printf("\nMatriz nao e positivamente definida\n"); exit(0);
        } D[i] = sqrt(sum);
      } else K[j][i] = sum / D[i];
    }
  }
  for(i=0 ; i < 2*ni ; i++){ //Substituicao direta.
    for(sum=F[i], k=i-1 ; k >= 0 ; k--) sum -= (K[i][k] * U[k]);
    U[i] = sum / D[i];
  }
  for(i=2*ni-1 ; i >= 0 ; i--){ //Retrosubstituicao.
    for(sum=U[i], k=i+1 ; k < 2*ni ; k++) sum -= (K[k][i] * U[k]);
    U[i] = sum / D[i];
  }
  for(i=0 ; i < ni ; i++){n[i]->u = U[2*i]; n[i]->v = U[2*i+1];}
}
void Mesh::deform(){
  int i;
  for(i=0 ; i < ni ; i++){
    printf("\nu[%d] = %2.4e \tv[%d] = %2.4e", i, n[i]->u, i, n[i]->v);
  }
  printf("\n");
}
void Mesh::stress(){
  int i;
  for(i=0 ; i < ei ; i++) g[i]->stress_in_Gauss(i);
  for(i=0 ; i < ni ; i++) delete n[i];
  for(i=0 ; i < ei ; i++) delete g[i];
}
```

MECFLU (Capítulo 4)

```
//************************ mecflu.c ************************
#include <stdlib.h>
#include <stdio.h>
#include <math.h>
#define ni 25              // numero de no's da malha.
#define npi 9              // numero de no's de pressao da malha.
#define m 2*ni+npi         // dimensao do sistema de equacoes.
#define ei 4               // numero de elementos da malha.
double d=700.0;            // densidade (kg/m3).
double v=0.5;              // viscosidade absoluta (N.s/m2).
double K[m][m];            // matriz do sistema.
double R[m];               // vetor de forcas do sistema.
double U[m];               // vetor das velocs. e pressoes do sistema.
#include "node.h"
#include "qu9p4.h"
#include "mesh.h"
#include "qu9p4.c"
#include "mesh.c"
main(){
  Mesh *PLANO;
  PLANO = new(Mesh);
  PLANO->manual_mesh();  // constroi a malha de elementos finitos.
  PLANO->bound();        // cria condicoes de contorno.
  PLANO->pressure_ref(); // cria referencia da pressao.
  PLANO->solve();        // monta e resolve o sistema de equacoes.
  PLANO->velocity();     // imprime as velocidades calculas nos no's.
  delete PLANO;
}

//************************ node.h ************************
class Node{
private:
  int no;                // numero do no' (velocidade).
  int nop;               // numero do no' (pressao).
  int a[2];              // a=1->veloc, a=0->nenhuma ou forca sup. nula.
  double p;              // pressao no no'.
  double c[2];           // coordenada do no'.
  double u[2];           // velocidade no no'.
  double b[2];           // condicao de contorno de velocidade.
public:
  Node(int numv, int nump, double x, double y){
    no = numv;
    nop = nump;
    c[0] = x; c[1] = y;
    a[0] = a[1] = 0;
    u[0] = 0.0; u[1] = 0.0;
    p = 0.0;
  }
  ~Node(){}
```

```
  friend class Mesh;
  friend class Qu9p4;
};

//************************ qu9p4.h ************************
class Qu9p4{
private:
  Node *nod[9];          // no's que definem o elemento.
  double ***hr, ***hs;   // derivadas das funcoes de interpolacao.
  double ***hp;          // funcoes de interpolacao da pressao.
  double ***h;           // funcoes de interpolacao da velocidade.
  double *c, *w;         // constantes de Gauss-Legendre.
public:
  Qu9p4(Node *n0, Node *n1, Node *n2, Node *n3,
        Node *n4, Node *n5, Node *n6, Node *n7, Node *n8)
     {nod[0] = n0;  nod[1] = n1;  nod[2] = n2;  nod[3] = n3;
      nod[4] = n4;  nod[5] = n5;  nod[6] = n6;  nod[7] = n7;
      nod[8] = n8;}
  ~Qu9p4(){}
  void assembly();
  double Km11(int, int), Km22(int, int), Km12(int, int), Km21(int, int);
  double Qm1(int, int), Qm2(int, int), Cm(int, int), det_J(int, int);
  double dhdx(int, int, int), dhdy(int, int, int);
  double Ve(double, double, int), norm(double *);
};

//************************ mesh.h ************************
class Mesh{
 private:
  int p_ref;        // numero do no' da pressao de referencia.
  Node *n[ni];      // "array" dos pontos nodais.
  Qu9p4 *g[ei];     // funcao conectividade dos elementos.
 public:
  Mesh(){}
  ~Mesh(){}
  void manual_mesh(), bound(), solve(), velocity(), pressure_ref();
  void zero_matrix(), zero_vector(), boundary_condition();
  double Picard_new_u_on_nodes(double, double &);
  void LU_decomposition();
};

//************************ qu9p4.c ************************
void Qu9p4::assembly(){
  int i, j, a, b;
  hr = new double ** [9];
  hs = new double ** [9];
  h  = new double ** [9];
  for(i=0 ; i < 9 ; i++){
    hr[i] = new double * [5];
    hs[i] = new double * [5];
    h[i]  = new double * [5];
    for(j=0 ; j < 5 ; j++){
      hr[i][j] = new double [5];
```

```
    hs[i][j] = new double [5];
    h[i][j]  = new double [5];
  }
}
hp = new double ** [4];
for(i=0 ; i < 4 ; i++){
  hp[i] = new double * [5];
  for(j=0 ; j < 5 ; j++) hp[i][j] = new double [5];
}
c = new double [5];
w = new double [5];
c[0] = -0.906179845938664;
c[1] = -0.538469310105683;
c[2] = 0.0;
c[3] = 0.538469310105683;
c[4] = 0.906179845938664;
w[0] = 0.236926885056189;
w[1] = 0.478628670499366;
w[2] = 0.568888888888889;
w[3] = 0.478628670499366;
w[4] = 0.236926885056189;
for(i=0 ; i < 5 ; i++){
  for(j=0 ; j < 5 ; j++){
    hr[8][i][j] = (-2) * c[i] * (1 - pow(c[j], 2));
    hs[8][i][j] = (1 - pow(c[i], 2)) * (-2 * c[j]);
    hr[4][i][j] = (-c[i]) * (1 + c[j]) - hr[8][i][j] / 2.0;
    hs[4][i][j] = (1 - pow(c[i], 2)) / 2.0 - hs[8][i][j] / 2.0;
    hr[5][i][j] = (-(1 - pow(c[j], 2))) / 2.0 - hr[8][i][j] / 2.0;
    hs[5][i][j] = (-c[j]) * (1 - c[i]) - hs[8][i][j] / 2.0;
    hr[6][i][j] = (-c[i]) * (1 - c[j]) - hr[8][i][j] / 2.0;
    hs[6][i][j] = (-(1 - pow(c[i], 2))) / 2.0 - hs[8][i][j] / 2.0;
    hr[7][i][j] = (1 - pow(c[j], 2)) / 2.0 - hr[8][i][j] / 2.0;
    hs[7][i][j] = (-c[j]) * (1 + c[i]) - hs[8][i][j] / 2.0;
    hr[0][i][j] = (1 + c[j]) / 4.0 - (hr[7][i][j] + hr[4][i][j]) / 2.0
                  - hr[8][i][j] / 4.0;
    hs[0][i][j] = (1 + c[i]) / 4.0 - (hs[7][i][j] + hs[4][i][j]) / 2.0
                  - hs[8][i][j] / 4.0;
    hr[1][i][j] = (-(1 + c[j])) / 4.0 - (hr[4][i][j] + hr[5][i][j]) / 2.0
                  - hr[8][i][j] / 4.0;
    hs[1][i][j] = (1 - c[i]) / 4.0 - (hs[4][i][j] + hs[5][i][j]) / 2.0
                  - hs[8][i][j] / 4.0;
    hr[2][i][j] = (-(1 - c[j])) / 4.0 - (hr[5][i][j] + hr[6][i][j]) / 2.0
                  - hr[8][i][j] / 4.0;
    hs[2][i][j] = (-(1 - c[i])) / 4.0 - (hs[5][i][j] + hs[6][i][j]) / 2.0
                  - hs[8][i][j]/4.0;
    hr[3][i][j] = (1 - c[j]) / 4.0 - (hr[6][i][j] + hr[7][i][j]) / 2.0
                  - hr[8][i][j] / 4.0;
    hs[3][i][j] = (-(1 + c[i])) / 4.0 - (hs[6][i][j] + hs[7][i][j]) / 2.0
                  - hs[8][i][j] / 4.0;
    h[8][i][j] = (1 - pow(c[i], 2)) * (1 - pow(c[j], 2));
    h[4][i][j] = (1 - pow(c[i], 2)) * (1 + c[j]) / 2.0 - h[8][i][j] / 2.0;
    h[5][i][j] = (1 - c[i]) * (1 - pow(c[j], 2)) / 2.0 - h[8][i][j] / 2.0;
    h[6][i][j] = (1 - pow(c[i], 2)) * (1 - c[j]) / 2.0 - h[8][i][j] / 2.0;
```

```
        h[7][i][j] = (1 + c[i]) * (1 - pow(c[j], 2)) / 2.0 - h[8][i][j] / 2.0;
        h[0][i][j] = (1 + c[i]) * (1 + c[j]) / 4.0
                     - (h[7][i][j] + h[4][i][j]) / 2.0 - h[8][i][j] / 4.0;
        h[1][i][j] = (1 - c[i]) * (1 + c[j]) / 4.0
                     - (h[4][i][j] + h[5][i][j]) / 2.0 - h[8][i][j] / 4.0;
        h[2][i][j] = (1 - c[i]) * (1 - c[j]) / 4.0
                     - (h[5][i][j] + h[6][i][j]) / 2.0 - h[8][i][j] / 4.0;
        h[3][i][j] = (1 + c[i]) * (1 - c[j]) / 4.0
                     - (h[6][i][j] + h[7][i][j]) / 2.0 - h[8][i][j] / 4.0;
        hp[0][i][j] = (1 + c[i]) * (1 + c[j]) / 4.0;
        hp[1][i][j] = (1 - c[i]) * (1 + c[j]) / 4.0;
        hp[2][i][j] = (1 - c[i]) * (1 - c[j]) / 4.0;
        hp[3][i][j] = (1 + c[i]) * (1 - c[j]) / 4.0;
      }
    }
    for(j=0 ; j < 9 ; j++){
      b = nod[j]->no;
      for(i=0 ; i < 9 ; i++){
        a = nod[i]->no;
        K[a][b] += ((2 * Km11(i,j) + Km22(i,j)) + Cm(i,j));
        K[a+ni][b+ni] += ((Km11(i,j) + 2 * Km22(i,j)) + Cm(i,j));
        K[a+ni][b] += Km12(i,j);
        K[a][b+ni] += Km21(i,j);
      }
      for(i=0 ; i < 4 ; i++){
        a = nod[i]->nop + 2 * ni;
        K[a][b] -= Qm1(i, j);
        K[b][a] = K[a][b];
        K[a][b+ni] -= Qm2(i, j);
        K[b+ni][a] = K[a][b+ni];
      }
    }
    for(i=0 ; i < 9 ; i++){
      for(j=0 ; j < 5 ; j++) delete [] hr[i][j], hs[i][j], h[i][j];
      delete [] hr[i], hs[i], h[i];
    }
    for(i=0 ; i < 4 ; i++){
      for(j=0 ; j < 5 ; j++) delete [] hp[i][j];
      delete [] hp[i];
    }
    delete [] hr, hs, h, hp;
    delete c, w;
}
double Qu9p4::Km11(int a, int b){
    int i, j;
    double Kq=0.0;
    for(i=0 ; i < 5 ; i++){
      for(j=0 ; j < 5 ; j++){
        Kq += w[i] * w[j] * (dhdx(a,i,j) * dhdx(b,i,j)) * det_J(i, j);
      }
    }
    Kq *= v;
    return Kq;
```

```
}
double Qu9p4::Km22(int a, int b){
  int i, j;
  double Kq=0.0;
  for(i=0 ; i < 5 ; i++){
    for(j=0 ; j < 5 ; j++){
      Kq += w[i] * w[j] * (dhdy(a,i,j) * dhdy(b,i,j)) * det_J(i, j);
    }
  }
  Kq *= v;
  return Kq;
}
double Qu9p4::Km12(int a, int b){
  int i, j;
  double Kq=0.0;
  for(i=0 ; i < 5 ; i++){
    for(j=0 ; j < 5 ; j++){
      Kq += w[i] * w[j] * (dhdx(a,i,j) * dhdy(b,i,j)) * det_J(i, j);
    }
  }
  Kq *= v;
  return Kq;
}
double Qu9p4::Km21(int a, int b){
  int i, j;
  double Kq=0.0;
  for(i=0 ; i < 5 ; i++){
    for(j=0 ; j < 5 ; j++){
      Kq += w[i] * w[j] * (dhdy(a,i,j) * dhdx(b,i,j)) * det_J(i, j);
    }
  }
  Kq *= v;
  return Kq;
}
double Qu9p4::Cm(int a, int b){
  int i, j;
  double Cq=0.0;
  for(i=0 ; i < 5 ; i++){
    for(j=0 ; j < 5 ; j++){
      Cq += w[i] * w[j] * ((h[a][i][j] * Ve(c[i],c[j],0) * dhdx(b,i,j)) +
                           (h[a][i][j] * Ve(c[i],c[j],1) * dhdy(b,i,j)))
                         * det_J(i, j);
    }
  }
  Cq *= d;
  return Cq;
}
double Qu9p4::det_J(int i, int j){
  int k;
  double dxdr=0.0, dxds=0.0, dydr=0.0, dyds=0.0;
  for(k=0 ; k < 9 ; k++){
    dxdr += hr[k][i][j] * nod[k]->c[0];
    dxds += hs[k][i][j] * nod[k]->c[0];
```

```
      dydr += hr[k][i][j] * nod[k]->c[1];
      dyds += hs[k][i][j] * nod[k]->c[1];
    }
    return dxdr * dyds - dxds * dydr;
}
double Qu9p4::Qm1(int a, int b){
  int i, j;
  double Dq=0.0;
  for(i=0 ; i < 5 ; i++){
    for(j=0 ; j < 5 ; j++){
      Dq += w[i] * w[j] * hp[a][i][j] * dhdx(b,i,j) * det_J(i, j);
    }
  }
  return Dq;
}
double Qu9p4::Qm2(int a, int b){
  int i, j;
  double Dq=0.0;
  for(i=0 ; i < 5 ; i++){
    for(j=0 ; j < 5 ; j++){
      Dq += w[i] * w[j] * hp[a][i][j] * dhdy(b,i,j) * det_J(i, j);
    }
  }
  return Dq;
}
double Qu9p4::dhdx(int a, int i, int j){
  int k;
  double dxdr=0.0, dxds=0.0, dydr=0.0, dyds=0.0, J;
  for(k=0 ; k < 9 ; k++){
    dxdr += hr[k][i][j] * nod[k]->c[0];
    dxds += hs[k][i][j] * nod[k]->c[0];
    dydr += hr[k][i][j] * nod[k]->c[1];
    dyds += hs[k][i][j] * nod[k]->c[1];
  }
  J = dxdr * dyds - dxds * dydr;
  return (dyds * hr[a][i][j] - dydr * hs[a][i][j]) / J;
}
double Qu9p4::dhdy(int a, int i, int j){
  int k;
  double dxdr=0.0, dxds=0.0, dydr=0.0, dyds=0.0, J;
  for(k=0 ; k < 9 ; k++){
    dxdr += hr[k][i][j] * nod[k]->c[0];
    dxds += hs[k][i][j] * nod[k]->c[0];
    dydr += hr[k][i][j] * nod[k]->c[1];
    dyds += hs[k][i][j] * nod[k]->c[1];
  }
  J = dxdr * dyds - dxds * dydr;
  return ((-dxds) * hr[a][i][j] + dxdr * hs[a][i][j]) / J;
}
double Qu9p4::Ve(double r, double s, int vt){
  int i;
  double Vq=0.0;
  double he[9];
```

```
  he[8] = (1 - pow(r, 2)) * (1 - pow(s, 2));
  he[4] = (1 - pow(r, 2)) * (1 + s) / 2.0 - he[8] / 2.0;
  he[5] = (1 - r) * (1 - pow(s, 2)) / 2.0 - he[8] / 2.0;
  he[6] = (1 - pow(r, 2)) * (1 - s) / 2.0 - he[8] / 2.0;
  he[7] = (1 + r) * (1 - pow(s, 2)) / 2.0 - he[8] / 2.0;
  he[0] = (1 + r) * (1 + s) / 4.0 - (he[7] + he[4]) / 2.0 - he[8] / 4.0;
  he[1] = (1 - r) * (1 + s) / 4.0 - (he[4] + he[5]) / 2.0 - he[8] / 4.0;
  he[2] = (1 - r) * (1 - s) / 4.0 - (he[5] + he[6]) / 2.0 - he[8] / 4.0;
  he[3] = (1 + r) * (1 - s) / 4.0 - (he[6] + he[7]) / 2.0 - he[8] / 4.0;
  if(vt < 2){ // note que vt=0 -> 'u' e vt=0 -> 'v'.
    for(i=0 ; i < 9 ; i++){
      Vq += he[i] * nod[i]->u[vt];
    }
  }
  else{ // note que vt=2 -> norma de Ve.
    for(i=0 ; i < 9 ; i++){
      Vq += he[i] * norm(nod[i]->u);
    }
  }
  return Vq;
}
double Qu9p4::norm(double *vt){
  return (sqrt(pow(vt[0],2.0) + pow(vt[1],2.0)));
}

//************************* mesh.c *************************
void Mesh::manual_mesh(){
  // Coordenadas dos no's de velocidade (em metros).
  n[0]  = new Node(0,   0, 0.0,    0.0);
  n[1]  = new Node(1,  -1, 0.0,    0.0025);
  n[2]  = new Node(2,   1, 0.0,    0.005);
  n[3]  = new Node(3,  -1, 0.0,    0.0075);
  n[4]  = new Node(4,   2, 0.0,    0.01);
  n[5]  = new Node(5,  -1, 0.0025, 0.0);
  n[6]  = new Node(6,  -1, 0.0025, 0.0025);
  n[7]  = new Node(7,  -1, 0.0025, 0.005);
  n[8]  = new Node(8,  -1, 0.0025, 0.0075);
  n[9]  = new Node(9,  -1, 0.0025, 0.01);
  n[10] = new Node(10,  3, 0.005,  0.0);
  n[11] = new Node(11, -1, 0.005,  0.0025);
  n[12] = new Node(12,  4, 0.005,  0.005);
  n[13] = new Node(13, -1, 0.005,  0.0075);
  n[14] = new Node(14,  5, 0.005,  0.01);
  n[15] = new Node(15, -1, 0.0075, 0.0);
  n[16] = new Node(16, -1, 0.0075, 0.0025);
  n[17] = new Node(17, -1, 0.0075, 0.005);
  n[18] = new Node(18, -1, 0.0075, 0.0075);
  n[19] = new Node(19, -1, 0.0075, 0.01);
  n[20] = new Node(20,  6, 0.01,   0.0);
  n[21] = new Node(21, -1, 0.01,   0.0025);
  n[22] = new Node(22,  7, 0.01,   0.005);
  n[23] = new Node(23, -1, 0.01,   0.0075);
  n[24] = new Node(24,  8, 0.01,   0.01);
```

```
  // Funcao de conectividade dos elementos.
  g[0] = new Qu9p4(n[12],n[2], n[0], n[10],n[7], n[1], n[5], n[11], n[6]);
  g[1] = new Qu9p4(n[14],n[4], n[2], n[12],n[9], n[3], n[7], n[13], n[8]);
  g[2] = new Qu9p4(n[22],n[12],n[10],n[20],n[17],n[11],n[15],n[21], n[16]);
  g[3] = new Qu9p4(n[24],n[14],n[12],n[22],n[19],n[13],n[17],n[23], n[18]);
}
void Mesh::bound(){
  // Condicoes contorno: a=1 (impoe um valor de velocidade do no').
  n[0]->a[0]  = n[0]->a[1] = 1;    n[0]->b[0] = 10.0;    n[0]->b[1] = 0.0;
  n[1]->a[0]  = n[1]->a[1] = 1;    n[1]->b[0] = 0.0;     n[1]->b[1] = 0.0;
  n[2]->a[0]  = n[2]->a[1] = 1;    n[2]->b[0] = 0.0;     n[2]->b[1] = 0.0;
  n[3]->a[0]  = n[3]->a[1] = 1;    n[3]->b[0] = 0.0;     n[3]->b[1] = 0.0;
  n[4]->a[0]  = n[4]->a[1] = 1;    n[4]->b[0] = 0.0;     n[4]->b[1] = 0.0;
  n[5]->a[0]  = n[5]->a[1] = 1;    n[5]->b[0] = 10.0;    n[5]->b[1] = 0.0;
  n[9]->a[0]  = n[9]->a[1] = 1;    n[9]->b[0] = 0.0;     n[9]->b[1] = 0.0;
  n[10]->a[0] = n[10]->a[1] = 1;   n[10]->b[0] = 10.0;   n[10]->b[1] = 0.0;
  n[14]->a[0] = n[14]->a[1] = 1;   n[14]->b[0] = 0.0;    n[14]->b[1] = 0.0;
  n[15]->a[0] = n[15]->a[1] = 1;   n[15]->b[0] = 10.0;   n[15]->b[1] = 0.0;
  n[19]->a[0] = n[19]->a[1] = 1;   n[19]->b[0] = 0.0;    n[19]->b[1] = 0.0;
  n[20]->a[0] = n[20]->a[1] = 1;   n[20]->b[0] = 10.0;   n[20]->b[1] = 0.0;
  n[21]->a[0] = n[21]->a[1] = 1;   n[21]->b[0] = 0.0;    n[21]->b[1] = 0.0;
  n[22]->a[0] = n[22]->a[1] = 1;   n[22]->b[0] = 0.0;    n[22]->b[1] = 0.0;
  n[23]->a[0] = n[23]->a[1] = 1;   n[23]->b[0] = 0.0;    n[23]->b[1] = 0.0;
  n[24]->a[0] = n[24]->a[1] = 1;   n[24]->b[0] = 0.0;    n[24]->b[1] = 0.0;
}
void Mesh::pressure_ref(){p_ref = 24;}
void Mesh::solve(){
  int i, k;
  double nU, error;       // medida de erro.
  double eta=0.4;         // fator de relaxacao.
  double etol=1.0E-5;     // tolerancia de convergencia.
  zero_matrix();
  zero_vector();
  for(i=0 ; i < ei ; i++) g[i]->assembly();
  boundary_condition();
  LU_decomposition();
  nU = Picard_new_u_on_nodes(0.0, error);
  printf("\n|U(1)|=%2.2e (Stokes, |U[0]| = 0.0)", nU);
  k = 2;
  for(;;){
    zero_matrix();
    zero_vector();
    for(i=0 ; i < ei ; i++) g[i]->assembly();
    boundary_condition();
    LU_decomposition();
    nU = Picard_new_u_on_nodes(eta, error);
    printf("\n|U(%d)|=%2.2e => erro=%2.2e", k, nU, error);
    if(error < etol) break;
    k++;
  }
}
void Mesh::velocity(){
  int i;
```

```
  printf("\nVelocidades calculadas nos no's:\n");
  for(i=0 ; i < ni ; i++)
    printf("u[%d] = %2.3e \t v[%d] = %2.3e\n", i, n[i]->u[0], i, n[i]->u[1]);
  printf("Pressoes calculadas nos no's:\n");
  for(i=0 ; i < ni ; i++)
    if(n[i]->nop != -1) printf("u[%d] = %2.3e\n", i, n[i]->p);
}
void Mesh::zero_matrix(){
  for(int i=0 ; i < m ; i++) for(int j=0 ; j < m ; j++) K[i][j] = 0.0;
}
void Mesh::zero_vector(){for(int i=0 ; i < m ; i++) R[i] = 0.0;}
void Mesh::boundary_condition(){
  int i, j;
  double BIG;
  BIG = 0.0;
  for(i=0 ; i < m ; i++)
    for(j=0 ; j < m ; j++) if(fabs(K[i][j]) > BIG) BIG = fabs(K[i][j]);
  BIG *= 1.0E+5;
  for(i=0 ; i < ni ; i++){
    if(n[i]->a[0]){
      K[i][i] = BIG;
      R[i] = n[i]->b[0] * BIG;
    }
    if(n[i]->a[1]){
      K[i+ni][i+ni] = BIG;
      R[i+ni] = n[i]->b[1] * BIG;
    }
  }
  K[2*ni+n[p_ref]->nop][2*ni+n[p_ref]->nop] = BIG;
}
double Mesh::Picard_new_u_on_nodes(double eta, double &error){
  int i;
  double nU=0.0, nU0=0.0, au, av, ap;
  error = 0.0;
  for(i=0 ; i < ni ; i++){
    au = n[i]->u[0]; av = n[i]->u[1];
    n[i]->u[0] = eta * n[i]->u[0] + (1 - eta) * U[i];
    n[i]->u[1] = eta * n[i]->u[1] + (1 - eta) * U[i+ni];
    nU0 += pow(au, 2) + pow(av, 2);
    nU += pow(n[i]->u[0], 2) + pow(n[i]->u[1], 2);
    error += pow(n[i]->u[0]-au, 2) + pow(n[i]->u[1]-av, 2);
  }
  for(i=0 ; i < ni ; i++){
    if(n[i]->nop != -1){
      ap = n[i]->p;
      n[i]->p = eta * n[i]->p + (1 - eta) * U[2*ni+n[i]->nop];
      nU0 += pow(ap ,2);
      nU += pow(n[i]->p ,2);
      error += pow(n[i]->p-ap ,2);
    }
  }
  error = sqrt(error) / sqrt(nU0);
  return sqrt(nU);
```

```
}
void Mesh::LU_decomposition(){
  int i, j, k, pivot, pos[m];
  double big, aux, v[m];
  for(i=0 ; i < m ; i++){
    big = 0.0;
    for(j=0 ; j < m ; j++) if(fabs(K[i][j]) > big) big = fabs(K[i][j]);
    if(big == 0.0){printf("\nMatriz singular"); exit(0);}
    v[i] = 1.0 / big;
  }
  for(j=0 ; j < m ; j++){
    for(i=0 ; i < j ; i++){
      aux = K[i][j];
      for(k=0 ; k < i ; k++) aux -= K[i][k] * K[k][j];
      K[i][j] = aux;
    }
    big = 0.0;
    for(i=j ; i < m ; i++){
      aux = K[i][j];
      for(k=0 ; k < j ; k++) aux -= K[i][k] * K[k][j];
      K[i][j] = aux;
      if(aux=v[i]*fabs(aux) >= big){big = aux; pivot = i;}
    }
    if(j != pivot){
      for(k=0 ; k < m ; k++){
        aux = K[pivot][k];
        K[pivot][k] = K[j][k];
        K[j][k] = aux;
      }
      v[pivot] = v[j];
    }
    pos[j] = pivot;
    if(K[j][j] == 0.0){printf("\nMatriz singular"); exit(0);}
    if(j != m){
      aux = 1.0 / K[j][j];
      for(i=j+1 ; i < m ; i++) K[i][j] *= aux;
    }
  }
  for(i=0 ; i < m ; i++){ // Substituicao direta.
    aux = R[pos[i]]; R[pos[i]] = R[i];
    for(j=0 ; j <= i-1 ; j++) aux -= K[i][j] * U[j];
    U[i] = aux;
  }
  for(i=m-1 ; i >= 0 ; i--){ // Retrosubstituicao.
    for(aux=U[i], j=i+1 ; j < m ; j++) aux -= K[i][j] * U[j];
    U[i] = aux / K[i][i];
  }
}
```

DINAMICA (Capítulo 5)

```
//************************ dinamica.c ***********************
#include <stdlib.h>
#include <stdio.h>
#include <math.h>
#define ni 3                // numero de no's da malha.
#define ei 2                // numero de elementos da malha.
#define mi 3*ni
int m=mi;                   // dimensao do sistema de equacoes.
double d=1.0;               // densidade (kg/m3).
double E=1.0;               // modulo de elasticidade (N/m2).
double A=1.0;               // area do elemento de viga (m2).
double Iz=1.0;              // momento de inercia da secao no eixo 'z' (m4).
double K[mi][mi];           // matriz de elasticidade do sistema.
double M[mi][mi];           // matriz de massa do sistema.
#include "node.h"
#include "beam.h"
#include "mesh.h"
#include "beam.c"
#include "mesh.c"
main(){
  Mesh *PLANO;
  PLANO = new(Mesh);
  PLANO->manual_mesh();  // constroi a malha de elementos finitos.
  PLANO->bound();        // cria condicoes de contorno.
  PLANO->solve();        // monta e resolve o sistema de equacoes.
  PLANO->mode();         // imprime os modos de vibracao e frequencias.
  delete PLANO;
}

//************************* node.h ************************
class Node{
private:
  int no;                    // numero do no'.
  int b[3];                  // b=1 -> fixo ou b=0 -> nenhuma restricao.
  double c[2];               // coordenada do no'.
  double u[mi][3];           // deslocamentos no no'(u, v e angulo).
  double mc;                 // mc=-1 -> nenhuma massa concentrada no no'.
public:
  Node(int num, double x, double y){
    no = num;
    c[0] = x; c[1] = y;
    for(int i=0 ; i < mi ; i++) u[i][0] = u[i][1] = u[i][2] = 0.0;
    b[0] = b[1] = b[2] = 0;
    mc = -1.0;
  }
  ~Node(){}
  friend class Mesh;
  friend class Beam;
};
```

```
//************************* beam.h *************************
class Beam{
private:
  Node *nod[2];                // no's que definem o elemento.
  double **hv, **ho, **o;      // funcoes de interpolacao de 'u' e 'v'.
  double **hv2, **ho2, **o1;   // derivadas das funcoes de interpolacao.
  double *c2, *w2, *c4, *w4;   // constantes de Gauss-Legendre.
public:
  Beam(Node *n0, Node *n1) {nod[0] = n0;  nod[1] = n1;}
  ~Beam(){}
  void assembly();
  double Kml(int, int), Km(int, int), Tm(int, int);
  double Mml(int, int), Mm(int, int), L();
  double Muu(int, int), Mvo(int, int), Mvv(int, int), Moo(int, int);
  double Kuu(int, int), Kvo(int, int), Kvv(int, int), Koo(int, int);
};

//************************* mesh.h *************************
class Mesh{
 private:
  Node *n[ni];          // "array" dos pontos nodais.
  Beam *g[ei];          // funcao conectividade dos elementos.
  double U[mi][mi];     // matriz dos autovetores do sistema.
  double D[mi];         // vetor dos autovalores.
 public:
  Mesh(){}
  ~Mesh(){}
  void manual_mesh(), bound(), solve(), mode();
  void boundary_condition(), store_mode_vectors();
  void jacobi(), order_eigenpair(), normalize_U();
  double sign(double);
};

//************************* beam.c *************************
void Beam::assembly(){
  int i, j, ii, jj, a, b;
  hv  = new double * [2];
  ho  = new double * [2];
  o   = new double * [2];
  hv2 = new double * [2];
  ho2 = new double * [2];
  o1  = new double * [2];
  for(i=0 ; i < 2 ; i++){
    hv[i] = new double [4];
    ho[i] = new double [4];
    o[i]  = new double [4];
    hv2[i] = new double [2];
    ho2[i] = new double [2];
    o1[i]  = new double [2];
  }
  c2 = new double [2];
  w2 = new double [2];
```

```
  c4 = new double [4];
  w4 = new double [4];
  c4[0] = -0.861136311594053;
  c4[1] = -0.339981043584856;
  c4[2] =  0.339981043584856;
  c4[3] =  0.861136311594053;
  w4[0] =  0.347854845137454;
  w4[1] =  0.652145154862546;
  w4[2] =  0.652145154862546;
  w4[3] =  0.347854845137454;
  for(i=0 ; i < 4 ; i++){
    hv[0][i] = 1.0-3.0*pow((1+c4[i])/2.0,2.0)+2.0*pow((1+c4[i])/2.0,3.0);
    hv[1][i] = 3.0*pow((1+c4[i])/2.0,2.0)-2.0*pow((1+c4[i])/2.0,3.0);
    ho[0][i] = ((1+c4[i]) / 2.0) * pow((1-c4[i])/2.0,2.0) * L();
    ho[1][i] = ((c4[i]-1) / 2.0) * pow((1+c4[i])/2.0,2.0) * L();
    o[0][i]  = (1-c4[i]) / 2.0;
    o[1][i]  = (1+c4[i]) / 2.0;
  }
  c2[0] = -0.577350269189626;
  c2[1] =  0.577350269189626;
  w2[0] =  1.0;
  w2[1] =  1.0;
  for(i=0 ; i < 2 ; i++){
    hv2[0][i] = 6.0 * c2[i] / pow(L(),2.0);
    hv2[1][i] = -6.0 * c2[i] / pow(L(),2.0);
    ho2[0][i] = (3.0*c2[i]-1) / L();
    ho2[1][i] = (3.0*c2[i]+1) / L();
    o1[0][i]  = -1.0 / L();
    o1[1][i]  = 1.0 / L();
  }
  for(j=0 ; j < 2 ; j++){
    b = 3 * nod[j]->no;
    for(i=0 ; i < 2 ; i++){
      a = 3 * nod[i]->no;
      for(ii=0 ; ii <= 2 ; ii++){
        for(jj=0 ; jj <= 2 ; jj++){
          K[a+ii][b+jj] += Km(3*i+ii, 3*j+jj);
          M[a+ii][b+jj] += Mm(3*i+ii, 3*j+jj);
        }
      }
    }
  }
  for(i=0 ; i < 2 ; i++)
    delete [] hv[i], ho[i], o[i], hv2[i], ho2[i], o1[i];
  delete [] hv, ho, o, hv2, ho2, o1;
  delete c2, w2, c4, w4;
}
double Beam::Km(int i, int j){
  int a, b;
  double Kq=0.0;
  for(a=0 ; a < 6 ; a++){
    for(b=0 ; b < 6 ; b++){
      Kq += Tm(a,i) * Kml(a,b) * Tm(b,j);
```

```
    }
  }
  return Kq;
}
double Beam::Mm(int i, int j){
  int a, b;
  double Mq=0.0;
  for(a=0 ; a < 6 ; a++){
    for(b=0 ; b < 6 ; b++){
      Mq += Tm(a,i) * Mml(a,b) * Tm(b,j);
    }
  }
  return Mq;
}
double Beam::Tm(int i, int j){
  if(((i == 0) && (j == 0)) || ((i == 3) && (j == 3)))
    return (nod[1]->c[0] - nod[0]->c[0]) / L();
  if(((i == 0) && (j == 1)) || ((i == 3) && (j == 4)))
    return (nod[1]->c[1] - nod[0]->c[1]) / L();
  if(((i == 1) && (j == 0)) || ((i == 4) && (j == 3)))
    return (nod[0]->c[1] - nod[1]->c[1]) / L();
  if(((i == 1) && (j == 1)) || ((i == 4) && (j == 4)))
    return (nod[1]->c[0] - nod[0]->c[0]) / L();
  if(((i == 2) && (j == 2)) || ((i == 5) && (j == 5)))
    return 1.0;
  return 0.0;
}
double Beam::Kml(int i, int j){
  int k;
  if(i > j){k = i; i = j; j = k;}
  if(i == 0){
    if((j == 0) || (j == 3)) return Kuu(0,j/3);
    else return 0.0;
  }
  if(i == 1){
    if(j == 3) return 0.0;
    if((j == 1) || (j == 4)) return Kvv(0,(j-1)/3);
    if((j == 2) || (j == 5)) return Kvo(0,(j-2)/3);
  }
  if(i == 2){
    if(j == 3) return 0.0;
    if(j == 4) return Kvo(1,0);
    if((j == 2) || (j == 5)) return Koo(0,(j-2)/3);
  }
  if(i == 3){
    if(j == 3) return Kuu(1,1);
    else return 0.0;
  }
  if(i == 4){
    if(j == 4) return Kvv(1,1);
    if(j == 5) return Kvo(1,1);
  }
  return Koo(1,1);
```

```
}
double Beam::Kuu(int i, int j){
  int a;
  double Kq=0.0;
  for(a=0 ; a < 2 ; a++) Kq += w2[a] * o1[i][a] * o1[j][a] * L() / 2.0;
  Kq *= (E * A);
  return Kq;
}
double Beam::Kvo(int i, int j){
  int a;
  double Kq=0.0;
  for(a=0 ; a < 2 ; a++) Kq += w2[a] * hv2[i][a] * ho2[j][a] * L() / 2.0;
  Kq *= (E * Iz);
  return Kq;
}
double Beam::Kvv(int i, int j){
  int a;
  double Kq=0.0;
  for(a=0 ; a < 2 ; a++) Kq += w2[a] * hv2[i][a] * hv2[j][a] * L() / 2.0;
  Kq *= (E * Iz);
  return Kq;
}
double Beam::Koo(int i, int j){
  int a;
  double Kq=0.0;
  for(a=0 ; a < 2 ; a++) Kq += w2[a] * ho2[i][a] * ho2[j][a] * L() / 2.0;
  Kq *= (E * Iz);
  return Kq;
}
double Beam::Mml(int i, int j){
  int k;
  if(i > j){k = i; i = j; j = k;}
  if(i == 0){
    if((j == 0) || (j == 3)) return Muu(0,j/3);
    else return 0.0;
  }
  if(i == 1){
    if(j == 3) return 0.0;
    if((j == 1) || (j == 4)) return Mvv(0,(j-1)/3);
    if((j == 2) || (j == 5)) return Mvo(0,(j-2)/3);
  }
  if(i == 2){
    if(j == 3) return 0.0;
    if(j == 4) return Mvo(1,0);
    if((j == 2) || (j == 5)) return Moo(0,(j-2)/3);
  }
  if(i == 3){
    if(j == 3) return Muu(1,1);
    else return 0.0;
  }
  if(i == 4){
    if(j == 4) return Mvv(1,1);
    if(j == 5) return Mvo(1,1);
```

```
  }
  return Moo(1,1);
}
double Beam::Muu(int i, int j){
  int a;
  double Mq=0.0;
  for(a=0 ; a < 4 ; a++) Mq += w4[a] * o[i][a] * o[j][a] * L() / 2.0;
  Mq *= (d * A);
  return Mq;
}
double Beam::Mvo(int i, int j){
  int a;
  double Mq=0.0;
  for(a=0 ; a < 4 ; a++) Mq += w4[a] * hv[i][a] * ho[j][a] * L() / 2.0;
  Mq *= (d * A);
  return Mq;
}
double Beam::Mvv(int i, int j){
  int a;
  double Mq=0.0;
  for(a=0 ; a < 4 ; a++) Mq += w4[a] * hv[i][a] * hv[j][a] * L() / 2.0;
  Mq *= (d * A);
  return Mq;
}
double Beam::Moo(int i, int j){
  int a;
  double Mq=0.0;
  for(a=0 ; a < 4 ; a++) Mq += w4[a] * ho[i][a] * ho[j][a] * L() / 2.0;
  Mq *= (d * A);
  return Mq;
}
double Beam::L(){
  return (sqrt(pow(nod[1]->c[0]-nod[0]->c[0],2.0)
            + pow(nod[1]->c[1]-nod[0]->c[1],2.0)));
}

//************************ mesh.c ************************
void Mesh::manual_mesh(){
  // Coordenadas dos no's (em metros).
  n[0]  = new Node(0, 0.0, 0.0);
  n[1]  = new Node(1, 0.5, 0.0);
  n[2]  = new Node(2, 1.0, 0.0);
  // Funcao de conectividade dos elementos.
  g[0] = new Beam(n[0],n[1]);
  g[1] = new Beam(n[1],n[2]);
}
void Mesh::bound(){
  // Restricao e/ou eliminacao de deslocamentos.
  n[0]->b[0] = 1;    n[0]->b[1] = 1;    n[0]->b[2] = 1;
  n[1]->b[0] = 1;
  n[2]->b[0] = 1;
}
void Mesh::solve(){
```

```
  int i;
  for(i=0 ; i < ei ; i++) g[i]->assembly();
  boundary_condition();
  jacobi();
  order_eigenpair();
  normalize_U();
  store_mode_vectors();
}
void Mesh::boundary_condition(){
  int i, j, k, kk, a;
  for(i=0 ; i < ni ; i++){
    if(n[i]->mc > 0.0){
      M[3*i][3*i] += n[i]->mc;
      M[3*i+1][3*i+1] += n[i]->mc;
    }
  }
  for(kk=ni-1 ; kk >= 0 ; kk--){
    for(k=2 ; k >= 0 ; k--){
      if(n[kk]->b[k]){
        a = 3 * kk + k;
        for(i=a ; i < m ; i++){
          for(j=0 ; j < m ; j++){
            K[i][j] = K[i+1][j]; M[i][j] = M[i+1][j];
          }
          for(j=0 ; j < m ; j++){
            K[j][i] = K[j][i+1]; M[j][i] = M[j][i+1];
          }
        }
        m--;
      }
    }
  }
}
void Mesh::jacobi(){
  int i, j, a, b, ii, jj, k=1, var=1;
  double a1, a2, a3, d1, b1, b2, kf, mf;
  double Rk[mi][mi], A[mi][mi], B[mi][mi], C[mi][mi];
  double jacobi_tol=1.0e-15, sweep_tol=1.0e-15;
  for(i=0 ; i < m ; i++){
    for(j=0 ; j < m ; j++){
      U[i][j] = Rk[i][j] = 0.0;
    }
    U[i][i] = Rk[i][i] = 1.0;
  }
  for(i=0 ; i < m ; i++) D[i] = K[i][i] / M[i][i];
  while(k){
    for(i=0 ; i < m-1 ; i++){
      for(j=i+1 ; j < m ; j++){
        kf = pow(K[i][j],2) / sqrt(K[i][i] * K[j][j]);
        mf = pow(M[i][j],2) / sqrt(M[i][i] * M[j][j]);
        //printf("\nkf=%2.2e   mf=%2.2e", kf, mf);
        if((kf > sweep_tol) || (mf > sweep_tol)){
          a1 = K[i][i] * M[i][j] - K[i][j] * M[i][i];
```

```
          a2 = K[j][j] * M[i][j] - K[i][j] * M[j][j];
          a3 = K[i][i] * M[j][j] - K[j][j] * M[i][i];
          d1 = a3/2.0 + sign(a3) * sqrt(pow(a3/2.0,2.0) + a1*a2);
          b1 = -a1 / d1;
          b2 =  a2 / d1;
          Rk[j][i] = b1;
          Rk[i][j] = b2;
          for(a=0 ; a < m ; a++){
            for(b=0 ; b < m ; b++){
              A[a][b] = B[a][b] = C[a][b] = 0.0;
              for(ii=0 ; ii < m ; ii++){
                C[a][b] += U[a][ii] * Rk[ii][b];
                for(jj=0 ; jj < m ; jj++){
                  A[a][b] += Rk[ii][a] * K[ii][jj] * Rk[jj][b];
                  B[a][b] += Rk[ii][a] * M[ii][jj] * Rk[jj][b];
                }
              }
            }
          }
          Rk[j][i] = Rk[i][j] = 0.0;
          for(a=0 ; a < m ; a++){
            for(b=0 ; b < m ; b++){
              K[a][b] = A[a][b];
              M[a][b] = B[a][b];
              U[a][b] = C[a][b];
            }
          }
        }
      }
    }
    a3 = -1.0;
    for(i=0 ; i < m ; i++){
      a1 = K[i][i] / M[i][i];
      if((a2=fabs((a1-D[i])/a1)) > a3) a3 = a2;
      D[i] = a1;
    }
    if(a3 < jacobi_tol) k = 0;
    printf("\nvarredura %d: error=%2.2e", var, a3); var++;
  }
  for(a=0 ; a < m ; a++) for(b=0 ; b < m ; b++) U[a][b] /= sqrt(M[b][b]);
}
double Mesh::sign(double a){
  if(a >= 0) return 1.0;
  else return (-1.0);
}
void Mesh::order_eigenpair(){
  int i, j, k;
  double aux;
  for(i=0 ; i < m-1 ; i++){
    aux = D[i];
    k = i;
    for(j=i+1 ; j < m ; j++) if(D[j] <= aux) {aux = D[j]; k = j;}
    if(k != i){
```

```
      D[k] = D[i];
      D[i] = aux;
      for(j=0 ; j < m ; j++){
        aux = U[j][i];
        U[j][i] = U[j][k];
        U[j][k] = aux;
      }
    }
  }
}
void Mesh::normalize_U(){
  int i, j;
  double norm;
  for(i=0 ; i < m ; i++){
    norm = 0.0;
    for(j=0 ; j < m ; j++) norm += pow(U[j][i], 2);
    norm = sqrt(norm);
    for(j=0 ; j < m ; j++) U[j][i] /= norm;
  }
}
void Mesh::store_mode_vectors(){
  int i, j, k, kk=0;
  for(k=0 ; k < ni ; k++){
    for(j=0 ; j < 3 ; j++){
      if(n[k]->b[j])
        for(i=0 ; i < mi ; i++) n[k]->u[i][j] = 0.0;
      else{
        for(i=0 ; i < mi ; i++) n[k]->u[i][j] = U[kk][i];
        kk++;
      }
    }
  }
}
void Mesh::mode(){
  int i, j, k;
  printf("\nFrequencias naturais:\n");
  for(k=0 ; k < m ; k++) printf("freq. %d  \t", k+1);
  printf("\n");
  for(k=0 ; k < m ; k++) printf("%2.3e\t", (sqrt(D[k])/(2*acos(-1))));
  printf("\n\nModos de vibracao:\n");
  for(k=0 ; k < m ; k++) printf("modo %d  \t", k+1);
  printf("\n");
  for(i=0 ; i < ni ; i++){
    for(j=0 ; j < 3 ; j++){
      for(k=0 ; k < m ; k++){
        printf("%2.2e\t", n[i]->u[k][j]);
      }
      printf("\n");
    }
  }
}
```

AUTOMESH (Capítulo 7)

```
//*********************** automesh.c ***********************
#include <stdio.h>
#include <math.h>
#define nr 10                   // numero de elementos em 'r'.
#define ns 8                    // numero de elementos em 's'.
int smooth=0;                   // 0=nao suaviza; 1=suaviza.
double m[nr+1][ns+1][2]; // matriz de pontos da malha.
#include "mesh.h"
#include "mesh.c"
main(){
  Mesh *PLANO;
  PLANO = new(Mesh);
  PLANO->contour();             // constroi os no's do contorno.
  PLANO->transfinite();         // constroi a malha de elementos finitos.
  PLANO->nodes();               // imprime as coords dos no's.
  delete PLANO;
}

//************************* mesh.h *************************
class Mesh {
public:
  Mesh () {}
  ~Mesh () {}
  void contour(), transfinite(), f1s(), f2r(), f3s(), f4r(), nodes();
};

//************************* mesh.c *************************
void Mesh::contour()
{
  f1s();
  f2r();
  f3s();
  f4r();
  m[0][0][0]   = 0.0;          m[0][0][1]   = 0.0;
  m[nr][0][0]  = 20.0;         m[nr][0][1]  = 0.0;
  m[nr][ns][0] = 20.0;         m[nr][ns][1] = 20.0;
  m[0][ns][0]  = 0.0;          m[0][ns][1]  = 20.0;
}
void Mesh::transfinite()
{
  int i, j, k, w;
  double dr, ds, r, s;
  double mr[2], ms[2], g11, g12, g22;
  dr = 1.0 / nr;
  ds = 1.0 / ns;
  r = dr;
  for(i=1 ; i < nr ; i++){
    s = ds;
    for(j=1 ; j < ns ; j++){
```

```
      for(k=0 ; k < 2 ; k++){
        m[i][j][k] = m[0][j][k] * (1-r) + m[nr][j][k] * r +
                     m[i][0][k] * (1-s) + m[i][ns][k] * s -
                     m[0][0][k]   * (1-r) * (1-s) -
                     m[nr][0][k]  * r     * (1-s) -
                     m[nr][ns][k] * r     * s     -
                     m[0][ns][k]  * (1-r) * s;
      }
      s = s + ds;
    }
    r = r + dr;
  }
  if(smooth){
    for (w=0 ; w < 100 ; w++){
      for (i=1 ; i < nr ; i++){
        for (j=1 ; j < ns ; j++){
          for (k=0 ; k < 2 ; k++){
            mr[k] = (m[i+1][j][k] - m[i-1][j][k]) / (2.0 * dr);
            ms[k] = (m[i][j+1][k] - m[i][j-1][k]) / (2.0 * ds);
          }
          g11 = (pow(mr[0],2) + pow(mr[1],2)) / pow(ds,2);
          g12 = (mr[0] * ms[0] + mr[1] * ms[1]) / (2.0 * ds * dr);
          g22 = (pow(ms[0],2) + pow(ms[1],2)) / pow(dr,2);
          for (k=0 ; k < 2 ; k++){
            m[i][j][k] = (g22 * (m[i+1][j][k] + m[i-1][j][k]) -
                          g12 * (m[i+1][j+1][k] - m[i+1][j-1][k]
                          - m[i-1][j+1][k] + m[i-1][j-1][k]) +
                          g11 * (m[i][j+1][k] + m[i][j-1][k]))
                         / (2.0 * (g22 + g11));
          }
        }
      }
    }
  }
}
void Mesh::f1s()
{
  int i;
  double ds=1.0/ns;
  for(i=1 ; i < ns ; i++){
    m[0][i][0] = 0.0;
    m[0][i][1] = 20.0 * ds * i;
  }
}
void Mesh::f2r()
{
  int i;
  double dr=1.0/nr;
  for(i=1 ; i < nr ; i++){
    m[i][0][0] = 20.0 * dr * i;
    m[i][0][1] = 0.0;
  }
}
```

```
void Mesh::f3s()
{
  int i;
  double ds=1.0/ns;
  for(i=1 ; i < ns ; i++){
    m[nr][i][0] = 20.0;
    m[nr][i][1] = 20.0 * ds * i;
  }
}
void Mesh::f4r()
{
  int i;
  double dr=1.0/nr;
  for(i=1 ; i < nr ; i++){
    m[i][ns][0] = 20.0 * dr * i;
    m[i][ns][1] = 16.0 * (pow((dr*i-0.5),2) + 1.0);
  }
}
void Mesh::nodes()
{
  int i, j;
  for(i=0 ; i <= nr ; i++){
    for(j=0 ; j <= ns ; j++){
      printf("\nm[%d][%d]=(%2.4e, %2.4e)",i,j,m[i][j][0],m[i][j][1]);
    }
    printf("\n");
  }
}
```

Referências

[1] J. Mackerle. Some Remarks on Progress with Finite Elements. *Computers & Structures*, v. 55, 6:1101-1106, 1995.

[2] L. Bäcklund. On Isoparametric Elements. *International Journal for Numerical Methods in Engineering*, v. 12, 731-732, 1978.

[3] J. A. Stricklin, W. S. Ho, E. Q. Richardson and W. E. Haisler. On Isoparametric vs Linear Strain Triangular Elements. *International Journal for Numerical Methods in Engineering*, v. 11, 1041-1055, 1977.

[4] N. S. Lee and K. J. Bathe. Effects of Element Distortions on the Performance of Isoparametric Elements. *International Journal for Numerical Methods in Engineering*, v. 36, 3553-3576, 1993.

[5] L. N. Gifford. More on Distorted Isoparametric Elements. *International Journal for Numerical Methods in Engineering*, v. 14, 290-291, 1979.

[6] J. N. Reddy and D. K. Gartling. *The Finite Element Method in Heat Transfer and Fluid Dynamics.* CRC Press, Boca Raton, 1994.

[7] C. Johnson. *Numerical Solution of Partial Differential Equations by the Finite Element Method.* Cambridge University Press, Lund, Sweden, 1995.

[8] J. Robinson. Some New Distortion Measures for Quadrilaterals. *Finite Elements in Analysis and Design*, 3, 83-197, 1987.

[9] K. J. Bathe. *Finite Element Procedures.* Prentice Hall, New Jersey, 1996.

[10] O. C. Zienkiewicz and R. L. Taylor. *The Finite Element Method - Basic Formulation and Linear Problems.* Vol. 1, 4th ed., McGraw-Hill, London, 1994.

[11] O. C. Zienkiewicz and R. L. Taylor. *The Finite Element Method - Solid and Fluid Mechanics - Dynamics and Non-Linearity.* Vol. 2, 4th ed., McGraw-Hill, London, 1994.

[12] S. V. Patankar. *Numerical Heat Transfer and Fluid Flow* - Series in Computational Methods in Mechanics and Thermal Sciences. Taylor and Francis, United States of America, 1980.

[13] W. H. Press, S. A. Teukolsky, W. T. Vetterling and B. P. Flannery. *Numerical Recipes in C - The Art of Scientific Computing.* 2nd ed., Cambridge University Press, New York, 1992.

[14] M. L. Bittencourt, C. A. C. Silva and R. A. Feijóo. Object-Oriented Programming Applied to the Development of Structural Analysis and Optimization Software. *Journal of Brazilian Society of Mechanical Sciences*, v. XXIII, 3:269-282, 2001.

[15] J. P. Holman. *Heat Transfer.* 5th ed., McGraw-Hill, Tokyo, 1981.

[16] L. Leithold. *O Cálculo com Geometria Analítica.* Harper & Row do Brasil, São Paulo, 1977.

[17] R. S. Schechter. *The Variational Method in Engineering.* McGraw-Hill, 1967.

[18] G. Strang. *Introducion to Applied Mathematics.* Wellesley-Cambridge Press, Massachusetts, 1986.

[19] S. P. Timoshenko and J. N. Goodier. *Theory of Elasticity.* McGraw-Hill, Mexico, 1987.

[20] S. Timoshenko and S. Woinowsky-Krieger. *Theory of Plates and Shells.* 2nd ed., McGraw-Hill, New York, 1987.

[21] V. Féodosiev. *Resistência dos Materiais.* Edições Lopes da Silva, Porto, 1977.

[22] S. H. Crandall, N. C. Dahl and T. J. Lardner. *An Introduction to the Mechanics of Solids.* 2nd ed. with SI Units, McGraw-Hill Kogakusha, Tokyo, 1978.

[23] R. G. Budynas. *Advanced Stength and Applied Stress Analysis.* International Student Edition. McGraw-Hill Kogakusha, Tokyo, 1977.

[24] J. E. Shigley. *Mechanical Engineering Design.* 3rd ed., International Student Edition. McGraw-Hill Kogakusha, Tokyo, 1981.

[25] J. Barlow . A Different View of the Assumed Stress Hybrid Method. *International Journal for Numerical Methods in Engineering*, v. 22, 11-16, 1986.

[26] K. Y. Sze. Efficient Formulation of Robust Hybrid Elements using Orthogonal Stress/Strain Interpolants and Admissible Matrix Formulation. *International Journal for Numerical Methods in Engineering*, v. 35, 1-20, 1992.

[27] K. Y. Sze. Hybrid Hexahedral Element for Solids, Plates, Shells and Beams by Selective Scaling. *International Journal for Numerical Methods in Engineering*, v. 36, 1519-1540, 1993.

[28] T. H. H. Pian. State-of-the-art Development of Hybrid/Mixed Finite Element Method. *Finite Element Analysis and Design*, 2, 5-20, 1995.

[29] T. H. H. Pian. Evolution of Hybrid Stress Finite Element Method and an Example Analysis of Finite Strain Deformation of Rigid-Viscoplastic Solid. *Proceedings of the* 5th *International Conference on Numerical Methods in Industrial Forming Processes - NUMIFORM '95*. Ithaca, New York, 18-21 June 1995.

[30] S. Frey, M. L. Martins-Costa and J. H. C. Araujo. An Alternative Finite Element Formulation for Determination of Streamlines in Two-Dimensional Problems. *Journal of Brazilian Society of Mechanical Sciences*, v. XXII, 2:249-258, 2000.

[31] H. Schlichting. *Teoria de la Capa Limite*. 5.ª ed., Editiones Urmo, Espartero, Bilbao, 1972.

[32] R. W. Fox e A. T. McDonald. *Introdução à Mecânica dos Fluidos*. 2ª ed., Guanabara Dois, Rio de Janeiro, 1981.

[33] D. A. Anderson, J. C. Tannehill and R. H. Pletcher. *Computational Fluid Mechanics and Heat Transfer*. Taylor & Francis, Bristol, 1984.

[34] E. S. de G. Maciel e J. L. F. de Azevedo. Comparação entre Vários Algoritmos Implícitos de Fatoração Aproximada na Solução das Equações de Navier-Stokes. *Journal of Brazilian Society of Mechanical Sciences*, v. XX, 3:353-380, 1998.

[35] N. G. do C. R. Fico Jr., J. L. F. de Azevedo and M. A. Ortega. On the Use of CFD Methods in the Design of Transonic Wind Tunnel Nozzles. *Journal of Brazilian Society of Mechanical Sciences*, v. XXI, 2:279-293, 1998.

[36] R. L. Azevedo and A. M. Awruch. Geometric Nonlinear Dynamic Analysis of Plates and Shells Using Eight-Node Hexahedral Finite Elements with Reduced Integration. *Journal of Brazilian Society of Mechanical Sciences*, v. XXI, 3:446-462, 1999.

[37] F. T. Boçon and C. R. Maliska. Application of a Non Isotropic Turbulence Model to Stable Atmospheric Flows and Dispersion over 3D Topography. *Journal of Brazilian Society of Mechanical Sciences*, v. XXII, 1:105-118, 2000.

[38] J. G. Janzen, L. B. S. de Souza and H. E. Schulz. Kinetic Energy in Grid Turbulence: Comparison between Data and Theory. *Journal of Brazilian Society of Mechanical Sciences and Engineering*, v. XXV, 4:347-351, 2003.

[39] R. A. Pieritz, R. Mendes, R. Ferraz and C. R. Maliska. CFD Studio: An Educational Software for CFD Analysis. *Revista de Engenharia Térmica - RETERM*, 4:9-16, 2003.

[40] R. W. Clough and J. Penzien. *Dynamics of Structures.* 2nd ed., McGraw-Hill, 1993.

[41] J. S. Przemieniecki. *Theory of Matrix Structural Analysis.* Dover Publications, New York, 1985.

[42] R. R. Craig, Jr. *Structural Dynamics - An Introduction to Computer Methods.* John Wiley & Sons, New York, 1981.

[43] J. L. Meriam. *Dinâmica.* Livros Técnicos e Científicos Editora, Rio de Janeiro, 1979.

[44] E. S. G. Maciel and J. L. F. Azevedo. Solution of Aerospace Problems using Structured and Unstructured Strategies. *Journal of Brazilian Society of Mechanical Sciences*, v. XXIII, 2:155-178, 2001.

[45] W. R. Buell and B. A. Bush. Mesh Generation - A Survey. *ASME*, 72-WA/DE-2, 1972.

[46] S. A. Canann, M. B. Stephenson and T. Blacker. Optsmoothing: An Optimization-Driven Approach to Mesh Smoothing. *Finite Elements in Analysis and Design*, 13:185-190, 1993.

[47] A. S. C. Sobrinho. On the Generation os Quadrilateral Element Meshes for General CAD Surfaces. *Massachusetts Institute os Technology*, Master of Science Thesis, Cambridge, September, 1996.

[48] T. K. H. Tam and C. G. Armstrong. 2D Finite Element Mesh Generation by Medial Axis Subdivision. *Advances in Engineering Software*, 13(5/6):313-324, 1991.

[49] T. D. Blacker, M. D. Stephenson, J. L. Mitchiner, L. R. Phillips and Y. T. Lin. Automated Quadrilateral Mesh Generation: An Knowledge System Approach. *ASME*, 88-WA/CIE-4, 1988.

[50] C. S. Krishnamoorthy, B. Raphael and S. Mukherjee. Meshing by Successive Superelement Decomposition (MSD) - A New Approach to

Quadrilateral Mesh Generation. *Finite Element in Analysis and Design*, 20:1-37, 1995.

[51] J. F. Thompson, Z. U. A. Warsi and C. W. Mastin. *Numerical Grid Generation - Foundations and Applications.* North-Holland, New York, 1985.

[52] P. L. George. *Automatic Mesh Generation - Application to Finite Element Methods.* John Wiley & Sons, Masson, 1991.

[53] P. Knupp and S. Steinberg. *Fundamentals of Grid Generation.* CRC Press, Boca Raton, 1994.

[54] F. Cheng, J. W. Jaromczyk, J. R. Lin, S. S. Chang and J. Y. Lu. A Parallel Mesh Generation Algorithm Based on Vertex Label Assignment Scheme. *International Journal for Numerical Methods in Engineering*, 28:1429-1448, 1989.

[55] A. Oddy, J. Goldak, M. McDill and M. Bibby. A Distortion Metric for Isoparametric Finite Elements. *Transactions of the CSME*, 12(4):213-217, 1988.

[56] T. D. Blacker and M. B. Stephenson. Paving: A New Approach to Automated Quadrilateral Mesh Generation. *International Journal for Numerical Methods in Engineering*, 32:811-847, 1991.

[57] T. D. Blacker, J. Jung and W. R. Witkowski. An Adaptive Finite Element Technique Using Element Equilibrium and Paving. *ASME*, 90-WA/CIE-2, 1990.

[58] T. D. Blacker, M. B. Stephenson and S. Canann. Analysis Automation with Paving: A New Quadrilateral Meshing Technique. *Advances in Engineering Software*, 13(5/6):332-337, 1991.

[59] T. D. Blacker and M. B. Stephenson. Paving: A New Approach to Automatic Quadrilateral Mesh Generation. *Sandia National Laboratories*, SAND-90-0249, 1990.

[60] K. H. Le. Finite Element Mesh Generation Methods: A Review and Classification. *Computer-Aided design*, 20(1):27-38, 1889.

[61] K. L. Lin and H. J. Shaw. Two-Dimensional Orthogonal Grid Generation techniques. *Computers & Structures*, 41(4):569-583, 1991.

[62] K. H. Baldwin and H. L. Schreyer. Automatic Generation of Quadrilateral Elements by Conformed Mapping. *Engineering Computations*, 2:187-194, 1985.

[63] M. Montgomery and S. Fleeter. A Locally Analytic Technique Applied to Grid Generation by Elliptic Equations. *International Journal for Numerical Methods in Engineering*, 38:421-432, 1995.

[64] F. Landertshamer and H. Steffan. Method to Generate Complex Computational Meshes Efficiently. *Communications in Numerical Methods in Engineering*, 10:373-384, 1994.

[65] R. E, Smith and L. E. Eriksson. Algebraic Grid Generation. *Computer Methods in Applied Mechanics and Engineering*, 64:285-300, 1987.

[66] J. F. Thompson. A General Three-Dimensional Elliptic Grid Generation System on a Composite Block Structure. *Computer Methods in Applied Mechanics and Engineering*, 64:377-411, 1987.

[67] J. Zhu. A Hybrid Differential-Algebraic Method for Three-Dimensional Grid Generation. *International Journal for Numerical Methods in Engineering*, 29:1271-1279, 1990.

[68] P. A. F. Martins and M. J. M. B. Marques. MODEL3 - A Three-Dimensional Mesh Generator. *Computers & Structures*, 42(2):511-529, 1992.

[69] T. K. H. Tam. Finite Element Mesh Control by Integer Programming. *International Journal for Numerical Methods in Engineering*, 36:2581-2605, 1993.

[70] R. Haber, M. S. Shephard, J. F. Abel, R. H. Gallagher and D. P. Greenberg. A General Two-Dimensional, Graphical Finite Element Preprocessor Utilizing Discrete Transfinite Mappings. *International Journal for Numerical Methods in Engineering*, 17:1015-1044, 1981.

[71] J. Z. Zhu, O. C. Zienkiewicz, E. Hinton and J. Wu. A New Approach to the Development of Automatic Quadrilateral Mesh Generation. *International Journal for Numerical Methods in Engineering*, 32:849-866, 1991.

[72] B. P. Johnston, J. M. Sullivan Jr., A. Kwasnik. Automatic Conversion of Triangular Finite Element Meshes to Quadrilateral Elements. *International Journal for Numerical Methods in Engineering*, 31:67-84, 1991.

[73] E. Rank, M. Schweingruber and M. Sommer. Adaptive Mesh Generation and Transformation of Triangular to Quadrilateral Elements. *Communications in Numerical Methods in Engineering*, 9:121-129, 1993.

[74] G. Xie and J. A. H. Ramaekers. Graded Mesh Generation and Transformation. *Finite Element in Analysis and Design*, 17:41-55, 1993.

[75] J. M. Tembulkar and B. W. Hanks. On Generating Quadrilateral Elements from a Triangular Mesh. *Computer & Structures*, 42(4):665-667, 1992.

[76] J. Hoyte. The Cut & Glue Mesh Generation Algorithm. *Engineering with Computers*, 8:51-58, 1992.

[77] M. Sabin. Criteria for Comparison of Automatic Mesh Generation Methods. *Advances in Engineering Software*, 13(5/6):220-225, 1991.

[78] E. Amezua, M. V. Hormaza, A. Hernández and M. B. G. Ajuria. A Method for the Improvement of 3D Solid Finite-Element Meshes. *Advances in Engineering Software*, 22(1):45-53, 1995.

[79] S. E. Benzley, K. Merkley, T. D. Blacker and L. Schoof. Pre- and Post-Processing for the Finite Element Method. *Finite Elements in Analysis and Design*, 19:243-260, 1995.

[80] W. C. Thacker. A Brief Review of Techniques for Generating Irregular Computational Grids. *International Journal for Numerical Methods in Engineering*, 15:1335-1341, 1980.

[81] L. F. F. da Silva, J. L. F. Azevedo and H. Korzenowsk. On the Development of an Unstructured Grid Solver for Inert and Reactive High Speed Flow Simulations. *Journal of Brazilian Society of Mechanical Sciences*, v. XXI, 24:564-579, 1999.

Índice Remissivo

E

V

Impressão e acabamento
Gráfica da Editora Ciência Moderna Ltda.
Tel: (21) 2201-6662